U0062781

“十四五”国家重点出版物出版规划项目

基础科学基本理论及其热点问题研究

丢番图逼近与超越数

朱尧辰◎著

超越数

代数无关性

中国科学技术大学出版社

内 容 简 介

本书着重讲述超越数论中的代数无关性理论的一些重要结果，包括 Nesterenko 方法及其对于 Ramanujan 函数和 Mahler 函数的应用，零点重数估计，π，e^{π} 的代数无关性，以及 Philippon 代数无关性判别法则等；还给出 Liouville 数、广义 Mahler 级数、代数系数缺项级数、三角级数和 Mahler 函数的值的代数无关性结果与相关的逼近方法和其他经典方法.

图书在版编目(CIP)数据

超越数:代数无关性/朱尧辰著.—合肥:中国科学技术大学出版社,2024.1
(丢番图逼近与超越数)
国家出版基金项目
“十四五”国家重点出版物出版规划项目
ISBN 978-7-312-05752-6

Ⅰ. 超… Ⅱ. 朱… Ⅲ. 超越数 Ⅳ. O156.6

中国国家版本馆 CIP 数据核字(2023)第 153173 号

超越数：代数无关性
CHAOYUESHU：DAISHU WUGUANXING

出版 中国科学技术大学出版社
安徽省合肥市金寨路 96 号，230026
http://press.ustc.edu.cn
https://zgkxjsdxcbs.tmall.com
印刷 安徽新华印刷股份有限公司
发行 中国科学技术大学出版社
开本 787 mm×1092 mm 1/16
印张 17.5
字数 422 千
版次 2024 年 1 月第 1 版
印次 2024 年 1 月第 1 次印刷
定价 75.00 元

前 言

超越数论的现代进展中,代数无关性理论的进展尤为显著.例如,基于一般消元法理论,Yu. V. Nesterenko 提出一种新的代数无关性方法,研究模函数和其他解析函数(指数函数、Mahler 函数等)的数论性质,特别是证明了 π, e^{π} 和 $\Gamma(1/4)$ 的代数无关性. P. Philippon 发展了 Nesterenko 方法,将 Gelfond 超越性判别法则推广到多变量情形,给出一种一般形式的代数无关性判别法则,产生了一些新的重要的代数无关性结果. 2003 年出版的《超越数引论》限于书的性质和篇幅,对上述成果只能做一般性的综述.本书着重论述代数无关性理论的一些新成果、新技术和新方法.从这个意义上讲,本书是《超越数引论》的续篇.

本书共分 6 章.第 1 章研究 Liouville 数(以及代数系数缺项级数、某些广义 Mahler 级数和三角级数等的值)的代数无关性,给出一些常用的逼近(和初等)方法.第 2～4 章论述 Nesterenko 方法,包括该方法的代数基础,对一类代数微分方程解的零点重数估计的应用,并着重研究 Ramanujan 函数值的代数无关性质(定性和定量结果).第 5 章研究某些 Mahler 函数在$\mathbb{C}(z)$上的代数无关性以及它们的值在$\mathbb{Q}$上的代数无关性,包括经典方法和 Nesterenko 方法的应用.第 6 章证明 Philippon 代数无关性判别法则.除第 2～4 章是一个整体,第 5 章后半部分依赖于第 2 章外,第 1 章、第 6 章及第 5 章前半部分相对独立.每章最后一节“补充与评注”，是对正文一些论题的引申，以便读者查阅进一步的文献，进入某些前沿性课题.除第 4 章外，其余各章都有一个附录，包含了与该章有关的一些资料，初学者可以暂时忽略.

本书初稿虽经多次修改调整，但限于作者水平，书中谬误和不妥之处在所难免，恳切希望读者和同行批评指正.

朱尧辰于北京

主要符号说明

$\mathbb{N}$　正整数集

$\mathbb{N}_0=\mathbb{N}\cup\{0\}$

$\mathbb{Z}$　整数集

$\mathbb{Q}$　有理数集

$\mathbb{R}$　实数集

$\mathbb{C}$　复数集

$\mathbb{A}$　代数数集

$\mathbb{Z}_{\mathbb{K}}$　域 $\mathbb{K}$ 中代数整数的集合

$A[z_1, \cdots, z_s]$　环 A 上变量 $z_1, \cdots, z_s$ 的多项式环

$\mathbb{K}(z_1, \cdots, z_s)$　域 $\mathbb{K}$ 上变量 $z_1, \cdots, z_s$ 的有理函数域

$\mathbb{K}[[z_1, \cdots, z_s]]$　域 $\mathbb{K}$ 上变量 $z_1, \cdots, z_s$ 的形式幂级数环

$\mathbb{C}((z))$　形式幂级数域

$\mathscr{M}$　域 $\mathbb{K}$ 上绝对值的集合　2.1(表示有关事项可参见第 2.1 节,下同)

$\mathscr{M}_\infty$　域 $\mathbb{K}$ 上阿基米德绝对值的集合　2.1

$\mathbb{P}_m(\mathbb{C})$　$\mathbb{C}$ 上 m 维投影空间

$|\mathscr{M}|$ 有限集 $\mathscr{M}$ 的元素个数
$\log z$ 复数 z 的自然对数
$O(u|\theta_1, \cdots, \theta_s)$ Mahler 阶函数 1.3
$\operatorname{Res}(F, Q)$ u 结式 2.1
$\operatorname{ord}_v p$ 多项式 p 在点 v 的阶(零点重数) 2.1
$\operatorname{ord} f$ 函数 $f(z)$ 在 $z = 0$ 的零点重数 3.1
$[\mathbb{K} : \mathbb{Q}]$ 数域 $\mathbb{K}$ 的次数
$\operatorname{tr} \deg L$ 域 L(在 $\mathbb{Q}$ 上)的超越次数
$\operatorname{tr} \deg_{\mathbb{K}} L$ 域 L 在 $\mathbb{K}$ 上的超越次数
$\varphi(d, H)$ 超越性度量或代数无关性度量 1.4,4.1
τ 超越型 4.1
$[a]$ 实数 a 的整数部分
$\| a \|$ 实数 a 和与它最近整数间的距离 1.2
$|\boldsymbol{\omega}|_v$, $|\boldsymbol{\omega}|$ $\boldsymbol{\omega} \in \mathbb{C}^m$ 的模 2.1
$\|\boldsymbol{\varphi} - \boldsymbol{\psi}\|$ $\boldsymbol{\varphi}, \boldsymbol{\psi} \in \mathbb{P}_m(\mathbb{C})$ 间的投影距离 2.3
$\operatorname{Dist}_{v,d}(X, \boldsymbol{\xi})$ $\boldsymbol{\xi} \in \mathbb{P}_m(\mathbb{C})$ 到 $X \subset \mathbb{P}_m(\mathbb{C})$ 的局部距离 6.1
$\operatorname{Dist}_{v,d}(\boldsymbol{\eta}, \boldsymbol{\xi})$ $\boldsymbol{\xi} \in \mathbb{P}_m(\mathbb{C})$ 到 $\boldsymbol{\eta} \in \mathbb{P}_m(\mathbb{C})$ 的局部距离 6.1

(设 $P \in \mathbb{C}[z_1, \cdots, z_s]$.)
$\deg P$, $d(P)$ P 的全次数(次数) 4.1
$\deg_{z_i} P$, $d_i(P)$ P 关于变量 z_i 的次数 1.3
$\deg_{(\cdot)} P$ P 关于部分变量(•)的(全)次数 3.2
$d_0(P)$ P 关于各变量次数之和 1.3
$H(P)$ P 的(通常)高 4.1
$L(P)$ P 的长 1.3
$t(P) = d(P) + \log H(P)$ P 的规格 4.1
$\lceil P \rceil$ P 的尺度 5.4
$\Lambda(P) = 2^{d_0(P)} L(P)$ 1.3
$|P|_v$ P 关于绝对值 v 的高 2.1
$h(P)$ P 的对数高 2.1
$M_v(P)$ P 的局部度量 6.1
$M(P) = M_\infty(P)$ P 的 Mahler 度量 6.1
$\overline{\boldsymbol{h}}(P)$ P 的绝对对数高 6.1
$\boldsymbol{h}(P)$ P 的高不变量 6.1
$\| P \|_{\boldsymbol{\omega}}$ 齐次多项式 P 在 $\boldsymbol{\omega}$ 的规范化绝对值 2.1

(设 α, β, $\cdots \in \mathbb{A}$.)

$\deg \alpha$, $d(\alpha)$　α 的次数　1.3

$H(\alpha)$　α 的高　1.3

$L(\alpha)$　α 的长　1.3

$t(\alpha) = d(\alpha) + \log H(\alpha)$　α 的规格　1.3

$\overline{|\alpha|}$　α 的尺度　1.4

$\mathrm{den}(\alpha)$　α 的最小分母　1.4

$\mathrm{den}(\alpha, \beta, \cdots)$　α, β, $\cdots$ 的最小公分母　1.4

$s(\alpha) = \max(\log \overline{|\alpha|}, \log \mathrm{den}(\alpha))$　α 的容度　5.2

$M(\alpha)$　α 的 Mahler 度量

$h(\alpha)$　α 的绝对对数高

(设 I 为 $R[x_1, \cdots, x_m]$(R 为 Noether 环)中的理想.)

$h^*(I)(\mathrm{codim}\, I)$　I 的高(秩、余维数)　2.1

$\dim I$　I 的维数　2.1

(设 I 为 $R[x_0, x_1, \cdots, x_m]$ 中的齐次理想.)

$\bar{I}(r)$　I 的 L 消元理想　2.1

$\tilde{I}(r)$　2.1

$\mathfrak{E}_{\boldsymbol{d}}(I)$　I 的 U 消元理想　6.1

$R[\boldsymbol{d}]$, $A[\boldsymbol{d}]$, $I[\boldsymbol{d}]$, $\mathfrak{A}_{\boldsymbol{d}}(I)$　6.1

(设 I 为 $\mathbb{K}[x_0, x_1, \cdots, x_m]$ 中的齐次理想.)

$d^*(I)$　I 的次数　6.1

$\| I \|_{\xi, v, \boldsymbol{d}}$　I 在 $\boldsymbol{\xi}$ 的指标为 $\boldsymbol{d}$ 的绝对值　6.1

$\mathrm{H}t_{\boldsymbol{d}}(I)$　I 的指标为 $\boldsymbol{d}$ 的高　6.2

$\mathrm{Deg}_{\boldsymbol{d}} I$　I 的指标为 $\boldsymbol{d}$ 的次数　6.2

$\mathscr{Z}(I)$　I 在 $\mathbb{P}_m(\mathbb{C}_v)$ 中的零点的集合　6.1

(设 I 为 $\mathbb{K}[x_0, x_1, \cdots, x_m]$ 中的齐次纯粹理想.)

$\deg I$　I 的次数　2.1

$h(I)$　I 的对数高　2.1

$|I(\boldsymbol{\omega})|$　I 在 $\boldsymbol{\omega}$ 的绝对值　2.1

□　定理、引理、推论或命题证明完毕

目　录

第 1 章 Liouville数的代数无关性

一个复数若不是代数数，亦即它不是任何非零多项式 $P \in \mathbb{Z}[z]$ 的根，则称为超越数. 如果 s 个复数满足某个非零多项式 $P \in \mathbb{Z}[z_1, \cdots, z_s]$，则称它们(在 $\mathbb{Q}$ 上) 代数相关，否则称(在 $\mathbb{Q}$ 上) 代数无关. 因此，一般来说，超越性和代数无关性的证明是通过反证法实现的，并且代数数及整系数多项式的基本性质是重要的辅助工具.

最早发现的超越数的具体例子是借助于丢番图逼近论中的 Liouville 定理构造的，这是一类重要的超越数，即 Liouville 数. 本章将研究它们的代数无关性. 我们首先应用较直接的推理构造一些代数无关的 Liouville 数组，并利用一些逼近结果建立某些函数在 Liouville 数上的值的代数无关性，然后在这些实例的基础上给出基于快速收敛逼近序列的数的代数无关性判别法则，最后给出这个法则的一些应用，其中特别研究了代数系数缺项级数值的代数无关性，它们是上述 Liouville 数组相应结果的自然推广.

本章具有引论性质，通过本章可初步领略代数无关性证明的某些特征.

1.1 代数无关的 Liouville 数组

Liouville 定理指出：若 α 是 $n(n>1)$ 次代数数，则存在常数 $c(\alpha)>0$ 使对任何有理数 $p/q\ (q>0)$ 有

$$\left|\alpha-\frac{p}{q}\right|>c(\alpha)q^{-n}.$$

因此，若对实数 α 存在由不同有理数组成的无穷序列 $\{p_n/q_n\}_{n=1}^{\infty}$ 使

$$0<\left|\alpha-\frac{p_n}{q_n}\right|<q_n^{-\lambda_n}\quad(n\geqslant n_0),$$

其中，$\lambda_n>0$，$\overline{\lim\limits_{n\to\infty}}\lambda_n=\infty$，则 α 是超越数. 我们称这种超越数为 Liouville 数.

例如，若 $\{\lambda_n\}_{n=1}^{\infty}$ 是严格递增的正整数列，$g>1$ 为任意整数，则

$$\xi=\sum_{n=1}^{\infty}g^{-\lambda_1\cdots\lambda_n}$$

是 Liouville 数$\left(为证明这个结论，可取 p_n=g^{\lambda_1\cdots\lambda_n}\sum\limits_{k=1}^{n}g^{-\lambda_1\cdots\lambda_k},\ q_n=g^{\lambda_1\cdots\lambda_n}\right)$.

现在我们考虑下列 s 个用级数给出的数：

$$\xi_\nu=\sum_{k=1}^{\infty}g_\nu^{-\lambda_{\nu,k}}\quad(\nu=1,\cdots,s),$$

设它们满足下列公共假设：

(i) 对于每个 ν，$\{\lambda_{\nu,k}\}_{k=1}^{\infty}$ 是严格单调上升的自然序列；

(ii) 存在无穷序列 $\mathcal{N}_\nu=\{k_{\nu,n}\}_{n=1}^{\infty}\subset\mathbb{N}\ (\nu=1,\cdots,s)$ 满足

$$\max_{1\leqslant\nu\leqslant s}\lambda_{\nu,k_{\nu,n}}=o\left(\min_{1\leqslant\nu\leqslant s}\lambda_{\nu,k_{\nu,n}+1}\right)\ (n\to\infty),$$

特别地，诸 $\mathcal{N}_\nu=\mathbb{N}$ 时，$\max\limits_{1\leqslant\nu\leqslant s}\lambda_{\nu,n}=o\left(\min\limits_{1\leqslant\nu\leqslant s}\lambda_{\nu,n+1}\right)\ (n\to\infty)$；

(iii) $g_1,\cdots,g_s$ 是大于 1 的整数(未必互异). 我们记

$$\sigma_{\nu,n}=\sum_{k=1}^{k_{\nu,n}}g_\nu^{-\lambda_{\nu,k}},\quad\tau_{\nu,n}=\xi_\nu-\sigma_{\nu,n}\quad(n=1,2,\cdots;\ \nu=1,\cdots,s).$$

定理 1.1.1 在公共假设下，$\xi_1,\cdots,\xi_s$ 代数相关的充要条件是存在一个非零多项式

$\Phi \in \mathbb{Z}[z_1, \cdots, z_s]$ 及正整数 n_0 满足

$$\Phi(\sigma_{1,n}, \cdots, \sigma_{s,n}) = 0 \quad (n \geqslant n_0). \tag{1.1.1}$$

证 若式(1.1.1)成立,令 $n \to \infty$ 可知 $\Phi(\xi_1, \cdots, \xi_s) = 0$,即 $\xi_1, \cdots, \xi_s$ 代数相关.反之,设 $\xi_1, \cdots, \xi_s$ 代数相关,则有非零整系数多项式 $\Phi(z_1, \cdots, z_s)$ 使

$$\Phi(\xi_1, \cdots, \xi_s) = 0. \tag{1.1.2}$$

记

$$\Phi(z_1, \cdots, z_s) = \sum_{(i)} a_{(i)} z_1^{i_1} \cdots z_s^{i_s}, \tag{1.1.3}$$

其中,$(i) = (i_1, \cdots, i_s)$ 是非负整矢,诸系数 $a_{(i)}$ 是整数,不全为零.还设多项式的(全)次数为 d,并且关于变元 z_ν 的次数为 d_ν.不妨设 $d_s > 0$,且式(1.1.3) 中只对 $a_{(i)} \neq 0$ 的 (i) 求和.

显然我们有

$$\begin{aligned} \tau_{\nu,n} &= g_\nu^{-\lambda_{\nu,k_{\nu,n+1}}} \sum_{k=k_{\nu,n+1}}^{\infty} g_\nu^{-(\lambda_{\nu,k} - \lambda_{\nu,k_{\nu,n+1}})} \\ &\leqslant g_\nu^{-\lambda_{\nu,k_{\nu,n+1}}} \sum_{k=1}^{\infty} g_\nu^{-k} \leqslant c_1 g_\nu^{-\lambda_{\nu,k_{\nu,n+1}}} \quad (\nu = 1, \cdots, s). \end{aligned} \tag{1.1.4}$$

其中,c_1(及下文的 c_2 等) 是与 n 无关的正常数.由式(1.1.2) 和式(1.1.4) 得

$$\begin{aligned} |\Phi(\sigma_{1,n}, \cdots, \sigma_{s,n})| &= |\Phi(\xi_1, \cdots, \xi_s) - \Phi(\sigma_{1,n}, \cdots, \sigma_{s,n})| \\ &\leqslant c_2(\Phi) \max_{1 \leqslant \nu \leqslant s} \tau_{\nu,n} \\ &\leqslant c_3 \Big(\min_{1 \leqslant \nu \leqslant s} g_\nu\Big)^{-\min\limits_\nu \lambda_{\nu,k_{\nu,n+1}}}. \end{aligned} \tag{1.1.5}$$

由(i),(ii)及式(1.1.5)得

$$\begin{aligned} &\Big|\prod_{\nu=1}^{s} g_\nu^{d_\nu \lambda_{\nu,k_{\nu,n}}} \Phi(\sigma_{1,n}, \cdots, \sigma_{s,n})\Big| \\ &\leqslant c_4 \Big(\prod_{\nu=1}^{s} g_\nu^{d_\nu}\Big)^{\max\limits_\nu \lambda_{\nu,k_{\nu,n}}} \Big(\min_{1 \leqslant \nu \leqslant s} g_\nu\Big)^{-\min\limits_\nu \lambda_{\nu,k_{\nu,n+1}}} \\ &\to 0 \ (n \to \infty). \end{aligned}$$

因为上式左边是整数,所以得到式(1.1.1). □

推论 1.1.1 设正整数列 $\{\lambda_{\nu,n}\}_{n=1}^{\infty} (\nu = 1, \cdots, s)$ 满足

$$\lambda_{\nu,n} = o(\lambda_{\mu,n}) \ (n \to \infty) \quad (1 \leqslant \nu < \mu \leqslant s) \tag{1.1.6}$$

以及条件(ii),则对于任何整数 $g_1, \cdots, g_s > 1$,数 $\xi_1, \cdots, \xi_s$ 代数无关.

证 易见公共假设在此成立.设 $\xi_1, \cdots, \xi_s$ 代数相关,那么由定理1.1.1知,存在非零

整系数多项式 $\Phi(z_1, \cdots, z_s)$ 使式(1.1.1) 成立. Φ 在$(\xi_1, \cdots, \xi_s)$ 的 Taylor 级数为

$$\Phi(z_1, \cdots, z_s) = \sum_{(i)\neq(0)} b_{(i)}(z_1 - \xi_1)^{i_1}\cdots(z_s - \xi_s)^{i_s}, \tag{1.1.7}$$

其中,只对 $b_{(i)} \neq 0$ 的(i) 求和. 由式(1.1.1) 可知,式(1.1.7) 的右边至少含有两个加项. 于是其中存在一组下标$(j) = (j_1, \cdots, j_s)$ 具有下列性质: 对于式(1.1.7) 中任何不等于(j) 的下标组$(i) = (i_1, \cdots, i_s)$,有一正整数 l $(1 \leqslant l \leqslant s)$ 适合

$$i_s = j_s, \cdots, i_{l+1} = j_{l+1}, \quad i_l > j_l. \tag{1.1.8}$$

由式(1.1.1)和式(1.1.7)得

$$\sum_{(i)\neq(0)} (-1)^{i_1+\cdots+i_s} b_{(i)} \tau_{1,n}^{i_1} \cdots \tau_{s,n}^{i_s} = 0.$$

于是

$$|b_{(j)}| \leqslant \sum_{(i)\neq(0),(j)} |b_{(i)}| \tau_{1,n}^{i_1-j_1} \cdots \tau_{s,n}^{i_s-j_s}. \tag{1.1.9}$$

注意到

$$\tau_{\nu,n} > g_\nu^{-\lambda_{\nu,k_{\nu,n+1}}} \quad (\nu = 1, \cdots, s), \tag{1.1.10}$$

由式(1.1.4)、式(1.1.6)和式(1.1.10)得到

$$\begin{aligned}\tau_{1,n}^{i_1-j_1} \cdots \tau_{s,n}^{i_s-j_s} &= \tau_{l,n}^{i_l-j_l} \prod_{\nu=1}^{l-1} \tau_{\nu,n}^{i_\nu-j_\nu} \\ &\leqslant c_5 g_l^{-(i_l-j_l)\lambda_{l,k_{l,n+1}}} \prod_{\nu=1}^{l-1} g_\nu^{-(i_\nu-j_\nu)\lambda_{\nu,k_{\nu,n+1}}} \to 0 \ (n \to \infty),\end{aligned}$$

于是由式(1.1.9)得 $b_{(j)} = 0$,这与假设矛盾. □

例 1.1.1 由推论 1.1.1 得下列代数无关 Liouville 数组:

① $\sum_{k=1}^{\infty} g_\nu^{-a_{\nu k}} (\nu = 1,\cdots,s)$,其中,$\{a_r\}_{r=1}^{\infty} \subset \mathbb{N}$,$a_n = o(a_{n+1}) (n \to \infty)$$\Big($在推论中取 $k_{\nu,n} = \dfrac{s!}{\nu} n\Big)$;它包含下列特例(称 W. M. Schmidt[114] 数组):

$$\sum_{k=1}^{\infty} 2^{-(\nu k)!} \quad (\nu = 1, \cdots, s).$$

② $\sum_{k=1}^{\infty} 2^{-[k^{k+x_\nu}]} (\nu = 1, \cdots, s)$,其中,$x_1, \cdots, x_s$ 为满足 $0 \leqslant x_1 < \cdots < x_s < 1$ 的任意一组实数(称 H. Kneser[47] 数组). 特别可知,下列数集(具有连续统基数) 是代数无关的:

$$\left\{ \xi_\lambda = \sum_{k=1}^{\infty} 2^{-[k^{k+\lambda}]} \,\middle|\, 0 \leqslant \lambda < 1 \right\}.$$

推论 1.1.2 设 $\lambda_{1,n}=\cdots=\lambda_{s,n}=\lambda_n$，并且

$$\lambda_n=o(\lambda_{n+1})\ (n\to\infty).$$

还设 $g_1,\cdots,g_s$ 是乘性无关的正整数(亦即 $\log g_1,\cdots,\log g_s$ 在$\mathbb{Q}$上线性无关)，则 $\xi_1,\cdots,\xi_s$ 代数无关.

证 易见公共假设在此满足. 类似于推论 1.1.1 的证明，设 $\xi_1,\cdots,\xi_s$ 代数相关，则存在非零整系数多项式 Φ 使式(1.1.1) 成立，并且有展开式(1.1.7). 因 $g_1,\cdots,g_s$ 乘性无关，故对式(1.1.7) 中的所有(i)，$g_1^{i_1}\cdots g_s^{i_s}$ 两两互异，从而其中存在唯一的下标组$(j)=(j_1,\cdots,j_s)$，使对式(1.1.7) 中任何不等于(j) 的下标组$(i)=(i_1,\cdots,i_s)$ 有

$$g_1^{j_1}\cdots g_s^{j_s}<g_1^{i_1}\cdots g_s^{i_s}.$$

因此由式(1.1.4)和式(1.1.10)得到

$$\tau_{1,n}^{i_1-j_1}\cdots\tau_{s,n}^{i_s-j_s}\leqslant c_6\Big(\prod_{\nu=1}^{s}g_\nu^{i_\nu-j_\nu}\Big)^{-\lambda_{n+1}}\to 0\ (n\to\infty).$$

于是由式(1.1.9)得 $b_{(j)}=0$，这与假设矛盾，从而 $\xi_1,\cdots,\xi_s$ 代数无关. □

例 1.1.2 设 $\{\lambda_n\}_{n=1}^{\infty}$ 及 $g_1,\cdots,g_s$ 如推论 1.1.2，则数组

$$\sum_{k=1}^{\infty}g_\nu^{-\lambda_k}\quad(\nu=1,\cdots,s)$$

代数无关(称 W. W. Adams[1] 数组).

推论 1.1.3 设 $\lambda_{\nu,n}=\alpha_n-\beta_{\nu,n}(\nu=1,\cdots,s)$，其中，$\alpha_n,\beta_{\nu,n}$ 为正整数，满足条件

$$\alpha_n=o(\alpha_{n+1})\ (n\to\infty),\tag{1.1.11}$$

$$\beta_{\nu,n}=o(\alpha_n)\ (n\to\infty)\quad(\nu=1,\cdots,s),\tag{1.1.12}$$

$$\beta_{\nu,n}=o(\beta_{u,n})\ (n\to\infty)\quad(1\leqslant u<v\leqslant s).\tag{1.1.13}$$

并设整数 $g_1=\cdots=g_s=g>1$. 那么 $\xi_1,\cdots,\xi_s$ 代数无关.

证 容易看出条件(1.1.11)～(1.1.13)保证了公共假设在此成立. 设 $\xi_1,\cdots,\xi_s$ 代数相关. 由定理 1.1.1 知，存在非零整系数多项式 Φ 使式(1.1.1) 成立. 设 Φ 的齐d 次部分为 Φ_0(d 为Φ 的次数)，那么 $\Phi(\sigma_{1,n},\cdots,\sigma_{s,n})$ 可写成

$$\Phi(\sigma_{1,n},\cdots,\sigma_{s,n})=\Phi_0(g^{\beta_{1,n}},\cdots,g^{\beta_{s,n}})g^{-d\alpha_n}+\Psi_0,$$

其中，Ψ_0 是 $g^{-\tau\alpha_n}$ 及$g^{-\mu}\Big(\mu=\sum_{i=1}^{s}i_\nu\alpha_{k_\nu}$，而且$\sum_{\nu=1}^{s}i_\nu\leqslant d,k_\nu\leqslant n$，其中，至少有一个 $k_\nu<n\Big)$ 形式的式子的整系数线性组合. 记

$$\Phi_0(g^{\beta_{1,n}},\cdots,g^{\beta_{s,n}})=R_n,$$

$$g^{d\alpha_n}\Psi_0=S_n,$$

则 R_n 和S_n 都是整数. 我们首先证明 $R_n \neq 0$. 如果齐 d 次多项式Φ_0 只含一项,那么这是显然的. 不然,设

$$\Phi_0(z_1, \cdots, z_s) = \sum_{(i)} f_{(i)} z_1^{i_1} \cdots z_s^{i_s}, \tag{1.1.14}$$

其中, $(i) = (i_1, \cdots, i_s)$ 满足 $i_1 + \cdots + i_s = d$, $i_\nu \geqslant 0$,并且只对 $f_{(i)} \neq 0$ 的(i) 求和. 式(1.1.14) 中至少含两个加项,于是存在一组下标$(j) = (j_1, \cdots, j_s)$,使对式(1.1.14) 中任何异于(j) 的$(i) = (i_1, \cdots, i_s)$,有l $(1 \leqslant l < s)$ 适合

$$i_1 = j_1, \cdots, i_{l-1} = j_{l-1}, i_l < j_l. \tag{1.1.15}$$

如果

$$\Phi_0(g^{\beta_{1,n}}, \cdots, g^{\beta_{s,n}}) = 0,$$

那么

$$| f_{(j)} | \leqslant \sum_{(i) \neq (j)} | f_{(i)} | g^{(i_l - j_l)\beta_{l,n} + \cdots + (i_s - j_s)\beta_{s,n}}.$$

由式(1.1.13)和式(1.1.15)得

$$| f_{(j)} | \to 0 \ (n \to \infty).$$

这与 $f_{(j)} \neq 0$ 矛盾. 因此 $R_n \neq 0$. 由式(1.1.1) 知,$R_n = -S_n$;注意 Ψ_0 的结构特点,由式(1.1.11) 可知,当 $n \geqslant n_1$ 时 $g^{\alpha_n} \mid S_n$. 因此

$$| R_n | \geqslant g^{\alpha_n} \quad (n \geqslant n_1). \tag{1.1.16}$$

但同时由式(1.1.13)知,当 $n \geqslant n_2$ 时,有

$$\begin{aligned} | R_n | = | \Phi_0(g^{\beta_{1,n}}, \cdots, g^{\beta_{s,n}}) | &\leqslant \sum_{(i)} | f_{(i)} | g^{i_1\beta_{1,n} + \cdots + i_s\beta_{s,n}} \\ &\leqslant c_7 g^{d\beta_{1,n}}. \end{aligned} \tag{1.1.17}$$

由式(1.1.12)知,当 n 充分大时式(1.1.16) 和式(1.1.17) 矛盾. 于是 $\xi_1, \cdots, \xi_s$ 代数无关. □

例 1.1.3 设整数 $g > 1$, $\rho_1, \cdots, \rho_s$ 是适合$\rho_1 > \rho_2 > \cdots > \rho_s > 0$ 的任意实数. 注意$[a] - [b] \geqslant [a - b]$(此处$[x]$为 x 的整数部分),由推论 1.1.3 知,数$\sum_{k=1}^{\infty} 2^{2^{[\rho_\nu k]} - 2^{k^2}}$ $(\nu = 1, \cdots, s)$ 代数无关(称 von Neumann[127] 数组). 特别地,数集

$$\left\{ \eta_\lambda = \sum_{k=1}^{\infty} 2^{2^{[\lambda k]} - 2^{k^2}} \,\middle|\, \lambda > 0 \right\}$$

(具有连续统基数)代数无关.

1.2 ψ Liouville 数

本节考虑一些特殊的 Liouville 数以及与它们有关的一些代数无关性结果.

设 $\psi(q)$ 是正整数变量 q 的正函数,并且

$$\frac{\psi(q)}{\log q} \to \infty \quad (q \to \infty).$$

如果 η 是一个具有下列性质的实数:存在无穷多个正整数 q 使

$$0 < \| \eta q \| < \exp(-\psi(q)),$$

其中,$\| a \|$ 表示实数 a 与最近整数间的距离,亦即 $\| a \| = \min([a] + 1 - a, a - [a])$,那么由 Liouville 定理知,$\eta$ 是超越数,我们称它为 ψ Liouville 数.

我们用 $\tau(q)$ 表示某个正整数变量 q 的满足 $\tau(q) \to \infty (q \to \infty)$ 的正函数. 另外,对于代数数 α 定义 $\alpha^\eta = \exp(\eta \log \alpha)$, $\log \alpha$ 表示 α 的对数的任一分支.

定理 1.2.1 设 m 是一个正整数,η 是 ψ Liouville 数,其中

$$\psi(q) = q^m (\log q) \tau(q).$$

如果代数数 $\alpha_1, \cdots, \alpha_m$ 乘性无关,那么 $m + 1$ 个数 $\eta, \alpha_1^\eta, \cdots, \alpha_m^\eta$ 代数无关.

推论 1.2.1 如果 η 是一个实数,并且对于任何整数 $k > 1$,不等式

$$0 < \left| \eta - \frac{p}{q} \right| < q^{-q^k}$$

有无穷多个解 $\frac{p}{q} \in \mathbb{Q}$,那么数 $\eta, 2^\eta, 3^\eta, \cdots, p_s^\eta, \cdots$($p_s$ 是第 s 个素数) 代数无关,亦即它们中任意有限多个均代数无关.

定理 1.2.2 设 m 是一个正整数,η 是 ψ Liouville 数,其中

$$\psi(q) = q^{4m} (\log q)^3 \tau(q).$$

如果代数数 $\alpha_1, \cdots, \alpha_m$ 乘性无关,α 和 β 是非零代数数($\log \alpha$ 和 $\log \beta$ 表示其非零对数),那么 $m + 2$ 个数 $\eta, \alpha_1^\eta, \cdots, \alpha_m^\eta, \alpha^{\beta^\eta}$ 代数无关.

为证明这两个定理,我们首先给出下列特殊的代数无关性判别法则及一些辅助引理:

引理 1.2.1 设 t 是一个正整数；$\varphi_1(z), \cdots, \varphi_t(z)$ 是单复变量 z 的半纯函数；η 是一个复数，不是 $\varphi_\nu(z)$ $(1 \leqslant \nu \leqslant t)$ 的极点. 还设 $\psi(q)$ 是一个正整数变量 q 的正函数，单调趋于无穷. 如果

(i) 不等式

$$\| \eta q \| < \exp(-\psi(q)) \tag{1.2.1}$$

有无穷多个正整数解 $0 < q_1 < q_2 < \cdots < q_n < \cdots$，记 $\| \eta q_n \| = | \eta q_n - p_n |$，$p_n \in \mathbb{Z}$ $(n \geqslant 1)$，且 p_n，q_n 互素；

(ii) 对任何非零多项式 $R \in \mathbb{Z}[y_1, \cdots, y_t]$，存在一个与 R，η，$\varphi_1, \cdots, \varphi_t$ 有关的正整数 n_0，使当 $n \geqslant n_0$ 时，有

$$| R(\varphi_1(p_n/q_n), \varphi_2(p_n/q_n), \cdots, \varphi_t(p_n/q_n)) | \geqslant \exp(-\psi(q_n)),$$

那么 $\varphi_1(\eta), \cdots, \varphi_t(\eta)$ 代数无关.

证 设 $\varphi_1(\eta), \cdots, \varphi_t(\eta)$ 代数相关，则存在一个非零多项式 $R \in \mathbb{Z}[y_1, \cdots, y_t]$ 使

$$R(\varphi_1(\eta), \cdots, \varphi_t(\eta)) = 0. \tag{1.2.2}$$

因 η 不是 $\varphi_\nu(z)$ 的极点（即不是 $1/\varphi_\nu(z)$ 的零点），故由式(1.2.1) 知，当 n 充分大时，p_n/q_n 也不是 $\varphi_\nu(z)$ 的极点. 还要注意

$$\left| \eta - \frac{p_n}{q_n} \right| \leqslant \frac{1}{q_n} \exp(-\psi(q_n)),$$

我们得

$$\begin{aligned} | \varphi_\nu(p_n/q_n) - \varphi_\nu(\eta) | &\leqslant c_1 | \eta_\nu - p_n/q_n | \\ &\leqslant c_1 q_n^{-1} \exp(-\psi(q_n)) \quad (1 \leqslant \nu \leqslant t), \end{aligned} \tag{1.2.3}$$

其中，c_1（及下文 c_2 等）是与 n 无关的正常数. 于是由式(1.2.2) 和式(1.2.3) 推出

$$\begin{aligned} & | R(\varphi_1(p_n/q_n), \cdots, \varphi_t(p_n/q_n)) | \\ & \quad = | R(\varphi_1(p_n/q_n), \cdots, \varphi_t(p_n/q_n)) - R(\varphi_1(\eta), \cdots, \varphi_t(\eta)) | \\ & \quad \leqslant c_2 q_n^{-1} \exp(-\psi(q_n)). \end{aligned}$$

当 $q_n > c_2$ 时此式与条件(ii) 矛盾. □

推论 1.2.2 设 $\varphi_1(z), \cdots, \varphi_t(z)$ 及 η，$\psi(z)$ 与引理 1.2.1 相同，并且条件(i) 成立. 如果还设：

(ii) 对任何非零多项式 $R \in \mathbb{Z}[x, y_1, \cdots, y_t]$，存在与 R，η，$\varphi_1, \cdots, \varphi_t$ 有关的正整数 n_0，使当 $n \geqslant n_0$ 时，有

$$| R(p_n/q_n, \varphi_1(p_n/q_n), \cdots, \varphi_t(p_n/q_n)) | \geqslant \exp(-\psi(q_n)),$$

那么 η, $\varphi_1(\eta)$, $\cdots$, $\varphi_t(\eta)$ 代数无关.

证 在引理 1.2.1 中用 $t+1$ 代替 t,并考虑 $t+1$ 个函数 z, $\varphi_1(z)$, $\cdots$, $\varphi_t(z)$,即可得到结果. □

引理 1.2.2 设代数数 α_1, $\cdots$, α_m 乘性无关,则存在常数 $c_3>0$ 仅与 α_1, $\cdots$, α_m 有关,具有下述性质:若 p_1, $\cdots$, p_n, q 是有理整数,p_ν 与 q 互素($1\leqslant\nu\leqslant m$),还设 β_1, $\cdots$, β_m 是代数数,适合 $\beta_\nu^q=\alpha_\nu^{p_\nu}(1\leqslant\nu\leqslant m)$. 则有

$$[\mathbb{Q}(\beta_1, \cdots, \beta_m):\mathbb{Q}]\geqslant c_3q^m.$$

证 设 ζ_q 是本原单位根,易见若复数 α, β, γ 适合 $\alpha^p=\beta^q$ 及 $\alpha=\gamma^q$,其中,p, q 互素,则 $\mathbb{Q}(\zeta_q, \alpha, \beta)=\mathbb{Q}(\zeta_q, \gamma)$,我们用 $\mathbb{Q}(\zeta_q, \alpha^{1/q})$ 记这个域. 由 Kummer 理论(参见文献[51] 第 113 页) 可知,当 α_1, $\cdots$, α_m 乘性无关时,有

$$[\mathbb{Q}(\zeta_q, \alpha_1^{1/q}, \cdots, \alpha_m^{1/q}):\mathbb{Q}]\geqslant c_4q^m\varphi(q),$$

其中, c_4 与 q 无关,φ 是 Euler 函数,$[\mathbb{Q}(\zeta_q):\mathbb{Q}]=\varphi(q)$. 注意

$$\mathbb{Q}(\zeta_q, \alpha_1, \cdots, \alpha_m, \beta_1, \cdots, \beta_m)=\mathbb{Q}(\zeta_q, \alpha_1^{1/q}, \cdots, \alpha_m^{1/q}),$$

即得引理. □

引理 1.2.3 设 $P\in\mathbb{Z}[z]$ 是一个次数 $\leqslant d$,高 $\leqslant H$ 的非常数多项式,$\omega\in\mathbb{C}$ 是任意复数,则存在一个代数数 ξ 和正整数 k 适合

$$\deg(\xi)\leqslant\frac{d}{k}, \quad \log M(\xi)\leqslant\frac{\log(dH)}{k}, \tag{1.2.4}$$

并且

$$|P(\omega)|\geqslant 4^{-d^2}(2dH)^{-2d}|\omega-\xi|^k, \tag{1.2.5}$$

其中, $\deg(\xi)$ 和 $M(\xi)$ 分别表示 ξ 的次数和 Mahler 度量.

证 由《超越数:基本理论》第 5 章引理 5.5.3,取 ξ 是 $P(z)$ 的与 ω 距离最近的根,k 是 ξ 的重数,则有

$$|r(P, P)||\omega-\xi|^k\leqslant 4^{d^2}(2dH)^{2d}|P(\omega)|,$$

其中, $r(A, B)$ 表示多项式 A, $B\in\mathbb{Z}[z]$ 的半结式. 由上引书第 5 章引理 5.5.1 知, $r(P, P)$ 是非零有理整数,于是得到式(1.2.5).

为证明式(1.2.4),设 $Q\in\mathbb{Z}[z]$ 是 ξ 的极小多项式,记其次数 $\deg(Q)=d_1$,则 $Q^k\mid P$,故有

$$\deg(\xi)=d_1\leqslant\frac{\deg(P)}{k}=\frac{d}{k},$$

$$\log M(\xi) = \log M(Q) = \frac{\log M(P)}{k} \leqslant \frac{\log(dH)}{k}. \qquad \square$$

定理 1.2.1 之证 我们在推论 1.2.2 中取 $t = m$, $\varphi_\nu(z) = \alpha_\nu^z(1 \leqslant \nu \leqslant m)$. 设

$$R(x, y_1, \cdots, y_m) = \sum_{(i)} f_{(i)}(x) y_1^{i_1} \cdots y_m^{i_m}$$

是 $\mathbb{Z}[x, y_1, \cdots, y_m]$ 中的非零多项式,关于 x 的次数是 d,关于 y_ν 的次数是 $d_\nu(1 \leqslant \nu \leqslant m)$. 于是求和中的下标 $(i) = (i_1, \cdots, i_m)$ 适合 $0 \leqslant i_\nu \leqslant d_\nu(1 \leqslant \nu \leqslant m)$. 设 p_n/q_n 如引理 1.2.1 中条件(i) 所给定. 定义 $\mathbb{Z}[y_1, \cdots, y_m]$ 中的多项式序列

$$Q_n(y_1, \cdots, y_m) = q_n^d R(p_n/q_n, y_1, \cdots, y_m).$$

下面我们来估计 $R(p_n/q_n, \alpha_1^{p_n/q_n}, \cdots, \alpha_m^{p_n/q_n})$ 的下界.

情形 1 当对所有的 ν, $d_\nu = 0$ 时,有

$$Q_n(\alpha_1^{p_n/q_n}, \cdots, \alpha_m^{p_n/q_n}) = q_n^d f_{(0)}(p_n/q_n).$$

因为 R 是非零多项式,所以 $f_{(0)}$ 也非零;又因为 η 是超越数, $f_{(0)}(\eta) \neq 0$,所以当 n 充分大时,上式是非零整数,从而得

$$|R(p_n/q_n, \alpha_1^{p_n/q_n}, \cdots, \alpha_m^{p_n/q_n})| \geqslant q_n^{-d}. \tag{1.2.6}$$

情形 2 设 $\max\limits_{1 \leqslant \nu \leqslant m} d_\nu > 0$. 我们首先对 m 用归纳法证明,当 n 充分大时,有

$$Q_n(\alpha_1^{p_n/q_n}, \cdots, \alpha_m^{p_n/q_n}) \neq 0. \tag{1.2.7}$$

当 $m = 1$ 时,因为 Q_n 是非零多项式,若式(1.2.7) 不成立,则有

$$[\mathbb{Q}(\alpha_1^{p_n/q_n}) : \mathbb{Q}] \leqslant d_1.$$

注意若 p, q 互素,则存在 a, $b \in \mathbb{Z}$ 使 $ap + bq = 1$,从而 $\alpha^{1/q} = (\alpha^{p/q})^a \alpha^b$,因此 $\mathbb{Q}(\alpha^{1/q}) = \mathbb{Q}(\alpha, \alpha^{p/q})$. 据此及引理 1.2.2 可得

$$[\mathbb{Q}(\alpha_1^{p_n/q_n}) : \mathbb{Q}] \geqslant c_5 q_n,$$

当 n 充分大时不可能. 因此式(1.2.7) 对 $m = 1$ 成立. 现设当变元个数 $\leqslant m - 1$ 时结论成立. 记

$$Q_n(\alpha_1^{p_n/q_n}, \cdots, \alpha_m^{p_n/q_n}) = \sum_j f_{n,j} \cdot (\alpha_m^{p_n/q_n})^j,$$

其中, $f_{n,j} = b_{n,j}(\alpha_1^{p_n/q_n}, \cdots, \alpha_{m-1}^{p_n/q_n})$, $b_{n,j} \in \mathbb{Z}[y_1, \cdots, y_{m-1}]$ 不全为零,还记 $\mathbb{K} = \mathbb{Q}(\alpha_1^{p_n/q_n}, \cdots, \alpha_{m-1}^{p_n/q_n})$. 假定式(1.2.7) 不成立. 若诸 $f_{n,j}$ 不全为零,则有

$$[\mathbb{K}(\alpha_m^{p_n/q_n}) : \mathbb{K}] \leqslant d_m.$$

但由引理 1.2.2 可推出(注意 $[\mathbb{K}:\mathbb{Q}]\leqslant c_6 q_n^{m-1}$)

$$[\mathbb{K}(\alpha_m^{p_n/q_n}):\mathbb{K}] = \frac{[\mathbb{Q}(\alpha_1^{p_n/q_n},\cdots,\alpha_m^{p_n/q_n}):\mathbb{Q}]}{[\mathbb{K}:\mathbb{Q}]} \geqslant \frac{c_7 q_n^m}{c_6 q_n^{m-1}} \geqslant c_8 q_n,$$

当 n 充分大时产生矛盾.因此对于非零多项式 $b_{n,j}\in\mathbb{Z}[y_1,\cdots,y_{m-1}]$,有

$$f_{n,j} = b_{n,j}(\alpha_1^{p_n/q_n},\cdots,\alpha_{m-1}^{p_n/q_n}) = 0.$$

$b_{n,j}$ 与 Q_n 具有相同的形式,而 $\alpha_1,\cdots,\alpha_{m-1}$ 乘性无关,因此由归纳假设知,上式也不可能成立.于是式(1.2.7)对任何 $m\geqslant 1$ 成立.

最后,容易算出当 n 充分大时,有

$$L(Q_n)\leqslant \sum_{(i)} q_n^d \mid f_{(i)}(p_n/q_n)\mid \leqslant c_9 q_n^d,$$

$$L(\alpha_\nu^{p_n/q_n})\leqslant (\deg(\alpha_\nu^{p_n/q_n})+1)c_{10}^{q_n}\leqslant q_n c_{11}^{q_n} \quad (1\leqslant\nu\leqslant m),$$

$$[\mathbb{Q}(\alpha_1^{p_n/q_n},\cdots,\alpha_m^{p_n/q_n}):\mathbb{Q}]\leqslant c_{12} q_n^m,$$

且由引理 1.2.2 得

$$[\mathbb{Q}(\alpha_\nu^{p_n/q_n}):\mathbb{Q}]\geqslant c_{13} q_n \quad (1\leqslant\nu\leqslant m).$$

于是应用 Liouville 估计得,当 n 充分大时,有

$$\begin{aligned} &\mid R(p_n/q_n,\alpha_1^{p_n/q_n},\cdots,\alpha_m^{p_n/q_n})\mid \\ &\quad = q_n^{-d}\mid Q_n(\alpha_1^{p_n/q_n},\cdots,\alpha_m^{p_n/q_n})\mid \\ &\quad \geqslant \exp(-c_{14} q_n^m \log q_n). \end{aligned} \tag{1.2.8}$$

由式(1.2.7)和式(1.2.8)可知,引理 1.2.1 的推论 1.2.2 所要求的条件在此成立,故得所要结论. □

定理 1.2.2 之证 应用推论 1.2.2,在其中取 $t=m+1$,函数 $\varphi_\nu(z)=\alpha_\nu^z(1\leqslant\nu\leqslant m)$, $\varphi_{m+1}(z)=\alpha^{\beta^z}$.任取非零多项式 $R\in\mathbb{Z}[x,y_1,\cdots,y_{m+1}]$,与前面同样地定义 p_n 和 $q_n(n\geqslant 1)$.必要时用 $-\eta$ 代 η(因而用 β^{-1} 代 β, $-\log\beta$ 代 $\log\beta$),可设对大的 n 有 $p_n>0$.记

$$R(x,y_1,\cdots,y_{m+1}) = \sum_{i=0}^d f_i(x,y_1,\cdots,y_m)y_{m+1}^i,$$

其中, d 是 R 关于 y_{m+1} 的次数,于是 $f_d\in\mathbb{Z}[x,y_1,\cdots,y_m]$ 非零.

令 $\mathbb{K}=\mathbb{Q}(\alpha_1,\cdots,\alpha_m)$, $\mathbb{K}_n=\mathbb{Q}(\alpha_1^{1/q_n},\cdots,\alpha_m^{1/q_n})$.并设 $\sigma_1,\cdots,\sigma_{D_n}$ 是 $\mathbb{K}_n$ 到 $\mathbb{C}$ 中的 $\mathbb{K}$-同构.定义 $\mathbb{K}[y]$ 中的多项式如下:

$$\prod_{\delta=1}^{D_n}\Big(\sum_{i=0}^{d} q_n^{d_0}\cdot\sigma_\delta f_i(p_n/q_n,\ \alpha_1^{p_n/q_n},\ \cdots,\ \alpha_m^{p_n/q_n})y^i\Big),\tag{1.2.9}$$

其中,d_0 是 R 关于 x 的次数.显然这个多项式的系数属于环$\mathbb{Z}[\alpha_1,\ \cdots,\ \alpha_m]$,将这个多项式记为 $Q_n(\alpha_1,\ \cdots,\ \alpha_m,\ y)$,$Q_n\in\mathbb{Z}[x_1,\ \cdots,\ x_m,\ y]$,它关于每个变量的次数至多是 $c_{15}q_n^m$,高至多是 $q_n^{c_{15}}q_n^m$.

设正整数 A 是$\alpha_1,\ \cdots,\ \alpha_m$ 的公分母,$\tau_1,\ \cdots,\ \tau_\Delta$ 是 $\mathbb{K}$ 到 $\mathbb{C}$ 中的嵌入,那么

$$P_n(y)=A^{c_{16}q_n^m\Delta}\prod_{\delta=1}^{\Delta}\tau_\delta Q_n(\alpha_1,\ \cdots,\ \alpha_m,\ y)\tag{1.2.10}$$

是 $\mathbb{Z}[y]$ 中非零多项式,其次数$\leqslant c_{17}q_n^m$,高$\leqslant q_n^{c_{17}q_n^m}$.现在来证明:当 n 充分大时,有

$$|P_n(\alpha^{\beta^{p_n/q_n}})|\geqslant\exp(-c_{18}q_n^{4m}(\log q_n)^3).\tag{1.2.11}$$

首先由 Gelfond-Schneider 定理知,上式左边不为零(因 β^{p_n/q_n}是代数无理数,$\log\alpha\neq 0$).把引理 1.2.3 应用于多项式 P_n 及$\omega=\alpha^{\beta^{p_n/q_n}}$,可以找到一个代数数 ξ_n 及整数$k_n\geqslant 1$ 适合

$$\deg(\xi_n)\leqslant\frac{c_{19}q_n^m}{k_n},\tag{1.2.12}$$

$$\log M(\xi_n)\leqslant\frac{c_{20}q_n^m(\log q_n)}{k_n}.\tag{1.2.13}$$

并且

$$|P_n(\alpha^{\beta^{p_n/q_n}})|\geqslant\exp(-c_{21}q_n^{2m}\log q_n)|\alpha^{\beta^{p_n/q_n}}-\xi_n|^{k_n}.\tag{1.2.14}$$

由二对数线性型定理$\Big($见《超越数:基本理论》第 5 章定理 5.4.2,在其中取 $b_1=\beta^{p_n/q_n}$,$b_2=-1$,$\alpha_1=\alpha$,$\alpha_2=\xi_n$,参数是$D=c_{22}\deg(\xi_n)$,$\log A_1=c_{23}$,$\log A_2=c_{24}\dfrac{\log M(\xi_n)}{\deg(\xi_n)}$,$B=c_{25}D\Big)$ 可得

$$|\log\xi_n-\beta^{p_n/q_n}\log\alpha|\geqslant\exp(-c_{26}D^3\log M(\xi_n)(\log D)^2).$$

由式(1.2.12)和式(1.2.13)知,上式右边不超过

$$\exp(-c_{27}q_n^{4m}(\log q_n)^3k_n^{-4}).$$

由《超越数:基本理论》第 5 章引理 5.5.5,并注意 $p_n/q_n\rightarrow\eta\ (n\rightarrow\infty)$ 蕴含$|p_n/q_n|\leqslant c_{28}$,且由式(1.2.12) 知 $k_n\leqslant c_{29}q_n^m$,可得

$$
\begin{aligned}
|\xi_n-\beta^{p_n/q_n}|^{k_n} &\geqslant \left(\frac{2}{3}\right)^{k_n}|\alpha^{\beta^{p_n/q_n}}|^{k_n}\exp(-c_{27}q_n^{4m}(\log q_n)^3k_n^{-3}) \\
&\geqslant \exp(-c_{30}q_n^{4m}(\log q_n)^3).
\end{aligned}
$$

由此式及式(1.2.14)即可推出式(1.2.11).

最后,对于式(1.2.9)中的每个因子有

$$
\left|\sum_{i=0}^{d}q_n^{d_0}f_i(p_n/q_n,\alpha_1^{(k_1)p_n/q_n},\cdots,\alpha_m^{(k_m)p_n/q_n})\alpha^{i\beta^{p_n/q_n}}\right|\leqslant c_{31}q_n^{d_0},
$$

故由式(1.2.9)～式(1.2.11)得到,当 n 充分大时,有

$$
|R(p_n/q_n,\alpha_1^{p_n/q_n},\cdots,\alpha_m^{p_n/q_n},\alpha^{\beta^{p_n/q_n}})|>\exp(-c_{32}q_n^{4m}(\log q_n)^3). \qquad \square
$$

1.3 某些快速收敛数列的极限的代数无关性

本节的目的是给出一类复数代数无关性的判别法则(充分条件),它们具有某些特殊性质,即可以表示为快速收敛数列的极限.

设 $t\geqslant 1$, $P\in\mathbb{Z}[z_1,\cdots,z_t]$ 是一个非零多项式.我们用 $d_i(P)$ 表示 P 关于变量 z_i 的次数,令 $d_0(P)=\sum_{i=1}^{t}d_i(P)$.还用 $H(P)$ 及 $L(P)$ 分别表示 P 的高和长.定义

$$
\Lambda(P)=2^{d_0(P)}L(P).
$$

对于任何给定的 $(\theta_1,\cdots,\theta_t)\in\mathbb{C}^t$,定义正整数变量 u 的函数

$$
O(u\mid\theta_1,\cdots,\theta_t)=\sup\log|P(\theta_1,\cdots,\theta_t)|^{-1},
$$

其中,sup 取自所有满足

$$
P(\theta_1,\cdots,\theta_t)\neq 0\quad 且\quad \Lambda(P)\leqslant u
$$

的非零多项式 $P\in\mathbb{Z}[z_1,\cdots,z_t]$,将它称为 Mahler 阶函数.它具有下列基本性质:

(i) $O(u\mid\theta_1,\cdots,\theta_t)\leqslant O(u\mid\theta_1,\cdots,\theta_t,\varphi)$,其中$(\theta_1,\cdots,\theta_t)\in\mathbb{C}^t$, $\varphi\in\mathbb{C}$;

(ii) $O(u\mid\theta_1,\cdots,\theta_t)\leqslant O(v\mid\theta_1,\cdots,\theta_t)$,当 $u, v\in\mathbb{N}$, $u\leqslant v$;

(iii) $O(uv\mid\theta_1,\cdots,\theta_t)\geqslant O(u\mid\theta_1,\cdots,\theta_t)+O(v\mid\theta_1,\cdots,\theta_t)$,当 $u, v\in\mathbb{N}$.

因为 $\mathbb{Z}[z_1,\cdots,z_t]\subseteq\mathbb{Z}[z_1,\cdots,z_t,z_{t+1}]$,所以容易验证性质(i).又因为若$\mathbb{Z}[z_1,\cdots,z_t]$ 中非零多项式 P 满足$\Lambda(P)\leqslant u$,则必有 $\Lambda(P)\leqslant v$,故得性质(ii).为验证性质

(iii),只需注意：若非零多项式 P，$Q \in \mathbb{Z}[z_1, \cdots, z_t]$ 分别满足 $\Lambda(P) \leqslant u$，$\Lambda(Q) \leqslant v$,那么由

$$d_0(PQ) = d_0(P) + d_0(Q),$$
$$L(PQ) \leqslant L(P)L(Q)$$

可知,多项式 PQ 满足 $\Lambda(PQ) \leqslant uv$.

下文中我们用 M 表示一个无穷或有限非空的下标集，$\mathcal{N} \subseteq \mathbb{N}$ 是一个无穷集合,还用 γ，n_0，c_0 等表示与 n 无关的正常数,并约定“空和”为零.

定理 1.3.1 设数 $\theta_\mu(\mu \in M) \in \mathbb{C}$,如果对于任何非空有限集 $T \subseteq M$,均存在一组无穷复数列 $\{\theta_{\tau,n}\}_{n\in\mathcal{N}}(\tau \in T)$,一个无穷正整数列 $\{u_n\}_{n\in\mathcal{N}}$，$u_n \to \infty$ $(n \to \infty, n \in \mathcal{N})$,以及非空子集 $W \subseteq T$(一般来说,它们均与 T 有关)满足下列诸条件：

(i) 对每个 $\tau \in T$,当 $n \in \mathcal{N}$ 充分大时,有

$$\varphi_{\tau,n} = \theta_\tau - \theta_{\tau,n} \neq 0 \text{ 且 } \varphi_{\tau,n} \to 0 \ (n \to \infty, n \in \mathcal{N});$$

(ii) 对任何一组,使得当 $n \in \mathcal{N}$ 充分大时,有

$$c_{\tau,n} = p_\tau(\theta_{l,n}(l \in T)) \neq 0$$

的多项式 $p_\tau \in \mathbb{Z}[z_l(l \in T)]$ $(\tau \in W)$,均有

$$\omega_n = \sum_{\tau\in W} c_{\tau,n}\varphi_{\tau,n} \neq 0 \quad (n \in \mathcal{N}\text{充分大}),$$

$$\sum_{l\in T\setminus W} |\varphi_{l,n}| + \sum_{l\in W} |\varphi_{l,n}|^2 = o(|\omega_n|) \ (n \to \infty, n \in \mathcal{N});$$

(iii) 当 $n \in \mathcal{N}$，$n \geqslant n_0(T)$ 时,有

$$\sum_{l\in W} |\varphi_{l,n}| \leqslant \gamma(T)\exp(-O(u_n \mid \theta_{\tau,n}(\tau \in T))),$$

那么 $\theta_\mu(\mu \in M)$ 代数无关.

证 只需证明 $\theta_\mu(\mu \in M)$ 中任意有限个数均代数无关,不妨记这有限个数为 θ_1，$\cdots$，θ_s,并对 s 用归纳法.

如果 $s = 1$,将这个数记为 θ,并设 $\{\theta_n\}_{n\in\mathcal{N}}$ 和 $\{u_n\}_{n\in\mathcal{N}}$ 是两个无穷序列,满足条件(i),(ii),(iii).特别地,子集 $W = T$,并且条件(i)蕴含条件(ii).设存在非常数多项式

$$P_1 = \sum_{i=0}^{d} a_i z^i \in \mathbb{Z}[z]$$

满足 $P_1(\theta) = 0$,则有

$$|P_1(\theta_n)| = |P_1(\theta_n) - P_1(\theta)| \leqslant c_1 |\theta - \theta_n|. \qquad (1.3.1)$$

由条件(iii)和式(1.3.1)知,当 $n \in \mathcal{N}$ 充分大时,有

$$| P_1(\theta_n) | \leqslant c_2 \exp(-O(u_n \mid \theta_n)). \quad (1.3.2)$$

因 P_1 的零点个数有限,且依条件(i),$\theta_n \neq \theta$ (n 充分大),故当 $n \in \mathcal{N}$ 充分大时,$P_1(\theta_n) \neq 0$,于是由式(1.3.2)得

$$O(u \mid \theta_n) \geqslant -\log c_2 + O(u_n \mid \theta_n), \quad (1.3.3)$$

此处 $u = \Lambda(P_1)$.但对大的 n 有 $u_n \geqslant u^2$,故得

$$2O(u \mid \theta_n) \leqslant O(u^2 \mid \theta_n) \leqslant O(u_n \mid \theta_n). \quad (1.3.4)$$

由式(1.3.3)和式(1.3.4)可知,当 n 充分大时,$O(u \mid \theta_n) \leqslant \log c_2$,或

$$| P_1(\theta_n) | \geqslant c_2^{-1} > 0.$$

由条件(i)知,这与式(1.3.1)矛盾,因此 θ 代数无关(亦即 θ 是超越数).

现在设 $s \geqslant 2$.若 $\theta_1, \cdots, \theta_s$ 代数相关,则存在 $T \subseteq \{1, \cdots, s\}$ 使 θ_τ ($\tau \in T$) 代数相关,但 T 的任何真子集 T_1 均使 θ_τ ($\tau \in T_1$) 代数无关.不妨设 $T = \{1, \cdots, t\}$,且 $1 < t \leqslant s$.由假设知,有 t 个无穷复数列

$$\{\theta_{\tau, n}\}_{n \in \mathcal{N}} \quad (\tau = 1, \cdots, t),$$

正整数列 $\{u_n\}_{n \in \mathcal{N}}$ 及集合 $W \subseteq T$ 满足定理中的诸条件.不妨设 $W = \{1, \cdots, w\}$ ($w \leqslant t$).设 $P \in \mathbb{Z}[z_1, \cdots, z_t]$ 是适合 $P(\theta_1, \cdots, \theta_t) = 0$ 的具有最小的 $d_0(P)$ 的非零多项式,那么由 Taylor 展开得

$$\begin{aligned}
& -P(\theta_{1,n}, \cdots, \theta_{t,n}) \\
&\quad = P(\theta_1, \cdots, \theta_t) - P(\theta_{1,n}, \cdots, \theta_{t,n}) \\
&\quad = \sum_{l=1}^{t} \frac{\partial P}{\partial z_l}(\theta_{1,n}, \cdots, \theta_{t,n}) \varphi_{l,n} \\
&\qquad + \sum_{\substack{j_1 + \cdots + j_t \geqslant 2 \\ j_i \geqslant 0}} \frac{1}{j_1! \cdots j_t!} \frac{\partial^{j_1 + \cdots + j_t}}{\partial z_1^{j_1} \cdots \partial z_t^{j_t}} P(\theta_{1,n}, \cdots, \theta_{t,n}) \varphi_{1,n}^{j_1} \cdots \varphi_{t,n}^{j_t} \\
&\quad = \sum_{l=1}^{w} \frac{\partial P}{\partial z_l}(\theta_{1,n}, \cdots, \theta_{t,n}) \varphi_{l,n} + O\Big(\sum_{l=w+1}^{t} | \varphi_{l,n} |\Big) + O\Big(\sum_{l=1}^{w} | \varphi_{l,n} |^2\Big). \quad (1.3.5)
\end{aligned}$$

其中,“O”中的常数与 n 无关(下同).由 T 的定义及 $d_0(P)$ 的极小性,从条件(i)知,当 $n \in \mathcal{N}$ 充分大时,有

$$\frac{\partial P}{\partial z_l}(\theta_{1,n}, \cdots, \theta_{t,n}) \neq 0 \quad (l = 1, \cdots, w),$$

所以由条件(ii)推出,当 $n \in \mathcal{N}$ 充分大时,有 $P(\theta_{1,n}, \cdots, \theta_{t,n}) \neq 0$,从而由式(1.3.5)得到

$$0 < |P(\theta_{1,n}, \cdots, \theta_{t,n})| \leqslant c_3 \sum_{l=1}^{w} |\varphi_{l,n}| \quad (n \in \mathcal{N}\text{充分大}).$$

设 $\Lambda(P) = u$,由上式知,当 $n \in \mathcal{N}$充分大时,有

$$O(u \mid \theta_{1,n}, \cdots, \theta_{t,n}) \geqslant -\log c_3 - \log\Big(\sum_{l=1}^{w} |\varphi_{l,n}|\Big),$$

结合条件(iii),我们得当 $n \in \mathcal{N},\ n \geqslant n_1$ 时,有

$$O(u \mid \theta_{1,n}, \cdots, \theta_{t,n}) \geqslant -\log(c_3\gamma) + O(u_n \mid \theta_{1,n}, \cdots, \theta_{t,n}).$$

取 n 充分大可使 $u_n \geqslant u^2$,于是可仿 $s = 1$ 的情形得出矛盾. □

定理 1.3.1 有下列等价形式,在某些情况下更便于应用.

定理 1.3.2 设 $\theta_\mu(\mu \in M) \in \mathbb{C}$,且对于任何非空有限集 $T \subseteq M$,均存在一组无穷复数列 $\{\theta_{\tau,n}\}_{n\in\mathcal{N}}(\tau \in T)$ 及非空子集 $W \subseteq T$(它们均与 T 有关)满足定理1.3.1中的条件(i),(ii),并且还满足下列条件:

(iii) 对任意 $u \in \mathbb{N}$,当 $n \geqslant n_0(T, u),\ n \in \mathcal{N}$时,有

$$\sum_{l\in W} |\varphi_{l,n}| \leqslant \gamma(T)\exp(-O(u \mid \theta_{\tau,n}(\tau \in T))),$$

那么数 $\theta_\mu(\mu \in M)$ 代数无关.

证 我们来验证定理 1.3.1 中的条件(iii)在此成立,即

(iii)$'$ 存在无穷正整数列 $\{u_n\}_{n\in\mathcal{N}'},\ u_n \to \infty\ (n \to \infty,\ n \in \mathcal{N}')$,使得当 $n \geqslant n'_0(T),\ n \in \mathcal{N}'$ 时,有

$$\sum_{l\in W} |\varphi_{l,n}| \leqslant \gamma(T)\exp(-O(u_n \mid \theta_{\tau,n}(\tau \in T))). \tag{1.3.6}$$

取任意无穷正整数列 $a_1 < a_2 < a_3 < \cdots$,首先令

$$n_1 = \min\{n \mid n \in \mathcal{N},\ n \geqslant n_0(T, a_1)\},$$

那么由条件(iii)得

$$\sum_{l\in W} |\varphi_{l,n_1}| \leqslant \gamma(T)\exp(-O(a_1 \mid \theta_{\tau,n_1}(\tau \in T))).$$

一般地,设 $t \geqslant 1$, 若 $n_1, \cdots, n_t$ 已定义,则令

$$n_{t+1} = \min\{n \mid n \in \mathcal{N},\ n > n_t,\ n \geqslant n_0(T, a_{t+1})\},$$

那么由条件(iii)推出

$$\sum_{l\in W} |\varphi_{l,n_{t+1}}| \leqslant \gamma(T)\exp(-O(a_{t+1} \mid \theta_{\tau,n_{t+1}}(\tau \in T))).$$

令 $\mathscr{N}' = \{n_1, n_2, n_3, \cdots\}$,并定义序列 $\{u_n\}_{n\in\mathscr{N}'}$ 如下:

$$u_{n_t} = a_t \quad (t = 1, 2, \cdots).$$

还记 $n_0'(T) = n_0(T, a_1)$,那么式(1.3.6)成立.又显然条件(i),(ii)对 $n \in \mathscr{N}'$ 也成立,于是由定理1.3.1得到定理1.3.2. □

注1.3.1 由阶函数性质(ii),显然定理1.3.1中的条件(iii)蕴含定理1.3.2中的条件(iii),因此定理1.3.1和定理1.3.2等价.

注1.3.2 由定理1.3.1的证明可知,定理1.3.1和定理1.3.2中的条件(ii)可以换成下述条件:

(ii)′ 对任何给定的由非零复数组成的数组 $\{\varepsilon_l(l \in W)\}$,有

$$\omega_n = \sum_{l\in W}\varepsilon_l\varphi_{l,n} \neq 0 \quad (n \geqslant n_1(\varepsilon_l),\ n \in \mathscr{N}),$$

并且

$$\sum_{l\in T\setminus W} |\varphi_{l,n}| + \sum_{l\in W} |\varphi_{l,n}|^2 = o(|\omega_n|)\ (n \to \infty,\ n \in \mathscr{N}).$$

现在给出上述定理的一些推论.

因为在定理1.3.1(或定理1.3.2)中对每个 $n \geqslant n_2,\ n \in \mathscr{N}$,数 $\max_{\tau\in T} |\varphi_{\tau,n}|$ 只能在一个下标上达到,因而当 $n \in \mathscr{N}$ 充分大时,存在下标 τ_0 使 $\max_{\tau\in T} |\varphi_{\tau,n}| = |\varphi_{\tau_0,n}|$.在定理中取 $W = \{\tau_0\}$,即得下列特殊的判别法,适用于某些特殊情形.

推论1.3.1 设 $\theta_\mu(\mu \in M) \in \mathbb{C}$.如果对于任何非空有限集 $T \subseteq M$,均存在一组无穷复数列 $\{\theta_{\tau,n}\}_{n=1}^{\infty}(\tau \in T)$ 及一个无限正整数列 $\{u_n\}_{n=1}^{\infty}$, $u_n \to \infty\ (n \to \infty)$(它们均与 T 有关),具有下列性质:

(i) $\lim_{n\to\infty}\theta_{\tau,n} = \theta_\tau$, $|\theta_{\tau,n} - \theta_\tau| > 0\ (n \geqslant n_0,\ \tau \in T)$;

(ii) $\sum_{\tau\in T} |\theta_{\tau,n} - \theta_\tau| \sim \max_{\tau\in T} |\theta_{\tau,n} - \theta_\tau|\ (n \to \infty)$;

(iii) $\max_{\tau\in T} |\theta_{\tau,n} - \theta_\tau| \leqslant \gamma\exp(-O(u_n\,|\,\theta_{\tau,n}(\tau \in T)))\ (n \geqslant n_0)$,此处 $\gamma = \gamma(T)$, $n_0 = n_0(T)$,那么 $\theta_\mu(\mu \in M)$ 代数无关.

如果限定逼近数列由代数数组成,则有下述推论:

推论1.3.2 设 $\theta_1, \cdots, \theta_s$ 是给定复数,$\sigma(n)$ 是 $n \in \mathscr{N}$ 的函数,$\sigma(n) \to \infty\ (n \to \infty,\ n \in \mathscr{N})$.还设对每个 $t \in \{1, \cdots, s\}$ 存在 t 个代数数列 $\{\theta_{\tau,n}\}_{n\in\mathscr{N}}(\tau = 1, \cdots, t)$ 及一个下标 $w = w(t)$, $1 \leqslant w < t$,使对任何非零代数数组 $\{c_{w+1}, \cdots, c_t\}$,不等式

$$0 < \gamma_1\sigma(n)\Big(\sum_{\tau=1}^{w}\varepsilon_\tau |\varphi_{\tau,n}| + \varepsilon_0\sum_{\tau=w+1}^{t} |\varphi_{\tau,n}|^2\Big)$$

$$\leqslant \left| \sum_{\tau=w+1}^{t} c_\tau \varphi_{\tau,n} \right|$$

$$\leqslant \gamma_2 \exp\left(-\sigma(n)[\mathbb{Q}(\theta_{1,n}, \cdots, \theta_{t,n}) : \mathbb{Q}] \sum_{\tau=1}^{t} \frac{t(\theta_{\tau,n})}{\deg(\theta_{t,n})} \right) \tag{1.3.7}$$

当 $n \geqslant n_3 (n \in \mathcal{N})$ 时成立,此处 $\varepsilon_i \in \{0, 1\}$ 不全为零,γ_1, γ_2 及 n_3 仅与 t 和c_τ 有关,并且对于代数数 α, $t(\alpha) = \log H(\alpha) + \deg(\alpha)$ 是 α 的规格,$H(\alpha)$ 和 $\deg(\alpha)$ 是 α 的高和次数,那么 $\theta_1, \cdots, \theta_s$ 代数无关.

证 对任何集合 $T = \{i_1, \cdots, i_l\}$, $i_1 < i_2 < \cdots < i_l$ 且 $1 \leqslant l \leqslant s$,因为 $T \subseteq \{1, 2, \cdots, i_l\}$,所以由推论的假设可知,存在整数 $w(w < i_l)$,使不等式(1.3.7)(其中,$t = i_l$) 成立.令 $w = \{i_1, \cdots, i_l\} \cap \{w+1, w+2, \cdots, i_l\}$.在式(1.3.7) 中取 $c_\tau = 0$(若 $\tau \notin W$) 而其余的 c_τ(亦即 $\tau \in W$) 全不为零,并适当取 ε_i,即可由式(1.3.7) 左半推出定理 1.3.1 的条件(i)(ii) 在此成立.应用 Liouville 估计容易从式(1.3.7) 右半推出定理 1.3.1(或定理 1.3.2) 的条件(iii) 也成立. □

推论 1.3.3 设 $\theta_1, \cdots, \theta_s$ 是给定复数,$g(n)$ 是 $n \in \mathcal{N}$的函数,$g(n) \to \infty$ $(n \to \infty$, $n \in \mathcal{N})$.如果对于每个 $t \in \{1, \cdots, s\}$ 存在 t 个代数数列$\{\theta_{\tau,n}\}_{n \in \mathcal{N}} (\tau = 1, 2, \cdots, t)$ 使不等式

$$g(n) \sum_{\tau=1}^{t-1} |\varphi_{\tau,n}| < |\varphi_{t,n}| \leqslant \exp\left(-g(n)[\mathbb{Q}(\theta_{1,n}, \cdots, \theta_{\tau,n}) : \mathbb{Q}] \sum_{\tau=1}^{t} \frac{t(\theta_{\tau,n})}{\deg(\theta_{\tau,n})} \right) \tag{1.3.8}$$

当 $n \geqslant n_4$, $n \in \mathcal{N}$时成立,那么 $\theta_1, \cdots, \theta_s$ 代数无关.

证 在推论 1.3.3 中对每个 t,令 $w = w(t) = t - 1$,并取 $\sigma(n) = \min\limits_{1 \leqslant t \leqslant s} \min(g(n), |\varphi_{1,n}|^{-1}, \cdots, |\varphi_{t,n}|^{-1})$ $(n \in \mathcal{N}, n \geqslant n_5)$,那么由式(1.3.8) 推出式(1.3.7) 成立. □

最后,当集合 $M = \{1\}$ 时,可得超越性判别法则,例如:

推论 1.3.4 设 $\theta \in \mathbb{C}$,且存在由不同复数组成的无穷数列$\{\theta_n\}_{n=1}^{\infty}$ 满足条件:

(i) $\lim\limits_{n \to \infty} \theta_n = \theta$;

(ii) 对任意 $u \in \mathbb{N}$,当 $n \geqslant n_0(u)$ 时,有

$$|\theta_n - \theta| \leqslant \gamma \exp(-O(u \mid \theta_n)),$$

则 θ 为超越数.

从下节起我们将给出定理 1.3.1(或定理 1.3.2)的一些应用.

1.4 代数系数缺项级数值的代数无关性

设$\mathbb{A}$是代数数集.我们考虑缺项级数

$$F(z)=\sum_{k=0}^{\infty}f_kz^k, \tag{1.4.1}$$

其中,所有系数 $f_k\in\mathbb{A}$,并且存在递增正整数列$\{\lambda_n\}_{n=1}^{\infty}$和$\{\mu_n\}_{n=1}^{\infty}$满足条件

$$0=\lambda_1\leqslant\mu_1<\lambda_2\leqslant\mu_2<\cdots<\lambda_n\leqslant\mu_n<\cdots,$$

使得当 $n=1, 2, \cdots$ 时,有

$$f_k=0\quad(\mu_n<k<\lambda_{n+1}),$$

$$f_{\mu_n}\neq0,\quad f_{\lambda_{n+1}}\neq0.$$

对于 $k=1, 2, \cdots$,令

$$P_k(z)=\sum_{j=\lambda_k}^{\mu_k}f_jz^j,\quad p_k(z)=P_k(z)z^{-\lambda_k}.$$

于是

$$F(z)=\sum_{k=1}^{\infty}P_k(z)=\sum_{k=1}^{\infty}p_k(z)z^{\lambda_k}.$$

对于 $l\geqslant0$, $k=1, 2, \cdots$,还记

$$P_{l,k}(z)=z^lP_k^{(l)}(z),\quad p_{l,k}(z)=P_{l,k}z^{-\lambda_k},$$

其中,$f^{(l)}(z)$ 表示 $f(z)$ 的 l 阶导数.

我们还设级数(1.4.1)有正的收敛半径 R.另外,对于代数数 α,令$\overline{|\alpha|}=\max\{1,|\alpha^{(1)}|, \cdots, |\alpha^{(d)}|\}$,其中,$\alpha^{(1)}=\alpha, \cdots, \alpha^{(d)}$ 是 α 的所有共轭元;用 $\mathrm{den}(\alpha, \beta, \cdots)$ 表示代数数 $\alpha, \beta, \cdots$ 的最小公分母,亦即使 $m\alpha, m\beta, \cdots$ 均为代数整数的最小的 $m\in\mathbb{N}$,而 $\mathrm{den}(\alpha)$ 则称 α 的最小分母.

我们首先研究缺项级数(1.4.1)在代数数上值的代数无关性.

定理 1.4.1 设级数(1.4.1)如上述,$f_k\in\mathbb{K}$(数域),并且

$$\lim_{n\to\infty}(\mu_n+\log A_n+\log M_n)/\lambda_{n+1}=0, \tag{1.4.2}$$

其中，$A_n = \max\limits_{0\leqslant k\leqslant \mu_n} \overline{|f_k|}$，$M_n = \operatorname{den}(f_0, f_1, \cdots, f_{\mu_n})$.如果存在无穷集合 $\mathcal{N}\subseteq \mathbb{N}$ 使得

$$\deg p_n(z) = 0 \quad (n \in \mathcal{N}), \tag{1.4.3}$$

那么对于代数数 $\alpha_1, \cdots, \alpha_s$，$0<|\alpha_\nu|<R$ $(1\leqslant \nu\leqslant s)$ 且 α_i/α_j $(i\neq j)$ 不是单位根,数 $F^{(l)}(\alpha_\nu)$ $(l\geqslant 0, 1\leqslant \nu\leqslant s)$ 代数无关.

注 1.4.1 实际上,式(1.4.2)只需对 $n\in\mathcal{N}$ 成立.

证明定理1.4.1之前,先给出下列辅助结果：

引理 1.4.1 设 $0<|\alpha|<R$,则级数 $\sum\limits_{k=1}^{\infty} p_k(\alpha) z^{\lambda_k}$ 的收敛半径 $\geqslant R$.

证 若 $0<|\beta|<R$,则

$$|p_k(\alpha)||\beta|^{\lambda_k} < \sum_{j=\lambda_k}^{\mu_k} |f_j| \max\{|\alpha|, |\beta|\}^j,$$

因为 $|\alpha|$, $|\beta|$ 均 $<R$,所以级数 $\sum\limits_{k=1}^{\infty} |p_k(\alpha)||\beta|^{\lambda_k}$ 收敛. □

引理 1.4.2 若 α 是非零代数数,则

$$|\alpha| \geqslant (\max(\overline{|\alpha|}, \operatorname{den}(\alpha)))^{-2d(\alpha)},$$

其中, $d(\alpha)$ 是 α 的次数,$\operatorname{den}(\alpha)$ 是 α 的最小分母.

(见《超越数:基本理论》第1章引理1.1.2.)

引理 1.4.3(K. Nishioka[90]不等式) 设 $\mathcal{N}\subseteq\mathbb{N}$ 是一个无穷集,$\gamma_1, \cdots, \gamma_s$ 是数域$\mathbb{K}$中的非零元,并且 γ_i/γ_j $(i\neq j)$ 不是单位根.如果数组$(a_{1,n}, \cdots, a_{s,n})\in\mathbb{K}^s$ $(n\in\mathcal{N})$ 满足下列条件：

(i) $a_{1,n}\neq 0$ 对任何 $n\in\mathcal{N}$;

(ii) $h(a_{i,n}) = o(n)$ $(n\to\infty, n\in\mathcal{N})$ $(i=1, \cdots, s)$,

其中, $h(\alpha)$ 表示$\alpha\in\mathbb{K}$的绝对对数高,那么对于任何固定的$\theta(0<\theta<1)$,当 $n\in\mathcal{N}$充分大时,有

$$|a_{1,n}\gamma_1^n + \cdots + a_{s,n}\gamma_s^n| \geqslant (\theta|\gamma_1|)^n.$$

(见本章附录1.)

定理 1.4.1 之证 只需证明对于任何固定的 $L\geqslant 0$,数 $\theta_{l,\nu} = \alpha_\nu^l F^{(l)}(\alpha_\nu)$ $(0\leqslant l\leqslant L, 1\leqslant\nu\leqslant s)$ 代数无关.设 $M = \{(l,\nu) \mid 0\leqslant l\leqslant L, 1\leqslant\nu\leqslant s\}\subseteq\mathbb{Z}^2$,$T$ 是 M 的任意非空子集.对于满足$(l,\nu)\in T$ 的α_ν,改记为 $\xi_1, \cdots, \xi_t$,并设

$$|\xi_1| = \cdots = |\xi_q| > |\xi_{q+1}| \geqslant \cdots \geqslant |\xi_k|, \tag{1.4.4}$$

其中, ξ_i/ξ_j $(i\neq j)$ 不是单位根.由引理1.4.1知,级数 $\sum\limits_{k=1}^{\infty} p_{l,k}(\xi_\nu) z^{\lambda_k}$ 在区域$|z|<R$ 中

收敛. 对于$(l, \nu) \in T$,记

$$\theta_{l,\nu,n} = \sum_{k=1}^{n-1} p_{l,k}(\xi_\nu)\xi_\nu^{\lambda_k},$$

$$\varphi_{l,\nu,n} = \theta_{l,\nu} - \theta_{l,\nu,n} \quad (n = 1, 2, \cdots).$$

注意式(1.4.3),我们有

$$\varphi_{l,\nu,n} = D_l(\lambda_n)f_{\lambda_n}\xi_\nu^{\lambda_n} + O(\theta^{\lambda_{n+1}}) \quad (n \in \mathcal{N}), \tag{1.4.5}$$

其中,$0<\theta<1$, $D_l(z) = z(z-1)\cdots(z-l+1)\ (l>0)$, $D_0(z) = 1$. 此处及下文"O"中常数与n无关. 由引理1.4.2及式(1.4.2)得

$$\theta^{\lambda_{n+1}} = O(|f_{\lambda_n}|(\theta|\xi_\nu|)^{\lambda_n}) \quad (1 \leqslant \nu \leqslant t). \tag{1.4.6}$$

令$W = \{(l, \nu) \mid (l, \nu) \in T, \nu \in \{1, \cdots, q\}\}$, $V = \{\nu \mid (l, \nu) \in W\}$以及$L_\nu = \{l \mid (l, \nu) \in W\}\ (\nu \in V)$. 设$q_{(l,\nu)} \in \mathbb{Z}[z_{(u,v)}((u, v) \in T)]((l, \nu) \in W)$是任一组多项式,满足$q_{(l,\nu)}(\theta_{u,v}((u, v) \in T)) \neq 0$(因而,当$n \in \mathcal{N}$充分大时,$q_{(l,\nu)}$在$\theta_{u,v,n}((u, v) \in T)$上的值也不为零),记$c_{l,\nu,n} = q_{(l,\nu)}(\theta_{u,v,n}((u, v) \in T))((l, \nu) \in W)$,以及$\omega_n = \sum_{(l,\nu)\in W} c_{l,\nu,n}\varphi_{l,\nu,n}(n \in \mathcal{N})$. 我们来验证定理1.3.1中的条件(ii).

由式(1.4.5)和式(1.4.6)得

$$\omega_n = \sum_{\nu\in V} c_{\nu,n}^* f_{\lambda_n}\xi_\nu^{\lambda_n} + O(|f_{\lambda_n}|(\theta|\xi_1|)^{\lambda_n}),$$

其中,$c_{\nu,n}^* = \sum_{l\in L_\nu} c_{l,\nu,n}D_l(\lambda_n)(\nu \in V)$. 设$l^* = \max_{l\in L_1} l$,那么

$$c_{1,n}^* \sim c_{l^*,1,n}D_{l^*}(\lambda_n) \quad (n \to \infty),$$

因而,$c_{1,n}^* \neq 0$(当n充分大). 由引理1.4.3并应用式(1.4.2)可知,对于适合$\max(\theta, |\xi_{q+1}/\xi_1|) < \theta_1 < 1$的数$\theta_1$,当$n \geqslant n_1$时,有

$$|\omega_n| \geqslant |f_{\lambda_n}|(\theta_1^{\lambda_n} - c_1\theta^{\lambda_n})|\xi_1|^{\lambda_n} > 0, \tag{1.4.7}$$

其中,c_1(及下文c_2等)是与n无关的正常数. 不妨设$W \neq T$. 从式(1.4.5)~式(1.4.7)可知,对于$(l, \nu) \in T \backslash W$,有

$$\frac{|\varphi_{l,\nu,n}|}{|\omega_n|} \leqslant \frac{D_l(\lambda_n)|\xi_{q+1}|^{\lambda_n} + O((|\xi_1|\theta)^{\lambda_n})}{(\theta_1^{\lambda_n} - c_1\theta^{\lambda_n})|\xi_1|^{\lambda_n}}$$
$$\to 0 \quad (n \to \infty, n \in \mathcal{N}),$$

以及对于$(l, \nu) \in W$,有

$$\frac{|\varphi_{l,\nu,n}|^2}{|\omega_n|} \leqslant \frac{O(\theta^{\lambda_n})(D_l(\lambda_n)|\xi_1|^{\lambda_n} + O((\theta|\xi_1|)^{\lambda_n}))}{(\theta_1^{\lambda_n} - c_1\theta^{\lambda_n})|\xi_1|^{\lambda_n}}$$

$$\to 0\ (n\to\infty,\ n\in\mathcal{N}).$$

因此定理 1.3.1 的条件(ii)被验证.

为验证定理 1.3.1 中的条件(iii),定义

$$\beta_0=1,\quad \beta_n=\frac{\mu_n+\log\hat{A}_n+\log\hat{M}_n)}{\lambda_{n+1}}\quad (n\in\mathcal{N}),$$

其中

$$\hat{A}_n=\max\{\overline{|p_{l,k}(\alpha_\nu)|}\mid 1\leqslant\nu\leqslant s,\ 0\leqslant l\leqslant L,\ 1\leqslant k\leqslant n\},$$

$$\hat{M}_n=\mathrm{den}(p_{l,k}(\alpha_\nu)\ (1\leqslant\nu\leqslant s,\ 0\leqslant l\leqslant L,\ 1\leqslant k\leqslant n)),$$

那么 $\beta_n\neq 0$. 现在证明当 $n\in\mathcal{N}$时,有

$$O(u\mid\theta_{l,\nu,n}(0\leqslant l\leqslant L,\ 1\leqslant\nu\leqslant s))\leqslant c_2(\mu_{n-1}+\log\hat{A}_{n-1}+\log\hat{M}_{n-1})\log u. \tag{1.4.8}$$

为此设 $m=sL$,令

$$P(z_1,\cdots,z_m)=\sum_{i_1=0}^{d_1}\cdots\sum_{i_m=0}^{d_m}p_{i_1,\cdots,i_m}z_1^{i_1}\cdots z_m^{i_m},$$

其中,$p_{i_1,\cdots,i_m}\in\mathbb{Z}$,$P$ 关于 z_ν 的次数为$d_\nu(1\leqslant\nu\leqslant m)$,且 $\Lambda(P)=2^{d_0(P)}L(P)\leqslant u$. 于是

$$d(P)\leqslant c_3\log u,\quad L(P)\leqslant u. \tag{1.4.9}$$

记

$$\alpha=P(\theta_{l,\nu,n}(0\leqslant l\leqslant L,\ 1\leqslant\nu\leqslant s)).$$

若 $\alpha\neq 0$,则 $\deg(\alpha)\leqslant c_4$, 且

$$\mathrm{den}(\alpha)\leqslant(c_5^{\lambda_{n-1}}\hat{M}_{n-1})^{d(P)},\quad \overline{|\alpha|}\leqslant L(P)\ ((n-1)\hat{A}_{n-1}c_6^{\lambda_{n-1}})^{d_0(P)}.$$

由引理 1.4.2 及式(1.4.9) 即得式(1.4.8). 又因为

$$\hat{A}_n\leqslant\mu_n c_7^{\mu_n}A_n,\quad \hat{M}_n\leqslant c_8^{\mu_n}M_n,$$

因此由式(1.4.2)得到

$$\beta_n\to 0\ (n\to\infty,\ n\in\mathcal{N}).$$

取 $u_n(T)=[\exp(1/\sqrt{\beta_{n-1}})]\ (n\in\mathcal{N})$,注意由式(1.4.5) 得

$$\sum_{(l,\nu)\in W}|\varphi_{l,\nu,n}|\leqslant c_9\theta^{\lambda_n}\quad (n\in\mathcal{N}),$$

其中，$0<\theta<1$. 于是由式(1.4.2) 和式(1.4.8) 可推出，当 $n\in\mathcal{N}$充分大时，有

$$\sum_{(l,\nu)\in W}|\varphi_{l,\nu,n}|\leqslant\gamma\exp(-O(u_n\mid\theta_{l,\nu,n}((l,\nu)\in T))),$$

即定理 1.3.1 的条件(iii)在此成立. □

对于级数(1.4.1)的特殊情形

$$f(z)=\sum_{k=0}^{\infty}b_kz^{e_k},\tag{1.4.10}$$

其中，$\{e_k\}_{k=0}^{\infty}$ 是严格递增自然数列，$b_k\in\mathbb{K}$ 全不为零，并设式(1.4.10) 有收敛半径 r. 记

$$a_n=\max(\overline{|b_0|},\overline{|b_1|},\cdots,\overline{|b_n|}),$$

$$m_n=\operatorname{den}(b_0,b_1,\cdots,b_n)\quad(n\geqslant 0).$$

我们由定理 1.4.1 得到：

推论 1.4.1 设级数(1.4.10)满足

$$\lim_{n\to\infty}\frac{e_n+\log a_n+\log m_n}{e_{n+1}}=0,$$

而 $\alpha_1,\cdots,\alpha_s$ 是代数数，$0<|\alpha_\nu|<r\ (1\leqslant\nu\leqslant s)$，$\alpha_i/\alpha_j(i\neq j)$ 不是单位根，则 $f^{(l)}(\alpha_\nu)$ $(l\geqslant 0,1\leqslant\nu\leqslant s)$ 代数无关.

注 1.4.2 由推论 1.4.1 可知，级数 $f_0(z)=\sum_{n=0}^{\infty}z^{n!}$ 及其各阶导数在代数数 $\alpha_\nu(0<|\alpha_\nu|<1,\alpha_i/\alpha_j(i\neq j)$ 不是单位根）上的值代数无关，这就是所谓的 Masser 猜想，K. Nishioka[87] 首先给出它的一种证明.

现在考虑级数(1.4.1)在超越数上的值的代数无关性. 我们称超越数 ξ 有超越性度量 $\varphi(d,\log H)$，如果对于任何次数 $\leqslant d$，高 $\leqslant H$ 的非零多项式$P\in\mathbb{Z}[z]$ 均有不等式

$$|P(\xi)|\geqslant\varphi(d,H).$$

我们记 $\psi(d,\log H)=-\log\varphi(d,H)$，于是上式可以改写为

$$\log|P(\xi)|\geqslant\exp(-\psi(d,\log H)).$$

定理 1.4.2 设级数(1.4.1)如上述，但其中 $f_k\in\mathbb{A}$，并且式(1.4.3) 成立. 还设 ξ 是一个超越数，具有超越性度量 $\exp(-\psi(d,\log H))$. 如果存在一个无穷正整数列$\{u_n\}_{n=1}^{\infty}$ 适合

$$\lim_{n\to\infty}\psi(D_n\mu_n(\log u_{n+1})^2,D_n(\log u_{n+1})^2\log(\mu_nA_nM_n))/\lambda_{n+1}=0,\tag{1.4.11}$$

其中，A_n，M_n 同定理 1.4.1，$D_n=[\mathbb{Q}(f_0,\cdots,f_{\mu_n}):\mathbb{Q}]$，那么数 $F^{(l)}(\xi^\mu)$ $(l\geqslant 0,\mu\in$

M_0) 代数无关，其中 M_0 为集合$\{\mu \mid \mu \in \mathbb{Z}, \mu \leqslant m\}$(若 $|\xi|>1$)，或$\{\mu \mid \mu \in \mathbb{Z}, \mu \geqslant m\}$(若 $|\xi|<1$)；而整数 m 由下式定义：$|\xi|^m < R \leqslant |\xi|^{m+1}$(若 $|\xi|>1$)，或 $|\xi|^m < R \leqslant |\xi|^{m-1}$(若 $|\xi|<1$).

证 先设 $|\xi|>1$，于是

$$|\xi|^m < R \leqslant |\xi|^{m+1}. \tag{1.4.12}$$

对于任何固定的 $l^* \geqslant 0$, $m^* \leqslant m$，令 $M = \{(l, \mu) \mid 0 \leqslant l \leqslant l^*, \ m^* \leqslant \mu \leqslant m\} \subseteq \mathbb{Z}^2$. 我们证明数 $F^{(l)}(\xi^\mu)$ ($(l, \mu) \in M$) 代数无关. 设 T 是 M 的任意非空子集，对$(l, \mu) \in T$ 定义

$$\theta_{l,\mu,n} = \sum_{k=1}^{n-1} P_k^{(l)}(\xi^\mu), \quad \varphi_{l,\mu,n} = F^{(l)}(\xi^\mu) - \theta_{l,\mu,n}.$$

类似于定理 1.4.1 的证明，注意条件(1.4.3)，可知当 $(l, \mu) \in T$ 时，有

$$\varphi_{l,\mu,n} = D_l(\lambda_n) f_{\lambda_n} \xi^{\mu\lambda_n - \mu l} + O(\theta^{\lambda_{n+1}}) \quad (0<\theta<1, \ n \in \mathcal{N}). \tag{1.4.13}$$

设 $m_0 = \max\limits_{(l,\mu)\in T} \mu$, $L = \{l \mid (l, m_0) \in T\}$, $W = \{(l, m_0) \mid l \in L\}$. 定义

$$\omega_n = \sum_{l\in L} c_{l,m_0} \varphi_{l,m_0,n} \quad (n \in \mathcal{N}),$$

其中，$\{c_{l,m_0} (l \in L)\}$ 是任意非零复数组成的数组. 记

$$p_n^* = \sum_{l\in L} c_{l,m_0} D_l(\lambda_n) \xi^{-m_0 l} \quad (n \in \mathcal{N}),$$

那么 $p_n^* \neq 0$ 且

$$|p_n^*| > c_{10}. \tag{1.4.14}$$

由式(1.4.13)得

$$\omega_n = p_n^* f_{\lambda_n} \xi^{m_0\lambda_n} + O(\theta^{\lambda_{n+1}}) \quad (0<\theta<1, n \in \mathcal{N}). \tag{1.4.15}$$

因为当 $d \geqslant d_0$ 时，$\psi(d, \log H) \geqslant -c_{11} d + d\log H$，当 n 充分大时，我们有

$$\begin{aligned} &\psi(D_n\mu_n(\log u_{n+1})^2, D_n(\log u_{n+1})^2 \log(\mu_n A_n M_n)) \\ &\geqslant -c_{11} D_n\mu_n(\log u_{n+1})^2 + D_n^2\mu_n(\log u_{n+1})^4 \log(\mu_n A_n M_n) \\ &\geqslant c_{12} D_n^2\mu_n(\log u_{n+1})^4(\log \mu_n + \log A_n + \log M_n). \end{aligned} \tag{1.4.16}$$

从而由式(1.4.11)推出

$$\lim_{n\to\infty} D_n(\mu_n + \log A_n + \log M_n)/\lambda_{n+1} = 0.$$

据此，类似于式(1.4.6)，可以证明，当$(l, \mu) \in T$ 时，有

$$\theta^{\lambda_{n+1}} = O(|f_{\lambda_n}|(\theta|\xi|^\mu)^{\lambda_n}) \quad (0<\theta<1). \tag{1.4.17}$$

由式(1.4.13)~式(1.4.17)得到,当$(l,\mu)\in T\backslash W$时,有

$$\frac{|\varphi_{l,\mu,n}|}{|\omega_n|}\leqslant\frac{D_l(\lambda_n)|\xi|^{\mu\lambda_n-\mu l}+O((\theta|\xi|^{\mu})^{\lambda_n})}{|p_n^*||\xi|^{m_0\lambda_n}-O((\theta|\xi|^{m_0})^{\lambda_n})}$$
$$\to 0\ (n\to\infty,\ n\in\mathcal{N}),$$

而当$(l,\mu)\in W$时,有

$$\frac{|\varphi_{l,\mu,n}|^2}{|\omega_n|}\leqslant\frac{O(\theta^{\lambda_n})(D_l(\lambda_n)|\xi|^{m_0\lambda_n-m_0 l}+O((\theta|\xi|^{m_0})^{\lambda_n}))}{|p_n^*||\xi|^{m_0\lambda_n}-O((\theta|\xi|^{m_0})^{\lambda_n})}$$
$$\to 0\ (n\to\infty,\ n\in\mathcal{N}).$$

因此定理1.3.1的条件(ii)被验证.

最后来验证该定理的条件(iii).设$P\in\mathbb{Z}[z_{l,\mu}((l,\mu)\in T)]$是任意非零多项式且$\Lambda(P)\leqslant u_n$.令$a=0$(若$m\geqslant 0$)或$a=|m|$(若$m<0$).那么

$$M_{n-1}^{d(P)}z^{d(P)a\mu_{n-1}}P\Big(\sum_{k=1}^{n-1}P_k^{(l)}(z^{\mu})((l,\mu)\in T)\Big)$$

是一个系数在环$\mathbb{Z}[f_0,\cdots,f_{\mu_{n-1}}]$中的多项式.我们将它记作

$$\varphi_n(f_0,\cdots,f_{\mu_{n-1}};z)=\sum_j p_j(f_0,\cdots,f_{\mu_{n-1}})z^j,$$

其中,$\varphi_n\in\mathbb{Z}[x_0,\cdots,x_{\mu_{n-1}};z]$,$p_j\in\mathbb{Z}[x_0,\cdots,x_{\mu_{n-1}}]$.易见$\varphi_n$关于$z$的次数$\deg_z(\varphi_n)\leqslant c_{13}\mu_{n-1}d(P)\leqslant c_{14}\mu_{n-1}\log u_n$,$p_j$中的项数$\lambda\leqslant d(P)^{l^*m}(1+\mu_{n-1})^{d(P)}\leqslant\exp(c_{15}(\log u_n)\cdot(\log\mu_{n-1}))$,$p_j$的全次数$D\leqslant d(P)\leqslant c_{16}\log u_n$,而$\varphi_n$的高

$$\begin{aligned}H(\varphi_n)&\leqslant M_{n-1}^{d(P)}H(P)(\mu_{n-1}^{l^*}(\mu_{n-1}+1))^{d(P)}\\&\leqslant\exp(c_{17}(\log u_n)(\log M_{n-1}+\log\mu_{n-1})).\end{aligned}$$

设$\sigma_j(j=1,\cdots,\Delta_n)$为$\mathbb{Q}(f_0,\cdots,f_{\mu_{n-1}})$到$\mathbb{C}$中的嵌入,那么

$$\Phi(z)=\prod_{j=1}^{\Delta_n}\sigma_j\varphi_n(f_0,\cdots,f_{\mu_{n-1}};z)$$

是$\mathbb{Z}[z]$中次数为d、高为H的非零多项式,并且当n充分大时,有

$$\begin{aligned}&d\leqslant\Delta_n\deg_z(\varphi_n)\leqslant c_{14}\Delta_n\mu_{n-1}\log u_n\leqslant D_{n-1}\mu_{n-1}(\log u_n)^2,\\&\log H\leqslant\Delta_n\log(H(\varphi_n)\cdot\lambda\cdot A_{n-1}^{D})\\&\qquad\leqslant c_{18}D_{n-1}((\log u_n)(\log M_{n-1}+\log\mu_{n-1})+(\log u_n)(\log\mu_{n-1})\\&\qquad\quad+(\log u_n)(\log A_{n-1}))\\&\qquad\leqslant(\log u_n)^2D_{n-1}(\log\mu_{n-1}+\log A_{n-1}+\log M_{n-1}).\end{aligned}$$

因此当n充分大时,有

$$
\begin{aligned}
&|\Phi(\xi)| \\
&\quad \geqslant \exp(-\psi(D_{n-1}\mu_{n-1}(\log u_n)^2,\ D_{n-1}(\log u_n)^2(\log \mu_{n-1} + \log A_{n-1} + \log M_{n-1}))).
\end{aligned}
\tag{1.4.18}
$$

另一方面，当 $(l,\mu) \in T$，$k \leqslant n-1$ 时，有

$$
\begin{aligned}
|\sigma_j P_k^{(l)}(\xi^{\mu})| &\leqslant \mu_{n-1} A_{n-1} \mu_{n-1}^{l^*} |\xi|^{\mu_{n-1} m} \\
&\leqslant \exp(c_{18}(\mu_{n-1} + \log A_{n-1})),
\end{aligned}
$$

因此

$$
\begin{aligned}
&|\sigma_j \varphi_n(f_0, \cdots, f_{\mu_{n-1}}; \xi)| \\
&\quad \leqslant M_{n-1}^{d(P)} \xi^{\mu d(P) a \mu_{n-1}} L(P)((n-1)\exp(c_{18}(\mu_{n-1} + \log A_{n-1})))^{d(P)} \\
&\quad \leqslant \exp(c_{19}(\log u_n)(\mu_{n-1} + \log A_{n-1} + \log M_{n-1})).
\end{aligned}
\tag{1.4.19}
$$

由式(1.4.18)和式(1.4.19)，并注意式(1.4.16)，可知当 n 充分大时，有

$$
\begin{aligned}
&|P(\theta_{l,\mu,n}((l,\mu) \in T))| \\
&\quad \geqslant \exp(-\psi(D_{n-1}\mu_{n-1}(\log u_n)^2,\ D_{n-1}(\log u_n)^2(\log \mu_{n-1} + \log A_{n-1} + \log M_{n-1}))) \\
&\qquad - c_{20} D_{n-1}(\log u_n)(\mu_{n-1} + \log A_{n-1} + \log M_{n-1}) \\
&\quad \geqslant \exp(-c_{21}\psi(D_{n-1}\mu_{n-1}(\log u_n)^2,\ D_{n-1}(\log u_n)^2 \log(\mu_{n-1} A_{n-1} M_{n-1}))),
\end{aligned}
$$

其中，$c_{21} > 1$. 于是当 n 充分大时，有

$$
\begin{aligned}
&O(u_n \mid \theta_{l,\mu,n}((l,\mu) \in T)) \\
&\quad \leqslant c_{21}\psi(D_{n-1}\mu_{n-1}(\log u_n)^2,\ D_{n-1}(\log u_n)^2 \log(\mu_{n-1} A_{n-1} M_{n-1})).
\end{aligned}
$$

注意

$$
\sum_{(l,\mu) \in W} |\varphi_{l,\mu,n}| \leqslant c_{22}\theta^{\lambda_n} \quad (0 < \theta < 1),
$$

由上两式，应用式(1.4.11)即知定理 1.3.1 的条件(iii)在此成立，因而 $F^{(l)}(\xi^{\mu})$ $((l,\mu) \in M)$ 代数无关.

现设 $|\xi| < 1$，那么 $|\xi^{-1}|^{-m} < R \leqslant |\xi^{-1}|^{-m+1}$. 因为若 ξ 有超越性度量 $\exp(-\psi(d, \log H))$，则 ξ^{-1} 有超越性度量 $\exp(-\psi_1(d, \log H))$，$\psi_1(d, \log H) = \psi(d, \log H) - d\log|\xi|$，所以由式(1.4.16)知，式(1.4.11)对 $\psi_1(d, \log H)$ 也成立. 于是分别用 ξ^{-1} 和 $-m$ 代替 ξ 和 m，即可归结为前面已证明的情形. □

推论 1.4.2 设级数(1.4.1)如定理 1.4.2，并满足条件

$$
D_n^4 \mu_n^2 (\log \mu_n)^2 \log(\mu_n A_n M_n)/\lambda_{n+1} \to 0 \ (n \to \infty),
\tag{1.4.20}
$$

那么 $F^{(l)}(e^{\mu})$ $(l \geqslant 0,\ \mu \in \mathbb{Z},\ \mu \leqslant m)$ 代数无关，此处 $m \in \mathbb{Z}$ 且适合 $e^m < R \leqslant e^{m+1}$.

证 对于数 e 可取 $\psi(d, \log H) = c_{23} d^2 \log(dH)(\log d)^2$，于是

$$
\begin{aligned}
&\psi(D_n\mu_n(\log u_{n+1})^2,\ D_n(\log u_{n+1})^2\log(\mu_nA_nM_n))\\
&\quad\leqslant c_{24}(D_n\mu_n(\log u_{n+1})^2)^2\\
&\qquad\cdot(\log D_n+\log\mu_n+\log\log u_{n+1}+D_n(\log u_{n+1})^2\log(\mu_nA_nM_n))\\
&\qquad\cdot(\log D_n+\log\mu_n+\log\log u_{n+1})^2\\
&\quad\leqslant c_{25}D_n^4\mu_n^2(\log\mu_n)^2(\log u_{n+1})^7\log(\mu_nA_nM_n).
\end{aligned}
\tag{1.4.21}
$$

记 $\delta_n=D_n^4\mu_n^2(\log\mu_n)^2\log(\mu_nA_nM_n)/\lambda_{n+1}\,(n\geqslant 1)$,那么由式(1.4.20)可知,$\delta_n\to 0\ (n\to\infty)$.令

$$
u_1=1,\quad u_{n+1}=[\exp\delta_n^{-1/8}]\quad(n\geqslant 1),
$$

那么由式(1.4.21)可知

$$
\psi(D_n\mu_n(\log u_{n+1})^2,\ D_n(\log u_{n+1})^2\log(\mu_nA_nM_n))/\lambda_{n+1}\leqslant c_{26}\delta_n^{1/8}\to 0\ (n\to\infty).
$$

于是由定理1.4.2得到结论. □

1.5 广义Mahler级数值的代数无关性

设 $\omega\in\mathbb{R}\setminus\mathbb{Q}$,称

$$
S(z;\omega)=\sum_{k=1}^{\infty}[\omega k]z^k \tag{1.5.1}
$$

为Mahler级数(或Hecke-Mahler级数),其中,$|z|<1$,$[\cdot]$表示整数部分.由于 $[[\omega]k]=[\omega]k$,所以不失一般性,可以认为 $0<\omega<1$.从20世纪20年代起,人们逐步研究了级数(1.5.1)在有理数和代数数上值的超越性及代数无关性,进而考虑了具有不同参数 ω_i 的级数 $S(z;\omega_i)$ 的相应的代数无关性问题.20世纪末,级数(1.5.1)的下列推广形式被提出:

$$
\sigma(z,w;\omega)=\sum_{n=1}^{\infty}z^n\sum_{m=1}^{[n\omega]}w^m, \tag{1.5.2}
$$

其中,$|z|\leqslant 1$,$|w|\leqslant 1$,$|zw|\neq 1$.显然

$$
\sigma(z,1;\omega)=S(z;\omega).
$$

我们将级数(1.5.2)称为广义Mahler级数.

已经知道级数(1.5.2)可以表示为

$$\sigma(z, w; \omega)=\sum_{k=0}^{\infty}(-1)^{k} \frac{z^{q_{k}+q_{k+1}} w^{p_{k}+p_{k+1}}}{(1-z^{q_{k}} w^{p_{k}})(1-z^{q_{k+1}} w^{p_{k+1}})} \tag{1.5.3}$$

（见文献[8, 55]），其中，p_n/q_n 是 ω 的第 n 个渐近分数.特别地，取 $w=1$ 得

$$S(z; \omega)=\sum_{k=0}^{\infty}(-1)^{k} \frac{z^{q_{k}+q_{k+1}}}{(1-z^{q_{k}})(1-z^{q_{k+1}})}$$

（此公式也可见文献[58]）.

定理 1.5.1 设 $t\geqslant 1$，$\omega_1, \cdots, \omega_t$ 是无理数，有连分数展开

$$\omega_i=[0; \omega_{i,1}, \cdots, \omega_{i,n}, \cdots] \quad (i=1, \cdots, t),$$

且存在无穷集 $\mathcal{N}\subseteq\mathbb{N}$ 使 $\omega_{1,n}\to\infty$ $(n\to\infty,\ n\in\mathcal{N})$；并且当 $t>1$ 时，还设 $\omega_{1,n}\geqslant 2(n\geqslant 2)$，以及存在常数 $\lambda_i>1$ $(1\leqslant i\leqslant t)$ 使

$$\lambda_i\omega_{i,n}\leqslant\omega_{i+1,n} \quad (n\geqslant 1; i=1, \cdots, t-1), \tag{1.5.4}$$

$$\lambda_t\omega_{t,n}\leqslant\omega_{1,n+1} \quad (n\geqslant 1). \tag{1.5.5}$$

如果 $\theta_1, \cdots, \theta_t$ 是任意代数数，$0<|\theta_i|\leqslant 1$ $(1\leqslant i\leqslant t)$，且对每个 i $(1\leqslant i\leqslant t)$，$\{\alpha_{i,1}, \cdots, \alpha_{i,s(i)}\}$ 是一组代数数，$0<|\alpha_{i,j}|<1$，$\alpha_{i,\mu}/\alpha_{i,\nu}(\mu\neq\nu)$ 不是单位根，那么数 $\sigma(\alpha_{i,j}, \theta_i; \omega_i)$ $(1\leqslant i\leqslant t,\ 1\leqslant j\leqslant s(i))$ 代数无关.

在定理 1.5.1 中取 $t=1$，$\theta_1=1$，可得下述推论：

推论 1.5.1 设 ω 是无理数，其连分数展开有无界的部分商（即 $\omega_{1,n}\to\infty$）.若 $\alpha_1, \cdots, \alpha_s$ 是代数数，$0<|\alpha_i|<1$ $(1\leqslant i\leqslant s)$，$\alpha_i/\alpha_j(i\neq j)$ 不是单位根，则 $S(\alpha_i; \omega)$ $(1\leqslant i\leqslant s)$ 代数无关.

注 1.5.1 K. Nishioka[90]曾给出这个结果的一个证明.

注 1.5.2 满足条件(1.5.4)的一个自然的例子是

$$\omega_{\mu}=\frac{\mathrm{e}^{1/\mu}+\mathrm{e}^{-1/\mu}}{\mathrm{e}^{1/\mu}-\mathrm{e}^{-1/\mu}}=[\mu; 3\mu, 5\mu, 7\mu, \cdots] \quad (\mu=1, \cdots, t)$$

（见文献[100]第 34 节）.据此，我们令

$$\omega_{\mu}=[\mu; a\mu, a^2\mu, a^3\mu, \cdots] \quad (\mu=1, \cdots, t),$$

其中，a 是大于 t 的任何整数，则这些数满足定理 1.5.1 的所有要求.

为证明定理，需下列辅助结果：

引理 1.5.1 设 u，v 是两个无理数，有连分数展开

$$u=[u_0; u_1, u_2, \cdots], \quad v=[v_0; v_1, v_2, \cdots],$$

用 $q_n(u)$ 和 $q_n(v)$ 表示它们的第 n 个渐近分数的分母.还设 $v_n\geqslant 2$ $(n\geqslant 2)$.如果存在常数 $\lambda>1$ 及整数 $s\geqslant 0$ 满足 $u_n\geqslant\lambda v_{n-s}$（当所有 $n\geqslant s+1$），那么 $q_n(u)\geqslant$

$\lambda^{\frac{n-s}{2}} q_{n-s}(v)$(当所有 $n \geqslant s$).

证 对 n 用归纳法.由连分数性质有

$$q_0(u) = 1, \quad q_1(u) = u_1, \quad q_n(u) = u_n q_{n-1}(u) + q_{n-2}(u) \quad (n \geqslant 2);$$
$$q_0(v) = 1, \quad q_1(v) = v_1, \quad q_n(v) = v_n q_{n-1}(v) + q_{n-2}(v) \quad (n \geqslant 2).$$

显然 $q_s(u) \geqslant 1 = q_0(v)$.又若给定的整数 $s = 0$,那么 $q_{s+1}(u) = q_1(u) = u_1 > \lambda v_1 > \lambda^{1/2} v_1 = \lambda^{1/2} q_1(v)$;若 $s \geqslant 1$,那么 $q_{s+1}(u) = u_{s+1} q_s(u) + q_{s-1}(u) > u_{s+1} q_s(u) > \lambda v_1 \cdot q_0(v) = \lambda v_1 > \lambda^{1/2} q_1(v)$.这表明命题对于 $n = s$ 及 $s+1$ 均成立.现设 $l \geqslant s+2$,并且命题对 $n = l-2$ 及 $l-1$ 成立,要证明它对 $n = l$ 也成立.

我们有

$$\begin{aligned}
q_l(u) &= u_l q_{l-1}(u) + q_{l-2}(u) \\
&\geqslant \lambda v_{l-s} \cdot \lambda^{(l-1-s)/2} q_{l-1-s}(v) + \lambda^{(l-2-s)/2} q_{l-2-s}(v) \\
&= \lambda^{(l-s+1)/2} (v_{l-s} q_{l-1-s}(v) + q_{l-s-2}(v)) \\
&\quad + (\lambda^{(l-s-2)/2} - \lambda^{(l-s+1)/2}) q_{l-s-2}(v) \\
&= \lambda^{(l-s+1)/2} q_{l-s}(v) + \lambda^{(l-s-2)/2} (1 - \lambda^{3/2}) q_{l-s-2}(v) \\
&= \lambda^{(l-s+1)/2} q_{l-s}(v) + \lambda^{(l-s+1)/2} (\lambda^{-3/2} - 1) q_{l-s-2}(v).
\end{aligned} \tag{1.5.6}$$

因 $\{q_n(v)\}_{n=0}^{\infty}$ 递增,故

$$\begin{aligned}
q_{l-s}(v) &\geqslant (v_{l-s} + 1) q_{l-s-2}(v) \geqslant 3 q_{l-s-2}(v) \\
&> (1 + \lambda^{-1/2} + \lambda^{-1}) q_{l-s-2}(v),
\end{aligned}$$

于是由式(1.5.6)及上式得到

$$\begin{aligned}
q_l(u) &\geqslant \lambda^{(l-s+1)/2} q_{l-s}(v) - \lambda^{(l-s+1)/2} (1 - \lambda^{-1/2}) \\
&\quad \cdot (1 + \lambda^{-1/2} + \lambda^{-1}) q_{l-s-2}(v) \\
&> \lambda^{(l-s+1)/2} q_{l-s}(v) - \lambda^{(l-s+1)/2} (1 - \lambda^{-1/2}) q_{l-s}(v) \\
&= \lambda^{(l-s)/2} q_{l-s}(v).
\end{aligned}$$

这正是所要证的结论. □

注 1.5.3 如果 $\lambda \geqslant ((1+\sqrt{5})/2)^2$,那么 $\lambda^{-1} + \lambda^{-1/2} + 1 \leqslant 2 \leqslant v_{l-s} + 1$,从而 $q_{l-s}(v) \geqslant (1 + \lambda^{-1/2} + \lambda^{-1}) q_{l-s-2}(v)$,于是引理中的条件 $v_n \geqslant 2\ (n \geqslant 2)$ 可略去.

定理 1.5.1 之证 记 $M = \{(i, j) \mid 1 \leqslant i \leqslant t, 1 \leqslant j \leqslant s(i)\}$,对 M 的任一非空子集,将其元素 (i, j) 的分量 i 排列为 $i_1 < i_2 < \cdots < i_f$, $f \leqslant t$;并将其元素 (i_μ, j) 的分量 j 排列为

$$j_1 < j_2 < \cdots < j_{v(\mu)}, \quad v(\mu) \leqslant s(i_\mu) \quad (\mu = 1, \cdots, f).$$

约定将 $\sigma(\alpha_{i_\mu, j_\nu}, \theta_{i_\mu}; \omega_{i_\mu})$ 简记为 $\sigma(\xi_{\mu,\nu}, \eta_\mu; \tau_\mu)$(亦即 α_{i_μ, j_ν} 记为 $\xi_{\mu,\nu}$,等等),这些

(μ,ν) 的集合记作 T. 又设

$$|\xi_{1,1}| = \cdots = |\xi_{1,r}| > |\xi_{1,r+1}| \geqslant \cdots \geqslant |\xi_{1,\nu(1)}|,$$

其中, $r = r(1) < \nu(1)$, $\xi_{1,i}/\xi_{1,j}(i \neq j, 1 \leqslant i, j \leqslant r)$ 不是单位根. 把 $\tau_\mu(1 \leqslant \mu \leqslant f)$ 的连分数展开记作

$$\tau_\mu = [0; \tau_{\mu,1}, \tau_{\mu,2}, \cdots] \quad (\mu = 1, 2, \cdots, f),$$

其第 n 个渐近分数为 $p_{\mu,n}/q_{\mu,n}$. 由式(1.5.4) 和式(1.5.5) 得

$$\begin{aligned} &\tilde{\lambda}_\mu \tau_{\mu,n} \leqslant \tau_{\mu+1,n} \quad (n \geqslant 1; \mu = 1, \cdots, f-1); \\ &\tilde{\lambda}_f \tau_{f,n} \leqslant \tau_{1,n+1} \quad (n \geqslant 1); \end{aligned}$$

以及

$$\tau_{1,n} \geqslant 2 \ (n \geqslant 2), \quad \tau_{1,n} \to \infty \ (n \to \infty, n \in \mathcal{N}),$$

其中, $\tilde{\lambda}_\mu$ 是某些 λ_i 的乘积. 由此及引理 1.5.1 和连分数的性质可知

$$\begin{aligned} &q_{1,n}/q_{\mu,n} \to 0 \ (n \to \infty), \\ &p_{1,n}/p_{\mu,n} \to 0 \ (n \to \infty; \mu > 1), \\ &q_{\mu,n}/q_{\mu,n+1} \to 0 \ (n \to \infty, n \in \mathcal{N}), \\ &p_{\mu,n}/p_{\mu,n+1} \to 0 \ (n \to \infty, n \in \mathcal{N}, \mu \geqslant 1). \end{aligned}$$

我们记

$$u_k = (-1)^k \frac{\xi_{\mu,\nu}^{q_{\mu,k}+q_{\mu,k+1}} \eta_\mu^{p_{\mu,k}+p_{\mu,k+1}}}{(1 - \xi_{\mu,\nu}^{q_{\mu,k}} \eta_\mu^{p_{\mu,k}})(1 - \xi_{\mu,\nu}^{q_{\mu,k+1}} \eta_\mu^{p_{\mu,k+1}})},$$

对 $(\mu,\nu) \in T$, $n \in \mathcal{N}$ 令

$$\begin{aligned} \theta_{\mu,\nu,n} &= \sum_{k=0}^{n-1} u_k, \\ \varphi_{\mu,\nu,n} &= \sigma(\xi_{\mu,\nu}, \eta_\mu; \tau_\mu) - \theta_{\mu,\nu,n}. \end{aligned}$$

因当 $n \in \mathcal{N}$ 充分大时, 有 $|\xi_{\mu,\nu}^{q_{\mu,n}} \eta_\mu^{p_{\mu,n}}| \leqslant \frac{1}{2}$, 并且

$$\frac{1}{1 - \xi_{\mu,\nu}^{q_{\mu,n+1}} \eta_\mu^{p_{\mu,n+1}}} = 1 + O(|\xi_{\mu,\nu}|^{q_{\mu,n+1}} |\eta_\mu|^{p_{\mu,n+1}}),$$

故有

$$u_n = (-1)^n \frac{\xi_{\mu,\nu}^{q_{\mu,n}+q_{u,n+1}} \eta_\mu^{p_{\mu,n}+p_{\mu,n+1}}}{1 - \xi_{\mu,\nu}^{q_{\mu,n}} \eta_\mu^{p_{\mu,n}}}$$

$$\cdot (1 + O(|\xi_{\mu,\nu}|^{q_{\mu,n+1}} |\eta_\mu|^{p_{\mu,n+1}})),$$

以及

$$\left|\sum_{k=n+1}^{\infty} u_k\right| \leqslant 4 \sum_{k=n+1}^{\infty} |\xi_{\mu,\nu}|^{q_{\mu,k}+q_{\mu,k+1}} |\eta_\mu|^{p_{\mu,k}+p_{\mu,k+1}}$$
$$\leqslant c_1 |\xi_{\mu,\nu}|^{2q_{\mu,n+1}} |\eta_\mu|^{p_{\mu,n}+p_{\mu,n+1}},$$

此处及后文 c_1, … 表示与 n 无关的正常数,"O" 中常数亦与 n 无关. 于是我们得,当 $(\mu, \nu) \in T$, $n \in \mathcal{N}$ 充分大时,有

$$\varphi_{\mu,\nu,n} = (-1)^n \frac{\xi_{\mu,\nu}^{q_{\mu,n}+q_{\mu,n+1}} \eta_\mu^{p_{\mu,n}+p_{\mu,n+1}}}{1 - \xi_{\mu,\nu}^{q_{\mu,n}} \eta_\mu^{p_{\mu,n}}}$$
$$+ O(|\xi_{\mu,\nu}|^{2q_{\mu,n+1}} |\eta_\mu|^{p_{\mu,n}+p_{\mu,n+1}}), \tag{1.5.7}$$

以及

$$\varphi_{\mu,\nu,n} = O(\rho^{q_{\mu,n}+q_{\mu,n+1}}) \quad (0 < \rho < 1). \tag{1.5.8}$$

设 $c_{1,\nu,n} = p_{1,\nu}(\theta_{1,1,n}, \cdots, \theta_{1,\nu(1),n}, \cdots, \theta_{f,1,n}, \cdots, \theta_{f,\nu(f),n})$,其中,$p_{1,\nu}$ 是任意整系数多项式使当 $n \in \mathcal{N}$ 充分大时诸 $c_{1,\nu,n} \neq 0$. 记 $W = \{(1, \nu) \mid \nu = 1, \cdots, r\}$ 以及

$$\omega_n = \sum_{\nu=1}^{r} c_{1,\nu,n} \varphi_{1,\nu,n} \quad (n \in \mathcal{N}),$$

任取固定的 ε($0 < \varepsilon < 1$),并取 ρ_1 使之适合

$$\max(\rho, |\xi_{1,1}|^{\varepsilon}, |\xi_{1,r+1}| / |\xi_{1,1}|) < \rho_1 < 1. \tag{1.5.9}$$

那么由引理 1.4.3 可知,当 $n \in \mathcal{N}$ 充分大时,有

$$|\omega_n| \geqslant |\eta_1|^{p_{1,n}+p_{1,n+1}} ((\rho_1 |\xi_{1,1}|)^{q_{1,n}+q_{1,n+1}} - c_2 |\xi_{1,1}|^{2q_{1,n+1}})$$
$$\geqslant |\eta_1|^{p_{1,n}+p_{1,n+1}} |\xi_{1,1}|^{(1+\varepsilon)q_{1,n+1}} (|\xi_{1,1}|^{(1+\varepsilon)q_{1,n}}$$
$$- c_2 |\xi_{1,1}|^{(1-\varepsilon)q_{1,n+1}}) > 0. \tag{1.5.10}$$

由式(1.5.7)、式(1.5.9)和式(1.5.10)可知,当 $\nu > r$ 时,有

$$\frac{|\varphi_{1,\nu,n}|}{|\omega_n|} \leqslant \frac{c_3(|\xi_{1,\nu}| / (\rho_1 |\xi_{1,1}|))^{q_{1,n}+q_{1,n+1}}}{1 - c_2 |\xi_{1,1}|^{(1-\varepsilon)q_{1,n+1} - (1+\varepsilon)q_{1,n}}}$$
$$\to 0 \ (n \to \infty, \ n \in \mathcal{N});$$

而当 $f > 1$ 时,对于 $(\mu, \nu) \in T$, $\mu \geqslant 2$ 有

$$\frac{|\varphi_{\mu,\nu,n}|}{|\omega_n|} \leqslant \frac{|\eta_\mu|^{p_{\mu,n}+p_{\mu,n+1}}}{|\eta_1|^{p_{1,n}+p_{1,n+1}}} \cdot \frac{c_3 |\xi_{\mu,\nu}|^{q_{\mu,n}+q_{\mu,n+1}}}{(\rho_1 |\xi_{1,1}|)^{q_{1,n}+q_{1,n+1}} - c_2 |\xi_{1,1}|^{2q_{1,n+1}}}, \tag{1.5.11}$$

并且当 $|\eta_\mu| \leqslant 1\ (\mu > 1)$, $|\eta_1| < 1$ 时,有

$$\frac{|\xi_{\mu,\nu}|^{q_{\mu,n}+q_{\mu,n+1}}}{|\eta_1|^{p_{1,n}+p_{1,n+1}}(\rho_1|\xi_{1,1}|)^{q_{1,n}+q_{1,n+1}}} \leqslant \frac{|\xi_{\mu,\nu}|^{q_{\mu,n}+q_{\mu,n+1}}}{(\rho_1\eta_1|\xi_{1,1}|)^{q_{1,n}+q_{1,n+1}}} \to 0\ (n\to\infty),$$

因此由式(1.5.11)知,当 $(\mu,\nu)\in T$, $\mu\geqslant 2$ 时,也有

$$\frac{|\varphi_{\mu,\nu,n}|}{|\omega_n|} \to 0\ (n\to\infty,\ n\in\mathcal{N}).$$

另外,由式(1.5.7)、式(1.5.8)和式(1.5.10),并注意式(1.5.9),可知当 $\nu = 1, \cdots, r$ 时,有

$$\begin{aligned}\frac{|\varphi_{1,\nu,n}|^2}{|\omega_n|} &\leqslant \frac{c_3|\xi_{1,1}|^{q_{1,n}+q_{1,n+1}}\cdot\rho^{q_{1,n}+q_{1,n+1}}}{(\rho_1|\xi_{1,1}|)^{q_{1,n}+q_{1,n+1}} - c_2|\xi_{1,1}|^{2q_{1,n+1}}} \\ &\leqslant \frac{c_3(\rho/\rho_1)^{q_{1,n}+q_{1,n+1}}}{1-c_2|\xi_{1,1}|^{(1-\varepsilon)q_{1,n+1}-(1+\varepsilon)q_{1,n}}} \to 0\ (n\to\infty,\ n\in\mathcal{N}).\end{aligned}$$

于是定理 1.3.1 的条件(i),(ii)被验证.

最后,由 Liouville 估计可以算出

$$O(u\mid\theta_{\mu,\nu,n}((\mu,\nu)\in T)) \leqslant c_4 q_{f,n}\log u. \tag{1.5.12}$$

由式(1.5.8)得

$$\sum_{(\mu,\nu)\in W}|\varphi_{\mu,\nu,n}| \leqslant c_5\rho^{q_{1,n+1}}\quad (0<\rho<1). \tag{1.5.13}$$

现在取

$$u_n = \tau_{1,n}\quad(当\ f=1)\quad 或\quad u_n = n\quad(当\ f>1),$$

那么由连分数性质得

$$\frac{q_{1,n}\log\tau_{1,n}}{q_{1,n+1}} \leqslant \frac{\log\tau_{1,n}}{\tau_{1,n}} \to 0\ (n\to\infty,\ n\in\mathcal{N}),$$

并且由引理 1.5.1 得

$$\frac{q_{f,n}\log n}{q_{1,n+1}} \leqslant \tilde{\lambda}_f^{-(n-1)/2}\log n \to 0\ (n\to\infty,\ n\in\mathcal{N}).$$

于是由式(1.5.12)和式(1.5.13)可知定理 1.3.1 的条件(iii)在此也成立. □

1.6 某些三角级数值的代数无关性

本节中我们考虑具有代数系数的三角级数在代数数上值的代数无关性.对于复域上的三角级数

$$\sum_{n=0}^{\infty}(\alpha_n\cos nz+\beta_n\sin nz),\tag{1.6.1}$$

若诸系数 α_n, β_n 均为代数数,则记

$$\begin{aligned}A_n&=\max(\overline{|\alpha_0|},\overline{|\beta_0|},\cdots,\overline{|\alpha_n|},\overline{|\beta_n|}),\\M_n&=\operatorname{den}(\alpha_0,\beta_0,\cdots,\alpha_n,\beta_n),\\D_n&=[\mathbb{Q}(\alpha_0,\beta_0,\cdots,\alpha_n,\beta_n):\mathbb{Q}].\end{aligned}$$

还用 c_i, n_i 等表示与 n 无关的正常数,并令

$$\mathcal{N}_1=\{n\mid\alpha_{n+1}\neq0\},\quad\mathcal{N}_2=\{n\mid\beta_{n+1}\neq0\},\quad\mathcal{N}_0=\mathcal{N}_1\cup\mathcal{N}_2.$$

定理 1.6.1 设级数(1.6.1)满足下列条件:

(i) 诸系数 α_n, β_n 是有界代数数,$\mathcal{N}_1$ 和 $\mathcal{N}_2$ 是无穷集;

(ii)

$$|\beta_{n+1}/\alpha_{n+1}|\leqslant c_1\quad(n\in\mathcal{N}_1),\qquad|\alpha_{n+1}/\beta_{n+1}|\leqslant c_1\quad(n\in\mathcal{N}_2);\tag{1.6.2}$$

(iii)

$$\frac{D_n(n+\log A_n+\log M_n)}{\log\max(|\alpha_{n+1}|,|\beta_{n+1}|)}\to0\ (n\to\infty,\ n\in\mathcal{N}_0).\tag{1.6.3}$$

那么级数(1.6.1)在全复平面上收敛于一个函数 $F(z)$,且诸数 $F^{(l)}(0)$ $(l\geqslant0)$ 代数无关.此处 $F^{(l)}(z)$ 表示 $F(z)$ 的 l 阶导数.

定理 1.6.2 设级数(1.6.1)满足条件:

(i) 诸系数 α_n, β_n 是有界代数数,并且当 $n\geqslant n_0$ 时,$\alpha_{n+1}^2+\beta_{n+1}^2\neq0$;

(ii)

$$\frac{n^2D_n^3(n+\log A_n+\log M_n)}{\log\max(|\alpha_{n+1}|,|\beta_{n+1}|)}\to0\ (n\to\infty,\ n\in\mathcal{N}_0).\tag{1.6.4}$$

则它在全复平面上收敛于一个函数 $F(z)$，并且

(a) 若

$$\left|\frac{\alpha_{n+1}+\mathrm{i}\beta_{n+1}}{\alpha_{n+1}-\mathrm{i}\beta_{n+1}}\right|\leqslant c_2 \quad (\mathrm{i}=\sqrt{-1}) \quad (\text{当 } n\in\mathcal{N}_0 \text{ 充分大}), \tag{1.6.5}$$

则对任何 $\mathrm{Im}(\alpha)<0$ 的代数数 α，$F^{(l)}(\mu\alpha)$ $(l\geqslant 0,\ \mu\in\mathbb{N})$ 代数无关，此处 $\mathrm{Im}(\alpha)$ 表示复数 α 的虚部系数；

(b) 若

$$\left|\frac{\alpha_{n+1}+\mathrm{i}\beta_{n+1}}{\alpha_{n+1}-\mathrm{i}\beta_{n+1}}\right|\geqslant c_3 \quad (\text{当 } n\in\mathcal{N}_0 \text{ 充分大}), \tag{1.6.6}$$

则对任何 $\mathrm{Im}(\alpha)>0$ 的代数数 α，$F^{(l)}(\mu\alpha)(l\geqslant 0,\ \mu\in\mathbb{N})$ 代数无关；

(c) 若

$$\frac{\alpha_{n+1}+\mathrm{i}\beta_{n+1}}{\alpha_{n+1}-\mathrm{i}\beta_{n+1}}\to\pm 1 \ (n\to\infty,\ n\in\mathcal{N}_0), \tag{1.6.7}$$

则对任意非零代数数 α，$F^{(l)}(\mu\alpha)$ $(l\geqslant 0,\ \mu\in\mathbb{N})$ 代数无关.

现在我们首先在上述条件下考虑级数

$$\sum_{n=0}^{\infty}(\alpha_{l,n}\cos nz+\beta_{l,n}\sin nz),$$

其中

$$\alpha_{l,n}=\begin{cases}(-1)^{l/2}n^l\alpha_n & (l\text{ 偶}),\\ -(-1)^{(l+1)/2}n^l\beta_n & (l\text{ 奇}),\end{cases}\quad \beta_{l,n}=\begin{cases}(-1)^{l/2}n^l\beta_n & (l\text{ 偶}),\\ (-1)^{(l+1)/2}n^l\alpha_n & (l\text{ 奇}).\end{cases}$$

因 α_n，β_n 有界，故由式(1.6.3)和式(1.6.4)知，当 $n\in\mathcal{N}_0$ 充分大时，对 $l=0,1,\cdots$ 有

$$\max(|\alpha_{l,n+1}|,|\beta_{l,n+1}|)\leqslant\begin{cases}(n+1)^l\mathrm{e}^{-n} & (\text{对定理 } 1.6.1),\\ (n+1)^l\mathrm{e}^{-n^3} & (\text{对定理 } 1.6.2).\end{cases} \tag{1.6.8}$$

由此可知，级数(1.6.1)当 $z\in\mathbb{C}$ 时收敛于一个函数 $F(z)$，并且在任意闭域中绝对且一致收敛，对每个 $z\in\mathbb{C}$ 还有

$$F^{(l)}(z)=\sum_{n=0}^{\infty}(\alpha_{l,n}\cos nz+\beta_{l,n}\sin nz) \quad (l=0,1,2,\cdots).$$

对 $l=0,1,\cdots$，定义

$$f_{l,1}(z)=\sum_{k=0}^{\infty}a_{l,k}z^k,\quad f_{l,2}(z)=\sum_{k=0}^{\infty}b_{l,k}z^k,$$

其中

$$a_{l,k}=\frac{1}{2}(\alpha_{l,k}-\mathrm{i}\beta_{l,k}),\quad b_{l,k}=\frac{1}{2}(\alpha_{l,k}+\mathrm{i}\beta_{l,k})\quad(l,k=0,1,\cdots).$$

于是当且仅当 $n\in\mathcal{N}_0$ 时，$|a_{0,n+1}|+|b_{0,n+1}|\neq0$. 因为 $\max(|a_{l,n+1}|,|b_{l,n+1}|)\leqslant\max(|\alpha_{l,n+1}|,|\beta_{l,n+1}|)$，所以由式(1.6.8)推出，对每个 $l\geqslant0$，或 $f_{l,1}$ 与 $f_{l,2}$ 均为收敛半径 $R>1$(对定理1.6.1)，或 $R=\infty$(对定理1.6.2)的幂级数，或其中一个是这种幂级数，另一个是多项式，并且还有

$$F^{(l)}(z)=f_{l,1}(\mathrm{e}^{\mathrm{i}z})+f_{l,2}(\mathrm{e}^{-\mathrm{i}z})\quad(l=0,1,\cdots).$$

令 $\rho_\mu(\mu\in A$，A 是非空下标集)是任意代数数，记 $\xi_\mu=\mathrm{e}^{\mathrm{i}\rho_\mu}$. 对每个 $l\geqslant0$ 及 $\mu\in A$，定义

$$\theta_{l,\mu}=f_{l,1}(\xi_\mu)+f_{l,2}(\xi_\mu^{-1}),$$

$$\theta_{l,\mu,n}=\sum_{k=0}^{n}a_{l,k}\xi_\mu^k+\sum_{k=0}^{n}b_{l,k}\xi_\mu^{-k},$$

$$\varphi_{l,\mu,n}=\theta_{l,\mu}-\theta_{l,\mu,n}\quad(n=0,1,\cdots),$$

还记

$$\sigma_n=\begin{cases}D_n(n+\log A_n+\log M_n) & (\text{对定理}1.6.1),\\ n^2D_n^3(n+\log A_n+\log M_n) & (\text{对定理}1.6.2).\end{cases}$$

设 r 是任意适合 $0<r\leqslant1$ 的给定的数，则当 $n\in\mathcal{N}_0$ 充分大时，有

$$\log\max(|a_{l,n+1}|,|b_{l,n+1}|)+(n+1)\log r$$
$$\leqslant\max(|\alpha_{l,n+1}|,|\beta_{l,n+1}|)<0,$$

故由式(1.6.3)和式(1.6.4)推得，当 $l=0,1,\cdots$ 时，有

$$\frac{\sigma_n}{\log\max(|a_{l,n+1}|,|b_{l,n+1}|)+(n+1)\log r}\to0\quad(n\to\infty,\ n\in\mathcal{N}_0).\tag{1.6.9}$$

如果 $|\xi_\mu|\leqslant1$，那么由式(1.6.9)知，当 $n\geqslant n_0(\lambda)(n\in\mathcal{N}_0)$ 时，有

$$\log\max(|a_{l,n+1}|,|b_{l,n+1}|)+(n+1)\log|\xi_\mu|\leqslant-2\lambda\sigma_n,$$

其中，$\lambda>1$ 是一个固定的数，将在后文给出. 于是当 $n\geqslant n_0(\lambda)(n\in\mathcal{N}_0)$ 时，有

$$\max(|a_{l,n+1}|,|b_{l,n+1}|)|\xi_\mu|^{n+1}\leqslant\mathrm{e}^{-2\lambda\sigma_n}.\tag{1.6.10}$$

令 $\sigma=([|\xi_\mu|^{-1}]+1)^{-1}$. 因 $|\xi_\mu^{-1}\sigma|<1$，由式(1.6.9)知，当 $n\geqslant n_1(\lambda)(n\in\mathcal{N}_0)$ 时，有

$$\log\max(|a_{l,n+1}|,|b_{l,n+1}|)+(n+1)\log|\xi_\mu^{-1}|$$

$$+(n+1)\log \sigma \leqslant -3\lambda\sigma_n,$$

所以对所有 $n \geqslant n_1(\lambda)(n \in \mathcal{N}_0)$,有

$$\max(|a_{l,n+1}|,|b_{l,n+1}|)|\xi_\mu^{-1}|^{n+1} \leqslant \mathrm{e}^{-2\lambda\sigma_n}. \tag{1.6.11}$$

如果 $|\xi_\mu|>1$,那么 $|\xi_\mu^{-1}|<1$,因而式(1.6.10)和式(1.6.11)此时也成立.总之,由式(1.6.10)和式(1.6.11)可推出当 $n \geqslant n_2(\lambda)(n \in \mathcal{N}_0)$ 时,有

$$\begin{aligned}|\varphi_{l,\mu,n}| &\leqslant \sum_{k=n+1}^{\infty}|a_{l,k}||\xi_\mu|^k + \sum_{k=n+1}^{\infty}|b_{l,k}||\xi_\mu^{-1}|^k \\ &\leqslant 2\sum_{k=n}^{\infty}\mathrm{e}^{-2\lambda\sigma_k} \leqslant c_4\mathrm{e}^{-2\lambda\sigma_n} \quad (l=0,1,\cdots;\mu\in A).\end{aligned} \tag{1.6.12}$$

特别地,还有

$$\varphi_{l,\mu,n} = \eta_{l,\mu,n+1} + O(\mathrm{e}^{-2\lambda\sigma_{n+1}}) \quad (l=0,1,\cdots;\mu\in A). \tag{1.6.13}$$

其中,$\eta_{l,\mu,n} = a_{l,n}\xi_\mu^n + b_{l,n}\xi_\mu^{-n}$,还记 $\eta'_{l,\mu,n} = a_{l,n}\xi_\mu^n - b_{l,n}\xi_\mu^{-n}(l,n=0,1,\cdots)$.容易算出

$$\eta_{l,\mu,k} = \begin{cases}(-1)^{l/2}k^l\eta_{0,\mu,k} & (l\text{ 偶}),\\ -i(-1)^{(l+1)/2}k^l\eta'_{0,\mu,k} & (l\text{ 奇}).\end{cases} \tag{1.6.14}$$

如果 $\rho_\mu=0$,那么 $\xi_\mu=1$,由引理1.4.2得

$$|\eta_{l,\mu,n+1}| \geqslant (n+1)^l\exp(-c_5D_{n+1}\log(A_{n+1}M_{n+1})). \tag{1.6.15}$$

如果 $\rho_\mu \neq 0$,那么应用 $\xi_\mu = \mathrm{e}^{\mathrm{i}\rho_\mu}$ 的超越性度量 $\varphi(d,H)=\exp(-c_6d^2(d+\log H))$ 得到

$$|\eta_{l,\mu,n+1}| \geqslant (n+1)^l\exp(-c_6\sigma_{n+1}). \tag{1.6.16}$$

由式(1.6.13)~式(1.6.16)可知,对于定理1.6.1,当 $n\in\mathcal{N}_1$(l 偶)及 $n\in\mathcal{N}_2$(l 奇)充分大时,及对于定理1.6.2当 $n\in\mathcal{N}_0$ 时,且

$$\lambda > c_6(\rho_\mu), \tag{1.6.17}$$

均有 $\varphi_{l,\mu,n}\neq 0\ (l=0,1,\cdots)$.

现在逐个完成以上定理的证明.

定理1.6.1之证 令 $A=\{1\}$ 及 $\rho_1=0$,于是在定理1.3.2中取下标集 $M=\{(l,1)\mid l\geqslant 0\}$.设 $T\subseteq M$ 是任意非空集,定义 $l_0=\max\{l\mid (l,1)\in T\}$ 及 $W=\{(l_0,1)\}$,于是 $\omega_n=c_7\varphi_{l_0,1,n}\neq 0$,其中,$n\in\mathcal{N}_1$($l_0$ 偶)或 $n\in\mathcal{N}_2$(l_0 奇)充分大.不妨设 l_0 偶(如 l_0 奇,则在下列推理中用 $\mathcal{N}_2$ 代替 $\mathcal{N}_1$).由式(1.6.2)和式(1.6.14)知,当 $l<l_0$ 时,有

$$\frac{|\eta_{l,1,n+1}|}{|\eta_{l_0,1,n+1}|} \leqslant \max(1,c_1)(n+1)^{l-l_0} \to 0\ (n\to\infty,\ n\in\mathcal{N}_1).$$

由式(1.6.15)得

$$\frac{\mathrm{e}^{-2\lambda\sigma_{n+1}}}{|\eta_{l_0,1,n+1}|}\to 0\ \ (n\to\infty, n\in\mathcal{N}_1).$$

因此当 $(l,1)\in T\backslash W$ 时，$|\varphi_{l,1,n}|=o(|\omega_n|)\ (n\to\infty,\ n\in\mathcal{N}_1)$. 又由式(1.6.12)显然有 $|\varphi_{l_0,1,n}|^2=o(|\omega_n|)\ (n\to\infty,\ n\in\mathcal{N}_1)$.

最后，设 $P\in\mathbb{Z}[z_{l,1}((l,1)\in T)]$，$P(\theta_{l,1}((l,1)\in T))\neq 0$ 且 $\Lambda(P)\leqslant u$，于是当 $n\in\mathcal{N}_1$ 充分大时，$P(\theta_{l,1,n}((l,1)\in T))\neq 0$. 由式(1.6.14)推出 $\theta_{l,1,n}$ 的次数不大于 $2D_n$，其高不大于 $(8nA_nM_n)^{2D_n}$，所以由 Liouville 估计得知，当 $n\in\mathcal{N}_1$ 充分大时，有

$$\log|P(\theta_{l,1,n}((l,1)\in T))|\geqslant -c_8(\log u)\sigma_n,$$

因而

$$O(u\mid\theta_{l,1,n}((l,1)\in T))\leqslant c_8(\log u)\sigma_n. \tag{1.6.18}$$

取 $\lambda=[c_8(\log u)]+2$，由式(1.6.12)和式(1.6.18)可知，当 $n\geqslant n_3(u)$，$n\in\mathcal{N}_1$ 时，有

$$|\varphi_{l_0,1,n}|\leqslant\exp(-O(u\mid\theta_{l,1,n}((l,1)\in T))).$$

于是由定理1.3.2(并注意注1.3.2)得到结论. □

为证定理1.6.2，需要下列辅助结果.

引理1.6.1(Turán 不等式)　设 m 为任意非负整数，$\gamma_1,\cdots,\gamma_k$ 是任意复数，$z_1,\cdots,z_k$ 是非零复数，适合

$$\max_{1\leqslant j\leqslant k}|z_j|=1,\quad \min_{i\neq j}|z_i-z_j|\geqslant\delta,$$

则存在正整数 ν 适合 $m+1\leqslant\nu\leqslant m+k$，且

$$\left|\sum_{j=1}^{k}\gamma_j z_j^{\nu}\right|\geqslant k^{-1}\left(\frac{\delta}{2}\right)^{k-1}\sum_{j=1}^{k}|\gamma_j||z_j|^{\nu}$$

(见文献[121]定理11.1).

引理1.6.2　设 $(\gamma_1,\cdots,\gamma_k)\in\mathbb{C}^k$ 是非零复数组，$z_1,\cdots,z_k$ 是非零互异复数，$|z_1|=\cdots=|z_k|=1$，则存在常数 c_9(仅与 γ_j，z_j 有关)及无穷集 $\mathcal{N}\subseteq\mathbb{N}$ 使

$$\left|\sum_{j=1}^{k}\gamma_j z_j^{n}\right|\geqslant c_9\quad(n\in\mathcal{N}). \tag{1.6.19}$$

证　取 $c_9=k^{-1}\left(\frac{\delta}{2}\right)^{k-1}\sum_{j=1}^{k}|\gamma_j|$. 在引理1.6.1中取 $m=0$，可得 m_1 使不等式(1.6.19)当 $n=m_1$ 时成立. 然后在引理1.6.1中取 $m=m_1$，可得 $m_2(>m_1)$ 使式(1.6.19)当 $n=m_2$ 时成立，如此继续，即得无穷集 $\mathcal{N}=\{m_1,m_2,\cdots\}$ 使式(1.6.19)成

立. □

定理 1.6.2 之证 令 $A=\mathbb{N}$ 及 $\rho_\mu=\mu\alpha$. 对于任意给定的整数 $l^*\geqslant 0$ 及 $m^*>0$, 在定理 1.3.2 中取下标集 $M=\{(l,\mu)\mid 0\leqslant l\leqslant l^*,1\leqslant\mu\leqslant\mu^*\}$, 要证明数 $\theta_{l,\mu}((l,\mu)\in M)$ 代数无关, 设 $T\subseteq M$ 是任意非空集. 我们分情形验证定理 1.3.2 中的条件(i) 和(ii).

对于情形(a)和(b), 当 $\mathrm{Im}(\alpha)<0$ 时, 令 $\mu_0=\max\{\mu\mid(l,\mu)\in T\}$; 当 $\mathrm{Im}(\alpha)>0$ 时, 令 $\mu_0=\min\{\mu\mid(l,\mu)\in T\}$. 还令 $l_0=\max\{l\mid(l,\mu_0)\in T\}$. 定义下标集 $W=\{(l_0,\mu_0)\}$. 于是当 $n\in\mathcal{N}_0$ 充分大而且条件(1.6.17) 成立时, 有 $\omega_n=c_9\cdot\varphi_{l_0,\mu_0,n}\neq 0$.

设式(1.6.5)成立, 而且 $\mathrm{Im}(\alpha)<0$, 那么当 $n\in\mathcal{N}_0$ 充分大时, 有

$$\begin{aligned}|\eta_{l_0,\mu_0,n+1}|&\geqslant|a_{l_0,n+1}||\xi_{\mu_0}|^{n+1}-|b_{l_0,n+1}||\xi_{\mu_0}|^{-(n+1)}\\&\geqslant|a_{l_0,n+1}||\xi_{\mu_0}|^{n+1}(1-c_2|\xi_{\mu_0}|^{-2(n+1)})\\&\geqslant\frac{1}{2}|a_{l_0,n+1}||\xi_{\mu_0}|^{n+1},\end{aligned}$$

而且对 $(l,\mu)\in T$, 有

$$|\eta_{l,\mu,n+1}|\leqslant(1+c_2)|a_{l,n+1}||\xi_\mu|^{n+1}.$$

因此当 $(l,\mu)\in T\setminus W$ 时可得

$$\frac{|\eta_{l,\mu,n+1}|}{|\eta_{l_0,\mu_0,n+1}|}\to 0\ (n\to\infty,\ n\in\mathcal{N}_0).$$

又若式(1.6.17)成立, 则由式(1.6.16)得到

$$\frac{\mathrm{e}^{-2\lambda\sigma_{n+1}}}{|\eta_{l_0,\mu_0,n+1}|}\to 0\ (n\to\infty,\ n\in\mathcal{N}_0).$$

由上两式并注意式(1.6.13)可知, 在条件(1.6.17)下, 对 $(l,\mu)\in T\setminus W$ 有

$$|\varphi_{l,\mu,n}|=o(|\omega_n|)\ (n\to\infty,\ n\in\mathcal{N}_0).\tag{1.6.20}$$

而由式(1.6.12)易得

$$|\varphi_{l_0,\mu_0,n}|^2=o(|\omega_n|)\ (n\to\infty,\ n\in\mathcal{N}_0).\tag{1.6.21}$$

若式(1.6.6)成立, 而且 $\mathrm{Im}(\alpha)>0$, 也可类似地论证得到同样结果(1.6.20) 和(1.6.21).

对于情形(c), 我们首先注意定理中的条件(i)蕴含 $\mathcal{N}_0=\{n\mid n\geqslant n_0\}$. 令 $l_0=\max\{l\mid(l,\mu)\in T\}$, 定义 $W^*=\{(l_0,\mu)\mid(l_0,\mu)\in T\}$ 以及 $W=\{\mu\mid(l_0,\mu)\in W^*\}$. 于是 $\omega_n=\sum\limits_{\mu\in W}c_\mu\varphi_{l_0,\mu,n}$, 其中, $\{c_\mu(\mu\in W)\}$ 是任意给定的非零复数的数组.

由式(1.6.13)和式(1.6.14)得

$$|\omega_n| = (n+1)^{l_0} \left| a_{0,n+1}\sum_{\mu\in W} c_\mu \xi_\mu^{n+1} \pm b_{0,n+1}\sum_{\mu\in W} c_\mu \xi_\mu^{-(n+1)} + O(\mathrm{e}^{-2\lambda\sigma_{n+1}}) \right|,$$

(1.6.22)

右边的双重号当 l_0 偶时取 +，当 l_0 奇时取 −. 为不失一般性，设 l_0 为偶数. 注意当 $n\in\mathcal{N}_0$ 亦即 $n\geqslant n_0$ 时，$a_{0,n+1}$ 及 $b_{0,n+1}$ 均不为零. 当式(1.6.7) 右边为 +1 时，有

$$\begin{aligned}&\left| a_{0,n+1}\sum_{\mu\in W} c_\mu \xi_\mu^{n+1} + b_{0,n+1}\sum_{\mu\in W} c_\mu \xi_\mu^{-(n+1)} \right| \\ &\quad \geqslant |a_{0,n+1}| \left(\left| \sum_{\mu\in W} c_\mu \xi_\mu^{n+1} + \sum_{\mu\in W} c_\mu \xi_\mu^{-(n+1)} \right| - \left| 1 - \frac{b_{0,n+1}}{a_{0,n+1}} \right| \sum_{\mu\in W} |c_\mu| \right),\end{aligned}$$

当式(1.6.7)右边为 −1 时，有

$$\begin{aligned}&\left| a_{0,n+1}\sum_{\mu\in W} c_\mu \xi_\mu^{n+1} + b_{0,n+1}\sum_{\mu\in W} c_\mu \xi_\mu^{-(n+1)} \right| \\ &\quad \geqslant |a_{0,n+1}| \left(\left| \sum_{\mu\in W} c_\mu \xi_\mu^{n+1} - \sum_{\mu\in W} c_\mu \xi_\mu^{-(n+1)} \right| + \left| 1 + \frac{b_{0,n+1}}{a_{0,n+1}} \right| \sum_{\mu\in W} |c_\mu| \right).\end{aligned}$$

由引理 1.6.2 知，存在无穷集 $\mathcal{N}_0'\subseteq\mathcal{N}_0$ 使得

$$\left| a_{0,n+1}\sum_{\mu\in W} c_\mu \xi_\mu^{n+1} + b_{0,n+1}\sum_{\mu\in W} c_\mu \xi_\mu^{-(n+1)} \right| \geqslant c_{10}\,|a_{0,n+1}| \quad (n\in\mathcal{N}_0').$$

(1.6.23)

又由引理 1.4.2 可知，当 $n\in\mathcal{N}_0'$ 时，有

$$|a_{0,n+1}| \geqslant \exp(-c_{11}D_{n+1}\log(A_{n+1}M_{n+1})). \qquad (1.6.24)$$

由式(1.6.22)～式(1.6.24)得知，当 l_0 为偶数，$n\in\mathcal{N}_0'$ 充分大时，$\omega_n\neq 0$. 并且由式(1.6.14) 和式(1.6.23) 得到当$(l,\mu)\in T\backslash W^*$ 时，有

$$\begin{aligned}\frac{|\eta_{l,\mu,n+1}|}{\left|\sum_{\mu\in W} c_\mu \eta_{l_0,\mu,n+1}\right|} &\leqslant \frac{(n+1)^l\,|a_{0,n+1}\xi_\mu^{n+1} + b_{0,n+1}\xi_\mu^{-(n+1)}|}{c_{10}\,|a_{0,n+1}|\,(n+1)^{l_0}} \\ &\leqslant \frac{2}{c_{10}}(n+1)^{l-l_0} \to 0\ (n\to\infty,\ n\in\mathcal{N}_0').\end{aligned}$$

由式(1.6.24)得到

$$\frac{\mathrm{e}^{-2\lambda\sigma_{n+1}}}{|a_{0,n+1}|} \to 0\ (n\to\infty,\ n\in\mathcal{N}_0').$$

于是(注意式(1.6.13))，当 $(l,\mu)\in T\backslash W^*$ 时，有

$$|\varphi_{l,\mu,n}| = o(|\omega_n|)\ (n\to\infty,\ n\in\mathcal{N}_0');$$

以及当 $(l,\mu)\in W^*$ 时，有

$$|\varphi_{l,\mu,n}|^2 = o(|\omega_n|)\ (n \to \infty,\ n \in \mathcal{N}_0').$$

综上所证，可知在每种情形下定理 1.3.2 的条件(i)(ii)均成立. 现在来验证该定理的条件(iii).

令 $P \in \mathbb{Z}[z_{l,\mu}((l,\mu) \in T)]$ 是任意给定的非零多项式，$\Lambda(P) \leqslant u$. 记

$$P(z_{l,\mu}((l,\mu) \in T)) = \sum_{(J)} a_{(J)} \prod_{(l,\mu)} z_{l,\mu}{}^{j_{l,\mu}},$$

其中，$a_{(J)} \in \mathbb{Z}$，$(J) = (j_{l,\mu})_{(l,\mu)\in T}$ 是某些非负整向量，定义多项式

$$\begin{aligned}
&\psi_n(\alpha_0, \beta_0, \cdots, \alpha_n, \beta_n; z) \\
&= (2M_n)^{d(P)} z^{nm^* d(P)} \sum_{(J)} a_{(J)} \prod_{(l,\mu)} \Big(\sum_{k=0}^{n} a_{l,k} z^{\mu k} + \sum_{k=0}^{n} b_{l,k} z^{-\mu k}\Big)^{j_{l,\mu}} \\
&= \sum_j p_j(\alpha_0, \beta_0, \cdots, \alpha_n, \beta_n) z^j,
\end{aligned}$$

其中，$\psi_n \in \mathbb{Z}[x_0, y_0, \cdots, x_n, y_n; z]$，$p_j \in \mathbb{Z}[x_0, y_0, \cdots, x_n, y_n]$，易见 ψ_n 关于 z 的次数

$$\deg_z(\psi_n) \leqslant c_{11} n \log u,$$

还易证

$$\log|p_j(\alpha_0, \beta_0, \cdots, \alpha_n, \beta_n)| \leqslant c_{12}(\log u)\log(nA_nM_n).$$

于是多项式

$$\Psi_n(z) = \prod_{\sigma} \sigma\psi_n(\alpha_0, \beta_0, \cdots, \alpha_n, \beta_n; z) \in \mathbb{Z}[z],$$

其中，σ 是 $\mathbb{Q}(\alpha_0, \beta_0, \cdots, \alpha_n, \beta_n)$ 到 $\mathbb{C}$ 中的嵌入. 注意

$$\begin{aligned}
&\deg(\Psi_n) \leqslant D_n \deg_z(\psi_n) \leqslant c_{11} n D_n \log u, \\
&\log H(\Psi_n) \leqslant c_{13} D_n (\log u)(n + \log A_n + \log M_n),
\end{aligned}$$

应用 $e^{i\alpha}$ 的超越性度量 $\exp(-c_{14} d^2(d + \log H))$ 可得

$$\log|\Psi_n(e^{i\alpha})| \geqslant -c_{15}(\log u)^3 \sigma_n.$$

因为

$$\log|\Psi_n(\alpha_0^{(\sigma)}, \beta_0^{(\sigma)}, \cdots, \alpha_n^{(\sigma)}, \beta_n^{(\sigma)}; e^{i\alpha})| \leqslant c_{16}(\log u)\log(nA_nM_n),$$

所以由上两式得到当 $n \in \mathcal{N}_0'$ 充分大时，有

$$\log|P(\theta_{l,\mu,n}((l,\mu) \in T))| \geqslant -2c_{15}(\log u)^3 \sigma_n,$$

亦即当 $n \in \mathcal{N}_0'$ 充分大时，有

$$O(u \mid \theta_{l,\mu,n}((l,\mu) \in T)) \leqslant 2c_{15}(\log u)^3 \sigma_n. \tag{1.6.25}$$

由式(1.6.12),当 $n \in \mathcal{N}_0'$ 充分大时,有

$$\sum_{(l,\mu)\in W^*} |\varphi_{l,\mu,n}| \leqslant e^{-\lambda\sigma_n}. \tag{1.6.26}$$

定义 $c_{16} = \max\{c_6(\mu\alpha) \mid 1 \leqslant \mu \leqslant m^*\}$,并取 $\lambda = [\max(c_{16}, 2c_{15}(\log u)^3)] + 2$,则式(1.6.17)被满足,且由式(1.6.25)和式(1.6.26)知,当 $n \geqslant n_4(u)$($n \in \mathcal{N}_0'$)时,有

$$\sum_{(l,\mu)\in W^*} |\varphi_{l,\mu,n}| \leqslant O(u \mid \theta_{l,\mu,n}((l,\mu)\in T)).$$

于是定理1.3.2的条件(iii)成立. □

1.7 补充与评注

1. 第1.1节内容取自文献[143],其中一些结果可以扩充.例如(见文献[144]),对于 $\theta \in \mathbb{A}$, $|\theta| > 1$,下列数集都是代数无关的(亦即其中任意有限多个数都是代数无关的):

(a) $S = \left\{\sum_{k=1}^{\infty} \theta^{-a_{\lambda k}} (\lambda \in \mathbb{N})\right\}$,其中 $\{a_n\}_{n=1}^{\infty}$ 是正整数列,$a_n/a_{n+1} \to 0$ $(n \to \infty)$;

(b) $K = \left\{\sum_{k=1}^{\infty} \theta^{-[k^{k+\lambda}]} (0 \leqslant \lambda < 1)\right\}$;

(c) $V = \left\{\sum_{k=1}^{\infty} \theta^{2^{[\lambda k]} - 2^{k^2}} \ (\lambda > 0)\right\}$.

其他的例子还可参见文献[143].

2. 第1.2节内容取自文献[136].这个研究起源于D. Mordoukhay-Boltovskoy的工作[66].这里所用的方法在经典代数无关性理论中是基本的,关于它的进一步的阐述可见文献[131].

3. 第1.3节给出的代数无关性判别法则是代数无关性理论中的逼近方法的重要工具,它最早始于M. Schmidt的论文[114],他给出 n 个实数代数无关的一个充分条件,当 $n = 1$ 时就是通常Liouville超越性充分条件.其后出现它的多种推广和改进形式,它们都是我们的定理1.3.1(或定理1.3.2)的推论,对此可参见文献[146-147,154]等.

关于这个法则的不同类型的应用,除了正文所给出的,还可见文献[159-162]等.

4. 阶函数是K. Mahler[62]首先引进的.其后,M. A. Durand[34]对它做了深入研究,还可见Yu. V. Nesterenko的论文[68].

5. 第1.4节研究了代数系数缺项级数的值的代数无关性,这里主要给出文献[154]

中的结果. K. Mahler 首先研究了一般形式的缺项级数在代数数上值的超越性(见文献[60]),其中所有系数是有理整数,并且 $\lim\limits_{n\to\infty}(\mu_n/\lambda_{n+1}) = 0$. 他得到级数在代数数上值是超越数的充要条件. P. L. Cijsouw 和 R. Tijdeman[29] 对于特殊形式的缺项级数 $\sum\limits_{k=0}^{\infty} b_k z^{e_k}$ 研究了同样的问题,其中假设所有系数 b_k 是代数数但不必属于同一个数域. 他们首次给出了关于系数的整体性条件,即 $\lim\limits_{n\to\infty} d_n(e_n + \log \overline{|a_n|} + \log m_n)/e_{n+1} = 0$,其中 $d_n = [\mathbb{Q}(b_0, \cdots, b_n) : \mathbb{Q}]$, $a_n = \max(\overline{|b_0|}, \cdots, \overline{|b_n|})$, $m_n = \mathrm{den}(b_0, \cdots, b_n)$. 其后,文献[18]和[145]独立地将这个超越性结果扩充为代数无关性结果. 最后,文献[148]将此结果推广到一般形式的缺项级数,其中级数系数不必属于同一个数域,而级数在其上取值的代数数有不同的绝对值. 另外,该文还考虑了某些互相关联的一般形式的缺项级数.

借助于 J. H. Evertse[36] 的 S-单位方程定理, K. Nishioka[89] 在系数的整体性条件下给出 $\sum\limits_{k=0}^{\infty} b_k z^{e_k}$ 在代数数上值代数无关的一些等价性条件,在此这些代数数的绝对值不必互异,但级数的系数属于同一个数域. 本书定理 1.4.1 在类似的条件下考虑了一般形式的缺项级数,给出明确的代数无关性结果. 一个值得考虑的问题是: 将上述 Nishioka 等价性条件扩充到一般形式的缺项级数.

6. 第 1.5 节内容取自文献[155]. 有关结果还可见文献[19,152]等. 我们也可考虑 Mahler 级数及其推广在某些超越数上值的代数无关性.

定理 1.5.1 的证明涉及连分数. 关于超越连分数的代数无关性问题,可见文献[151,154].

7. 第 1.6 节是按文献[156]和[157]改写的,它本质上是处理一般的代数系数幂级数的值的代数无关性. 对于在代数数上值的情形还可见文献[88];而在超越数上值的情形,比本书定理 1.6.2 更一般的结果可在文献[160]中找到.

8. 引理 1.4.2(Nishioka 不等式)及引理 1.6.1(Turán 不等式)是在有关证明中给出下界估计的重要工具. Nishioka 不等式要求 γ_i 和 $a_{i,n}$ 属于一个数域,决定了相应幂级数的系数也必须属于同一数域,并且一般不能采用注 1.3.2 中的变体.

9. 我们还可考虑有关结果的 p-adic 类似,目前已有的结果可见文献[88].

10. 本章所论都是定性结果,相应的定量结果(代数无关性度量)至今很少. 文献[28]曾对一个特殊的缺项级数建立超越性度量.

11. 我们可以类似于定理 1.3.1 建立数域上的线性无关性判别法则,对此可见文献[153,157]等(文献[153]中包含 Masser 猜想的一个证明).

附录1　Nishioka 不等式

引理 1.4.3　设 $\mathcal{N}\subseteq\mathbb{N}$ 是一个无穷集，$\gamma_1,\cdots,\gamma_s$ 是数域$\mathbb{K}$ 中的非零元，并且 γ_i/γ_j $(i\neq j)$ 不是单位根.如果数组$(a_{1,n},\cdots,a_{s,n})\in\mathbb{K}^s(n\in\mathcal{N})$ 满足下列条件：

(i) 对任何 $n\in\mathcal{N}$,$a_{1,n}\neq 0$；

(ii) $h(a_{i,n})=o(n)\ (n\to\infty,\ n\in\mathcal{N})\ (i=1,\cdots,s)$，

其中，$h(\alpha)$ 表示 $\alpha\in\mathbb{K}$ 的绝对对数高,那么对于任何固定的 $\theta(0<\theta<1)$,当 $n\in\mathcal{N}$ 充分大时,有

$$|a_{1,n}\gamma_1^n+\cdots+a_{s,n}\gamma_s^n|\geqslant(\theta|\gamma_1|)^n. \tag{1}$$

在证明前先略述一些有关知识.设 $S_{\mathbb{K}}$ 是$\mathbb{K}$ 上的位(即$\mathbb{K}$ 上乘法赋值的等价类)的集合.$\mathbb{K}$ 上的位 v 称为有限位,若它仅含有非阿基米德赋值;不然称为无限位.$\mathbb{Q}$ 仅有一个无限位 ∞(通常的绝对值),且对应每个素数 p 有一个有限位(即 p-adic 赋值).对于 $v\in S_{\mathbb{K}}$,用 $v\mid p$ 表示$\mathbb{K}$ 中的赋值 v 限制于$\mathbb{Q}$时属于$p\in S_{\mathbb{Q}}$.特别地,$v\in S_{\mathbb{K}}$ 是无限位,当且仅当 $v\mid\infty$.$\mathbb{K}$ 中仅有有限多个无限位,用 S_∞ 表示由它们组成的集合.对每个 $v\in S_{\mathbb{K}}$,我们选取赋值 $\|\cdot\|_v$ 使得

$$\|\alpha\|_v=|\alpha|_p^{[\mathbb{K}_v:\mathbb{Q}_p]}\quad(\text{对所有 }\alpha\in\mathbb{Q}),$$

其中，$v\mid p$ (p 可以为 ∞),$\mathbb{K}_v$ 和$\mathbb{Q}_p$ 分别是$\mathbb{K}$ 在 v 及$\mathbb{Q}$ 在 p 的完备化. 于是有乘积公式

$$\prod_{v\in S_{\mathbb{K}}}\|\alpha\|_v=1\quad(\text{对所有 }\alpha\in\mathbb{K},\ \alpha\neq 0).$$

用 $\mathbb{P}_m(\mathbb{K})$ 表示$\mathbb{K}$ 上 m 维投影空间,设 $X=(x_0:x_1:\cdots:x_m)\in\mathbb{P}_m(\mathbb{K})$,定义

$$\hat{H}_{\mathbb{K}}(X)=\hat{H}(X)=\prod_{v\in S_{\mathbb{K}}}(\max_{0\leqslant i\leqslant m}\|x_i\|_v).$$

由乘积公式知,上式右边是唯一确定的.还对 $\alpha\in\mathbb{K}$,令

$$\hat{h}_{\mathbb{K}}(\alpha)=\hat{h}(\alpha)=\hat{H}(1:\alpha)=\prod_{v\in S_{\mathbb{K}}}\max(1,\ \|\alpha\|_v).$$

通常将数 $\hat{H}(X)^{1/[\mathbb{K}:\mathbb{Q}]}$ 称为 X 的绝对高.可以证明(见文献[134])

$$\frac{1}{[\mathbb{K}:\mathbb{Q}]}\log \hat{h}(\alpha) = \frac{1}{d(\alpha)}\log M(\alpha),$$

其中，$d(\alpha)$ 和 $M(\alpha)$ 是代数数 α 的次数和 Mahler 度量，因此 α 的绝对对数高

$$h(\alpha) = \frac{1}{[\mathbb{K}:\mathbb{Q}]}\log \hat{h}(\alpha).$$

我们有下列“基本不等式”：对 $\alpha \in \mathbb{K}$，$\alpha \neq 0$，

$$-\log \hat{h}(\alpha) \leqslant \sum_{v\in S}\log \|\alpha\|_v \leqslant \log \hat{h}(\alpha), \tag{2}$$

其中，S 是任何一个由 $\mathbb{K}$ 上某些位组成的集合.

记 $[\mathbb{K}:\mathbb{Q}] = d$，我们还有下列基本性质：

(i) $\hat{h}(\alpha) = 1$，当且仅当 α 是单位根或 $\alpha = 0$；

(ii) $\hat{h}(\alpha) = \hat{h}(\alpha^{-1})$，$\hat{h}(\alpha^m) = \hat{h}(\alpha)^m (m \in \mathbb{Z})$；

(iii) $\hat{h}(\alpha_1 + \cdots + \alpha_m) \leqslant m^d \hat{h}(\alpha_1)\cdots \hat{h}(\alpha_m)$，$\hat{h}(\alpha_1\cdots\alpha_m) \leqslant \hat{h}(\alpha_1)\cdots \hat{h}(\alpha_m)$.

设 S 是 $\mathbb{K}$ 上某些位组成的有限集，并且 $S \supseteq S_\infty$. $c(c>0)$，$d(d\geqslant 0)$ 是常数. 点 $X \in \mathbb{P}_m(\mathbb{K})$ 称为 (c, d, S)-允许点，如果可以选取它的齐次坐标 $x_0, \cdots, x_m$ 使得

(i) 所有 x_j 是 S-整数，亦即 $\|x_j\|_v \leqslant 1$ $(0\leqslant j\leqslant m)$ 当 $v \notin S$；

(ii) $\prod_{v\in S}\prod_{j=0}^{m}\|x_j\|_v \leqslant c_0 \hat{H}(X)^d$，

其中，c_0（及后文 $c_1, \cdots$）是（与 n 无关的）正常数.

我们证明中要用到下列定理：

Evertse 定理[35]　设 $c(c>0)$，$d(0\leqslant d<1)$ 是常数，m 是一个正整数，则仅存在有限多个 (c, d, S)-允许点 $X = (x_0 : x_1 : \cdots : x_m) \in \mathbb{P}_m(\mathbb{K})$ 满足

$$x_0 + x_1 + \cdots + x_m = 0,$$

但对 $\{0, 1, \cdots, m\}$ 的任何非空子集 $\{i_0, i_1, \cdots, i_l\}$ $(l<m)$，有

$$x_{i_0} + x_{i_1} + \cdots + x_{i_l} \neq 0.$$

引理 1.4.3 之证　我们可以认为 $\sqrt{-1} \in \mathbb{K}$（不然将 $\sqrt{-1}$ 添加到 $\mathbb{K}$，考虑 $\mathbb{K}$ 的扩域），并且 $|\cdot|^2 = \|\cdot\|_{v_0}$，其中，$v_0$ 是 $\mathbb{K}$ 上某个无限位，取定 S 是 $\mathbb{K}$ 上位的有限集合，它包含 S_∞ 及集合 $\{v \mid v \in S_{\mathbb{K}}, \|\gamma_i\|_v \neq 1\}$ $(i = 1, \cdots, s)$. 于是

$$\prod_{v\in S}\|\gamma_i\|_v = 1 \quad (i = 1, \cdots, s). \tag{3}$$

对 s 用归纳法. 当 $s = 1$ 时，取 ε 满足 $0<\varepsilon<\log\theta^{-1}$. 由引理中的条件(ii)，当 $n \in$

$\mathcal{N}$充分大时,有

$$\log\ \hat{h}(a_{1,n}) \leqslant 2\varepsilon n.$$

由基本不等式(其中取 $S=\{v_0\}$),当 $n\in\mathcal{N}$充分大时,有

$$|a_{1,n}| \geqslant \mathrm{e}^{-\varepsilon n} > \mathrm{e}^{n\log\theta} = \theta^n.$$

因此命题成立.

设 γ_i 的个数$<s$ 时命题成立,我们要证其个数为 s 时命题也成立.

首先注意,只需在 $a_{i,n}$, $\gamma_i(1\leqslant i\leqslant s)$ 为代数整数的假设下证明命题.事实上,设 $d_n=\mathrm{den}(a_{1,n},\cdots,a_{s,n})$, $D=\mathrm{den}(\gamma_1,\cdots,\gamma_s)$.因为若代数数 α 的极小多项式首项系数为 a_0,则 $a_0=\prod\limits_{v\notin S_\infty}\max(1,\|\alpha\|_v)\leqslant\hat{h}(\alpha)$(见文献[134]第79页),从而 $\mathrm{den}(\alpha)\leqslant\hat{h}(\alpha)$.于是得 $d_n\leqslant\hat{h}(a_{1,n})\cdots\hat{h}(a_{s,n})$,而由条件(ii)知 $\log d_n=o(n)$ $(n\to\infty,n\in\mathcal{N})$.对于给定的 $\theta(0<\theta<1)$,取 θ_0 满足 $1>\theta_0>\theta>0$ 及 $\delta=\log(\theta_0/\theta)$.那么当 $n\in\mathcal{N}$充分大时,有

$$\log d_n\leqslant\delta n. \tag{4}$$

如果在“代数整数”假定下命题成立,则有

$$|(d_na_{1,n})(D\gamma_1)^n+\cdots+(d_na_{s,n})(D\gamma_s)^n| \geqslant (D\gamma_1)^n\theta_0^n$$

(其中,$n\in\mathcal{N}$充分大),于是由式(4)知式(1)成立.

下文中设 $a_{i,n}$, $\gamma_i(1\leqslant i\leqslant s)$ 为代数整数.注意若α为代数整数,则 $\|\alpha\|_v\leqslant 1$(当 $v\notin S_\infty$),因此 $a_{i,n}$, $\gamma_i(1\leqslant i\leqslant s)$ 都是 S-整数.

现令 $\hat{H}_n=\hat{H}(a_{1,n}\gamma_1^n:\cdots:a_{s,n}\gamma_s^n)=\prod\limits_{v\in S_{\mathbb{K}}}\max(\|a_{1,n}\gamma_1^n\|_v,\cdots,\|a_{s,n}\gamma_s^n\|_v)$.并记 $S_i=\{v\mid v\in S_{\mathbb{K}},\min\limits_{1\leqslant k\leqslant s}\|a_{k,n}\|_v=\|a_{i,n}\|_v\}$ $(1\leqslant i\leqslant s)$.那么当 $v\in S_i$ 时,有

$$\begin{aligned}&\max(\|a_{1,n}\|_v\|\gamma_1\|_v^n,\cdots,\|a_{s,n}\|_v\|\gamma_s\|_v^n)\\ &\quad\geqslant\|a_{i,n}\|_v\cdot\max(\|\gamma_1\|_v^n,\cdots,\|\gamma_s\|_v^n),\end{aligned}$$

于是应用式(2)可得

$$\begin{aligned}\hat{H}_n&\geqslant\prod_{v\in S_1}\|a_{1,n}\|_v\cdots\prod_{v\in S_s}\|a_{s,n}\|_v\\ &\quad\cdot\prod_{v\in S_{\mathbb{K}}}\max(\|\gamma_1\|_v^n,\cdots,\|\gamma_s\|_v^n)\\ &\geqslant\hat{h}(a_{1,n})^{-1}\cdots\hat{h}(a_{s,n})^{-1}\cdot\hat{H}(\gamma_1:\cdots:\gamma_s)^n.\end{aligned} \tag{5}$$

又因为

$$\hat{H}(\gamma_1 : \cdots : \gamma_s)^n \geqslant \hat{H}(\gamma_1 : \gamma_2)^n = \hat{H}(1 : \gamma_2/\gamma_1)^n = \hat{h}(\gamma_2/\gamma_1)^n,$$

所以得到

$$\hat{H}_n \geqslant \hat{h}(\gamma_2/\gamma_1)^n \Big(\prod_{i=1}^{s} \hat{h}(a_{i,n})\Big)^{-1}. \tag{6}$$

因为 γ_2/γ_1 不是单位根,所以 $\hat{h}(\gamma_2/\gamma_1) > 1$,于是

$$\hat{H}_n \to \infty \quad (n \to \infty,\ n \in \mathcal{N}). \tag{7}$$

现在证明当 $n \in \mathcal{N}$ 充分大时,有

$$a_{1,n}\gamma_1^n + \cdots + a_{s,n}\gamma_s^n \neq 0. \tag{8}$$

设不然,即存在无穷子集 $\mathcal{N}_1 \subseteq \mathcal{N}$,使得当 $n \in \mathcal{N}_1$ 时,有

$$a_{1,n}\gamma_1^n + \cdots + a_{s,n}\gamma_s^n = 0. \tag{9}$$

由归纳假设,上式左边任何部分和的绝对值均有正的下界,即不为零. 由 Evertse 定理及式(7),存在无穷多个互异点 $(a_{1,n}\gamma_1^n : \cdots : a_{s,n}\gamma_s^n)$ 不是 $(1, 1/2, S)$-允许点,从而我们得到无穷子集 $\mathcal{N}_2 \subseteq \mathcal{N}_1$,使得当 $n \in \mathcal{N}_2$ 时,有

$$\prod_{v \in S} \prod_{i=1}^{s} \| a_{i,n}\gamma_i^n \|_v > \hat{H}(a_{1,n}\gamma_1^n : \cdots : a_{s,n}\gamma_s^n)^{1/2} = \hat{H}_n^{1/2}.$$

但由式(3)得

$$\begin{aligned}\prod_{v \in S} \prod_{i=1}^{s} \| a_{i,n}\gamma_i^n \|_v &= \prod_{i=1}^{s} \prod_{v \in S} \| a_{i,n} \|_v \cdot \prod_{i=1}^{s} \prod_{v \in S} \| \gamma_i^n \|_v \\ &= \prod_{i=1}^{s} \prod_{v \in S} \| a_{i,n} \|_v \\ &\leqslant \prod_{i=1}^{s} \hat{h}(a_{i,n}),\end{aligned}$$

所以

$$\prod_{i=1}^{s} \hat{h}(a_{i,n}) > \hat{H}_n^{1/2}. \tag{10}$$

由式(6)和式(10)得到

$$\Big(\prod_{i=1}^{s} \hat{h}(a_{i,n})\Big)^{3/2} > \hat{h}(\gamma_2/\gamma_1)^{n/2},$$

或者

$$\frac{3}{n}\sum_{i=1}^{s}\log\ \hat{h}(a_{i,n}) > \log\ \hat{h}(\gamma_2/\gamma_1).$$

由引理条件(ii)我们得到

$$\log\ \hat{h}(\gamma_2/\gamma_1) < 0,$$

这不可能,因而式(8)成立.

现在设式(1)不成立,于是存在 θ_1, $0 < \theta_1 < 1$,使得当 $n \in \mathcal{N}_3 \subseteq \mathcal{N}$ ($\mathcal{N}_3$ 为无穷集)时,有

$$| a_{1,n}\gamma_1^n + \cdots + a_{s,n}\gamma_s^n | < | \gamma_1 |^n \theta_1^n. \tag{11}$$

记 $\delta_n = - a_{1,n}\gamma_1^n - \cdots - a_{s,n}\gamma_s^n$,则当 $n \in \mathcal{N}_3$ 充分大时,有

$$a_{1,n}\gamma_1^n + \cdots + a_{s,n}\gamma_s^n + \delta_n = 0. \tag{12}$$

由式(8)及 δ_n 的定义易见上式左边任何部分加项组成的和均不为零.注意当 $v \notin S_\infty$ 时,$\| \delta_n \|_v \leqslant \max\limits_{1\leqslant i\leqslant s} \| a_{i,n}\gamma_i^n \|_v \leqslant 1$,所以 δ_n 也是代数整数.又由式(7),$\hat{H}(a_{1,n}\gamma_1^n : \cdots : a_{s,n}\gamma_s^n : \delta_n) \geqslant \hat{H}_n \to \infty$ $(n \to \infty,\ n \in \mathcal{N}_3)$.我们取 ρ 满足

$$0 < \rho < \min(1,\ \log\theta_1^{-2}/\log\ \hat{h}(\gamma_2/\gamma_1)). \tag{13}$$

由 Evertse 定理,存在无穷集 $\mathcal{N}_4 \subseteq \mathcal{N}_3$,使得当 $n \in \mathcal{N}_4$ 充分大时,$(a_{1,n}\gamma_1^n : \cdots : a_{s,n}\gamma_s^n : \delta_n)$ 不是$(1,\ 1-\rho,\ S)$-允许点,从而

$$\Big(\prod_{v\in S}\prod_{i=1}^{s} \| a_{i,n}\gamma_i^n \|_v\Big)\Big(\prod_{v\in S} \| \delta_n \|_v\Big) > \hat{H}_{n+1}^{1-\rho} > \hat{H}_n^{1-\rho}. \tag{14}$$

因为由式(3)知

$$\begin{aligned}\prod_{v\in S}\prod_{i=1}^{s} \| a_{i,n}\gamma_i^n \|_v &= \prod_{i=1}^{s}\prod_{v\in S} \| a_{i,n} \|_v \cdot \prod_{i=1}^{s}\prod_{v\in S} \| \gamma_i^n \|_v \\ &= \prod_{i=1}^{s}\prod_{v\in S} \| a_{i,n} \|_v \leqslant \prod_{i=1}^{s} \hat{h}(a_{i,n}),\end{aligned}$$

以及(记 $T = S\backslash\{v_0\}$) 由式(11)

$$\begin{aligned}\prod_{v\in S} \| \delta_n \|_v &= \| \delta_n \|_{v_0} \prod_{v\in T} \| \delta_n \|_v \\ &\leqslant \theta_1^{2n} | \gamma_1 |^{2n} \cdot \prod_{v\in T}(c_1 \max_{1\leqslant i\leqslant s} \| a_{i,n}\gamma_i^n \|_v) \\ &\leqslant \theta_1^{2n} | \gamma_1 |^{2n} \cdot c_2 \prod_{v\in T}\max_{1\leqslant i\leqslant s} \| a_{i,n} \|_v \cdot \prod_{v\in T}\max_{1\leqslant i\leqslant s} \| \gamma_i^n \|_v \\ &\leqslant c_2\theta_1^{2n} | \gamma_1 |^{2n} \prod_{i=1}^{s} \hat{h}(a_{i,n}) \cdot \prod_{v\in T}\max_{1\leqslant i\leqslant s} \| \gamma_i^n \|_v.\end{aligned}$$

注意

$$\prod_{v\in T}\max_{1\leqslant i\leqslant s}\|\gamma_i^n\|_v=\prod_{v\in S}\max_{1\leqslant i\leqslant s}\|\gamma_i^n\|_v(\max_{1\leqslant i\leqslant s}\|\gamma_i^n\|_{v_0})^{-1}$$
$$=\hat{H}(\gamma_1:\cdots:\gamma_s)^n(\max_{1\leqslant i\leqslant s}|\gamma_i|)^{-2n},$$

于是由式(14)得到当 $n\in\mathcal{N}_4$ 充分大时，有

$$c_2\theta_1^{2n}|\gamma_1|^{2n}(\max_{1\leqslant i\leqslant s}|\gamma_i|)^{-2n}\cdot\Big(\prod_{i=1}^s\hat{h}(a_{i,n})\Big)^2\cdot\hat{H}(\gamma_1:\cdots:\gamma_s)^n>H_n^{1-\rho}. \tag{15}$$

最后，由式(5)和式(15)得知，当 $n\in\mathcal{N}_4$ 充分大时，有

$$c_2\Big(\prod_{i=1}^s\hat{h}(a_{i,n})\Big)^{3-\rho}\theta_1^{2n}>\hat{H}(\gamma_1:\cdots:\gamma_s)^{-n\rho}.$$

应用引理条件(ii)推出

$$2\log\theta_1>-\rho\hat{H}(\gamma_1:\cdots:\gamma_s)\geqslant-\rho\log\hat{h}(\gamma_2/\gamma_1),$$

这与式(13)矛盾. □

附注 与引理 1.4.3 类似但稍复杂的一个结果可见文献[94]中的引理 2，且其证明也与引理 1.4.3 的证法类似.

第 2 章 Nesterenko 方法的代数基础

超越性和代数无关性证明中，辅助函数的零点个数的上界估计(通常称为"零点估计"或"重数估计")和 Gelfond 超越性判别法则及其推广(即数的代数无关性判别法则)起着关键性的作用. 在经典理论中，前者一般借助于解析方法，例如 Tijdemann 关于指数多项式的零点估计，后者本质上也是解析地完成的，但其中多项式的结式起了重要作用. 1929 年，C. L. Siegel[118] 曾经指出，对于某些线性微分方程的解，其零点估计可以借助代数方法给出. 1977 年，Yu. V. Nesterenko[67-70] 首先应用交换代数技术和一般消元法理论(Chow(周炜良)形式和 u 结式)给出线性微分方程的解的多项式的零点个数的上界，并且应用于超越性问题. 其后，他的方法被人们(包括他本人)不断发展和推广，促进了超越数论的发展，特别地，成为了代数无关性理论的基本的现代方法. 本章将给出这个方法的代数基础，也是后面几章的必要准备.

我们将首先给出一些工具性的预备知识和基本定义. 然后依照 Nesterenko，对于一个齐次纯粹理想 $I \subseteq \mathbb{Z}[x_0, \cdots, x_m]$，定义数 $\deg I$，$h(I)$，它们类似于多项式 $P \in \mathbb{Z}[x_0, \cdots, x_m]$ 的次数 $\deg P$ 和对数高 $h(P)$；还对点 $\boldsymbol{\omega} = (\omega_0, \cdots, \omega_m) \in \mathbb{C}^{m+1}$ 定义 $|I(\boldsymbol{\omega})|$，它也与 $|P(\boldsymbol{\omega})|$ 类似. 这些数的定义恰是基于理想 I 的 Chow 形式或 u 结式的一般消元理论的概念. 对于主理想 $I = (P) \subset \mathbb{Z}[x_0, \cdots, x_m]$，可以通过生成多项式 P

的性质给出$|I(\boldsymbol{\omega})|$的下界估计及其他的关系式,它们对于我们后文将要考虑的各种超越数论问题提供重要的技术性工具.

对于文中涉及的交换代数和代数几何的基本概念和结果,可以参见文献[115,141]等.

2.1 Chow 形式与理想的特征量

本章中恒设$\mathbb{K}$是一个特征为零的域.

1° 域上的绝对值

$\mathbb{K}$上的绝对值是一个映射$|\cdot|: \mathbb{K}\to\mathbb{R}$, 满足条件:

(a) 对任何$\alpha\in\mathbb{K}$, $|\alpha|\geqslant 0$, 并且$|\alpha|=0$当且仅当$\alpha=0$;

(b) 对任何$\alpha,\beta\in\mathbb{K}$, $|\alpha\beta|=|\alpha||\beta|$;

(c) 对任何$\alpha,\beta\in\mathbb{K}$, $|\alpha+\beta|\leqslant|\alpha|+|\beta|$, 或

(c′) $|\alpha+\beta|\leqslant\max\{|\alpha|,|\beta|\}$.

满足(a), (b), (c)时称为阿基米德绝对值,满足(a), (b), (c′)时称为非阿基米德绝对值.

设$\mathscr{M}$是一个集合,使对于每个$v\in\mathscr{M}$存在$\mathbb{K}$上的一个绝对值$|\cdot|_v$,满足下列条件:

(i) 对所有$\alpha\in\mathbb{K}^*$ ($\mathbb{K}$中所有非零元的集合),集合$\{v \mid |\alpha|_v\neq 1\}$是有限的;

(ii) $\prod\limits_{v\in\mu}|\alpha|_v=1$ (对任意$\alpha\in\mathbb{K}^*$) (乘积公式);

(iii) $\mathscr{M}_\infty=\{v \mid |\cdot|_v$是阿基米德绝对值$\}$是有限集,记$\nu=|\mathscr{M}_\infty|$ ($\mathscr{M}_\infty$中元素个数);

(iv) 对每个$v\in\mathscr{M}_\infty$, $|\alpha|_v=|\alpha|_{\mathbb{C}}$(当$\alpha\in\mathbb{Q}$), 其中$|\cdot|_{\mathbb{C}}$表示$\mathbb{C}$上通常的绝对值.

注 2.1.1 在上面的定义中不假定$\mathscr{M}$的不同元素对应不同的绝对值,因此在乘积公式中要计及阿基米德绝对值的重数.

在后面几章中将考虑$\mathbb{K}$的两种情况.

例 2.1.1 (函数情形)设$\mathbb{K}=\mathbb{C}(z)$. 取$\mathscr{M}=\mathbb{C}\cup\{\infty\}$, 并对每个$a=p/q$ (其中, $p, q\in\mathbb{C}[z]$, p, q互素),令

$$| a |_v = \begin{cases} \exp(\deg p - \deg q) & (v = \infty), \\ \exp(\text{ord}_v q - \text{ord}_v p) & (v \in \mathbb{C}). \end{cases}$$

($\text{ord}_v x = \text{ord}_{z=v} x$ 是 $x \in \mathbb{C}[z]$, $x \neq 0$, 在 v 的阶),它们都是非阿基米德绝对值,并且 $\mathcal{M}_\infty = \varnothing$.

例 2.1.2 (数情形)设 $\mathbb{K} \supset \mathbb{Q}$ 是有限域扩张,其次数 $\nu = [\mathbb{K} : \mathbb{Q}]$. $\mathbb{Z}_\mathbb{K}$($\mathbb{K}$ 中全体(代数)整数的集合,即$\mathbb{K}$ 的整数环)中全体非平凡素理想 $\mathfrak{P}$ 及$\mathbb{K}$ 到$\mathbb{C}$ 中的全体嵌入 σ_1, …, σ_ν 形成集合 $\mathcal{M}$,而 $\mathcal{M}_\infty = \{\sigma_1, \cdots, \sigma_\nu\}$. 对于每个素理想 $\mathfrak{P} \subset \mathbb{Z}_\mathbb{K}$,令

$$| a |_\mathfrak{P} = N(\mathfrak{P})^{-\text{ord}_\mathfrak{P} a} \quad (a \in \mathbb{K}),$$

其中,$\text{ord}_\mathfrak{P} a$ 是 $\mathfrak{P}$ 在(主)分式理想 $(a) \subset \mathbb{K}$ 的分解式中的重数,$N(\mathfrak{P})$是 $\mathfrak{P}$ 的范数. 对于$\mathbb{K}$ 到$\mathbb{C}$ 中的嵌入 σ,令

$$| a |_\sigma = | \sigma(a) |_\mathbb{C} \quad (a \in \mathbb{K}).$$

当 σ_1, σ_2 复数共轭时 $|\cdot|_{\sigma_1} = |\cdot|_{\sigma_2}$.

注 2.1.2 关于例 2.1.1 和例 2.1.2 的详细论述可见,例如,文献[126],第 10 章第 76 和 80 节,或文献[142]第 4 章.

2° 多项式的对数高

设多项式

$$P = \sum_{(i)} a_{(i)} T_1^{i_1} \cdots T_m^{i_m} \in \mathbb{K}[T_1, \cdots, T_m], \tag{2.1.1}$$

其中,$(i) = (i_1, \cdots, i_m)$ 是非负整矢. $a_{(i)} \in \mathbb{K}$. 对每个 $v \in \mathcal{M}$, 定义 P(对于 v)的高

$$| P |_v = \max_{(i)} | a_{(i)} |_v.$$

我们还将

$$h(P) = \sum_{v \in \mathcal{M}} \log | P |_v \quad (P \neq 0)$$

称为多项式 P 的对数高. 易见 $h(P) \geqslant 0$, 并且由乘积公式可知对任何 $\lambda \in \mathbb{K}^*$ 有

$$h(\lambda P) = h(P). \tag{2.1.2}$$

还要注意,上述定义中只有有限多个加项不为零.

例 2.1.3 设 $P \in \mathbb{C}[z][T_1, \cdots, T_m]$, 且系数 $a_{(i)} \in \mathbb{C}[z]$ (见式(2.1.1))互素,则由例 2.1.1 可知,对于多项式(2.1.1)有

$$h(P) = \log \max_{(i)} |a_{(i)}|_\infty = \deg_z P.$$

例 2.1.4 设$\mathbb{K} \supseteq \mathbb{Q}$如例2.1.2.若$P \in \mathbb{K}[T]$,其系数为$a_{(i)} \in \mathbb{K}$.那么由例2.1.2可知

$$h(P) = -\log N(\mathfrak{a}) + \sum_\sigma \log \max_{(i)} |\sigma(a_{(i)})|_{\mathbb{C}},$$

其中,$\mathfrak{a}$是多项式P的系数生成的分式理想,$N(\mathfrak{a})$是其范数(见文献[52],第3章第1节).特别地,若$P \in \mathbb{Z}[X]$,且其系数互素(即其最大公约数为1),则

$$h(P) = \nu \log H(P),$$

其中,$H(P)$是通常的高,$\nu = |\mathscr{M}_\infty| = [\mathbb{K}:\mathbb{Q}]$.

引理 2.1.1 设$P_1, \cdots, P_s \in \mathbb{K}[T_1, \cdots, T_m]$, $P = P_1 \cdots P_s$.

(i) 若$|\cdot|_v$是非阿基米德绝对值,则

$$|P|_v = |P_1|_v \cdots |P_s|_v.$$

(ii) 若$|\cdot|_v$是阿基米德绝对值(记为$|\cdot|$),则

$$|P| \leqslant |P_1| \cdots |P_s| (m+1)^{\deg P}, \tag{2.1.3}$$

$$|P_1| \cdots |P_s| \leqslant |P| \exp\Big(\sum_{i=1}^m \deg_{T_i} P\Big), \tag{2.1.4}$$

其中,$\deg_{T_i} P$表示P关于T_i的次数.

证 (i) 只对$s = 2$证明($s > 2$可用归纳法).先考虑单变量多项式

$$f(T) = a_d T^d + \cdots + a_0,$$

$$g(T) = b_e T^e + \cdots + b_0.$$

设f的系数a_r满足$|a_r|_v \geqslant |a_i|_v$(对所有$i$),并设$r$是具有这种性质的最大下标,类似地对$g$定义系数$b_s$.那么

$$a_r^{-1} f = (a_d/a_r) T^d + \cdots + T^r + \cdots + a_0/a_r,$$

$$b_s^{-1} f = (b_e/b_s) T^e + \cdots + T^s + \cdots + b_0/b_s.$$

于是它们的系数的绝对值均$\leqslant 1$,且$|a_i/a_r| < 1 (i > r)$. 考虑乘积

$$(a_r b_s)^{-1} fg = c_{d+e} T^{d+e} + \cdots + c_{r+s} T^{r+s} + \cdots + c_0,$$

那么$c_{r+s} = 1 + c$,其中,$|c|_v < 1$,而且

$$|c_j|_v \begin{cases} < 1 & (j > r+s), \\ \leqslant 1 & (j < r+s). \end{cases}$$

因此

$$|(a_r b_s)^{-1} fg|_v = 1,$$

即 $|fg|_v = |a_r b_s|_v = |f|_v |g|_v$.

再考虑多变元多项式.设 $f, g \in \mathbb{K}[T_1, \cdots, T_m]$,其次数之和$<d$.定义

$$\widetilde{f}(Y) = f(Y, Y^d, \cdots, Y^{d^{m-1}}),$$

因为当下标$(i_1, \cdots, i_m)$与$(j_1, \cdots, j_m)$互异时,$i_1 + i_2 d + \cdots + i_m d^{m-1} \neq j_1 + j_2 d + \cdots + j_m d^{m-1}$,所以$\widetilde{f}$与 f 有相同的非零系数,因而

$$\widetilde{fg}(Y) = \widetilde{f}(Y)\widetilde{g}(Y)$$

与 fg 具有相同的非零系数,从而归结为单变量情形. □

(ii) 因为 $|P_1|\cdots|P_s|(1 + T_1 + \cdots + T_m)^{\deg P}$ 是$P_1 \cdots P_s$ 的强函数(强函数的概念见《超越数:基本理论》第 3 章引理 3.1.1),因而

$$\begin{aligned} |P| &\leqslant |P_1|\cdots|P_s|(1 + \cdots + 1)^{\deg P} \\ &= |P_1|\cdots|P_s|(1 + m)^{\deg P}. \end{aligned}$$

记 $\deg_{T_i} P = d_i$,则 $|P|(1 + T_1)^{d_1}\cdots(1 + T_m)^{d_m}$ 是$P_1 \cdots P_s$ 的强函数,因而

$$\begin{aligned} |P_1|\cdots|P_s| &\leqslant |P|(1 + 1)^{d_1}\cdots(1 + 1)^{d_m} \\ &\leqslant |P|\exp\left(\sum_{i=1}^{m} \deg_{T_i} P\right). \end{aligned}$$

□

引理 2.1.2 设 $P_1, \cdots, P_s \in \mathbb{K}[T_1, \cdots, T_m]$, $P = P_1 \cdots P_s$,则

$$h(P) \leqslant h(P_1) + \cdots + h(P_s) + \nu\log(m + 1) \cdot \deg P. \tag{2.1.5}$$

$$h(P_1) + \cdots + h(P_s) \leqslant h(P) + \nu\sum_{i=1}^{m} \deg_{T_i} P. \tag{2.1.6}$$

特别地,若 $\mathscr{M}_\infty = \varnothing$,则

$$h(P) = h(P_1) + \cdots + h(P_s).$$

证 注意 $\nu = |\mathscr{M}_\infty|$,所以引理 2.1.2 可由引理 2.1.1 直接推出.

注 2.1.3 如果 $P_1, \cdots, P_s$ 是齐次多项式,那么式(2.1.3)和式(2.1.5)中的 m 应换成$m - 1$,相应地在式(2.1.4)和式(2.1.6)中也应变动.更一般地,从上面证明可以看出,若诸多项式 P_i 关于变量中的某一组是齐次的,那么式(2.1.3)和式(2.1.5)中 m 可以减小,而式(2.1.4)和式(2.1.6)中某个加项 $\deg_{T_i} P$ 亦可省略.

3° 理想的相伴形式(Chow 形式)

设$\mathbb{K}[X]$是$\mathbb{K}$上变量 $X = (x_0, \cdots, x_m)$ 的多项式环,$r(1 \leqslant r \leqslant m)$是一个整数;

$u_{ij}(1\leqslant i\leqslant r, 0\leqslant j\leqslant m)$是$\mathbb{K}[X]$上代数无关的变量，$\boldsymbol{u}_i=(u_{i0},\cdots,u_{im})(1\leqslant i\leqslant r)$，作线性型

$$L_i(X)=\sum_{j=0}^{m}u_{ij}x_j\quad(i=1,\cdots,r).$$

设I是环$\mathbb{K}[X]$中的某个齐次理想,用$(I,L_1,\cdots,L_r)$表示环

$$\mathbb{K}[X,U]=\mathbb{K}[x_0,\cdots,x_m,u_{10},\cdots,u_{rm}]=\mathbb{K}[X][\boldsymbol{u}_1,\cdots,\boldsymbol{u}_r]$$

中由线性型$L_1,\cdots,L_r$及理想I中的元素所生成的理想.设$G\in\mathbb{K}[U]=\mathbb{K}[u_{10},\cdots,u_{rm}]$是具有下列性质的多项式：存在某个整数$M$使

$$G_{x_i}^M\in(I,L_1,\cdots,L_r)\subset\mathbb{K}[X,U]\quad(i=0,1,\cdots,m).$$

将所有具有这种性质的多项式G所生成的理想记作$\bar{I}=\bar{I}(r)\subset\mathbb{K}[U]$,称为$I$的$L$消元理想.

注 2.1.4 用χ表示变量$x_0,\cdots,x_m$在$\mathbb{K}[X,U]$中生成的理想,记

$$\tilde{I}=\tilde{I}(r)=\bigcup_{k\geqslant 0}((I,L_1,\cdots,L_r):\chi^k)\subset\mathbb{K}[X,U],$$

那么

$$\bar{I}=\tilde{I}\cap\mathbb{K}[U].$$

因为$\mathbb{K}[X,U]$是一个 Noether 环,所以存在整数M使

$$\tilde{I}=(I,L_1,\cdots,L_r):\chi^M.$$

现在回顾交换代数中的几个定义.

对于$\mathbb{K}[X]$中的一个(真)素理想$\mathfrak{P}$,如果存在严格包含的素理想$\mathfrak{P}_0,\cdots,\mathfrak{P}_r$的链

$$\mathfrak{P}=\mathfrak{P}_0\supset\mathfrak{P}_1\supset\cdots\supset\mathfrak{P}_r=(0),$$

并且不存在更长的这种链,则称素理想$\mathfrak{P}$有高(秩,或余维数)r,记为$h^*(\mathfrak{P})=r$. 对于$\mathbb{K}[X]$中的任意理想$\mathfrak{a}$,定义它的高(秩,或余维数)为

$$h^*(\mathfrak{a})=\min\{h^*(\mathfrak{P})\mid\mathfrak{P}\supset\mathfrak{a}\text{ 为素理想}\}.$$

显然,若$\mathfrak{a}\subset\mathfrak{a}'$,则$h^*(\mathfrak{a})\leqslant h^*(\mathfrak{a}')$.

如果t是$\mathbb{K}[x_0,\cdots,x_m]$在$\mathbb{K}$上的超越次数,定义素理想$\mathfrak{P}$的维数

$$\dim\mathfrak{P}=t-h^*(\mathfrak{P}),$$

因$x_0,\cdots,x_m$在$\mathbb{K}$上代数无关,故

$$\dim\mathfrak{P}=m+1-h^*(\mathfrak{P}).$$

对于任意理想 $\mathfrak{a}$,则定义 $\dim \mathfrak{a}$ 为 $\mathfrak{a}$ 的孤立(或极小)素理想(即含有 $\mathfrak{a}$ 的素理想集合中的极小元)的维数的最大值.齐次理想的维数理解为它的投影维数.

若 $\mathfrak{q}$ 是$\mathbb{K}[X]$中的准素理想,它的根$\sqrt{\mathfrak{q}} = \mathfrak{P}$(素理想),则称 $\mathfrak{q}$ 是 $\mathfrak{P}$-准素的,并且将满足 $\mathfrak{P}^n \subset \mathfrak{q}$ 的最小正整数 n 称为 $\mathfrak{q}$ 的指数.

环$\mathbb{K}[X] = \mathbb{K}[x_0, \cdots, x_m]$中的理想 I 称为纯粹的,如果它的所有准素分量具有相同的维数(或高),这个维数(或高)等于理想 I 的维数(或高).素理想是纯粹理想.对于齐次纯粹理想 I 有 $\dim I = m - h^*(I)$.

命题 2.1.1 设 I 是环$\mathbb{K}[X]$的齐次纯粹理想,$r = \dim I + 1 \geqslant 1$. $I = I_1 \cap \cdots \cap I_s$ 是不可缩短的准素分解,并且记 $\mathfrak{P}_j = \sqrt{I_j}$,$k_j$ 是准素理想I_j 的指数($j = 1, \cdots, s$). 那么$\bar{I}(r)$是 $\mathbb{K}[\boldsymbol{u}_1, \cdots, \boldsymbol{u}_r]$中的主理想,并且若 $\bar{\mathfrak{P}}_j(r) = (F_j)(1 \leqslant j \leqslant s)$,则多项式 $F = F_1^{k_1} \cdots F_s^{k_s}$ 是理想$\bar{I}(r)$的生成元.

证 因 $\mathbb{K}$ 是域,所以本章附录 2 命题 4 中理想$(a) = (1)$,因而分量 $I_{s+1}, \cdots, I_t$ 不存在,从而得本命题.

生成元 F 称 I 的相伴形式或 Chow 形式(Cayley-Chow 形式).

4° 理想的特征量

设 I 是环$\mathbb{K}[X]$中的齐次纯粹理想,F 是它的相伴形式,由定义可知,多项式 F 中的变量组$\boldsymbol{u}_1, \cdots, \boldsymbol{u}_r$ 是对称的,特别地,形式 F 关于这些变量组中每组的次数是相等的,这个次数(例如按变量组 $\boldsymbol{u}_1$)称为理想 I 的次数,记作 $\deg I$.

我们还将多项式 F 的对数高称为理想I 的对数高,记作 $h(I)$.于是 $h(I) = h(F)$.注意,由式(2.1.2)可知,如果 F 乘以一个域$\mathbb{K}$ 中的非零常数,这个对数高的值是不变的.

设 $|\cdot| = |\cdot|_v (v \in \mathscr{M})$ 是域 $\mathbb{K}$ 上某个固定的绝对值,$\mathbb{K}_v$ 是$\mathbb{K}$ 关于$|\cdot|$的完备化,用$\mathscr{K}$表示$\mathbb{K}_v$ 的代数闭包关于$|\cdot|$(扩充到$\mathbb{K}_v$)的完备化.本章中将始终考虑如此确定的绝对值$|\cdot|$及域 $\mathscr{K}$.对于每个点 $\boldsymbol{\omega} = (\omega_0, \cdots, \omega_m) \in \mathscr{K}^{m+1}$,令

$$|\boldsymbol{\omega}| = |\boldsymbol{\omega}|_v = \max_{0 \leqslant j \leqslant m} |\omega_j|_v = \max_{0 \leqslant j \leqslant m} |\omega_j|.$$

对于$\mathbb{K}[X]$中的齐次纯粹理想 I 及非零点$\boldsymbol{\omega} \in \mathscr{K}^{m+1}$,如果 $r = 1 + \dim I$,$\bar{I}(r) = (F)$,那么我们取

$$\boldsymbol{S}^{(i)} = (s_{\lambda\mu}^{(i)}) \quad (1 \leqslant i \leqslant r,\ 0 \leqslant \lambda,\ \mu \leqslant m)$$

是 r 个反对称矩阵,其元素除了反对称关系

$$s_{\lambda\mu}^{(i)} + s_{\mu\lambda}^{(i)} = 0$$

外不满足环$\mathbb{K}[X, u_1, \cdots, u_r]$上的任何代数关系式.若多项式 $E = E(u_1, \cdots, u_r) \in \mathbb{K}[u_1, \cdots, u_r]$，我们用$\boldsymbol{\varkappa}(E)$表示在 E 中用矢量$\boldsymbol{S}^{(i)}\boldsymbol{\omega}$代替变量$\boldsymbol{u}_i(i = 1, \cdots, r)$所得到的系数在$\mathcal{K}$中的变量 $s_{\lambda\mu}^{(i)}(\lambda < \mu, i = 1, \cdots, r)$ 的多项式(此处 $\boldsymbol{\omega}$，$\boldsymbol{u}_i$ 理解为列矢)，即

$$\boldsymbol{\varkappa}(E) = E(S^{(1)}\boldsymbol{\omega}, \cdots, S^{(r)}\boldsymbol{\omega}) \in \mathcal{K}[s_{\lambda\mu}^{(i)}(\lambda < \mu, i = 1, \cdots, r)].$$

我们定义理想 I(在 $\boldsymbol{\omega}$)的绝对值

$$|I(\boldsymbol{\omega})| = |\boldsymbol{\varkappa}(F)||F|^{-1}|\boldsymbol{\omega}|^{-r\deg I}. \tag{2.1.7}$$

显然，这个定义与理想 $\bar{I}$ 的生成元 F 的选取无关(即式(2.1.7)中 F 换成λF $(\lambda \in \mathbb{K}^*)$，其值不变).另外，因为 F 是变量u_{ij}的次数为$r\deg I$ 的齐次多项式，所以

$$|I(\boldsymbol{\omega})| = |I(\lambda\boldsymbol{\omega})| \quad (\lambda \in \mathcal{K}^*).$$

选取适当的λ，可以认为$|\boldsymbol{\omega}| = 1$，而$|I(\boldsymbol{\omega})|$保持不变.$|I(\boldsymbol{\omega})|$在今后起着多项式在$\boldsymbol{\omega}$上的值的作用.

$\deg I$，$h(I)$及$|I(\boldsymbol{\omega})|$称为理想 I 的特征量.

命题 2.1.2 设 I 是环$\mathbb{K}[X]$中的齐次纯粹理想，$\dim I \geqslant 0$，$I = I_1 \cap \cdots \cap I_s$ 是它的某个准素分解，$\mathfrak{P}_j = \sqrt{I_j}$，$k_j$ 是准素理想I_j 的指数.设 $\boldsymbol{\omega} \in \mathcal{K}^{m+1}$，$\boldsymbol{\omega} \neq \boldsymbol{0}$，则

(i) $\sum_{j=1}^{s} k_j \deg \mathfrak{P}_j = \deg I$；

(ii) $\sum_{j=1}^{s} k_j h(\mathfrak{P}_j) \leqslant h(I) + \nu m^2 \deg I$ $(\nu = |\mathcal{M}_\infty|)$；

(iii) $\sum_{j=1}^{s} k_j \log|\mathfrak{P}_j(\boldsymbol{\omega})| \leqslant \log|I(\boldsymbol{\omega})| + m^3 \deg I$.

另外，如果 $\mathcal{M}_\infty = \varnothing$，那么(ii)中等式成立；若$|\cdot|$是非阿基米德绝对值，则(iii)中等式成立，且右边不出现加项 $m^3\deg I$.

证 设 $r = 1 + \dim I$，$\bar{\mathfrak{P}}_j(r) = (F_j)(j = 1, \cdots, s)$.由命题 2.1.1 知，$F = F_1^{k_1}\cdots F_s^{k_s}$ 生成理想$\bar{I}(r)$，因此得到结论(i)，且由引理 2.1.2 得到结论(ii)).

现证(iii).因在该不等式中用$\lambda\boldsymbol{\omega}(\lambda \in \mathcal{K}^*)$代替 $\boldsymbol{\omega}$ 后不等式不变，故为不失一般性，可设$|\boldsymbol{\omega}| = 1$.先考虑$\mathcal{M}_\infty \neq \varnothing$且$|\cdot|$是阿基米德绝对值的情形.由于 F 是齐次多项式，关于每组变量 $\boldsymbol{u}_i(1 \leqslant i \leqslant r)$ 的次数为 $\deg I$，所以由式(2.1.3)得

$$\sum_{j=1}^{s} k_j \log|F_j| \geqslant \log|F| - m^2 \deg I. \tag{2.1.8}$$

又因为多项式$\boldsymbol{\varkappa}(F)$的变量 $s_{\lambda\mu}^{(i)}(1 \leqslant i \leqslant r, 0 \leqslant \lambda < \mu \leqslant m)$ 的总数为 $rm(m+1)/2$，并且多项式$\boldsymbol{\varkappa}(F)$按每组变量 $s_{\lambda\mu}^{(i)}$(i 固定)是次数为$\deg I$的齐次多项式，所以由式(2.1.4)得

$$\sum_{j=1}^{s} k_j \log|\varkappa(F_j)| \leqslant \log|\varkappa(F)| + m\left(\frac{m(m+1)}{2} - 1\right)\deg I. \quad (2.1.9)$$

由式(2.1.5)、式(2.1.7)和式(2.1.9),并注意 $|\boldsymbol{\omega}| = 1$,以及 $\log|\mathfrak{P}_j(\boldsymbol{\omega})| = \log|\varkappa(F_j)| - \log|F_j|(1 \leqslant j \leqslant s)$,得到

$$\begin{aligned}\sum_{j=1}^{s} k_j \log|\mathfrak{P}_j(\boldsymbol{\omega})| &= \sum_{j=1}^{s} k_j(\log|\varkappa(F_j)| - \log|F_j|) \\ &\leqslant \log|\varkappa(F)| + m^3\deg I - \log|F| \\ &= \log|I(\boldsymbol{\omega})| + m^3\deg I.\end{aligned}$$

对于其他情形可类似地证明. □

5° 主理想的特征量与其生成元间的关系

对于 $\boldsymbol{\omega} \in \mathscr{K}^{m+1}$, $\boldsymbol{\omega} \neq \mathbf{0}$, 以及齐次多项式 $P \in \mathbb{K}[X]$, 定义

$$\|P\|_{\boldsymbol{\omega}} = |P(\boldsymbol{\omega})||P|^{-1}|\boldsymbol{\omega}|^{-\deg P},$$

称为 P(在 $\boldsymbol{\omega}$)的规范化绝对值.若 $P = \sum_{(i)} a_{(i)} x_0^{i_0}\cdots x_m^{i_m}$, 且 $|P| = |a_{(\gamma)}|$, 那么易见 $\|P\|_{\boldsymbol{\omega}} = |\sum_{(i)} a_{(i)}/a_{(\gamma)}|$. 因为 $i_0 + \cdots + i_m = \deg P$ 的非负整数解组不超过$(\deg P)^m$个,所以得到

$$\|P\|_{\boldsymbol{\omega}} \leqslant 1 \quad (|\cdot| \text{ 是非阿基米德绝对值});$$

以及

$$\|P\|_{\boldsymbol{\omega}} \leqslant \mathrm{e}^{m\deg P} \quad (|\cdot| \text{ 是阿基米德绝对值}).$$

命题 2.1.3 设 $I = (P)$ 是环$\mathbb{K}[X]$中由齐次多项式 P 生成的主理想, $\boldsymbol{\omega} \in \mathscr{K}^{m+1}$, $\boldsymbol{\omega} \neq \mathbf{0}$, 则

$$\deg I = \deg P, \quad (2.1.10)$$

$$h(I) \leqslant h(P) + \nu m^2\deg P \quad (\nu = |\mathscr{M}_\infty|), \quad (2.1.11)$$

$$\log|I(\boldsymbol{\omega})| \leqslant \log\|P\|_{\boldsymbol{\omega}} + 2m^2\deg P. \quad (2.1.12)$$

另外,如果 $\mathscr{M}_\infty = \varnothing$, 那么式(2.1.11)变为等式 $h(I) = h(P)$; 若$|\cdot|$是非阿基米德绝对值,则式(2.1.12)右边的 $2m^2\deg P$ 不出现.

注 2.1.5 I 是齐次纯粹理想(见文献[141],第二卷第 197 页).

为证明这个命题,需要一些辅助结果.

我们用 Δ_j 表示在矩阵 $(u_{ik})(1\leqslant i\leqslant m,\ 0\leqslant k\leqslant m)$ 中去掉第 j 列所得 m 阶矩阵的行列式与 $(-1)^j$ 的乘积. 特别地, $\Delta_j\in\mathbb{K}[\boldsymbol{u}_1,\cdots,\boldsymbol{u}_m]\ (j=0,\cdots,m)$.

引理 2.1.3 主理想 $\bar{I}(m)$ 由多项式

$$F=P(\Delta_0,\Delta_1,\cdots,\Delta_m)$$

生成.

证 固定 j,考虑变量 $x_0,\cdots,x_m$ 的非齐次线性方程组

$$x_j=x_j,\quad L_i=u_{i0}x_0+\cdots+u_{im}x_m\quad(i=1,\cdots,m).$$

注意方程组的系数行列式是 Δ_j,依 Cramer 法则,对每个下标 k 有

$$x_k\Delta_j=x_j\Delta_k+A_1L_1+\cdots+A_mL_m,\tag{2.1.13}$$

其中, $A_1,\cdots,A_m$ 是环 $\mathbb{K}[\boldsymbol{u}_1,\cdots,\boldsymbol{u}_m]$ 中的多项式. 将式(2.1.13)写成环 $\mathbb{K}[X,\boldsymbol{u}_1,\cdots,\boldsymbol{u}_m]$ 中的同余式

$$x_k\Delta_j\equiv x_j\Delta_k(\mathrm{mod}(L_1,\cdots,L_m)).$$

设多项式 P 的次数为 n,那么

$$\begin{aligned}\Delta_j^nP(x_0,\cdots,x_m)&=P(x_0\Delta_j,\cdots,x_m\Delta_j)\\&\equiv P(x_j\Delta_0,\cdots,x_j\Delta_m)\\&=x_j^nF(\mathrm{mod}(L_1,\cdots,L_m)).\end{aligned}$$

由此可知

$$x_j^nF\in(P,L_1,\cdots,L_m)\subset\mathbb{K}[X,\boldsymbol{u}_1,\cdots,\boldsymbol{u}_m]\quad(j=0,\cdots,m),$$

亦即 $F\in\bar{I}(m)$.

现在设 E 是理想 $\bar{I}(m)$ 中的任意多项式,那么对于每个 $j=0,\cdots,m$ 可以在环 $\mathbb{K}[X,\boldsymbol{u}_1,\cdots,\boldsymbol{u}_m]$ 中找到多项式 $D_j,C_1,\cdots,C_m$ 及某个自然数 M 使得

$$Ex_j^M=D_jP+C_1L_1+\cdots+C_mL_m.\tag{2.1.14}$$

在式(2.1.14)中用多项式 Δ_j 代替变量 $x_j\ (j=0,\cdots,m)$. 因为

$$\sum_{k=0}^m u_{ik}\Delta_k=0\quad(i=1,\cdots,m),$$

所以由式(2.1.14)得 $E\Delta_j^M=D_jP(\Delta_0,\cdots,\Delta_m)=D_jF$, 于是多项式 F 整除 $E\Delta_j^M$.

设 F_λ 是多项式 F 的任一个不可约因子,我们可以找到下标 j^*,使 Δ_{j^*} 与 F_λ 中的某个变量无关. 易见对任何 j,多项式 Δ_j 的系数为 ±1. 因此由

$$E\Delta_{j^*}^{M} = D_{j^*} F_1^{k_1} \cdots F_{\lambda}^{k_\lambda} \cdots F_t^{k_t}$$

(其中,$F_1, \cdots, F_t$ 是F 的不可约因子)推出 $F_{\lambda}^{k_\lambda} \mid E$,从而在环$\mathbb{K}[\boldsymbol{u}_1, \cdots, \boldsymbol{u}_m]$中 F 整除 E,亦即 $E \in (F)$.

综合上述两个方面即知 $(F) = \bar{I}(m)$. □

命题 2.1.3 之证 式(2.1.10)可由引理 2.1.3 直接得到. 现在来证式(2.1.11). 因 $\Delta_j \in \mathbb{K}[\boldsymbol{u}_1, \cdots, \boldsymbol{u}_m]$, 故多项式 $F = P(\Delta_0, \cdots, \Delta_m)$ 的系数 f 都是多项式P 的系数的整系数线性组合,亦即

$$f = \sum_{(i)} a_{(i)} b_{(i)}, \tag{2.1.15}$$

其中,$a_{(i)}$是多项式 P 的系数,$b_{(i)}$是某些整数. 因此对任何非阿基米德绝对值 v,有

$$| F |_v \leqslant | P |_v \quad (v \in \mathscr{M} \backslash \mathscr{M}_\infty). \tag{2.1.16}$$

对于阿基米德绝对值 v,由于多项式 Δ_j 的系数为 ± 1,且它含有 $m!$个加项,因此

$$| b_{(i)} |_v \leqslant (m!)^{\deg P}.$$

又因为式(2.1.15)中加项的个数不超过

$$\binom{\deg P + m}{m} \leqslant (\deg P + 1)^m \leqslant \mathrm{e}^{m \deg P},$$

因此由式(2.1.15)得到

$$| F |_v \leqslant | P |_v (m!)^{\deg P} \mathrm{e}^{m \deg P} \leqslant | P |_v \mathrm{e}^{m^2 \deg P} \quad (v \in \mathscr{M}_\infty). \tag{2.1.17}$$

设 $\boldsymbol{S}^{(i)}(i = 1, \cdots, m)$ 是在定义式(2.1.7)时所引进的反对称矩阵. 对于每个多项式 $E \in \mathbb{K}[\boldsymbol{u}_1, \cdots, \boldsymbol{u}_m]$, 用$\vartheta(E)$表示在 E 中用矢量$\boldsymbol{S}^{(i)}\boldsymbol{x}$ 代替$\boldsymbol{u}_i(1 \leqslant i \leqslant m)$ ($\boldsymbol{x}$ 和$\boldsymbol{u}_i$ 理解为列矢)所得到的变量为 $\boldsymbol{X} = (x_0, \cdots, x_m)$ 及 $s_{\lambda\mu}^{(i)}(\lambda < \mu, i = 1, \cdots, m)$ 的系数在$\mathbb{K}$中的多项式,亦即

$$\begin{aligned} \vartheta(E) &= E(\boldsymbol{S}^{(1)}\boldsymbol{x}, \cdots, \boldsymbol{S}^{(m)}\boldsymbol{x}) \\ &\in \mathbb{K}[x_0, \cdots, x_m, s_{\lambda\mu}^{(i)}(\lambda < \mu, i = 1, \cdots, m)]. \end{aligned}$$

注意,当 $\boldsymbol{x}$ 取作$\boldsymbol{\omega}$ 时, $\vartheta(E) = \boldsymbol{\varkappa}(E)$(其中 $r = m$). 由恒等式(2.1.13)推出

$$x_k \vartheta(\Delta_j) = x_j \vartheta(\Delta_k). \tag{2.1.18}$$

由此知 $x_k \mid \vartheta(\Delta_k)$. 记 $\vartheta(\Delta_k)/x_k = \Lambda_k \in \mathbb{K}[X, s_{\lambda\mu}^{(i)}]$, 则

$$\vartheta(\Delta_j) = x_j \Lambda_k, \quad \vartheta(\Delta_k) = x_k \Lambda_j \quad (j \neq k).$$

由此及式(2.1.18)得

$$x_jx_k\Lambda_k = x_kx_j\Lambda_j,$$

于是 $\Lambda_k = \Lambda_j(k \neq j)$. 我们将此多项式记为 Λ,由引理 2.1.3 的证明可知,Λ 作为 $\boldsymbol{X}, s_{\lambda\mu}^{(i)}$ 的多项式,其系数是若干个 ± 1 之和. 因此得到多项式 $\Lambda \in \mathbb{Z}[\boldsymbol{X}, s_{\lambda\mu}^{(i)}]$ 适合

$$\vartheta(\Delta_j) = x_j\Lambda \quad (j = 0, 1, \cdots, m). \tag{2.1.19}$$

特别地,推出下列对于变量 x_j, $s_{\lambda\mu}^{(i)}$ 的恒等式

$$\begin{aligned}\vartheta(F) &= P(\vartheta(\Delta_0), \cdots, \vartheta(\Delta_m)) \\ &= \Lambda^nP(x_0, \cdots, x_m) = x_0^{-n}\vartheta(\Delta_0)^nP(x_0, \cdots, x_m),\end{aligned} \tag{2.1.20}$$

其中, $n = \deg P$. 特别取矩阵 $\boldsymbol{S}^{(i)}(1 \leqslant i \leqslant m)$ 的元素为

$$s_{\lambda\mu}^{(i)} = \begin{cases}1 & (\lambda = i-1, \mu = i), \\ -1 & (\lambda = i, \mu = i-1), \\ 0 & (\text{其他情形}),\end{cases} \tag{2.1.21}$$

亦即

$$\boldsymbol{S}^{(i)} = \begin{pmatrix} & \overset{(i-1)}{\vdots} & \vdots & \\ \cdots & 0 & 1 & \cdots \\ \cdots & -1 & 0 & \cdots \\ & \vdots & \vdots & \end{pmatrix}^{(i-1)} \quad (i = 1, \cdots, m)$$

(空白处为零),在此 $\boldsymbol{S}^{(i)}\boldsymbol{x} = (0, \cdots, 0, x_i, -x_{i-1}, 0, \cdots, 0)^\tau$(其中第 $i-1$ 个坐标为 x_i,τ 表示转置),于是

$$\begin{aligned}&\vartheta(u_{i,i-1}) = x_i, \\ &\vartheta(u_{i,i}) = -x_{i-1}, \\ &\vartheta(u_{ij}) = 0 \quad (j \neq i-1, i).\end{aligned}$$

因为

$$\vartheta(\Delta_0) = \begin{vmatrix} -x_0 & & & & \\ x_2 & -x_1 & & 0 & \\ & x_3 & -x_2 & & \\ 0 & & & \ddots & \\ & & & x_m & -x_{m-1} \end{vmatrix},$$

所以由式(2.1.19)得多项式

$$\Lambda = \vartheta(\Delta_0)x_0^{-1} = (-1)^m x_1 \cdots x_{m-1}. \tag{2.1.22}$$

由式(2.1.20)得到 $\vartheta(F) = \Lambda^n P(x_0, \cdots, x_m)$，将式(2.1.21)和式(2.1.22)代入，此时 F 中有些项在 $\vartheta(F)$ 中变为零，因此比较所得恒等式两边 $x_0, \cdots, x_m$ 的幂积的系数可知，多项式 P 的每个系数与多项式 F 的系数集合中的某个成员至多相差一个符号，因而对任何绝对值 v，总有

$$|P|_v \leqslant |F|_v. \tag{2.1.23}$$

特别地，由式(2.1.16)得

$$|F|_v = |P|_v \quad (v \in \mathscr{M} \backslash \mathscr{M}_\infty). \tag{2.1.24}$$

由式(2.1.17)和式(2.1.24)推出

$$\begin{aligned} h(I) = h(F) &= \sum_{v \in \mathscr{M}} \log |F|_v = \sum_{v \in \mathscr{M} \backslash \mathscr{M}_\infty} \log |F|_v + \sum_{v \in \mathscr{M}_\infty} \log |F|_v \\ &\leqslant \sum_{v \in \mathscr{M} \backslash \mathscr{M}_\infty} \log |P|_v + \sum_{v \in \mathscr{M}_\infty} \log |P|_v + \sum_{v \in \mathscr{M}_\infty} m^2 \deg P \\ &= h(P) + \nu m^2 \deg P; \end{aligned}$$

若 $\mathscr{M}_\infty = \varnothing$，则证明中不需用式(2.1.17)而得到 $h(I) = h(P)$.

最后证式(2.1.12). 可设 $|\boldsymbol{\omega}| = 1$. 在式(2.1.20)中令 $x_j = \omega_j (0 \leqslant j \leqslant m)$. 注意由式(2.1.19)知 $\Lambda = \vartheta(\Delta_0)x_0^{-1}$(如果 $\omega_0 = 0$，那么存在 $\omega_j \neq 0$，而应用 $\Lambda = \vartheta(\Delta_j)x_j^{-1}$)，可得

$$\mathscr{H}(F) = \omega_0^{-n} \mathscr{H}(\Delta_0)^n P(\omega_0, \cdots, \omega_m) = \Lambda(\boldsymbol{\omega})^n P(\boldsymbol{\omega}). \tag{2.1.25}$$

因 $\boldsymbol{S}^{(i)}$ 是反对称矩阵，故可将多项式 Λ 表示为

$$\Lambda = \Lambda(X) = \sum_{(\lambda)(\mu)} a_{(\lambda)(\mu)}(X) s_{\lambda_1 \mu_1}^{(1)} \cdots s_{\lambda_m \mu_m}^{(m)}, \tag{2.1.26}$$

其中，$a_{(\lambda)(\mu)}(X) \in \mathbb{Z}[X]$，并且求和展布在所有适合 $\lambda_k < \mu_k (1 \leqslant k \leqslant m)$ 的下标组 $(\lambda) = (\lambda_1, \cdots, \lambda_m)$ 和 $(\mu) = (\mu_1, \cdots, \mu_m)$ 上. 现在对每对这样的下标组 (λ) 和 (μ) 来估计 $|a_{(\lambda)(\mu)}(\boldsymbol{\omega})|$ 的上界. 对于固定的 (λ) 和 (μ)，令 $\boldsymbol{S}^{(i)} (1 \leqslant i \leqslant m)$ 的元素取下列值：

$$s_{\lambda\mu}^{(i)} = \begin{cases} 1 & (\lambda = \lambda_i, \mu = \mu_i), \\ -1 & (\lambda = \mu_i, \mu = \lambda_i), \\ 0 & (\text{其他情形}), \end{cases}$$

亦即

$$
\boldsymbol{S}^{(i)} = \begin{pmatrix} & \vdots & & \vdots & \\ \cdots & 0 & \cdots & 1 & \cdots \\ & \vdots & & \vdots & \\ \cdots & -1 & \cdots & 0 & \cdots \\ & \vdots & & \vdots & \end{pmatrix} \begin{matrix} \\ (\lambda_i) \\ \\ (\mu_i) \\ \\ \end{matrix} \quad (i = 1, \cdots, m)
$$

(列标 (λ_i), (μ_i))

(空白处为零). 于是由式(2.1.26)得 $\Lambda = \Lambda(X) = a_{(\lambda)(\mu)}(X)$, 并且(将 $\boldsymbol{\omega}$ 理解为列矢) $\boldsymbol{S}^{(i)}\boldsymbol{\omega} = (0, \cdots, 0, \omega_{\mu_i}, 0, \cdots, 0, -\omega_{\lambda_i}, 0, \cdots, 0)^{\tau}$ (其中第 λ_i 个坐标为 ω_{μ_i}, 第 μ_i 个坐标为 $-\omega_{\lambda_i}$), 于是

$$
\boldsymbol{\varkappa}(u_{ij}) = \begin{cases} \omega_{\mu_i} & (j = \lambda_i), \\ -\omega_{\lambda_i} & (j = \mu_i), \\ 0 & (j \neq \lambda_i, \mu_i). \end{cases} \tag{2.1.27}
$$

仍由式(2.1.19)知 $\Lambda(X) = \vartheta(\Delta_0)x_0^{-1}$, 在其中令 $x_j = \omega_j (0 \leqslant j \leqslant m)$ (我们可设 $\omega_0 \neq 0$; 不然可取 $\Lambda(X) = \vartheta(\Delta_0)x_j^{-1}$, 而 $\omega_j \neq 0$) 得到

$$
a_{(\lambda)(\mu)}(\boldsymbol{\omega}) = \Lambda(\boldsymbol{\omega}) = \omega_0^{-1}\boldsymbol{\varkappa}(\Delta_0) = \omega_0^{-1}\Delta_0(\cdots, \boldsymbol{\varkappa}(u_{ij}), \cdots). \tag{2.1.28}
$$

如果 $|\cdot| = |\cdot|_v (v \in \mathscr{M}_\infty)$, 那么因为 Δ_0 展开后项数为 2^m, 且 $|\boldsymbol{\omega}| = 1$, 故由式(2.1.27)和式(2.1.28)得

$$
|a_{(\lambda)(\mu)}(\boldsymbol{\omega})| \leqslant 2^m. \tag{2.1.29}
$$

又因为式(2.1.26)中加项个数, 亦即 $s_{\lambda_1\mu_1}^{(1)} \cdots s_{\lambda_m\mu_m}^{(m)}$ 的个数不超过 $(m + (m-1) + \cdots + 1)^m = (m(m+1)/2)^m$, 所以由式(2.1.26)和式(2.1.29)得

$$
|\Lambda(\boldsymbol{\omega})| \leqslant 2^m(m(m+1)/2)^m,
$$

以及由式(2.1.25)推出

$$
\begin{aligned} |\boldsymbol{\varkappa}(F)| &= |P(\boldsymbol{\omega})||\Lambda(\boldsymbol{\omega})|^n \leqslant |P(\boldsymbol{\omega})|(m(m+1))^{mn} \\ &\leqslant |P(\boldsymbol{\omega})|\exp(2m^2 n). \end{aligned}
$$

最后, 由式(2.1.23)并注意 $|\boldsymbol{\omega}| = 1$, 可得

$$
\begin{aligned} \log|I(\boldsymbol{\omega})| &= \log|\boldsymbol{\varkappa}(F)| - \log|F| \\ &\leqslant (\log|P(\boldsymbol{\omega})| + 2m^2\deg P) - \log|P| \\ &= \log\|P\|_{\boldsymbol{\omega}} + 2m^2\deg P. \end{aligned}
$$

对于 $v \in \mathscr{M} \backslash \mathscr{M}_\infty$ 可以类似地证明. 于是式(2.1.12)得证.

2.2 多项式与素理想的 Chow 形式的 u 结式

借助两个单变量多项式 P, Q 的(通常)结式 $\mathrm{Res}(P, Q)$可以建立 Gelfond 超越性判别法则,并由此证明一系列超越性结果.但在多变量情形,采用相同的推理进行逐次消元,一般只能得到"对数数量级"的超越次数下界估计. Nesterenko 方法成功地应用了一般消元法(u 结式),显著地改进了这些结果.本节将给出 u 结式的概念和基本性质,特别是基本的数论性质.

我们记 $\mathbb{K}_p = \mathbb{K}(\boldsymbol{u}_1, \cdots, \boldsymbol{u}_p) = \mathbb{K}(u_{10}, \cdots, u_{pm})$ 为将线性型$L_1, \cdots, L_p$ 的系数添加到$\mathbb{K}$ 上所得的域,并令 $\mathbb{K}_0 = \mathbb{K}$.

1° u 结式的定义

引理 2.2.1 设 $\mathfrak{P} \subset \mathbb{K}[X]$ 是齐次素理想, $r = \dim \mathfrak{P} + 1$, $x_0 \notin \mathfrak{P}$. 还设主理想 $\overline{\mathfrak{P}}(r)$由多项式 F 生成(即 F 是 $\mathfrak{P}$ 的 Chow 形式),那么

(i) 存在有限正规扩域 $\mathscr{R} \supset \mathbb{K}_{r-1}$ 使得

$$F = a\prod_{j=1}^{g}(u_{r0} + \alpha_1^{(j)}u_{r1} + \cdots + \alpha_m^{(j)}u_{rm}), \tag{2.2.1}$$

其中, $g = \deg \mathfrak{P} \geqslant 1$, $a \in \mathbb{K}[\boldsymbol{u}_1, \cdots, \boldsymbol{u}_{r-1}]$, $\alpha_i^{(j)} \in \mathscr{R}$;

(ii) 每个点 $(1 : \alpha_1^{(j)} : \cdots : \alpha_m^{(j)}) \in \mathbb{P}_m(\mathscr{R})$ 是理想 $\mathfrak{P}$ 的一般零点;

(iii) 若 $\mathscr{L} = \mathbb{K}_{r-1}(\alpha_1^{(1)}, \cdots, \alpha_m^{(1)})$, 则 $[\mathscr{L} : \mathbb{K}_{r-1}] = g$, 且存在 $\mathscr{L}$ 到 $\mathscr{R}$ 中的 $\mathbb{K}_{r-1}$ 上的嵌入 $\sigma_1, \cdots, \sigma_g$ 使 $\alpha_i^{(j)} = \sigma_j(\alpha_i^{(1)})$ $(j = 1, \cdots, g;\ i = 1, \cdots, m)$;

(iv) 对于 $l = 1, \cdots, r-1$ 有等式

$$L_l(1, \alpha_1^{(j)}, \cdots, \alpha_m^{(j)}) = u_{l0} + \sum_{i=1}^{m}\alpha_i^{(j)}u_{li} = 0 \quad (j = 1, \cdots, g). \tag{2.2.2}$$

证 若 $r = 1$ (即 $\dim \mathfrak{P} = 0$), 令理想 $\mathfrak{M} = \mathfrak{P}$; 若 $r \geqslant 2$, 即令理想 $\mathfrak{M}$ 是理想 $\widetilde{\mathfrak{P}}(r-1)$ 在环 $\mathbb{K}_{r-1}[X]$ 中的扩充.由(本章)附录 2 引理 3 和引理 8 可知,$\mathfrak{M}$ 是$\mathbb{K}[X, U]$中的素理想,并且 $\dim \mathfrak{M} = 0$, 因此 $\mathfrak{M}$ 在 $\mathbb{K}_{r-1}$ 的代数闭包上的投影空间中的零点簇

由有限多个点组成.设$(1:\alpha_1:\cdots:\alpha_m)$是其中一点.我们令

$$\mathscr{L}=\mathbb{K}_{r-1}(\alpha_1,\cdots,\alpha_m),\quad A=(x_1-\alpha_1x_0,\cdots,x_m-\alpha_mx_0),$$

那么A是$\mathscr{L}[\mathscr{X}]$中的齐次理想.设$H=u_{r0}+\alpha_1u_{r1}+\cdots+\alpha_mu_{rm}\in\mathscr{L}[\boldsymbol{u}_r]$.因为

$$x_iH=\alpha_iL_r+\sum_{j=0}^{m}u_{rj}(x_i\alpha_j-\alpha_ix_j)\in(A,L_r)\quad(i=0,1,\cdots,m),$$

其中,取$\alpha_0=1$,所以由定义可知$H\in\bar{A}(1)\in\mathscr{L}[\boldsymbol{u}_r]$.由附录2命题2,$\bar{A}(1)$是主理想,并且因为$H$是不可约多项式,所以$H$是$\bar{A}(1)$的生成元.由于

$$Fx_i^M\in(\mathfrak{P},L_1,\cdots,L_r)\subset(\mathfrak{M},L_r)\subset(A,L_r)\quad(i=0,1,\cdots,m),$$

我们得知$F\in\bar{A}(1)\subset\mathscr{L}[\boldsymbol{u}_r]$,因而在环$\mathscr{L}[\boldsymbol{u}_r]$中多项式$F$被$H$整除.令$\mathscr{R}$是域$\mathscr{L}$的有限次正规扩张,$\sigma_1,\cdots,\sigma_g$是$\mathscr{L}$到$\mathscr{R}$中的全部嵌入,那么$[\mathscr{L}:\mathbb{K}_{r-1}]=g$.令$\alpha_i^{(j)}=\sigma_j(\alpha_i)(i=1,\cdots,m;\ j=1,\cdots,g)$,其中,$\alpha_i^{(1)}=\alpha_i$,还令$H_j=u_{r0}+\alpha_1^{(j)}u_{r1}+\cdots+\alpha_m^{(j)}u_{rm}$.因为$F\in\mathbb{K}_{r-1}[\boldsymbol{u}_r]$,且诸多项式$H_j$互异且在$\mathbb{K}_{r-1}$上共轭,所以在环$\mathscr{R}[\boldsymbol{u}_r]$中多项式$F$被$E=\prod\limits_{j=1}^{g}H_j$整除.但$E,F\in\mathbb{K}_{r-1}[\boldsymbol{u}_r]\subset\mathscr{R}[\boldsymbol{u}_r]$,且$F$在$\mathbb{K}_{r-1}[\boldsymbol{u}_r]$中不可约,因此$F=\alpha E$,其中$\alpha\in\mathbb{K}_{r-1}$.最后,因为$a$是多项式$F$中$u_{r0}^g$的系数,所以$a\in\mathbb{K}[\boldsymbol{u}_1,\cdots,\boldsymbol{u}_{r-1}]$.于是引理的(i)和(iii)得证.

因为$L_i\in\mathfrak{M}(i=1,\cdots,r-1)$且所有的点$(1:\alpha_1^{(j)}:\cdots:\alpha_m^{(j)})(j=1,\cdots,g)$都是理想$\mathfrak{M}$的零点,因而式(2.2.2)成立,于是引理的(4)得证.

现在证明引理的(ii).因$\mathfrak{P}\subset\mathfrak{M}$,故点$(1:\alpha_1^{(j)}:\cdots:\alpha_m^{(j)})(j=1,\cdots,g)$都是理想$\mathfrak{P}$的零点.例如,我们证明点$(1:\alpha_1^{(1)}:\cdots:\alpha_m^{(1)})$是$\mathfrak{P}$的一般零点.设齐次多项式$P\in\mathbb{K}[X]$满足等式

$$P(1,\alpha_1^{(1)},\cdots,\alpha_m^{(1)})=0.\tag{2.2.3}$$

由环$\mathscr{R}[\boldsymbol{u}_r]$的唯一因子分解性质可知,$\mathfrak{M}$的所有在$\mathbb{K}_{r-1}$的代数闭包中的零点恰好就是点$(1:\alpha_1^{(j)}:\cdots:\alpha_m^{(j)})(j=1,\cdots,g)$,它们在域$\mathbb{K}_{r-1}$上共轭.因为$\mathfrak{M}$是素理想,由Hilbert零点定理,由式(2.2.3)可知$P\in\mathfrak{M}$.于是存在多项式$D\in\mathbb{K}[\boldsymbol{u}_1,\cdots,\boldsymbol{u}_{r-1}]$使$PD\in\widetilde{\mathfrak{P}}(r-1)$.因为$\mathfrak{P}$是素理想,且$r-1<\dim\mathfrak{P}+1$,所以由附录2引理3及引理5知$\widetilde{\mathfrak{P}}(r-1)$是素理想,并且$\widetilde{\mathfrak{P}}(r-1)\cap\mathbb{K}[\boldsymbol{u}_1,\cdots,\boldsymbol{u}_{r-1}]=(0)$,因而$D\notin\widetilde{\mathfrak{P}}(r-1)$,于是$P\in\widetilde{\mathfrak{P}}(r-1)$.由此可知存在自然数$M_1$使得

$$Px_0^{M_1}\in(\mathfrak{P},L_1,\cdots,L_{r-1}).$$

但因为$Px_0^{M_1}\in\mathbb{K}[X]$,所以$Px_0^{M_1}\in\mathfrak{P}$,而$x_0\notin\mathfrak{P}$,故知$P\in\mathfrak{P}$,于是结论(ii)得证. □

对于变量$x_0,x_1,\cdots,x_m$的齐次多项式$Q\in\mathbb{K}[X]$,我们定义表达式

$$G = a^{\deg Q}\prod_{j=1}^{g} Q(1,\ \alpha_1^{(j)},\ \cdots,\ \alpha_m^{(j)}),\qquad (2.2.4)$$

其中,deg Q 是多项式 Q 的(全)次数,我们将证明 $G \in \mathbb{K}[\boldsymbol{u}_1,\ \cdots,\ \boldsymbol{u}_{r-1}]$(见引理 2.2.2),它称为多项式 Q 与素理想 $\mathfrak{P}$ 的 Chow 形式 F 的 u 结式.有时也记为 Res$(F,\ Q)$.

2° u 结式的基本性质

引理 2.2.2 式(2.2.4)中的表达式 G 有下列性质:

(i) $G \in \mathbb{K}[\boldsymbol{u}_1,\ \cdots,\ \boldsymbol{u}_{r-1}]$;

(ii) 对于域 $\mathbb{K}(\boldsymbol{u}_1,\ \cdots,\ \boldsymbol{u}_{r-1})$ 的非阿基米德绝对值 $|\cdot|$,

$$|G| \leqslant |F|^{\deg Q}|Q|^{\deg \mathfrak{P}};$$

特别地,它对于$\mathbb{K}$ 上的绝对值 $|\cdot|_v$ $(v \in \mathscr{M}\backslash\mathscr{M}_\infty)$ 在 $\mathbb{K}(\boldsymbol{u}_1,\ \cdots,\ \boldsymbol{u}_{r-1})$ 上的延拓也成立;

(iii) 若 $r \geqslant 2$, 则

$$\deg_{u_j} G \leqslant \deg \mathfrak{P} \cdot \deg Q \quad (j = 1,\ \cdots,\ r-1).$$

证 先证(ii).设 $|\cdot|_v$ 是绝对值 $|\cdot|$ 到 $\mathscr{L} = \mathbb{K}_{r-1}(\alpha_1^{(1)},\ \cdots,\ \alpha_m^{(1)})$ 上的扩充,e 为分歧指数.对于多项式

$$P = \sum_{(i)} a_{(i)} u_{r0}^{i_0}\cdots u_{rm}^{i_m} \quad (a_{(i)} \in \mathscr{L}),$$

定义 P 的绝对值为 $\max\limits_{(i)} |a_{(i)}|_v$,从而将绝对值 $|\cdot|_v$ 扩张到环 $\mathscr{L}[\boldsymbol{u}_r]$上.由式(2.2.1)得

$$|F|_v = |a|_v \prod_{j=1}^{g}\left|\sum_{i=0}^{m}\alpha_i^{(j)}u_{ri}\right|_v = |a|_v\prod_{j=1}^{g}\max_{0\leqslant i\leqslant m}|\alpha_i^{(j)}|_v,\qquad (2.2.5)$$

其中,已令 $\alpha_0^{(j)} = 1$. 记

$$Q = \sum_{(k)} b_{(k)} x_0^{k_0}\cdots x_m^{k_m} \in \mathbb{K}[X],$$

其中,$(k) = (k_0,\ k_1,\ \cdots,\ k_m)$, $k_0 + k_1 + \cdots + k_m = \deg Q (= d)$, 则

$$\begin{aligned} |Q(1,\ \alpha_1^{(j)},\ \cdots,\ \alpha_m^{(j)})|_v &\leqslant \max_{(k)} |b_{(k)}\alpha_0^{(j)k_0}\cdots\alpha_m^{(j)k_m}|_v \\ &\leqslant \max_{(k)}|b_{(k)}|_v \max_{0\leqslant i\leqslant m}|\alpha_i^{(j)}|_v^d \\ &= |Q|_v \max_{0\leqslant i\leqslant m}|\alpha_i^{(j)}|_v^d. \end{aligned}\qquad (2.2.6)$$

由式(2.2.4)~式(2.2.6)可得

$$\begin{aligned}|Q|_v &= |a|_v^d\prod_{j=1}^{g}|Q(1,\alpha_1^{(j)},\cdots,\alpha_m^{(j)})|_v\\ &\leqslant |a|_v^d\,|Q|_v^g\prod_{j=1}^{g}\max_{0\leqslant i\leqslant m}|\alpha_i^{(j)}|_v^d\\ &= |Q|_v^g\,|F|_v^d.\end{aligned}\tag{2.2.7}$$

因为 $F\in\mathbb{K}[\boldsymbol{u}_1,\cdots,\boldsymbol{u}_{r-1}][\boldsymbol{u}_r]$，$Q\in\mathbb{K}[X]\subset\mathbb{K}[\boldsymbol{u}_1,\cdots,\boldsymbol{u}_{r-1}][X]$，所以 $|F|_v=|F|^e$，$|Q|_v=|Q|^e$. 又因为 G 在 $\mathscr{L}$ 在 $\mathbb{K}_{r-1}$ 上的任何自同构的作用下不变，所以 $G\in\mathbb{K}_{r-1}$，$|G|_v=|G|^e$. 因此由式(2.2.7)得到

$$|G|\leqslant|F|^d\,|Q|^g\quad(d=\deg Q).\tag{2.2.8}$$

于是(ii)得证.

习知，域 Σ 的元素 x 是 Σ 的子环 R 上的整元，当且仅当对于 Σ 的每个在 R 的元素上取值均小于 1 的绝对 $|\cdot|_v$ 也有 $|x|_v<1$（见文献[9]，第 6 章第 3 节命题 6）. 由式(2.2.8)可知(取 $\Sigma=\mathbb{K}_{r-1}$，$R=\mathbb{K}[\boldsymbol{u}_1,\cdots,\boldsymbol{u}_{r-1}]$) 多项式 G 是 $\mathbb{K}[\boldsymbol{u}_1,\cdots,\boldsymbol{u}_{r-1}]$ 上的整元，但 $\mathbb{K}[\boldsymbol{u}_1,\cdots,\boldsymbol{u}_{r-1}]$ 在 $\mathbb{K}_{r-1}$ 中整闭，所以 $G\in\mathbb{K}[\boldsymbol{u}_1,\cdots,\boldsymbol{u}_{r-1}]$，于是结论(i)得证.

最后，为证结论(iii)，我们取 $\mathbb{K}[\boldsymbol{u}_1,\cdots,\boldsymbol{u}_{r-1}]$ 的绝对值 $|P|=\mathrm{e}^{\deg_{\boldsymbol{u}_j}P}$ $(j=1,\cdots,r-1)$，其中 $P\in\mathbb{K}[\boldsymbol{u}_1,\cdots,\boldsymbol{u}_{r-1}]$. 那么由于 $|Q|=1$，即可由式(2.2.8)得到所要的不等式. □

下面给出当阿基米德绝对值时与引理 2.2.2 的(ii)相对应的不等式.

引理 2.2.3 设 $\mathfrak{P}\subset\mathbb{K}[X]$ 是齐次素理想，$r=\dim\mathfrak{P}+1\geqslant1$，$x_0\notin\mathfrak{P}$，$F$ 是 $\mathfrak{P}$ 的 Chow 形式，$Q\in\mathbb{K}[X]$ 是齐次多项式. 还设 $G=\mathrm{Res}(F,Q)$ 是 F 与 Q 的 u 结式，如果 $|\cdot|$ 是域 $\mathbb{K}$ 上的阿基米德绝对值，那么

$$|G|<|F|^{\deg G}\,|Q|^{\deg\mathfrak{P}}\mathrm{e}^{m(r+1)\deg\mathfrak{P}\cdot\deg Q}.$$

为证明这个结论，需要下列辅助结果.

引理 2.2.4 设 $\mathscr{K}_0$ 是一个包含域 $\mathbb{K}$ 的代数闭域，$B=\mathbb{K}[\boldsymbol{u}_1,\cdots,\boldsymbol{u}_{r-1},\alpha_1^{(1)},\cdots,\alpha_m^{(g)}]$ ($\alpha_i^{(j)}$ 的定义见引理 2.2.1)，元素 $u'_{ij}\in\mathscr{K}_0$ $(i=1,\cdots,r-1;\ j=0,1,\cdots,m)$ 满足 $a(u'_{ij})\neq0$ (a 的定义见引理 2.2.1). 那么存在同态

$$\tau:B[a^{-1}]\rightarrow\mathscr{K}_0,$$

它在 $\mathbb{K}$ 上恒等，且 $\tau(u_{ij})=u'_{ij}$.

证 由式(2.2.1)可知，所有元素 $a\alpha_i^{(j)}$ $(1\leqslant i\leqslant m,\ 1\leqslant j\leqslant g)$ 是环 $\mathbb{K}[\boldsymbol{u}_1,\cdots,\boldsymbol{u}_{r-1}]$ 上的代数整元，于是环 $B[a^{-1}]$ 在环 $\mathbb{K}[\boldsymbol{u}_1,\cdots,\boldsymbol{u}_{r-1},a^{-1}]$ 上是整的. 定义环 $\mathbb{K}[\boldsymbol{u}_1,\cdots,\boldsymbol{u}_{r-1},a^{-1}]$ 上的同态 τ，它保持 $\mathbb{K}$ 中元素不变，并且 $\tau(u_{ij})=u'_{ij}$，$\tau(a^{-1})=a(u'_{ij})^{-1}$. 注意，习知：若 R 和 R' 是两个环，$R'\supset R$ 且在 R 上是整的，而 f 是 R 到代数

闭域 Σ 的同态,则 f 可扩充为 R' 到 Σ 的同态(见文献[9],第 5 章第 2 节定理 1 的推论 4),因此可将 τ 扩充到环 $B[a^{-1}]$ 上. □

引理 2.2.5 设 $P \in \mathbb{C}[z_1, \cdots, z_s]$, $H(P)$是它的(通常的)高,即其系数绝对值的最大值,则

$$H(P) \leqslant \max_{|z_i| \leqslant 1 (1 \leqslant i \leqslant s)} |P(z_1, \cdots, z_s)|.$$

证 对 s 用数学归纳法. 当 $s = 1$ 时,记

$$P(z) = \sum_i a_i z^i \quad (a_i \in \mathbb{C}).$$

那么易见

$$H(P) = \max_i |a_i| \leqslant \Big(\sum_i |a_i|^2\Big)^{1/2} = \Big(\int_0^1 |P(\mathrm{e}^{2\pi t \mathrm{i}})|^2 \mathrm{d}t\Big)^{1/2}$$
$$\leqslant \max_{|z| \leqslant 1} |P(z)|.$$

即当 $s = 1$ 时结论成立. 设 $s > 1$, 且当变量个数 $\leqslant s - 1$ 时结论成立. 记

$$P(z_1, \cdots, z_s) = \sum_{(i)} f_{(i)} z_1^{i_1} \cdots z_s^{i_s} \quad (f_{(i)} \in \mathbb{C}).$$

其中, $(i) = (i_1, \cdots, i_s)$. 还将它表示为

$$P(z_1, \cdots, z_s) = \sum_{(j)} f_{(j)}(z_1) z_2^{j_2} \cdots z_s^{j_s} \quad (f_{(j)} \in \mathbb{C}[z_1]) \ (j) = (j_2, \cdots, j_s),$$

且诸 $f_{(j)}$ 的系数合在一起就是 $P(z_1, \cdots, z_s)$的全部系数. 依归纳假设,当 z_1 保持固定时,

$$\max_{(j)} |f_{(j)}(z_1)| \leqslant \max_{|z_2| \leqslant 1, \cdots, |z_s| \leqslant 1} \Big|\sum_{(j)} f_{(j)}(z_1) z_2^{j_2} \cdots z_s^{j_s}\Big|$$
$$= \max_{|z_2| \leqslant 1, \cdots, |z_s| \leqslant 1} |P(z_1, \cdots, z_s)|.$$

令 z_1 变动,则有 $H(f_{(j)}) \leqslant \max_{|z_1| \leqslant 1} |f_{(j)}(z_1)|$. 于是

$$\max_{(j)} H(f_{(j)}) \leqslant \max_{(j)} \max_{|z_1| \leqslant 1} |f_{(j)}(z_1)| = \max_{|z_1| \leqslant 1} \max_{(j)} |f_{(j)}(z_1)|$$
$$\leqslant \max_{|z_1| \leqslant 1, \cdots, |z_s| \leqslant 1} |P(z_1, \cdots, z_s)|.$$

因 $\max_{(j)} H(f_{(j)}) = H(P)$, 故结论对变量个数为 s 时也成立. □

引理 2.2.3 之证 为不失一般性,可认为 $\mathbb{K} \subset \mathbb{C}$, 且$|\cdot|$是通常$\mathbb{C}$上的绝对值.

设 $r = 1$. 此时 $\alpha_i^{(j)} \in \mathbb{C}$. 将式(1.1.4)用于此处的式(2.2.1)得到

$$|a| \prod_{j=1}^{g} |\boldsymbol{\alpha}^{(j)}| \leqslant |F| \mathrm{e}^{m \deg \mathfrak{P}}, \tag{2.2.9}$$

其中, $\boldsymbol{\alpha}^{(j)}=(1, \alpha_1^{(j)}, \cdots, \alpha_m^{(j)})$, $|\boldsymbol{\alpha}^{(j)}|=\max(1, |\alpha_1^{(j)}|, \cdots, |\alpha_m^{(j)}|)$. 因为

$$|Q(\boldsymbol{\alpha}^{(j)})|\leqslant|Q|(m+1)^{\deg Q}|\boldsymbol{\alpha}^{(j)}|^{\deg Q},$$

所以由式(2.2.4)和式(2.2.9)得到

$$\begin{aligned}|G| &\leqslant\left(|a|\prod_{j=1}^{g}|\boldsymbol{\alpha}^{(j)}|\right)^{\deg Q}|Q|^{\deg \mathfrak{P}}(m+1)^{\deg \mathfrak{P}\cdot\deg Q}\\ &\leqslant|F|^{\deg Q}|Q|^{\deg\mathfrak{P}}\mathrm{e}^{2m\deg\mathfrak{P}\cdot\deg Q}.\end{aligned}$$

于是引理当 $r=1$ 时成立.

现设 $r\geqslant 2$. 设 $u'_{ij}\in\mathbb{C}(i=1, \cdots, r-1; j=1, \cdots, \deg\mathfrak{P})$ 是任意满足

$$a(u'_{ij})\neq 0, \quad |u'_{ij}|\leqslant 1 \tag{2.2.10}$$

的数,并设 τ 是引理 2.2.4 中定义的同态. 记 $\beta_i^{(j)}=\tau(\alpha_i^{(j)})\in\mathbb{C}$, $\boldsymbol{\beta}^{(j)}=(1, \beta_1^{(j)}, \cdots, \beta_m^{(j)})(j=1, \cdots, \deg\mathfrak{P})$. 因为

$$\tau(a)\prod_{j=1}^{g}(u_{r0}+\beta_1^{(j)}u_{r1}+\cdots+\beta_m^{(j)}u_{rm})=\tau(F)=F(\boldsymbol{u}'_1, \cdots, \boldsymbol{u}'_{r-1}, \boldsymbol{u}'_r),$$

其中, $\boldsymbol{u}'_i=(u'_{i0}, u'_{i1}, \cdots, u'_{im})(i=1, \cdots, r-1)$. 仍由引理 1.2.1 的不等式(2.2.4)得

$$|\tau(a)|\prod_{j=1}^{g}|\boldsymbol{\beta}^{(j)}|\leqslant|F|(m+1)^{(r-1)\deg\mathfrak{P}}\mathrm{e}^{m\deg\mathfrak{P}}, \tag{2.2.11}$$

其中, $|\boldsymbol{\beta}^{(j)}|=\max(1, |\beta_1^{(j)}|, \cdots, |\beta_m^{(j)}|)$. 因为

$$|Q(\boldsymbol{\beta}^{(j)})|\leqslant|Q|(m+1)^{\deg Q}|\boldsymbol{\beta}^{(j)}|^{\deg Q},$$

所以由式(2.2.4)和式(2.2.11)得到

$$\begin{aligned}|\tau(G)| &\leqslant\left(|\tau(a)|\prod_{j=1}^{g}|\boldsymbol{\beta}^{(j)}|\right)^{\deg Q}|Q|^{\deg\mathfrak{P}}(m+1)^{\deg\mathfrak{P}\cdot\deg Q}\\ &\leqslant|F|^{\deg Q}|Q|^{\deg\mathfrak{P}}\mathrm{e}^{m(r+1)\deg\mathfrak{P}\cdot\deg Q}.\end{aligned}$$

因为立方体 $|u_{ij}|\leqslant 1$ 中每个点都是某个满足条件(2.2.10)的点列(u'_{ij})的极限,所以由连续性得

$$\max_{|u_{ij}|\leqslant 1}|G(u_{ij})|\leqslant|F|^{\deg Q}|Q|^{\deg\mathfrak{P}}\mathrm{e}^{m(r+1)\deg\mathfrak{P}\cdot\deg Q}. \tag{2.2.12}$$

最后,根据引理 2.2.5 得

$$|G|\leqslant\max_{|u_{ij}|\leqslant 1}|G(u_{ij})|,$$

所以由式(2.2.12)知,引理对 $r\geqslant 2$ 也成立. □

3° u 结式的对数高的估计

引理 2.2.6 设 $G = \mathrm{Res}(F, Q)$ 是素理想 $\mathfrak{P} \subset \mathbb{K}[X]$ 的 Chow 形式 F 与齐次多项式 $Q \in \mathbb{K}[X]$ 的 u 结式，$x_0 \notin \mathfrak{P}$，则 G 的对数高

$$h(G) \leqslant h(\mathfrak{P})\deg Q + h(Q)\deg \mathfrak{P} + \nu m(r+1)\deg \mathfrak{P} \cdot \deg Q,$$

其中，$r = 1 + \dim \mathfrak{P}$，$\nu = |\mathscr{M}_\infty|$.

证 由引理 2.2.2 的(2)及引理 2.2.3 可得

$$\begin{aligned} h(G) &= \sum_{v \in \mathscr{M}} \log |G|_v \leqslant \sum_{v \in \mathscr{M}} (\deg Q \cdot \log |F|_v + \deg \mathfrak{P} \cdot \log |Q|_v) \\ &\quad + \sum_{v \in \mathscr{M}_\infty} m(r+1)\deg \mathfrak{P} \cdot \deg Q \\ &= h(\mathfrak{P})\deg Q + h(Q)\deg \mathfrak{P} + \nu m(r+1)\deg \mathfrak{P} \cdot \deg Q. \end{aligned}$$

□

2.3 理想的零点

本节主要研究素理想的特殊零点的构造，点与零点簇的距离，以及 u 结式的某些进一步的性质.

1° 两点间的(投影)距离

对于两个非零点 $\boldsymbol{\varphi} = (\varphi_0, \cdots, \varphi_m) \in \mathscr{K}^{m+1}$ 及 $\boldsymbol{\psi} = (\psi_0, \cdots, \psi_m) \in \mathscr{K}^{m+1}$（$\mathscr{K}$ 的定义见第 2.1 节），定义它们间的(投影)距离为

$$\| \boldsymbol{\varphi} - \boldsymbol{\psi} \| = (\max_{0 \leqslant i < j \leqslant m} |\varphi_i \psi_j - \varphi_j \psi_i|) |\boldsymbol{\varphi}|^{-1} |\boldsymbol{\psi}|^{-1},$$

其中，$|\cdot| = |\cdot|_w$，$w \in \mathscr{M}$ 是某个固定的（域 $\mathbb{K}$ 上的）绝对值，$|\boldsymbol{\varphi}| = \max(|\varphi_0|, \cdots, |\varphi_m|)$. 显然有

$$\|\boldsymbol{\varphi}-\boldsymbol{\psi}\| \leqslant \begin{cases}1 & (|\cdot| \text{ 是非阿基米德绝对值}),\\ 2 & (|\cdot| \text{ 是阿基米德绝对值}).\end{cases}$$

引理 2.3.1 设 V 和 W 是环$\mathbb{K}[X]$中 d 次齐次多项式，那么对于任何两个非零点 $\boldsymbol{\omega}=(\omega_0, \cdots, \omega_m) \in \mathscr{K}^{m+1}$ 和 $\boldsymbol{\xi}=(\xi_0, \cdots, \xi_m) \in \mathscr{K}^{m+1}$ 有不等式

$$\begin{aligned}&|V(\boldsymbol{\omega})W(\boldsymbol{\xi})-V(\boldsymbol{\xi})W(\boldsymbol{\omega})|\\ &\quad \leqslant \|\boldsymbol{\omega}-\boldsymbol{\xi}\| \, |V|\,|W|\,|\boldsymbol{\omega}|^d \, |\boldsymbol{\xi}|^d (d+1)^{2m+1},\end{aligned}$$

并且当$|\cdot|$是非阿基米德绝对值时，上式右边的因子 $(d+1)^{2m+1}$ 不出现.

证 设

$$V=\sum_{\boldsymbol{k}} v_{\boldsymbol{k}} x_0^{k_0} \cdots x_m^{k_m}, \quad W=\sum_{\boldsymbol{l}} w_{\boldsymbol{l}} x_0^{l_0} \cdots x_m^{l_m},$$

其中，求和分别展布在 $\boldsymbol{k}=(k_0, \cdots, k_m)$，$\boldsymbol{l}=(l_0, \cdots, l_m)$ 上，并且 $k_0+\cdots+k_m=l_0+\cdots+l_m=d$. 我们有

$$V(\boldsymbol{\omega})W(\boldsymbol{\xi})-V(\boldsymbol{\xi})W(\boldsymbol{\omega})=\sum_{\boldsymbol{k}} \sum_{\boldsymbol{l}} v_{\boldsymbol{k}} w_{\boldsymbol{l}}(\boldsymbol{\omega}^{\boldsymbol{k}} \boldsymbol{\xi}^{\boldsymbol{l}}-\boldsymbol{\xi}^{\boldsymbol{k}} \boldsymbol{\omega}^{\boldsymbol{l}}),$$

其中，$\boldsymbol{\omega}^{\boldsymbol{k}}=\omega_0^{k_0} \cdots \omega_m^{k_m}$. 设 $\boldsymbol{k}$，$\boldsymbol{l}$ 固定. 因为 $k_0+\cdots+k_m=d(k_i \geqslant 0)$，所以存在下标 $\lambda_1, \cdots, \lambda_d$，$0 \leqslant \lambda_j \leqslant m(j=1, \cdots, d)$ 使得 $\boldsymbol{\omega}^{\boldsymbol{k}}$可以改写为$\omega_{\lambda_1} \omega_{\lambda_2} \cdots \omega_{\lambda_d}$的形式；类似地，存在下标 $\mu_1, \cdots, \mu_d$，$0 \leqslant \mu_j \leqslant m(j=1, \cdots, d)$ 使 $\boldsymbol{\xi}^{\boldsymbol{l}}$改写为$\xi_{\mu_1} \xi_{\mu_2} \cdots \xi_{\mu_d}$的形式. 相应地，可改写 $\boldsymbol{\omega}^{\boldsymbol{l}}$和$\boldsymbol{\xi}^{\boldsymbol{k}}$. 于是

$$\begin{aligned}\boldsymbol{\omega}^{\boldsymbol{k}} \boldsymbol{\xi}^{\boldsymbol{l}}-\boldsymbol{\xi}^{\boldsymbol{k}} \boldsymbol{\omega}^{\boldsymbol{l}} &= \prod_{j=1}^d (\omega_{\lambda_j} \xi_{\mu_j})-\prod_{j=1}^d (\xi_{\lambda_j} \omega_{\mu_j})\\ &= \sum_{k=1}^d \Big(\prod_{1 \leqslant j \leqslant k} \omega_{\lambda_j} \xi_{\mu_j} \cdot \prod_{k<j \leqslant d} \xi_{\lambda_j} \omega_{\mu_j}-\prod_{1 \leqslant j<k} \omega_{\lambda_j} \xi_{\mu_j} \cdot \prod_{k \leqslant j \leqslant d} \xi_{\lambda_j} \omega_{\mu_j}\Big)\\ &= \sum_{k=1}^d \Big(\prod_{1 \leqslant j<k} \omega_{\lambda_j} \xi_{\mu_j} \cdot \prod_{k<j \leqslant d} \xi_{\lambda_j} \omega_{\mu_j} \cdot(\omega_{\lambda_k} \xi_{\mu_k}-\xi_{\lambda_k} \omega_{\mu_k})\Big).\end{aligned}$$

因此，当$|\cdot|$是阿基米德绝对值时，

$$|\boldsymbol{\omega}^{\boldsymbol{k}} \boldsymbol{\xi}^{\boldsymbol{l}}-\boldsymbol{\xi}^{\boldsymbol{k}} \boldsymbol{\omega}^{\boldsymbol{l}}| \leqslant d\,|\boldsymbol{\omega}|^d\,|\boldsymbol{\xi}|^d \|\boldsymbol{\omega}-\boldsymbol{\xi}\|.$$

于是

$$\begin{aligned}&|V(\boldsymbol{\omega})W(\boldsymbol{\xi})-V(\boldsymbol{\xi})W(\boldsymbol{\omega})|\\ &\quad \leqslant \binom{d+m}{m}^2 |V|\,|W|\,d\,|\boldsymbol{\omega}|^d\,|\boldsymbol{\xi}|^d \|\boldsymbol{\omega}-\boldsymbol{\xi}\|.\end{aligned}$$

由此易推出所要的不等式. 对于非阿基米德绝对值可类似地证明. □

推论 2.3.1 设 V 是环$\mathbb{K}[X]$中的齐次多项式，点 $\boldsymbol{\omega}, \boldsymbol{\xi} \in \mathscr{K}^{m+1}$ 非零，并且 $V(\boldsymbol{\xi})=$

0，那么

$$\|V\|_{\boldsymbol{\omega}} \leqslant \|\boldsymbol{\omega}-\boldsymbol{\xi}\| \mathrm{e}^{(2m+1)\deg V},$$

并且当 $|\cdot|$ 是非阿基米德绝对值时，上式右边的因子 $\mathrm{e}^{(2m+1)\deg V}$ 不出现.

证 记 $\boldsymbol{\xi}=(\xi_0, \cdots, \xi_m)$. 将引理 2.3.1 应用于多项式 $V(X)$ 及 $W(X)=x_k^d$，其中，$d=\deg V$，下标 k 的选取适合 $|\boldsymbol{\xi}|=|\xi_k|$. 注意 $V(\boldsymbol{\xi})=0$，由引理 2.3.1 得

$$|V(\boldsymbol{\omega})\xi_k^d| \leqslant \|\boldsymbol{\omega}-\boldsymbol{\xi}\| \, |V| \, |\boldsymbol{\omega}|^d \, |\boldsymbol{\xi}|^d \mathrm{e}^{(2m+1)d},$$

由此及 $\|V\|_{\boldsymbol{\omega}}$ 的定义即得要证的结果. □

推论 2.3.2 设 $\mathfrak{P}$ 是环 $\mathbb{K}[X]$ 中的齐次素理想，$\dim\mathfrak{P} \geqslant 0$，$\boldsymbol{\omega} \in \mathscr{K}^{m+1}$，那么

$$|\mathfrak{P}(\boldsymbol{\omega})| \leqslant \rho \mathrm{e}^{5m^2 \deg \mathfrak{P}},$$

其中，$\rho=\min\|\boldsymbol{\omega}-\boldsymbol{\beta}\|$，而 min 取自理想 $\mathfrak{P}$ 在 $\mathscr{K}^{m+1}$ 中的所有非平凡零点 $\boldsymbol{\beta}$，并且当 $|\cdot|$ 是非阿基米德绝对值时，上式右边的因子 $\mathrm{e}^{5m^2 \deg \mathfrak{P}}$ 不出现.

证 我们采用在命题 2.1.3 的证明中所使用的映射 ϑ. 设 $\overline{\mathfrak{P}}(r)=(F)$，即 $F(U)$ 是素理想 $\mathfrak{P}$ 的 Chow 形式. 还设 $C(X) \in \mathbb{K}[x_0, \cdots, x_m]$ 是多项式 $\vartheta(F)$ 的任意系数. 由附录 2 引理 1，并由 $s_{\lambda\mu}^{(i)}(\lambda<\mu,\ i=1, \cdots, m)$ 是无关变元可知，$C(X)$ 在理想 $\mathfrak{P}$ 的零点上的值为零，因此 $C(X) \in \mathfrak{P}$. 因为 $i_0+i_1+\cdots+i_m=g$（此处 $g=\deg_{u_1} F=\deg\mathfrak{P}$）的非负整数解的组数为 $\binom{m+g}{m}$，所以由 $\deg\mathfrak{P}$ 的定义知，多项式 F 的项数不超过

$$\binom{m+g}{m}^r \leqslant (g+1)^{mr},$$

又因为对每个 i，$\boldsymbol{S}^{(i)}(0, \cdots, 0, u_{ij}, 0, \cdots, 0)^\tau$（$\tau$ 表示转置）是 $m+1$ 维矢量，所以 $\vartheta(u_{ij})$ 产生的项数不超过 $m+1$. 注意 $r \leqslant m$，可得

$$|C| \leqslant |F| (m+1)^{rg}(g+1)^{mr} \leqslant |F| \mathrm{e}^{2m^2 \deg\mathfrak{P}}.$$

还有

$$\deg C(X) \leqslant rg = r\deg\mathfrak{P}.$$

将推论 2.3.1 应用于多项式 $C(X)$（其中 $\boldsymbol{\xi}$ 是理想 $\mathfrak{P}$ 的零点）得到

$$\|C\|_{\boldsymbol{\omega}} \leqslant \rho \mathrm{e}^{(2m+1)m\deg\mathfrak{P}},$$

于是对于 $\vartheta(F)$ 的任何系数有

$$|C(\boldsymbol{\omega})| \leqslant \|C\|_{\boldsymbol{\omega}} \, |C| \, |\boldsymbol{\omega}|^{\deg C}$$

$$\leqslant \rho e^{(2m+1)m\deg\mathfrak{P}} |F| e^{2m^2\deg\mathfrak{P}} |\omega|^{\deg C}$$
$$\leqslant \rho |F| |\boldsymbol{\omega}|^{r\deg\mathfrak{P}} e^{5m^2\deg\mathfrak{P}}.$$

由 $\vartheta(F)$ 与 $\boldsymbol{\varkappa}(F)$ 的关系可知

$$|\boldsymbol{\varkappa}(F)| \leqslant \rho |F| |\boldsymbol{\omega}|^{r\deg\mathfrak{P}} e^{5m^2\deg\mathfrak{P}}.$$

由此最终得到

$$|\mathfrak{P}(\boldsymbol{\omega})| = |\boldsymbol{\varkappa}(F)| |F|^{-1} |\boldsymbol{\omega}|^{-r\deg\mathfrak{P}} \leqslant \rho e^{5m^2\deg\mathfrak{P}}.$$

非阿基米德绝对值情形可类似地证明. □

2° 素理想的靠近给定点的零点的构造

引理 2.3.2 设 $\mathfrak{P}\subset\mathbb{K}[X]$ 是齐次素理想, $r = 1+\dim\mathfrak{P}\geqslant 1$, $x_0\notin\mathfrak{P}$, $\boldsymbol{\omega}\in\mathscr{K}^{m+1}$, $|\boldsymbol{\omega}| = 1$ 且 $\boldsymbol{\varkappa}(a)\neq 0$ (a 的定义见引理 2.2.1). 还设 $|\cdot| = |\cdot|_w$ ($w\in\mathscr{M}$) 是域 $\mathbb{K}$ 上的绝对值. 那么存在在 $\mathbb{K}$ 上恒等的同态

$$\tau: B[a^{-1}]\to\mathscr{K},$$

($B[a^{-1}]$ 的定义见引理 2.2.4), 使得对于 $\beta_i^{(j)} = \tau(\alpha_i^{(j)})\in\mathscr{K}$ ($\alpha_i^{(j)}$ 的定义见引理 2.2.1), 点 $\boldsymbol{\beta}_j = (1, \beta_1^{(j)}, \cdots, \beta_m^{(j)})$ ($1\leqslant j\leqslant\deg\mathfrak{P}$) 是理想 $\mathfrak{P}$ 的零点, 并且

(i) $|\tau(a)|\prod_{j=1}^{g}|\boldsymbol{\beta}_j| \leqslant |F| e^{2m^2\deg\mathfrak{P}}$;

(ii) $|\tau(a)|\prod_{j=1}^{g}(\|\boldsymbol{\omega}-\boldsymbol{\beta}_j\| |\boldsymbol{\beta}_j|) \leqslant |\mathfrak{P}(\boldsymbol{\omega})| |F| e^{2m^2\deg\mathfrak{P}}$,

并且当 $|\cdot|$ 是非阿基米德绝对值时, 上两不等式右边的因子 $e^{2m^2\deg\mathfrak{P}}$ 不出现;

另外, 对每个多项式 $H\in\mathbb{K}[\boldsymbol{u}_1, \cdots, \boldsymbol{u}_{r-1}]$ 可以选取同态 τ 使得

(iii) $|\boldsymbol{\varkappa}(H)| = |\tau(H)|$, 当 $|\cdot|$ 是非阿基米德绝对值;

(iv) $|\boldsymbol{\varkappa}(H)| \leqslant (1+\varepsilon)|\tau(H)|$ (对任何预先给定的 $\varepsilon>0$), 当 $|\cdot|$ 是阿基米德绝对值.

证 先设 $r\geqslant 2$. 选取元素 $\tau_{jk}^{(i)}\in\mathscr{K}$ ($1\leqslant i\leqslant r-1$; $0\leqslant j\leqslant m$; $0\leqslant k\leqslant m$) 使得

$$\tau_{jk}^{(i)} + \tau_{kj}^{(i)} = 0 \quad (|\tau_{jk}^{(i)}| \leqslant 1),$$

并且当用元素 $\tau_{jk}^{(i)}$ 代替变量 $s_{jk}^{(i)}$ 时多项式 $\boldsymbol{\varkappa}(a)$ 不变为零. 这显然是可以做到的. 下面还将对 $\tau_{jk}^{(i)}$ 提出某些补充条件.

现在定义同态

$$\tau: \mathbb{K}[\boldsymbol{u}_1, \cdots, \boldsymbol{u}_{r-1}] \to \mathscr{K},$$

并令在$\mathbb{K}$上这个映射是嵌入,而将 u_{ij}映为

$$\tau(u_{ij}) = u'_{ij} = \sum_{k=0}^{m} \tau_{jk}^{(i)} \omega_k \quad (1 \leqslant i \leqslant r-1;\ 0 \leqslant j \leqslant m).$$

如果绝对值$|\cdot|$是非阿基米德的,那么补充要求元素 $\tau_{jk}^{(i)}$满足

$$|\boldsymbol{\varkappa}(a)| = |\tau(a)|, \quad |\boldsymbol{\varkappa}(H)| = |\tau(H)|.$$

这是可以做到的,因为绝对值$|\cdot|$在代数闭域 $\mathscr{K}$ 上的剩余类域也是代数闭的,因而是无限的.

如果绝对值$|\cdot|$是阿基米德的,那么可以认为 $\mathbb{K} \subset \mathscr{K} = \mathbb{C}$,而$|\cdot|$是平常$\mathbb{C}$上的绝对值.由多维 Cauchy 公式,在此情况下$|\boldsymbol{\varkappa}(H)|$不超过$\boldsymbol{\varkappa}(H)$在多圆盘$|s_{jk}^{(i)}| \leqslant 1$上的极大模,因而可以补充要求 $\tau_{jk}^{(i)}$满足

$$|\boldsymbol{\varkappa}(H)| \leqslant (1+\varepsilon)|\tau(H)|.$$

如果 $r=1$,那么可设 τ 是域$\mathbb{K}$到 $\mathscr{K}$的嵌入.

因为$\tau(a) \neq 0$,所以由引理 2.2.4 可知,同态 τ 可以扩充为环$B[a^{-1}]$到 $\mathscr{K}$中的同态.依据引理 2.2.1 的结论(ii),点 $\boldsymbol{\beta}^{(j)} = (1, \tau(\alpha_1^{(j)}), \cdots, \tau(\alpha_m^{(j)}))$ 是理想 $\mathfrak{P}$ 的零点.由等式(2.2.1)得

$$\tau(a) \prod_{j=1}^{g} (u_{r0} + \beta_1^{(j)} u_{r1} + \cdots + \beta_m^{(j)} u_{rm}) = \tau(F) \in \mathscr{K}[\boldsymbol{u}_r]. \tag{2.3.1}$$

先考虑$|\cdot|$是阿基米德绝对值的情形.此时可认为 $\mathscr{K} = \mathbb{C}$,由式(2.3.1)和式(2.1.4)得

$$|\tau(a)| \prod_{j=1}^{g} |\boldsymbol{\beta}^{(j)}| \leqslant \mathrm{e}^{m \deg \mathfrak{P}} |\tau(F)|. \tag{2.3.2}$$

因为

$$|\tau(u_{ij})| \leqslant \sum_{k=0}^{m} |\tau_{jk}^{(i)}| \leqslant m+1,$$

所以

$$|\tau(F)| \leqslant |F|(m+1)^{(2r-2)\deg \mathfrak{P}} \leqslant |F| \mathrm{e}^{(2r-2)m \deg \mathfrak{P}},$$

因为 $r \leqslant m$,所以由上式及式(2.3.2)得

$$|\tau(a)| \prod_{j=1}^{g} |\boldsymbol{\beta}_j| \leqslant |F| \mathrm{e}^{2m^2 \deg \mathfrak{P}}.$$

于是结论(i)得证.

在式(2.3.1)中用 $\boldsymbol{S}^{(r)}\boldsymbol{\omega}$ 代替 $\boldsymbol{u}_r$(此处 $\boldsymbol{\omega}$, $\boldsymbol{u}_r$ 均理解为列矢)可得

$$\tau(a)\prod_{j=1}^{g}\Big(\sum_{0\leqslant i<k\leqslant m} s_{ik}^{(r)}(\beta_i^{(j)}\omega_k-\beta_k^{(j)}\omega_i)\Big)=\tau(F)\mid_{u_r=S^{(r)}\omega},$$

并用 T 表示上式右边的多项式(它 $\in\mathscr{K}[s_{jk}^{(r)}]$). 仍然由式(2.1.4)得到

$$\mid\tau(a)\mid\prod_{j=1}^{g}(\parallel\boldsymbol{\omega}-\boldsymbol{\beta}_j\parallel\mid\boldsymbol{\beta}_j\mid)\leqslant e^{m^2\deg\mathfrak{P}}\mid T\mid. \tag{2.3.3}$$

但多项式 T 也可以通过在多项式 $\boldsymbol{\varkappa}(F)$ 中将变量 $s_{jk}^{(i)}$ 代以 $\tau_{jk}^{(i)}$($1\leqslant i\leqslant r-1$; $0\leqslant j<k\leqslant m$)而得到,所以

$$\begin{aligned}\mid T\mid&\leqslant\mid\boldsymbol{\varkappa}(F)\mid(m+(m-1)+\cdots+1)^{r\deg_{u_1}F}\\&=\mid\mathfrak{P}(\boldsymbol{\omega})\mid\mid F\mid\mid\boldsymbol{\omega}\mid^{r\deg\mathfrak{P}}((m^2+m)/2)^{r\deg\mathfrak{P}}\\&\leqslant\mid\mathfrak{P}(\boldsymbol{\omega})\mid\mid F\mid e^{m^2\deg\mathfrak{P}}.\end{aligned} \tag{2.3.4}$$

由式(2.3.3)和式(2.3.4)立得结论(ii).

对于非阿基米德绝对值的情形,可以类似地证明.例如,应用引理 2.1.1 的结论(i),代替式(2.3.2),我们有

$$\mid\tau(a)\mid\prod_{j=1}^{g}\mid\boldsymbol{\beta}^{(j)}\mid=\mid\tau(F)\mid.$$

又因为 $\mid\tau_{jk}^{(i)}\mid\leqslant 1$ 及 $\mid\boldsymbol{\omega}\mid=1$, 我们有

$$\mid\tau(u_{ij})\mid=\Big|\sum_{k=0}^{m}\tau_{jk}^{(i)}\omega_k\Big|\leqslant\max_k\mid\tau_{jk}^{(i)}\omega_k\mid\leqslant 1.$$

因此 $\mid\tau(F)\mid\leqslant\mid F\mid$, 以及

$$\mid\tau(a)\mid\prod_{j=1}^{g}\mid\boldsymbol{\beta}^{(j)}\mid\leqslant\mid F\mid.$$

亦即在非阿基米德绝对值情形证明了结论(i). □

3° 较小维数理想的构造

设 $\mathfrak{P}$ 是$\mathbb{K}[X]$中的素理想,多项式 $Q\in\mathbb{K}[X]$, 但 $\notin\mathfrak{P}$, 那么理想 $\mathfrak{a}=(\mathfrak{P},Q)$ 有较 $\mathfrak{P}$ 要小的维数 $\dim\mathfrak{P}-1$, 但一般说来它不是纯粹理想,因而难以确定其特征量 $\deg\mathfrak{a}$, $h(\mathfrak{a})$及$|\mathfrak{a}(\boldsymbol{\omega})|$.下面将构造纯粹理想 J,它与 $\mathfrak{a}$ 有相同的零点簇, $\dim J=\dim\mathfrak{P}-1$, 且

容易由 $\mathfrak{P}$ 的特征量及多项式 Q 估计 J 的特征量.

引理 2.3.3 设 $\mathfrak{P}\subset\mathbb{K}[X]$ 是齐次素理想，$x_0\notin\mathfrak{P}$，$r=1+\dim\mathfrak{P}\geqslant 2$，$F$ 是理想 $\mathfrak{P}$ 的 Chow 形式. 还设 $Q\in\mathbb{K}[X]$ 是齐次多项式，$Q\notin\mathfrak{P}$，以及理想 $\mathfrak{a}=(\mathfrak{P},Q)\subset\mathbb{K}[X]$. 那么

(i) $G=\mathrm{Res}(F,Q)\in\bar{\mathfrak{a}}(r-1)\subset\mathbb{K}[\boldsymbol{u}_1,\cdots,\boldsymbol{u}_{r-1}]$；

(ii) 如果 $\mathfrak{q}_1,\cdots,\mathfrak{q}_s$ 是 $\mathfrak{a}$ 的全部维数为 $r-2$ 的相伴素理想，并且 $\bar{\mathfrak{q}}_j(r-1)=(E_j)\subset\mathbb{K}[\boldsymbol{u}_1,\cdots,\boldsymbol{u}_{r-1}](1\leqslant j\leqslant s)$，那么存在 $w\in\mathbb{K}$，$w\neq 0$，以及自然数 $r_1,\cdots,r_s$，使得 $G=wE_1^{r_1}\cdots E_s^{r_s}$.

证 设 $\deg Q=d$. 考察多项式

$$R_k=a^d\prod_{j=1}^{g}(-y\alpha_k^{(j)d}+Q(1,\alpha_1^{(j)},\cdots,\alpha_m^{(j)})x_k^d)\quad(k=0,1,\cdots,m),\tag{2.3.5}$$

其中，y 是一个变量，a 的定义见引理 2.2.1. 由引理 2.2.2 的(i)知

$$R_k\in\mathbb{K}[\boldsymbol{u}_1,\cdots,\boldsymbol{u}_{r-1},X,y].$$

于是可将 R_k 表示为

$$R_k=\sum_{l\geqslant 0}a_l y^l,\quad a_l\in\mathbb{K}[\boldsymbol{u}_1,\cdots,\boldsymbol{u}_{r-1},X].$$

特别有

$$R_k-a_0=yC,\tag{2.3.6}$$

其中，$C\in\mathbb{K}[\boldsymbol{u}_1,\cdots,\boldsymbol{u}_{r-1},X,y]$. 用 P_k 表示在 R_k 中用多项式 $Q(x_0,\cdots,x_m)$ 代替变量 y 所得的多项式，那么由式(2.3.5)得

$$P_k=a^d\prod_{j=1}^{g}(Q(1,\alpha_1^{(j)},\cdots,\alpha_m^{(j)})x_k^d-Q(x_0,\cdots,x_m)\alpha_k^{(j)d}).\tag{2.3.7}$$

又由式(2.3.6)得

$$P_k-a_0=C_1Q,\tag{2.3.8}$$

其中，$C_1\in\mathbb{K}[\boldsymbol{u}_1,\cdots,\boldsymbol{u}_{r-1},X]$. 由式(2.3.5)可知

$$a_0=x_k^{dg}G.\tag{2.3.9}$$

由式(2.3.7)得到等式

$$P_k(1,\alpha_1^{(j)},\cdots,\alpha_m^{(j)})=0\quad(j=1,\cdots,g).\tag{2.3.10}$$

我们用 $\mathfrak{N}$ 表示理想 $\widetilde{\mathfrak{P}}(r-1)$ 在环 $\mathbb{K}_{r-1}[X]$ 中的扩充，由本章附录 2 引理 8 可知，$\mathfrak{N}$ 是素理想，并且 $\dim\mathfrak{N}=0$ (亦即 $\mathfrak{N}$ 的零点的投影簇是零维的)，由引理 2.2.1 的结论(ii)

和(iv)可知,所有的点 $(1:\alpha_1^{(j)}:\cdots:\alpha_m^{(j)})$ 都在理想 $\mathfrak{N}$ 的零点簇中,但因为 $\mathfrak{N}$ 是素理想,所以由引理 2.2.1 的(iii)可推知这个簇中没有任何其他点,于是由式(2.3.10)推出 $P_k \in \mathfrak{N}(k = 0, 1, \cdots, m)$.

依据附录 2 引理 3 可知 $\widetilde{\mathfrak{P}}(r-1)$ 是素理想,且由引理条件, $h^*(\mathfrak{P}) = m - \dim\mathfrak{P} = m-(r-1)$, 所以由附录 2 引理 5 得到.

$$\bar{\mathfrak{P}}(r-1) = \widetilde{\mathfrak{P}}(r-1) \cap \mathbb{K}[\boldsymbol{u}_1, \cdots, \boldsymbol{u}_{r-1}] = (0),$$

因而有

$$\mathfrak{N} \cap \mathbb{K}[\boldsymbol{u}_1, \cdots, \boldsymbol{u}_{r-1}, X] = \widetilde{\mathfrak{P}}(r-1),$$

并且 $P_k \in \widetilde{\mathfrak{P}}(r-1)$. 于是对某个整数 M,

$$P_k x_k^M \in (\mathfrak{P}, L_1, \cdots, L_{r-1}).$$

另外,由式(2.3.8)和式(2.3.9)可得 $x_k^{M+dg}G = x_k^M a_0 = x_k^M P_k - x_k^M C_1 Q$, 所以

$$x_k^{M+dg}G \in (Q, \mathfrak{P}, L_1, \cdots, L_{r-1}) = (\mathfrak{a}, L_1, \cdots, L_{r-1})$$
$$(k = 0, 1, \cdots, m),$$

此即 $G \in \bar{\mathfrak{a}}(r-1)$, 因而结论(i)得证.

现证结论(ii). 设 $\mathfrak{a}$ 的不可约准素分解为

$$\mathfrak{a} = J_1 \cap \cdots \cap J_s \cap \cdots \cap J_t,$$

其中, $\sqrt{J_j} = \mathfrak{q}_j (j = 1, \cdots, s)$. 若理想 J_j 的指数为 k_j, 则由附录 2 命题 2.1.1 和(正文)命题 2.1.1 得

$$\begin{aligned} G \in \bar{\mathfrak{a}}(r-1) &= \bar{J}_1(r-1) \cap \cdots \cap \bar{J}_t(r-1) \\ &\subset \bar{J}_1(r-1) \cap \cdots \cap \bar{J}_s(r-1) = (E_1^{k_1} \cdots E_s^{k_s}). \end{aligned}$$

因此, $E_1^{k_1} \cdots E_s^{k_s}$ 整除多项式 G.

设 E 是 G 的任意一个异于 $E_1, \cdots, E_s$ 的不可约因子. 若 E 与变量 $\boldsymbol{u}_k$ 有关,则可取多项式 $E_i \neq 0$ 适合

$$E_i \in \bar{J}_i(r-1) \cap \mathbb{K}[\boldsymbol{u}_1, \cdots, \boldsymbol{u}_{k-1}, \boldsymbol{u}_{k+1}, \cdots, \boldsymbol{u}_{r-1}]$$
$$(i = s+1, \cdots, t)$$

(有可能 $E_i \in \mathbb{K}$). 记多项式

$$\begin{aligned} A &= E_1^{k_1} \cdots E_s^{k_s} E_{s+1} \cdots E_t \in \bar{J}_1(r-1) \cap \cdots \cap \bar{J}_t(r-1) \\ &= \bar{\mathfrak{a}}(r-1). \end{aligned}$$

因为 $\mathfrak{a} = (Q, \mathfrak{P})$, 所以由上式知,存在多项式 $T \in \mathbb{K}_r[X]$ 使得对于某个自然数 M,

$$AL_r^M \equiv QT(\mathrm{mod}(\mathfrak{P}, L_1, \cdots, L_{r-1})). \tag{2.3.11}$$

因为 $\mathfrak{P}$ 及 L_i 关于 X 是齐次的,因此

$$\deg_X T = M - \deg Q = M - d.$$

在式(2.3.11)中令 $x_0 = 1$, $x_i = \alpha_i^{(j)}(i = 1, \cdots, m)$, 由引理 2.2.1 的(ii)和(iv)知

$$A(u_{r0} + u_{r1}\alpha_1^{(j)} + \cdots + u_{rm}\alpha_m^{(j)})^M = T(\boldsymbol{\alpha}^{(j)})Q(\boldsymbol{\alpha}^{(j)})$$
$$(j = 1, \cdots, g),$$

其中, $\boldsymbol{\alpha}^{(j)} = (1, \alpha_1^{(j)}, \cdots, \alpha_m^{(j)})$. 将上面 g 个等式相乘,并将所得式两边乘以 a^M(a 的定义见引理 2.2.1),得到

$$A^g F^M = G a^{M-d} \prod_{j=1}^{g} T(\boldsymbol{\alpha}^{(j)}). \tag{2.3.12}$$

类似于引理 2.2.2 的(i)的证明(或参见文献[73]的引理 4,其中 R_1 取$\mathbb{K}[\boldsymbol{u}_1, \cdots, \boldsymbol{u}_r]$)可知 $a^{M-d}\prod_{j=1}^{g} T(\boldsymbol{\alpha}^{(j)}) \in \mathbb{K}[\boldsymbol{u}_1, \cdots, \boldsymbol{u}_r]$, 因而由式(2.3.12)推知,在$\mathbb{K}[\boldsymbol{u}_1, \cdots, \boldsymbol{u}_r]$中 G 整除多项式$A^g F^M$. 但因为 $G \in \mathbb{K}[\boldsymbol{u}_1, \cdots, \boldsymbol{u}_{r-1}]$, $F \in \mathbb{K}[\boldsymbol{u}_1, \cdots, \boldsymbol{u}_r]$, 且由附录 2 引理 3 知 F 不可约,所以 G 整除 A^g, 特别地, G 的不可约因子 E 整除多项式 A, 但这与 E 及 $E_{s+1}, \cdots, E_t$ 的选取相矛盾. 因此, G 的任何异于 $E_1, \cdots, E_s$ 的不可约因子只能属于 $\mathbb{K}$, 从而结论(ii)得证. □

命题 2.3.1 设 $\mathfrak{P}$ 是环$\mathbb{K}[X]$中的齐次素理想, $\dim\mathfrak{P} \geqslant 0$; Q 是$\mathbb{K}[X]$中的齐次多项式, $Q \notin \mathfrak{P}$. 还设 $|\cdot| = |\cdot|_w (w \in \mathcal{M})$ 是$\mathbb{K}$ 上的绝对值. 那么当 $r = 1 + \dim\mathfrak{P} \geqslant 2$ 时,存在齐次纯粹理想 $J \subset \mathbb{K}[X]$, 其零点与理想$(\mathfrak{P}, Q)$的零点相同, $\dim J = \dim\mathfrak{P} - 1$, 并且满足:

(i) $\deg J \leqslant \deg\mathfrak{P} \cdot \deg Q$;

(ii) $h(J) \leqslant h(\mathfrak{P})\deg Q + h(Q)\deg\mathfrak{P} + \nu m(r + 1)\deg\mathfrak{P} \cdot \deg Q (\nu = |\mathcal{M}_\infty|)$;

(iii) 对于任何点 $\boldsymbol{\omega} \in \mathcal{K}^{m+1}$ 有不等式

$$\log|J(\boldsymbol{\omega})| \leqslant \log\delta + h(Q)\deg\mathfrak{P} + h(\mathfrak{P})\deg Q + 11\nu m^2 \deg\mathfrak{P} \cdot \deg Q, \tag{2.3.13}$$

其中

$$\delta = \begin{cases} \|Q\|_{\boldsymbol{\omega}} & (\rho < \|Q\|_{\boldsymbol{\omega}}), \\ |\mathfrak{P}(\boldsymbol{\omega})| & (\rho \geqslant \|Q\|_{\boldsymbol{\omega}}), \end{cases}$$

而 $\rho = \min\|\boldsymbol{\omega} - \boldsymbol{\beta}\|$, min 取自理想 $\mathfrak{P}$ 在 $\mathcal{K}^{m+1}$ 中的所有非平凡零点. 另外,当 $r = 1$ 时,如果形式地认为 $|J(\boldsymbol{\omega})| = 1$, 那么式(2.3.13)也成立.

证 因为 $\dim\mathfrak{P} \geqslant 0$, 所以存在一个变量 x_i 不属于理想 $\mathfrak{P}$. 为不失一般性,可认为 x_0

$\notin \mathfrak{P}$.

现在考虑 $r \geqslant 2$ 的情形.采用引理 2.3.3 中的记号.对于 $j = 1, \cdots, s$,用 I_j 表示环 $\mathbb{K}[X]$中的准素理想,其根为 $\mathfrak{q}_j$,指数为 r_j.例如作为 I_j 可以取作符号幂 $\mathfrak{q}_j^{(r_j)}$(见文献[141],第一卷第 4 章第 12 节).令 $J = I_1 \cap \cdots \cap I_s$. 因为理想 $\mathfrak{a} = (\mathfrak{P}, Q)$ 的所有孤立素理想都有维数 $r-2$(见文献[141],第二卷第 7 章第 7 节定理 21),所以从引理 2.3.3 的结论(ii)推出理想 J 及 $\mathfrak{a} = (\mathfrak{P}, Q)$ 的零点簇相同.并且因为 $\dim \mathfrak{q}_j = r-1 (j = 1, \cdots, s)$,所以 J 是纯粹理想.依照命题 2.1.1,我们有

$$\bar{J}(r-1) = (E_1^{r_1} \cdots E_s^{r_s}),$$

因而 $G = E_1^{r_1} \cdots E_s^{r_s}$ 是理想 J 的 Chow 形式.而根据引理 2.3.3,多项式 G 是理想 $\mathfrak{P}$ 的 Chow 形式 F 与多项式 Q 的 u 结式.于是由引理 2.2.2 的结论(iii)及引理 2.2.6 推出本命题的前两个结论.

现在来证明命题的第三个结论.为不失一般性,可认为 $|\boldsymbol{\omega}| = 1$. 于是由 $|I(\boldsymbol{\omega})|$ 的定义可知

$$\begin{aligned} |I(\boldsymbol{\omega})| &= |\varkappa(F)| \, |F|^{-1} \, |\boldsymbol{\omega}|^{-r\deg I} \\ &\leqslant \binom{m+\deg I}{m}^r \cdot (m+1)^{r\deg I} \cdot |F| \cdot |F|^{-1} \\ &\leqslant \mathrm{e}^{2mr\deg I} \leqslant \mathrm{e}^{2m^2\deg I}. \end{aligned}$$

又由两点间距离的定义知 $\rho \leqslant 2$. 所以若 $\|Q\|_{\boldsymbol{\omega}} > 2$,则有 $\rho < \|Q\|_{\boldsymbol{\omega}}$ 及 $\delta = \|Q\|_{\boldsymbol{\omega}}$. 由上式及本命题结论(i)已得出式(2.3.13)成立.所以下面设 $\|Q\|_{\boldsymbol{\omega}} \leqslant 2$.

沿用引理 2.2.1 中的记号 F(理想 $\mathfrak{P}$ 的 Chow 形式)及 $a \in \mathbb{K}[\boldsymbol{u}_1, \cdots, \boldsymbol{u}_{r-1}]$.

在 $r \geqslant 2$ 时,如果 $\vartheta(a) = 0$,那么由附录 2 引理 1 可推出 $a \in \bar{\mathfrak{P}}(r-1)$. 但由引理 2.2.1 的(i),$F$ 是 $\bar{\mathfrak{P}}(r)$ 的生成元,故不可能,因此 $\vartheta(a) \neq 0$. 于是存在点 $\boldsymbol{\omega}$ 使

$$\varkappa(a) \neq 0. \tag{2.3.14}$$

显然,每个点 $\boldsymbol{\omega} \in \mathscr{K}^{m+1}$ 都是 $\mathscr{K}^{m+1}$ 中某些满足式(2.3.14)的点 $\boldsymbol{\omega}_n$ 组成的无穷序列的极限,而式(2.3.13)两边对于 $\boldsymbol{\omega}$ 是连续的,所以只需对满足式(2.3.14)的 $\boldsymbol{\omega}$ 来证明结论(iii)成立.

固定正数 ε 并借助引理 2.3.2 定义同态 τ,使得满足不等式

$$|\varkappa(G)| \leqslant (1+\varepsilon) \, |\tau(G)|, \tag{2.3.15}$$

此处多项式 $G \in \mathbb{K}[\boldsymbol{u}_1, \cdots, \boldsymbol{u}_{r-1}]$,如上述是 F 与 Q 的 u 结式.对于 $r = 1$,如引理 2.3.2 证明中所取,τ 是域 $\mathbb{K}$ 到 $\mathscr{K}$ 的嵌入.

将引理 2.3.1 应用于点 $\boldsymbol{\omega}$ 和 $\boldsymbol{\xi} = \boldsymbol{\beta}_j$(如引理 2.3.2),以及多项式 $V = Q$, $W = x_k^d$(其中 $d = \deg Q$),且选 k 使得 $|\boldsymbol{\omega}| = |\omega_k| = 1$,可得

$$|Q(\boldsymbol{\beta}_j)\omega_k^d - Q(\boldsymbol{\omega})(\beta_k^{(j)})^d| \leqslant \|\boldsymbol{\omega} - \boldsymbol{\beta}_j\| \ |Q||\boldsymbol{\beta}_j|^d(d+1)^{2m+1},$$

于是(当$|\cdot|$是阿基米德绝对值时)

$$\begin{aligned}|Q(\boldsymbol{\beta}_j)| &\leqslant |Q(\boldsymbol{\omega})|\cdot|\boldsymbol{\beta}_j|^d + \|\boldsymbol{\omega} - \boldsymbol{\beta}_j\| \cdot |Q|\cdot|\boldsymbol{\beta}_j|^d(d+1)^{2m+1} \\ &\leqslant |Q|\cdot|\boldsymbol{\beta}_j|^d e^{(2m+2)d}\max\{\|\boldsymbol{\omega} - \boldsymbol{\beta}_j\|, \|Q\|_{\boldsymbol{\omega}}\},\end{aligned} \tag{2.3.16}$$

而当$|\cdot|$是非阿基米德绝对值,上式则换为

$$|Q(\boldsymbol{\beta}_j)| \leqslant |Q|\cdot|\boldsymbol{\beta}_j|^d\max\{\|\boldsymbol{\omega} - \boldsymbol{\beta}_j\|, \|Q\|_{\boldsymbol{\omega}}\}. \tag{2.3.17}$$

由上节的式(2.2.4)得

$$\tau(G) = \tau(a)^d\prod_{j=1}^{g} Q(1, \beta_1^{(j)}, \cdots, \beta_m^{(j)}) \quad (\text{其中 } g = \deg\mathfrak{P}).$$

于是,在阿基米德绝对值情形,由式(2.3.16)得到

$$\begin{aligned}|\tau(G)| \leqslant &|Q|^{\deg\mathfrak{P}}\left(|\tau(a)|\prod_{j=1}^{g}|\boldsymbol{\beta}_j|\right)^d e^{(2m+2)d\deg\mathfrak{P}} \\ &\cdot \prod_{j=1}^{g}\max\{\|\boldsymbol{\omega} - \boldsymbol{\beta}_j\|, \|Q\|_{\boldsymbol{\omega}}\};\end{aligned} \tag{2.3.18}$$

而当非阿基米德绝对值情形,由式(2.3.17)得到

$$\begin{aligned}|\tau(G)| \leqslant &|Q|^{\deg\mathfrak{P}}\left(|\tau(a)|\prod_{j=1}^{g}|\boldsymbol{\beta}_j|\right)^d \\ &\cdot \prod_{j=1}^{g}\max\{\|\boldsymbol{\omega} - \boldsymbol{\beta}_j\|, \|Q\|_{\boldsymbol{\omega}}\}.\end{aligned} \tag{2.3.19}$$

下面只对阿基米德绝对值情形进行证明.对非阿基米德绝对值情形只需相应地用式(2.3.19)代替式(2.3.18).

为不失一般性,可以认为

$$\|\boldsymbol{\omega} - \boldsymbol{\beta}_1\| \leqslant \|\boldsymbol{\omega} - \boldsymbol{\beta}_2\| \leqslant \cdots \leqslant \|\boldsymbol{\omega} - \boldsymbol{\beta}_g\|,$$

于是有

$$\rho \leqslant \|\boldsymbol{\omega} - \boldsymbol{\beta}_1\|.$$

首先考虑 $\|\boldsymbol{\omega} - \boldsymbol{\beta}_1\| \geqslant \|Q\|_{\boldsymbol{\omega}}$ 的情形.由式(2.3.18)及引理2.3.2得到

$$\begin{aligned}|\tau(G)| \leqslant &|Q|^{\deg\mathfrak{P}}\left(|\tau(a)|\prod_{j=1}^{g}|\boldsymbol{\beta}_j|\right)^{d-1} \\ &\cdot \left(|\tau(a)|\prod_{j=1}^{g}(\|\boldsymbol{\omega} - \boldsymbol{\beta}_j\| \cdot |\boldsymbol{\beta}_j|)\right)\cdot e^{(2m+2)d\deg\beta} \\ \leqslant &|\mathfrak{P}(\boldsymbol{\omega})|\cdot|Q|^{\deg\mathfrak{P}}\cdot|F|^{\deg Q}e^{6m^2\deg Q\cdot\deg\mathfrak{P}}.\end{aligned} \tag{2.3.20}$$

注意,由 $h(G)>0$ 可得知不等式

$$-\log|G|\leqslant\sum_{\substack{v\in\mathscr{M}\\ v\neq w}}\log|G|_v. \tag{2.3.21}$$

于是由引理 2.2.2、引理 2.2.3 及式(2.3.15)、式(2.3.20)和式(2.3.21),并注意 $|\boldsymbol{\omega}|=1$, 我们有

$$\begin{aligned}\log|J(\boldsymbol{\omega})| &= \log|\mathscr{H}(G)|-\log|G|\\ &\leqslant\log(1+\varepsilon)+\log|\tau(G)|+\sum_{\substack{v\in\mathscr{M}\\ v\neq w}}\log|G|_v\\ &\leqslant\log(1+\varepsilon)+\log|\mathfrak{P}(\boldsymbol{\omega})|+\deg\mathfrak{P}\cdot\log|Q|\\ &\quad+\deg Q\cdot\log|F|+6m^2\deg\mathfrak{P}\cdot\deg Q\\ &\quad+\sum_{\substack{v\in\mathscr{M}\\ v\neq w}}(\deg Q\cdot\log|F|_v+\deg\mathfrak{P}\cdot\log|Q|_v)\\ &\quad+2(\nu-1)m^2\deg\mathfrak{P}\cdot\deg Q\\ &\leqslant\log(1+\varepsilon)+\log|\mathfrak{P}(\boldsymbol{\omega})|+\deg\mathfrak{P}\cdot h(Q)+\deg Q\cdot h(F)\\ &\quad+6\nu m^2\deg\mathfrak{P}\cdot\deg Q.\end{aligned} \tag{2.3.22}$$

在式(2.3.22)中令 $\varepsilon\to0$, 即得式(2.3.13),特别地,它对于 $\rho\geqslant\|Q\|_{\boldsymbol{\omega}}$(此时自然 $\|\boldsymbol{\omega}-\boldsymbol{\beta}_1\|\geqslant\|Q\|_{\boldsymbol{\omega}}$)成立.如果 $\rho\leqslant\|Q\|_{\boldsymbol{\omega}}$,那么由引理 2.3.1 的推论 2.3.2 得

$$\log|\mathfrak{P}(\boldsymbol{\omega})|\leqslant\log\rho+5m^2\deg\mathfrak{P}<\log\|Q\|_{\boldsymbol{\omega}}+5m^2\deg\mathfrak{P},$$

由此及式(2.3.22),并令 $\varepsilon\to0$ 可知,式(2.3.13)在此时也成立.

现在来考虑 $\|\boldsymbol{\omega}-\boldsymbol{\beta}_1\|<\|Q\|_{\boldsymbol{\omega}}$ 的情形.由于 $\|\boldsymbol{\omega}-\boldsymbol{\beta}_j\|$ 及 $\|Q\|_{\boldsymbol{\omega}}$ 都小于等于 2, 所以由式(2.3.18)和引理 2.3.2 得到

$$\begin{aligned}|\tau(G)|&\leqslant|Q|^{\deg\mathfrak{P}}\Big(|\tau(a)|\prod_{j=1}^{g}|\boldsymbol{\beta}_j|\Big)^{d-1}\cdot\|Q\|_{\boldsymbol{\omega}}\Big(\prod_{j=2}^{g}2\Big)\mathrm{e}^{(2m+2)d\deg\mathfrak{P}}\\ &\leqslant\|Q\|_{\boldsymbol{\omega}}|Q|^{\deg\mathfrak{P}}|F|^{\deg Q}\mathrm{e}^{7m^2\deg Q\cdot\deg\mathfrak{P}}.\end{aligned} \tag{2.3.23}$$

于是由引理 2.2.2、引理 2.2.3 及式(2.3.15)、式(2.3.21)和式(2.3.23),类似于式(2.3.22)推出

$$\begin{aligned}\log|J(\boldsymbol{\omega})| &= \log|\mathscr{H}(G)|-\log|G|\\ &\leqslant\log(1+\varepsilon)+\log|\tau(G)|+\sum_{\substack{v\in\mathscr{M}\\ v\neq w}}\log|G|_v\\ &\leqslant\log(1+\varepsilon)+\log\|Q\|_{\boldsymbol{\omega}}+\deg\mathfrak{P}\cdot\log|Q|+\deg Q\cdot\log|F|\\ &\quad+7m^2\deg\mathfrak{P}\cdot\deg Q+\sum_{\substack{v\in\mu\\ v\neq w}}(\deg Q\cdot\log|F|_v\end{aligned}$$

$$+ \deg \mathfrak{P} \cdot \log |Q|_{\nu}) + 2(\nu - 1)m^2 \deg \mathfrak{P} \cdot \deg Q$$
$$\leqslant \log(1 + \varepsilon) + \log \| Q \|_{\omega} + \deg \mathfrak{P} \cdot h(Q) + \deg Q \cdot h(F)$$
$$+ 7\nu m^2 \deg \mathfrak{P} \cdot \deg Q.$$

令 $\varepsilon \to 0$，也得到所要的不等式. □

命题 2.3.2 设 $P \in \mathbb{K}[X]$ 是非零齐次多项式，$\mathfrak{P}$ 是环$\mathbb{K}[X]$中的齐次素理想，$\dim \mathfrak{P} > 0$，$P \notin \mathfrak{P}$. 还设 $\boldsymbol{\omega} \in \mathscr{K}^{m+1}$，$|\cdot|$是 $\mathscr{K}$ 上的绝对值，满足

$$|\mathfrak{P}(\boldsymbol{\omega})| \leqslant \mathrm{e}^{-S} \quad (S > 0), \qquad \| P \|_{\omega} \leqslant \mathrm{e}^{-2m\nu \deg P}.$$

如果整数 $\eta > 0$ 满足不等式

$$-\eta \log \| P \|_{\omega} \geqslant 2 \min\{S, -\log \rho\}, \tag{2.3.24}$$

其中，$\rho = \min \| \boldsymbol{\omega} - \boldsymbol{\beta} \| < 1$，而 min 取自理想 $\mathfrak{P}$ 在 $\mathscr{K}^{m+1}$ 中的所有非平凡零点 $\boldsymbol{\beta}$. 那么当 $r = 1 + \dim \mathfrak{P} \geqslant 2$ 时，存在齐次纯粹理想 $J \subset \mathbb{K}[X]$，其零点与理想$(\mathfrak{P}, P)$的零点相同，而维数 $\dim J = \dim \mathfrak{P} - 1$，并且

(i) $\deg J \leqslant \eta \deg \mathfrak{P} \cdot \deg P$;

(ii) $h(J) \leqslant \eta(h(\mathfrak{P}) \deg P + h(P) \deg \mathfrak{P} + \nu m(r + 2) \cdot \deg \mathfrak{P} \cdot \deg P)$;

(iii) $\log |J(\boldsymbol{\omega})| \leqslant -S + \eta(h(P) \deg \mathfrak{P} + h(\mathfrak{P}) \deg P + 12\nu m^2 \deg \mathfrak{P} \cdot \deg P)$.

另外，当 $r = 1$ 时，如果形式地认为 $|J(\boldsymbol{\omega})| = 1$，那么结论(iii)中的不等式也成立.

证 将命题 2.3.1 应用于理想 $\mathfrak{P}$ 和多项式 $Q = P^{\eta}$. 因为 $\deg Q = \eta \deg P$，所以由引理 2.1.2 得

$$h(Q) \leqslant \eta h(P) + \nu m \deg Q = \eta(h(P) + \nu m \deg P),$$

因而由命题 2.3.1 的结论(i)和(ii)得到推论中的结论(i)和(ii).

当 $\rho \geqslant \| Q \|_{\omega}$ 时，推论中的结论(iii)可由式(2.3.13)立即推出. 而当 $\rho < \| Q \|_{\omega}$ 时，我们有

$$-\log \rho > -\log \| Q \|_{\omega} \geqslant -\eta \log \| P \|_{\omega} - \nu \eta m \deg P$$
$$\geqslant -\frac{\eta}{2} \log \| P \|_{\omega} > \min\{S, -\log \rho\},$$

因此 $\min\{S, -\log \rho\} = S$，从而 $-\log \| Q \|_{\omega} \geqslant S$，或 $\log \| Q \|_{\omega} \leqslant -S$，于是由式(2.3.13)也得出所要的结果，可同样证明 $r = 1$ 情形的结论. □

注 2.3.1 为获得量 $\deg J$ 和 $h(J)$的好的估计，可取满足不等式(2.3.24)的最小的整数 η.

4° 点与理想的零点簇间的距离

下面给出量$|I(\boldsymbol{\omega})|$与点$\boldsymbol{\omega}$到齐次纯粹理想I的零点簇的距离间的关系.直观地看,$|I(\boldsymbol{\omega})|$越小,那么这个距离就越近.下面的命题给出它的精确的刻画,在一定意义上与引理2.3.1的推论2.3.2互反.

命题2.3.3 设$I\subset\mathbb{K}[X]$是齐次纯粹理想,$r=1+\dim I\geqslant 1$,$|\cdot|$表示某个绝对值.那么对于每个非零点$\boldsymbol{\omega}\in\mathscr{K}^{m+1}$存在理想$I$的一个零点$\boldsymbol{\beta}\in\mathscr{K}^{m+1}$,使得

$$\deg I\cdot\log\|\boldsymbol{\omega}-\boldsymbol{\beta}\|\leqslant\frac{1}{r}\log|I(\boldsymbol{\omega})|+\frac{1}{r}h(I)+(\nu+3)m^3\deg I.$$

另外,如果$|\cdot|=|\cdot|_w(w\in\mathscr{M})$是非阿基米德绝对值,那么上式右边的因子$\nu+3$可换成$\nu$.

证 为不失一般性,可认为$|\boldsymbol{\omega}|=1$.设存在这种理想,满足命题条件,但对它结论不真.设I是其中一个理想,并且具有最小维数$\dim I$.如果$\boldsymbol{\omega}$是理想I的零点,那么对于$\boldsymbol{\beta}=\boldsymbol{\omega}$命题结论显然成立,所以设$\boldsymbol{\omega}$不是$I$的零点,于是存在$I$的零点$\boldsymbol{\beta}$,使$\|\boldsymbol{\omega}-\boldsymbol{\beta}\|$取最小值,亦即(按照命题2.3.1中的记号)$\rho=\|\boldsymbol{\omega}-\boldsymbol{\beta}\|>0$.还记$|\cdot|=|\cdot|_w(w\in\mathscr{M})$.

对理想I可定义齐次素理想$\mathfrak{P}_1,\cdots,\mathfrak{P}_s$及自然数$k_1,\cdots,k_s$(如命题2.1.2中所给).我们现在证明

$$\begin{aligned}\deg\mathfrak{P}_j\cdot\log\|\boldsymbol{\omega}-\mathfrak{P}\|\leqslant&\frac{1}{r}\log|\mathfrak{P}_j(\boldsymbol{\omega})|+\frac{1}{r}h(\mathfrak{P}_j)\\&+\left(\nu+3-\frac{\nu+1}{r}\right)m^2\deg\mathfrak{P}_j\quad(j=1,\cdots,s).\end{aligned}\tag{2.3.25}$$

设$\mathfrak{P}$表示$\mathfrak{P}_1,\cdots,\mathfrak{P}_s$中的一个.因为$\dim\mathfrak{P}=r-1\geqslant 0$,所以存在下标$i$使$x_i\notin\mathfrak{P}$.为不失一般性,可设$x_0\notin\mathfrak{P}$.

当$r=1$时,引理2.3.2中的多项式$a\in\mathbb{K}$,从而$\tau(a)=a$(同态τ由引理2.3.2定义).于是由引理2.3.2的(ii),并注意$|\beta_j|\geqslant|\beta_0^{(j)}|=1$,我们得到在阿基米德绝对值情形有

$$\log|a|+\sum_{j=1}^{\deg\mathfrak{P}}\log\|\boldsymbol{\omega}-\boldsymbol{\beta}_j\|\leqslant\log|\mathfrak{P}(\boldsymbol{\omega})|+\log|F|+2m^2\deg\mathfrak{P}.\tag{2.3.26}$$

又因为由引理2.2.1,对于任何绝对值$|\cdot|_v$有$|a|_v\leqslant|F|_v$,以及

$$\sum_{v\in\mathscr{M}}\log|a|_v=0\quad(\text{乘积公式}),$$

我们由式(2.3.26)推出

$$\begin{aligned}\deg\mathfrak{P}\cdot\log\|\boldsymbol{\omega}-\boldsymbol{\beta}\| &\leqslant \Big(\log|a|+\sum_{\substack{v\in\mathcal{M}\\ v\neq w}}\log|a|_v\Big)+\sum_{j=1}^{\deg\mathfrak{P}}\log\|\boldsymbol{\omega}-\boldsymbol{\beta}_j\|\\ &=\Big(\log|a|+\sum_{j=1}^{\deg\mathfrak{P}}\log\|\boldsymbol{\omega}-\boldsymbol{\beta}_j\|\Big)+\sum_{\substack{v\in\mathcal{M}\\ v\neq w}}\log|a|_v\\ &\leqslant(\log|\mathfrak{P}(\boldsymbol{\omega})|+\log|F|+2m^2\deg\mathfrak{P})+\sum_{\substack{v\in\mathcal{M}\\ v\neq w}}\log|F|_v\\ &=\log|\mathfrak{P}(\boldsymbol{\omega})|+h(\mathfrak{P})+2m^2\deg\mathfrak{P};\end{aligned}$$

并且当 $|\cdot|=|\cdot|_w$ 是非阿基米德绝对值时,式(2.3.26)及上式右边加项$2m^2\deg\mathfrak{P}$不出现.于是当 $r=1$ 时不等式(2.3.25)成立.

现在考虑 $r\geqslant 2$ 的情形,我们区分两种情形.

(a) 设

$$\begin{aligned}\log|\varkappa(a)|\geqslant&\Big(1-\frac{1}{r}\Big)\log|\mathfrak{P}(\boldsymbol{\omega})|-(\nu+1)\Big(1-\frac{1}{r}\Big)m^3\deg\mathfrak{P}\\ &-\frac{1}{r}h(\mathfrak{P})+\log|F|\end{aligned}\tag{2.3.27}$$

(其中,$\varkappa$ 的定义见第 2.1 节 4°).

由引理 2.3.2,存在同态

$$\tau:\mathbb{K}[\boldsymbol{u}_1,\cdots,\boldsymbol{u}_{r-1},a^{-1},\alpha_1^{(1)},\cdots,\alpha_m^{(g)}]\rightarrow\mathscr{K},$$

以及理想 $\mathfrak{P}$ 的零点 $\boldsymbol{\beta}_j(1\leqslant j\leqslant\deg\mathfrak{P})$,满足 $|\boldsymbol{\beta}_j|\geqslant|\beta_0^{(j)}|=1$,并且 $|\varkappa(a)|\leqslant(1+\varepsilon)|\tau(a)|$.由式(2.3.27)及引理 2.3.2 的结论(ii),我们得到在阿基米德绝对值情形有

$$\begin{aligned}&\Big(1-\frac{1}{r}\Big)\log|\mathfrak{P}(\boldsymbol{\omega})|-(\nu+1)\Big(1-\frac{1}{r}\Big)m^3\deg\mathfrak{P}-\frac{1}{r}h(\mathfrak{P})+\log|F|\\ &\quad\leqslant\log|\varkappa(a)|\leqslant\log|\tau(a)|+\log(1+\varepsilon),\end{aligned}\tag{2.3.28}$$

以及

$$\begin{aligned}&\log|\tau(a)|+\sum_{j=1}^{\deg\mathfrak{P}}\log(\|\boldsymbol{\omega}-\boldsymbol{\beta}_j\|\cdot|\boldsymbol{\beta}_j|)\\ &\quad\leqslant\log|\mathfrak{P}(\boldsymbol{\omega})|+\log|F|+2m^2\deg\mathfrak{P}.\end{aligned}\tag{2.3.29}$$

因为 $\boldsymbol{\beta}_j$ 是理想 I 的零点,所以 $\rho=\|\boldsymbol{\omega}-\boldsymbol{\beta}\|\leqslant\|\boldsymbol{\omega}-\boldsymbol{\beta}_j\|$,于是由式(2.3.28)和式(2.3.29)推出

$$\left(1-\frac{1}{r}\right)\log|\mathfrak{P}(\boldsymbol{\omega})|-(\nu+1)\left(1-\frac{1}{r}\right)m^3\deg\mathfrak{P}-\frac{1}{r}h(\mathfrak{P})$$
$$+\log|F|+\deg\mathfrak{P}\cdot\log\|\boldsymbol{\omega}-\boldsymbol{\beta}\|$$
$$\leqslant(\log|\tau(a)|+\log(1+\varepsilon))+(\log|\mathfrak{P}(\boldsymbol{\omega})|+\log|F|$$
$$+2m^2\deg\mathfrak{P}-\log|\tau(a)|)$$
$$=\log|\mathfrak{P}(\boldsymbol{\omega})|+\log|F|+2m^2\deg\mathfrak{P}+\log(1+\varepsilon).$$

令 $\varepsilon\to 0$ 可知,不等式(2.3.25)在此情形成立.

(b) 设

$$\log|\varkappa(a)|<\left(1-\frac{1}{r}\right)\log|\mathfrak{P}(\boldsymbol{\omega})|-(\nu+1)\left(1-\frac{1}{r}\right)m^3\deg\mathfrak{P}$$
$$-\frac{1}{r}h(\mathfrak{P})+\log|F|. \tag{2.3.30}$$

我们用 J 表示由命题 2.3.1 对于理想 $\mathfrak{P}$ 及多项式 $Q=x_0\notin\mathfrak{P}$ 所构造的理想.于是 $\deg J<\deg\mathfrak{P}$. 由命题 2.3.1 的证明可知,理想 J 的 Chow 形式 G 由公式(2.2.4)定义.但因为现在 Q 的特殊选取,所以知 $G=a(a\in\mathbb{K}[\boldsymbol{u}_1,\cdots,\boldsymbol{u}_{r-1}]$ 见引理 2.2.1).注意 $|\boldsymbol{\omega}|=1$ 以及

$$\log|a|=\log|a|_w=\sum_{v\in\mathscr{M}}\log|a|_v-\sum_{\substack{v\in\mathscr{M}\\ v\neq w}}\log|a|_v$$
$$=h(J)-\sum_{\substack{v\in\mathscr{M}\\ v\neq w}}\log|a|_v$$
$$\geqslant h(J)-\sum_{\substack{v\in\mathscr{M}\\ v\neq w}}\log|F|_v.$$

我们由式(2.3.30)得到

$$\log|J(\boldsymbol{\omega})|=\log|\varkappa(a)|-\log|a|$$
$$<\left(1-\frac{1}{r}\right)\log|\mathfrak{P}(\boldsymbol{\omega})|-(\nu+1)\left(1-\frac{1}{r}\right)m^3\deg\mathfrak{P}-\frac{1}{r}h(\mathfrak{P})$$
$$+\log|F|_w-\Big(h(J)-\sum_{\substack{v\in\mathscr{M}\\ v\neq w}}\log|F|_v\Big)$$
$$=\left(1-\frac{1}{r}\right)\log|\mathfrak{P}(\boldsymbol{\omega})|-(\nu+1)\left(1-\frac{1}{r}\right)m^3\deg\mathfrak{P}$$
$$+\left(1-\frac{1}{r}\right)h(\mathfrak{P})-h(J). \tag{2.3.31}$$

另一方面,由命题 2.2.1 及 $\mathfrak{P}_i$ 的定义可知, $\dim J=\dim\mathfrak{P}-1=\dim I-1<\dim I$, 所以由 $\dim I$ 的极小性可知,命题 2.2.2 对于理想 J 成立(由引理 2.3.3,J 的 Chow 形式

$G \in \bar{J}(r-1)$，相应的参数为 $r-1=1+\dim J=1+(\dim I-1)$，而 $r \geqslant 2$，所以 $r-1 \geqslant 1$)，于是

$$\deg J \cdot \log \| \boldsymbol{\omega}-\boldsymbol{\gamma} \| \leqslant \frac{1}{r-1} \log |J(\boldsymbol{\omega})|+\frac{1}{r-1} h(J) + (\nu+3) m^3 \deg J, \tag{2.3.32}$$

其中，$\boldsymbol{\gamma} \in \mathscr{K}^{m+1}$ 是理想 J 的某个零点.仍然由命题 2.2.1 可知 $\boldsymbol{\gamma}$ 也是理想β 的零点，因此 $\rho=\|\boldsymbol{\omega}-\boldsymbol{\beta}\| \leqslant\|\boldsymbol{\omega}-\boldsymbol{\gamma}\|$. 又因为 $G=a$，故由式(2.2.1)和式(2.2.4)可知，有 $\deg J=\deg_{u_1} G=\deg_{u_1} a=\deg_{u_1} F=\deg \mathfrak{P}$，类似地，$h(J)=h(\mathfrak{P})$，所以由式(2.3.31)和式(2.3.32)得到对于阿基米德绝对值情形

$$\begin{aligned}
\deg \mathfrak{P} \cdot \log \|\boldsymbol{\omega}-\boldsymbol{\beta}\| & \leqslant \deg J \cdot \log \|\boldsymbol{\omega}-\boldsymbol{\gamma}\| \\
& \leqslant \frac{1}{r-1} \cdot\left(1-\frac{1}{r}\right) \log |\mathfrak{P}(\boldsymbol{\omega})|-\frac{\nu+1}{r-1}\left(1-\frac{1}{r}\right) m^3 \deg \mathfrak{P} \\
& \quad+\frac{1}{r-1}\left(1-\frac{1}{r}\right) h(\mathfrak{P})-\frac{1}{r-1} h(J) \\
& \quad+\frac{1}{r-1} h(J)+(\nu+3) m^3 \deg \mathfrak{P} \\
& =\frac{1}{r} \log |\mathfrak{P}(\boldsymbol{\omega})|+\frac{1}{r} h(\mathfrak{P})+\left(\nu+3-\frac{\nu+1}{r}\right) m^3 \deg \mathfrak{P} .
\end{aligned}$$

这表明在现情形式(2.3.25)也成立.

对于非阿基米德绝对值的情形，可类似地证明式(2.3.25)，并且它还可更精确些 $\left(r \geqslant 2\right.$ 时，将右边因子 $\nu+3-\dfrac{\nu+1}{r}$ 换成 $\left.\nu-\dfrac{\nu}{r}\right)$.

最后，由式(2.3.25)及命题 2.1.2 得到在阿基米德绝对值情形有

$$\begin{aligned}
\deg I \cdot \log \|\boldsymbol{\omega}-\boldsymbol{\beta}\| & =\sum_{j=1}^{\deg \mathfrak{P}} k_j \deg \mathfrak{P}_j \cdot \log \|\boldsymbol{\omega}-\boldsymbol{\beta}\| \\
& \leqslant \frac{1}{r} \sum_{j=1}^{\deg \mathfrak{P}} k_j \log |\mathfrak{P}_j(\boldsymbol{\omega})|+\frac{1}{r} \sum_{j=1}^{\deg \mathfrak{P}} k_j h(\mathfrak{P}_j) \\
& \quad+\left(\nu+3-\frac{\nu+1}{r}\right) m^3 \sum_{j=1}^{\deg \mathfrak{P}} k_j \deg \mathfrak{P}_j \\
& \leqslant \frac{1}{r} \log |I(\boldsymbol{\omega})|+\frac{1}{r} h(I)+(\nu+3) m^3 \deg I .
\end{aligned}$$

这表明命题的结论对理想 I 也成立，这与 I 的选取矛盾.对于非阿基米德绝对值情形也可类似地得出矛盾. □

2.4 补充与评注

1. 在1922～1923年间,K. Hentzelt[42]和E. Noether[98]最早将环$\mathbb{K}[x_0, \cdots, x_m]$中的每个理想与某个多项式(称为Elementarteiform)相联系,证明了一系列基本结果,W. Krull[48]和B. L. van der Waerden[125]对此做了进一步研究.1937年,W. L. Chow(周炜良)和B. L. van der Waerden[23]给出这些结果的齐次情形的研究,首次引进了Zugeordente Form的术语,它在1972年出版的I. R. Shafarevich的俄文专著[115]中称为Chow形式.W. V. D. Hodeg和D. Pedoe的书(文献[43],第二卷第10章)对Chow形式做了颇为详尽的论述,但所使用的名称是Cayley形式.这本书的讲述比较注重几何背景,因此可能更便于初学者理解.

2. 关于u结式,B. L. van der Waerden的书的早年版本(文献[126],第二卷第8章)有简明的论述.上述W. V. D. Hodge和D. Pedoe的书(第一卷第8章)也包含了一个较详尽的易于理解的表述.

3. D. Brownawell在一系列论文(例如,文献[12-14,17]等)中及时地对Nesterenko的新方法做了阐述和研究,概括了关于Chow形式和u结式的新、老结果,并用来研究一些数论问题,特别是关于Hillert零点定理及其数论应用(还可见文献[86]第16章中的综述).另外,文献[16](Ⅱ)也是一篇有价值的参考文献.

4. 对Nesterenko方法进行深入研究和做了重大发展的还有P. Phillppon,上引W. D. Brownawell的系列论文对此也有所介绍.本书第6章将重点论述这个主题.

5. W. D. Brownawell[17]引进u结式的一个推广概念:"半u结式",这是G. V. Chadnovsky的半结式的类似,它的性质和应用的深入研究是一个值得考虑的问题.

附录2 关于L消元理想

此处给出与正文有关的一些结果,涉及一些经典交换代数技巧.为免失之烦琐,略去了某些证明细节.下面的讨论是在较正文更一般的框架下进行的.

设 R 是一个 Noether 环，$A = R[X]$ 是 R 上变量 x_0，…，x_m 的多项式环，$r(1 \leqslant r \leqslant m)$ 是一个整数. 还设 $u_{ij}(1 \leqslant i \leqslant r, 0 \leqslant j \leqslant m)$ 是 A 上代数无关的变量. 作线性型

$$L_i(X) = \sum_{j=0}^{m} u_{ij} x_j \quad (i = 1, \cdots, r).$$

设 I 是环 A 中的某个齐次理想. 用 $(I, L_1, \cdots, L_r)$ 表示环 $A[U] = A[u_{l0}, \cdots, u_{rm}]$ 中由线性型 $L_1, \cdots, L_r$ 及理想 $I \subset A$ 中的元素生成的理想；χ 表示 $A[U]$ 中 x_0，…，x_m 生成的理想.

我们定义理想

$$\widetilde{I} = \widetilde{I}(r) = \bigcup_{k \geqslant 0} ((I, L_1, \cdots, L_r) : \chi^k) \subset A[U],$$

$$\bar{I} = \bar{I}(r) = \widetilde{I} \cap R[U].$$

称 $\bar{I}$ 为 I 的 L 消元理想. 因为 $A[U]$ 是 Noether 环，所以有 $M \in \mathbb{N}$ 使

$$\widetilde{I} = (I, L_1, \cdots, L_r) : \chi^M.$$

理想 $\bar{I}$ 和 $\widetilde{I}$ 的基本代数性质是有关数论性质研究的基础.

命题 1 设 I 是环 $R[X]$ 中的齐次理想.

(i) 若 I 是素理想，则 $\bar{I}$ 也是素理想；

(ii) 若 I 是 $\mathfrak{P}$-准素的，则 $\bar{I}$ 是 $\bar{\mathfrak{P}}$-准素的；

(iii) 如果 $I = I_1 \cap \cdots \cap I_t$ 是不可缩短的准素分解，那么 $\bar{I} = \bar{I}_1 \cap \cdots \cap \bar{I}_t$.

为证明命题 1，我们需要一些辅助结果.

考察 r 个反对称矩阵 $\boldsymbol{S}^{(i)} = (s_{jk}^{(i)})(j, k = 0, 1, \cdots, m;\ i = 1, \cdots, r)$，设除 $s_{jk}^{(i)} + s_{kj}^{(i)} = 0$ 外，变量 $s_{jk}^{(i)}$ 不满足环 A 上的任何代数关系式. 用 $A[S]$ 表示将所有元素 $s_{jk}^{(i)}$ 添加到 A 所得到的环. 对每个矢量 $\boldsymbol{u}_i = (u_{i0}, \cdots, u_{im})$，令映射

$$\vartheta(\boldsymbol{u}_i) = \boldsymbol{S}^{(i)} \boldsymbol{x}^{\tau}, \quad \boldsymbol{x} = (x_0, x_1, \cdots, x_m)$$

(τ 表示转置)，并且 ϑ 保持环 A 的元素不变. 因为 u_{ij} 在 A 上代数无关，所以 ϑ 可以扩充为环同态

$$\vartheta : A[U] \to A[S].$$

ϑ 的一个重要性质是

$$\vartheta(L_i) = 0 \quad (i = 1, \cdots, r). \tag{1}$$

这可验证如下：

$$\vartheta(L_i) = \sum_{j=0}^{m} \vartheta(u_{ij}) x_j = \sum_{j=0}^{m} x_j \sum_{k=0}^{m} s_{jk}^{(i)} x_k$$

$$= \sum_{0 \leqslant j < k \leqslant m} x_j x_k (s_{jk}^{(i)} + s_{kj}^{(i)}) = 0.$$

我们用 $I[S]$ 表示理想 $I \subset A$ 在环 $A[S]$ 中的扩张.

引理 1　$G \in \widetilde{I}$，当且仅当 $\vartheta(G) \cdot \chi^M \subset I[S]$.

证　如果 $G \in \widetilde{I}$，那么由理想 $\widetilde{I}$ 的定义及关系式(1)推出 $\vartheta(G) \cdot \chi^M \subset I[S]$. 现在设 $\vartheta(G) \cdot \chi^M \subset I[S]$. 选取不全为零的元素 $p_0, \cdots, p_m \in R$，并记 $g = \sum_{t=0}^{m} p_t x_t$. 设 $T = \{g^n\}$ 是环 $A[U]$ 中的乘法系. 定义同态

$$\psi : A[S] \to T^{-1} A[U],$$

其中，已令

$$\psi(s_{jk}^{(i)}) = \frac{u_{ij} p_k - u_{ik} p_j}{g},$$

并且 ψ 保持环 A 的元素不变. 易见 ψ 可以扩充为环同态.

现在考虑合成映射

$$A[U] \xrightarrow{\vartheta} A[S] \xrightarrow{\psi} T^{-1} A[U].$$

注意 g 的定义，我们有

$$\psi \circ \vartheta(u_{ij}) = \psi\left(\sum_{k=0}^{m} s_{jk}^{(i)} \cdot x_k\right) = \frac{1}{g} \sum_{k=0}^{m} (u_{ij} p_k x_k - u_{ik} p_j x_k)$$
$$= u_{ij} - \frac{p_j}{g} L_i,$$

于是

$$\psi \circ \vartheta(u_{ij}) \equiv u_{ij} (\bmod T^{-1}(I, L_1, \cdots, L_r)).$$

因为在环 A 上同态 $\psi \circ \vartheta$ 是恒等映射，所以

$$\psi \circ \vartheta(G) \equiv G (\bmod T^{-1}(I, L_1, \cdots, L_r)). \tag{2}$$

按假设，$\vartheta(G) \cdot \chi^M \subset I[S]$，因而 $\psi \circ \vartheta(G) \cdot \chi^M \subset T^{-1}(I, L_1, \cdots, L_r)$. 所以由式(2)得 $G \cdot \chi^M \subset T^{-1}(I, L_1, \cdots, L_r)$，从而对于足够大的 N 有 $G \cdot g^N \cdot \chi^M \subset (I, L_1, \cdots, L_r)$. 但注意 g 的定义及 $p_0, p_1, \cdots, p_m \in R$ 是任意选取的，所以 $G \cdot \chi^{M+N} \subset (I, L_1, \cdots, L_r)$. 这表明 $G \in \widetilde{I}$. □

注意，环 $A[S]$ 同构于 A 上的多项式环(其变元个数 $q = m + (m-1) + \cdots + 1 = m(m+1)/2$).

引理 2　(i) 如果 $\mathfrak{P}$ 是 A 中的素理想，那么 $\mathfrak{P}[S]$ 是 $A[S]$ 中的素理想；

(ii) 如果在 A 中理想 I 是 $\mathfrak{P}$-准素的，那么在 $A[S]$ 中 $I[S]$ 是 $\mathfrak{P}[S]$-准素的，并且理想 $I[S]$ 的指数等于理想 I 的指数；

(iii) 如果 $I = \bigcap_{k=1}^{t} I_k$ 是环 A 中的不可缩短的准素分解，那么 $I[S] = \bigcap_{k=1}^{t} I_k[S]$ 是 $A[S]$ 中不可缩短的准素分解.

注 1 按定义，$\mathfrak{P}$-准素理想 I 的指数是指满足 $\mathfrak{P}^n \subset I$ 的最小整数 n.

证 因 $A[S]$ 同构于多项式环 $A[s_1, \cdots, s_q]$，故可用归纳法证明. 现在给出当 $q = 1$ 时结论(i)的证明. 设 $F(s), G(s) \in A[S]$, $FG \in \mathfrak{P}[s]$，要证 F 或 $G \in \mathfrak{P}[s]$. 设不然，记 $F(s) = f(s) + f_1(s)$, $G(s) = g(s) + g_1(s)$，其中 f_1 和 g_1 是系数均 $\in \mathfrak{P}$ 的多项式，f 和 g 是两个多项式但系数均 $\notin \mathfrak{P}$. 那么 $fg \in \mathfrak{P}[s]$. 设 a_0, b_0 分别是 f 和 g 的最低次项的系数，则 a_0, b_0 均 $\notin \mathfrak{P}$，但 $a_0 b_0 \in \mathfrak{P}$. 这个矛盾表明 F 或 G 中有一个 $\in \mathfrak{P}[s]$. 其余结论的证明在此从略(例如，可参见文献[3]，第 4 章习题 7 及有关提示). □

引理 3 设 I 是环 A 中的齐次理想.

(i) 若 I 是素理想，则 $\widetilde{I} \subset A[U]$ 也是素理想；

(ii) 若 I 是 $\mathfrak{P}$-准素的，且 $\chi \subsetneq \mathfrak{P}$，则 $\widetilde{\mathfrak{P}} \subset A[U]$ 是 $\widetilde{\mathfrak{P}}$-准素的，且 I 和 $\widetilde{I}$ 的指数相等；

(iii) 若 $I = \bigcap_{k=1}^{t} I_k$ 是 A 中不可缩短的准素分解，则有 $\widetilde{I} = \bigcap_{k=1}^{t} \widetilde{I}_k$.

证 仅证明结论(ii)，其余的证明类似.

设理想 I 的指数是 n，如果 $P_1, \cdots, P_n \in \widetilde{\mathfrak{P}}$，那么

$$P_k \cdot \chi^{M_1} \subset (\mathfrak{P}, L_1, \cdots, L_r) \quad (k = 1, \cdots, n).$$

但因为 $\mathfrak{P}^n \subset I$，所以

$$\begin{aligned} P_1 \cdots P_n \chi^{M_1 n} &= (P_1 \chi^{M_1}) \cdots (P_n \chi^{M_1}) \subset (\mathfrak{P}^n, L_1, \cdots, L_r) \\ &\subset (I, L_1, \cdots, L_r), \end{aligned}$$

于是 $P_1 \cdots P_n \in \widetilde{I}$，这表明 $\widetilde{\mathfrak{P}}^n \subset \widetilde{I}$. 但因为 $I \subset \mathfrak{P}$，所以由定义推出 $\widetilde{I} \subset \widetilde{\mathfrak{P}}$，因而 $\sqrt{\widetilde{I}} = \widetilde{\mathfrak{P}}$.

设 $P \cdot Q \in \widetilde{I}$，但 $P \notin \widetilde{\mathfrak{P}}$. 由引理 1 得 $\vartheta(P) \cdot \vartheta(Q) \cdot \chi^M \subset I[S]$，并且 $\vartheta(P) \cdot \chi^M \subsetneq \mathfrak{P}[S]$. 但由引理 2 知，理想 $I[S]$ 是 $\mathfrak{P}[S]$-准素的，所以由 $\vartheta(Q) \cdot \vartheta(P)\chi^M \subset I[S]$ 得 $\vartheta(Q) \in I[S]$. 再依引理 1 可得 $Q \in \widetilde{I}$. 这表明理想 $\widetilde{I}$ 是 $\widetilde{\mathfrak{P}}$-准素的.

前面所证 $\widetilde{\mathfrak{P}}^n \subset \widetilde{I}$ 表明理想 $\widetilde{I}$ 的指数 $r \leqslant n$. 另一方面，由 $\widetilde{\mathfrak{P}}^r \subset \widetilde{I}$ 及 $\mathfrak{P} \subset \widetilde{\mathfrak{P}}$ 可知 $\mathfrak{P}^r \subset \widetilde{\mathfrak{P}}^r \subset \widetilde{I}$. 由 $\mathfrak{P}^r \subset \widetilde{I}$ 可知 $\mathfrak{P}^r \cdot \chi^M \subset (I, L_1, \cdots, L_r)$；由于 $\mathfrak{P}$, χ 与 u_{ij} 无关，所以 $\mathfrak{P}^r \cdot \chi^M \subset I$. 但理想 I 是 $\mathfrak{P}$-准素的，而 $\chi \subsetneq \mathfrak{P}$，因此 $\mathfrak{P}^r \subset I$，从而 I 的指数 $n \leqslant r$. 由此证明了 $r = n$，即 I 和 $\widetilde{I}$ 有相同的指数. □

注 2 如果 $\chi \subset \sqrt{I}$，那么显然 $\widetilde{I} = A[U]$, $\bar{I} = R[U]$.

命题 1 之证 因为$\bar{I} = \tilde{I} \cap R[U]$，所以由扩理想及局限理想的性质(见文献[141]，第一卷第 4 章第 8 节)，由引理 3 得知命题成立. □

我们用$\mathbb{K}$表示一个域，用$\mathscr{K}$表示它的代数闭包，并将投影空间$\mathbb{P}_m(\mathscr{K})$简记为$\mathbb{P}_m$.

引理 4 设$I \subset \mathbb{K}[x_0, \cdots, x_m]$是齐次理想，$\chi \subsetneqq I$. 那么点集$\{\boldsymbol{\xi}_1, \cdots, \boldsymbol{\xi}_r\} \subset \mathbb{P}_m$是理想$\bar{I}$的零点，当且仅当由等式

$$\sum_{j=0}^{m} \xi_{ij} \cdot x_j = 0 \quad (i = 1, \cdots, r)$$

定义的$\mathbb{P}_m$的线性子空间与理想I在$\mathbb{P}_m$中的零点簇有非空的交，此处$\boldsymbol{\xi}_i = (\xi_{i0} : \cdots : \xi_{im})(i = 1, \cdots, r)$.

证 设Γ是理想$(I, L_1, \cdots, L_r)$，亦即理想$\tilde{I}$在$\mathbb{P}_m \times (\mathbb{P}_m)^r$中的零点簇，此处第一个因子$\mathbb{P}_m$对应于变量$x_0, \cdots, x_m$，而$(\mathbb{P}_m)^r$中第$k$个因子$\mathbb{P}_m$则对应于变量$u_{k0}, \cdots, u_{km}$. 设$\varphi$是投影

$$\mathbb{P}_m \times (\mathbb{P}_m)^r \xrightarrow{\varphi} (\mathbb{P}_m)^r.$$

我们知道，如果X和Y分别是一个投影簇和拟投影簇，那么投影φ: $X \times Y \to Y$将闭集映为闭集(见文献[115]，第一卷第 1 章第 5 节定理 3)，因此，集合$\varphi(\Gamma)$按 Zariski 拓扑是$(\mathbb{P}_m)^r$中的闭集. 但易见$\varphi(\Gamma)$在理想$\bar{I}$的零点簇中稠密，因而，$\varphi(\Gamma)$与$\bar{I}$的零点簇相重合. 由此可知引理成立. □

引理 5 设I是环$\mathbb{K}[x_0, \cdots, x_m]$中的齐次准素理想，那么

(i) 当$h^*(I) \leqslant m$时$\bar{I} = (0)$；

(ii) 当$h^*(I) \geqslant m - r + 1$时$\bar{I} \neq (0)$；

(iii) 当$h^*(I) = m - r + 1$时$\bar{I}$是$\mathbb{K}[U]$中的主理想.

证 由命题 1 可知，如能对素理想情形证明有关结论，则对一般情形结论也成立. 所以我们设I是素理想. 由引理 4 的证明，$\bar{I}$的零点簇与$\varphi(\Gamma)$相重合. 如果$h^*(I) \leqslant m - r$，那么在$\mathbb{P}_m$中理想I的零点簇X的投影维数$m - h^*(I) \geqslant r$，且任意r个平面与X有非空的交. 按引理 4，$\varphi(\Gamma) = (\mathbb{P}_m)^r$，亦即$\bar{I} = (0)$.

现在设$h^*(I) \geqslant m - r + 1$，于是$X$的投影维数小于$r$，因而可找到$\mathbb{P}_m$中$r$个平面与$X$有非空的交. 这表明$\varphi(\Gamma) \neq (\mathbb{P}_m)^r$，从而$\bar{I} \neq (0)$.

现在设$h^*(I) = m - r + 1$. 如果$\mathbb{K}$是代数闭域，那么$\varphi(\Gamma)$的余维数$\operatorname{codim} \varphi(\Gamma) = 1$，于是$\bar{I}$是主理想(参见文献[115]，第 1 章第 6.1 节). 现在对一般情况($\mathbb{K}$为非代数闭域)证明此结论.

用I^e表示I在环$\mathscr{K}[x_0, \cdots, x_m]$中的扩理想，并设$I^e = J_1 \cap \cdots \cap J_s$是不可缩短的准素分解，于是$h^*(J_k) = h^*(I) = m - r + 1$(见文献[141]，第二卷第 7 章第 11 节定理 36). 但依上面，当$\mathbb{K}$为代数闭域的特殊情形所证结果可以推出$\bar{J}_k$是主理想，记$\bar{J}_k$

$=(G_k)$，其中，$G_k \in \mathscr{K}[\mathscr{U}]$. 由命题1知 $\bar{J}_k$ 是准素理想，所以 $G_k = F_k^{l_k}$，其中 F_k 是不可约多项式，l_k 是正整数. 由 I^e 的准素分解及引理4可知诸多项式 F_k 互异. 再应用引理1得到

$$\overline{I^e} = \bar{J}_1 \cap \cdots \cap \bar{J}_s = (G_1 \cdots G_s) = (G_0),$$

其中，多项式 G_0 的最高项系数选取为1. 设 σ 是域 $\mathscr{K}$ 在 $\mathbb{K}$ 上的任一自同构（σ 作用于多项式系数），显然 $\overline{\sigma(I^e)} \subset \overline{I^e}$，亦即 $G_0 \mid \sigma(G_0)$. 比较等式两边同次幂可知 $\sigma(G_0) = \gamma_\sigma G_0$（$\gamma_\sigma \in \mathscr{K}$）. 但因 G_0 的最高次项系数为1，故得 $\gamma_\sigma = 1$ 及 $\sigma(G_0) = G_0$，从而 $G_0 \in \mathbb{K}[U]$. 最后，因为 $\bar{I}^e \subset \overline{I^e}$，我们有

$$\bar{I} = \bar{I}^e \cap \mathbb{K}[U] \subset \overline{I^e} \cap \mathbb{K}[U],$$

亦即理想 $\bar{I}$ 的所有多项式被 G_0 整除. 但按命题1，$\bar{I}$ 是素理想，所以这只有当 $\bar{I} = (G_0)$ 且 G_0 在 $\mathbb{K}$ 上不可约时才可能. 于是对于 $\mathbb{K}$ 为非代数闭域情形，上述结论也成立. □

以下再回到环 $R[X]$ 的情形.

注3 若 T 是环 R 中的乘法系，则由理想 $\tilde{I}$，$\bar{I}$ 的定义及分式环的性质推出

$$T^{-1}\bar{I} = \overline{T^{-1}I} \subset T^{-1}R[U].$$

注4 设 $\varphi: R \to R_1$ 是环的满同态，$\operatorname{Ker}\varphi \subset I \cap R$，其中，$I$ 是环 $R[X]$ 中的理想. φ 可以扩充到环 $R[X]$ 和 $R[U]$ 上（令它作用于多项式的系数）. 用 Φ 表示这个扩充，那么易见 $\Phi(\bar{I}) = \overline{\Phi(I)}$.

下文中总设环 R 是主理想整环.

引理6 设齐次理想 $I \subset R[X]$ 是准素的，$I \cap R = (a) \neq (0)$，$h^*(I) \leqslant m - r + 1$. 那么 $\bar{I} \subset R[U]$ 是由元素 a 生成的主理想.

证 记 $\sqrt{I} = \mathfrak{P}$，并设 $\mathfrak{P} \cap R = (p)$. 于是 $h(\mathfrak{P}) \leqslant m - r + 1$.

设 $\varphi: R \to R/(p)$ 是典范同态. 因为 (p) 是 R 中的极大理想，所以 $R/(p) = \mathbb{K}$ 是域. 依据注4，有 $\Phi(\bar{\mathfrak{P}}) = \overline{\Phi(\mathfrak{P})}$. 由显然的不等式 $h^*(\mathfrak{P}) \geqslant h^*(\Phi(\mathfrak{P})) + 1$ 推出 $h^*(\Phi(\mathfrak{P})) \leqslant h^*(\mathfrak{P}) - 1 \leqslant (m - r + 1) - 1 = m - r$. 于是由引理5得到 $\overline{\Phi(\mathfrak{P})} = (0)$，亦即 $\Phi(\bar{\mathfrak{P}}) = 0$，于是 $\bar{\mathfrak{P}} \subset \operatorname{Ker}\Phi$. 因此，理想 $\bar{\mathfrak{P}}$ 中的任何多项式都被元素 p 整除. 但另一方面，由定义可知 $p \in \bar{\mathfrak{P}}$，于是 $\bar{\mathfrak{P}}$ 是环 $R[U]$ 中由元素 p 生成的主理想.

现在设 $F \in \bar{I}$. 因为 $\bar{I} \subset \bar{\mathfrak{P}}$，所以 $p \mid F$. 设 $F = p^k \cdot F_1$，其中 $F_1 \notin \bar{\mathfrak{P}}$. 由命题1知，$\bar{I}$ 是 $\bar{\mathfrak{P}}$-准素的，所以由 $p^k \cdot F_1 \in \bar{I}$ 可推出 $p^k \in \bar{I}$，亦即 $p^k \cdot \chi^M \subset I$. 按照条件 $h^*(\mathfrak{P}) \leqslant m - r + 1 < m + 1$，所以 $\chi \subsetneq \mathfrak{P}$；但 I 是准素理想，所以 $p^k \in I$，因而，$a \mid p^k$，于是 $a \mid F(= p^k \cdot F_1)$. 因而 $\bar{I}$ 中任何多项式都能被 a 整除，而且显然 $a \in \bar{I}$，因此，$\bar{I} = (a)$. □

引理7 设 $I, J \subset R[X]$ 是齐次准素理想，$I \cap R = J \cap R = (0)$，并且 $h^*(I) \geqslant m - r + 1$，$h^*(J) \geqslant m - r + 1$. 那么若 $\bar{I} \subset \bar{J}$，则 $\sqrt{I} \subset \sqrt{J}$. 特别地，由等式 $\bar{I} = \bar{J}$ 可

得 $\sqrt{I}=\sqrt{J}$.

证 若 $\bar{I}\subset\bar{J}$, 则 $\sqrt{\bar{I}}\subset\sqrt{\bar{J}}$. 而由命题 1, $\sqrt{\bar{I}}=\overline{\sqrt{I}}$, $\sqrt{\bar{J}}=\overline{\sqrt{J}}$, 所以 $\overline{\sqrt{I}}\subset\overline{\sqrt{J}}$. 于是我们可以在"$I$, J 是素理想"的假设条件下来证明引理(这样, 因 $\sqrt{I}$, $\sqrt{J}$ 是素理想, 从而 $\sqrt{\sqrt{I}}=\sqrt{\sqrt{J}}$, 亦即 $\sqrt{I}=\sqrt{J}$).

用 $N=R\backslash\{0\}$ 表示环 $R[X]$ 和 $R[U]$ 中的乘法系. 由 $\bar{I}\subset\bar{J}$ 得 $N^{-1}\bar{I}\subset N^{-1}\bar{J}$, 且依注 3 有 $\overline{N^{-1}I}\subset\overline{N^{-1}J}\subset N^{-1}R[U]$. 因为 $I\cap R=J\cap R=(0)$, 所以 $h^*(N^{-1}I)=h^*(I)\geqslant m-r+1$, $h^*(N^{-1}J)=h^*(J)\geqslant m-r+1$. 又因 $N^{-1}R$ 是域(记为$\mathbb{K}$), 所以由引理 5 得 $\overline{N^{-1}I}\neq(0)$, $\overline{N^{-1}J}\neq(0)$.

分别用 $\mathscr{X}$ 和 $\mathscr{Y}$ 表示理想 $N^{-1}I$ 和 $N^{-1}J\in\mathbb{K}[x_0,\cdots,x_m]$ 的零点(投影)簇. 由 $\overline{N^{-1}I}\subset\overline{N^{-1}J}$ 及引理 4 可推出 $\mathscr{X}\supset\mathscr{Y}$, 于是 $N^{-1}I\subset N^{-1}J$, 并且 $I=(N^{-1}I)\cap R[X]\subset(N^{-1}I)\cap R[X]=J$. □

命题 2 设 I 是环 $R[X]$ 中的齐次纯粹理想, $h^*(I)=m-r+1$. 那么

(i) $\bar{I}$ 是环 $R[U]$ 中的主理想;

(ii) 如果 $I=I_1\cap\cdots\cap I_t$ 是不可缩短的准素分解, 那么分解式 $\bar{I}=\bar{I}_1\cap\cdots\cap\bar{I}_t$ 关于分量 $\bar{I}_k$ 不可缩短, 此处 I_k 是不与 R 相交的那些理想.

证 首先考虑 I 是准素理想的情形. 如果 $I\cap R\neq(0)$, 那么由引理 6 得到结论(i). 所以现在设 $I\cap R=(0)$. 于是准素理想 $N^{-1}I\subset\mathbb{K}[X]$(此处记号 N 及$\mathbb{K}$ 与引理 7 的证明中相同)是非平凡的, 并且由于 $h^*(N^{-1}I)=h^*(I)=m-r+1$, 从引理 5 推出理想 $\overline{N^{-1}I}=(F)$ 是主理想, 其中, $F\in\mathbb{K}[U]$, 还可认为多项式 $F\in R[U]$ 且 F 的系数互素(即系数的最大公因子为 1). 我们来证明 $\bar{I}=(F)\subset R[U]$.

设 $G\in\bar{I}\subset N^{-1}\bar{I}=\overline{N^{-1}I}$, 那么 $G=\dfrac{a}{b}\cdot F\cdot F_1$, 其中 a, $b\in R$, $(a,b)=1$, $F_1\in R[U]$ 且无因子属于环 R. 我们有 $b\cdot G=a\cdot F\cdot F_1$, 于是 $b=1$, 从而 $G\in(F)\subset R[U]$. 这表明 $\bar{I}\subset(F)$. 另外, 因为 $F\in\overline{N^{-1}I}=N^{-1}\bar{I}$, 所以存在元素 $c\in R$ 使 $c\cdot F\in\bar{I}$. 但因为 $I\cap R=(0)$, 所以 $c\notin\sqrt{\bar{I}}=\overline{\sqrt{I}}$. 并且由命题 1 知, $\bar{I}$ 是准素理想, 因而 $F\in\bar{I}$, 这表明 $\bar{I}=(F)$ 是主理想.

现在考虑一般情形. 设

$$I=I_1\cap\cdots\cap I_s\cap\cdots\cap I_t\quad(s\leqslant t)$$

是准素分解, 且当 $k\leqslant s$ 时, $I_k\cap R=(0)$, 而当 $k>s$ 时, 交 $I_k\cap R$ 非平凡(即不为 (0)). 因为 I 是纯粹理想, 所以对每个下标 k, $h^*(I_k)=h^*(I)=m-r+1$. 由引理 6 知, 当 $k\geqslant s+1$ 时, $\bar{I}_k=(q_k)$, 其中, q_k 在环 R 中生成理想 $I_k\cap R$. 如果 a 是元素 q_{s+1}, $\cdots$, q_t 在 R 中的最小公倍元, 亦即 a 生成主理想 $I_{s+1}\cap\cdots\cap I_t\cap R$, 那么显然有 $\bar{I}_{s+1}\cap\cdots\cap\bar{I}_t=(a)\subset R[U]$.

由命题 1 得 $\bar{I} = \bar{I}_1 \cap \cdots \cap \bar{I}_s \cap (a)$. 又由上面所证,因为 $I_1, \cdots, I_s$ 为准素理想,所以 $\bar{I}_1, \cdots, \bar{I}_s$ 都是主理想. 于是根据环 $R[U]$中因子分解的唯一性,得知 $\bar{I}$ 是主理想.

仍由命题 1 知,诸理想 $\bar{I}_l (l \leqslant s)$ 是准素理想,所以 $\bar{I}_l = (F_l^{k_l})$, 其中, F_l 是 $R[U]$中不可约多项式, k_l 为正整数. 如果存在两个不同的下标 l 和 k 使 $F_l = F_k$, 那么 $\sqrt{\bar{I}_l} = \sqrt{\bar{I}_k}$, 于是由引理 7 得 $\sqrt{I_l} = \sqrt{I_k}$, 这不可能,因为在 $R[X]$中 I 的准素分解是不可缩短的.

综上所证,我们得到结论(ii). □

命题 3 如果 I 是环 $R[X]$中的齐次准素理想, $h^*(I) = m - r + 1$, 且 $I \cap R = (0)$, 那么理想 $\bar{I}$ 的指数等于理想 I 的指数.

设 $N = R\backslash\{0\}$ 是 R 的乘法系,那么由注 3 知 $N^{-1}\bar{I} = \overline{N^{-1}I}$. 而当我们转向分式环时,不与 $R\backslash\{0\}$相交的准素理想仍然是准素理想并且其指数保持不变. 因此,为证命题 3,只需证下列的命题.

命题 3A 设 I 是环$\mathbb{K}[X]$中的齐次准素理想,此处$\mathbb{K}$ 是某个域,还设 $h^*(I) = m - r + 1$. 那么理想 I 和 $\bar{I}$ 的指数相等.

注 5 由引理 3,命题 1 及关系式 $\bar{I} = \tilde{I} \cap R[U]$ 我们不难推出,理想 $\bar{I}$ 的指数不超过 I 的指数. 因此,为证命题 3A,只需证明相反的不等式,亦即要证理想 I 的指数不超过 $\bar{I}$ 的指数.

我们需要下述辅助结果.

在下文中,我们要考虑不同个数的线性型 $L_i = \sum_{j=0}^{m} u_{ij}x_j$, 因此代替记号 $\bar{I}, \tilde{I}$, 分别采用 $\bar{I}(r)$和 $\tilde{I}(r)$, 以强调它们与 L_i 的个数 r 的关系. 当 $l \geqslant 1$ 时, 记 $\mathbb{K}_l = \mathbb{K}(\boldsymbol{u}_1, \cdots, \boldsymbol{u}_l)$, $\boldsymbol{u}_k = (u_{k0}, \cdots, u_{km})$, 以及 $\mathbb{K}_0 = \mathbb{K}$.

引理 8 设 I 是环$\mathbb{K}[X]$中的齐次理想, l 是适合 $0 \leqslant l \leqslant m - h^*(I)$ 的整数. 如果 I 是准素(素)理想,那么理想 $\tilde{I}(l)$在环$\mathbb{K}_l[X]$中的扩张也是准素(素)理想,并且其指数等于 I 的指数,而高为 $h^*(I) + l$.

证 用 J_l 表示所说 $\tilde{I}(l)$的扩理想,用 T_l 表示环$\mathbb{K}[X, \boldsymbol{u}_1, \cdots, \boldsymbol{u}_l]$中的乘法系 $\mathbb{K}[\boldsymbol{u}_1, \cdots, \boldsymbol{u}_l]\backslash\{0\}$. 由引理 5,有 $T_l \cap \tilde{I}(l) = \varnothing$. 环$\mathbb{K}_l[X]$与$\mathbb{K}[X, \boldsymbol{u}_1, \cdots, \boldsymbol{u}_l]$对于乘法系 T_l 的分式环相重合,而 $J_l = T_l^{-1}\tilde{I}(l)$.

因为理想 I 准素(素),所以由引理 3 得知理想 $\tilde{I}(l)$也是准素(素)理想,且与 I 有相同的指数. 当转为分式环时,准素(素)理想变为准素(素)理想,且指数保持不变,因此, J_l 是准素(素)理想,指数等于 I 的指数.

现在计算理想 J_l 的高. 因为 $T_l \cap \tilde{I}(l) = \varnothing$, 我们得到 $h^*(J_l) = h^*(T_l^{-1}\tilde{I}(l)) = h^*(\tilde{I}(l))$. 我们还有

$$\tilde{I}(l) \cdot \chi^M \subset (\tilde{I}^e(l-1), L_l) \subset \tilde{I}(l), \tag{3}$$

其中, $\tilde{I}^e(l-1)$ 是理想 $\tilde{I}(l-1)$ 在环$\mathbb{K}[X, \boldsymbol{u}_1, \cdots, \boldsymbol{u}_l]$中的扩张. 由引理 2 知,理想

$\widetilde{I}^e(l-1)$ 是准素(素)的,所以易得 $h^*(\widetilde{I}^e(l-1)) = h^*(\widetilde{I}(l-1))$. 由于 $L_l \notin \sqrt{\widetilde{I}^e(l-1)}$,所以由维数理论(见文献[141],第二卷第 7 章第 7 节定理 21)推出

$$h^*(\widetilde{I}^e(l-1), L_l) = h^*(\widetilde{I}^e(l-1)) + 1 = h^*(\widetilde{I}(l-1)) + 1.$$

于是由式(3)得 $h^*(\widetilde{I}(l)) = h^*(\widetilde{I}(l-1)) + 1$,从而 $h^*(J_l) = h^*(J_{l-1}) + 1$. 注意 $J_0 = I$,所以 $h^*(J_l) = h^*(I) + l$. □

命题 3A 之证 对 r 用归纳法. 先考虑 $r = 1$ 的情形. 此时只出现一个线性型,我们将它记为 $L = \sum_{j=0}^{m} u_j x_j$. 并且 $\bar{I}(1)$ 仍用 $\bar{I}$ 表示.

因为 $r = 1$,所以齐次理想 I 的投影维数 $\dim I = m - h^*(I) = m - m = 0$,因而 I 的零点簇(在投影空间 $\mathbb{P}_m$ 中)由有限多个点组成,设点数为 g.

如果 $g = 1$,用 $(\alpha_0 : \alpha_1 : \cdots : \alpha_m)$ 表示理想 I 的唯一零点,显然可以认为 $\alpha_i \in \mathbb{K}$. 设 $\sqrt{I} = \mathfrak{P}$,那么 $\bar{I} = (R^n)$,其中,n 为 $\bar{I}$ 的指数,而且 $\bar{\mathfrak{P}} = (R)$. 由引理 4 得 $R = \sum_{j=0}^{m} \alpha_j u_j$. 由此易见理想 $\mathfrak{P}$ 的基由多项式 $\alpha_j x_i - \alpha_i x_j (i, j = 0, 1, \cdots, m)$ 组成.

应用引理 1 中使用的同态 $\vartheta: A[U] \to A[S]$. 在 $r = 1$ 的情形反对称矩阵记为 $\boldsymbol{S} = (s_{ij})$,我们有

$$\vartheta(R) = \sum_{i=0}^{m} \alpha_i \vartheta(u_i) = \sum_{i=0}^{m} \alpha_i \cdot \sum_{i=0}^{m} s_{ij} x_j = \sum_{0 \leqslant i < j \leqslant m} s_{ij}(\alpha_i x_j - \alpha_j x_i).$$

因为变量 $s_{ij}(i<j)$ 在 $\mathbb{K}[X]$ 上代数无关,且其系数都是理想 $\mathfrak{P}$ 的基多项式,因此,在 $\vartheta(R^n) = (\vartheta(R))^n$ 中 $s_{ij}(i<j)$ 的幂积的系数是所有可能的含有理想 $\mathfrak{P}$ 的 n 个基多项式的乘积. 由引理 1 得,$\vartheta(R^n) \cdot \chi^M \subset I[S]$,所以 $\mathfrak{P}^n \cdot \chi^M \subset I$. 因为 $\chi \subsetneq \mathfrak{P}$,而 I 是 $\mathfrak{P}$-准素的,所以 $\mathfrak{P}^n \subset I$. 于是 I 的指数不超过 n($\bar{I}$ 的指数). 由注 5 知,这两个指数相等.

现设 $g > 1$. I 的零点簇由点 $\boldsymbol{\alpha}_i = (\alpha_{i0} : \cdots : \alpha_{im})(i = 1, \cdots, g)$ 组成. 用 $\mathscr{R}$ 表示 $\mathbb{K}$ 的有限正规扩域,它含有所有 α_{ij},我们来考虑扩张 $\mathscr{R}[X] \supset \mathbb{K}[X]$. 分别用 $\mathfrak{P}^e$, I^e 表示理想 $\mathfrak{P}$, I 在环 $\mathscr{R}[X]$ 中的扩张. 设 $\mathfrak{P}_l \subset \mathscr{R}[X]$ 是所有在 $\boldsymbol{\alpha}_l$ 等于零的多项式组成的齐次理想,那么

$$\mathfrak{P}^e = \mathfrak{P}_1 \cap \cdots \cap \mathfrak{P}_g,$$

于是理想 I^e 有准素分解

$$I^e = I_1 \cap \cdots \cap I_g,$$

并且 $\sqrt{I_l} = \mathfrak{P}_l(l = 1, \cdots, g)$(见文献[141],第二卷第 7 章第 11 节定理 36 的推论 3). 此外,对于任何两个理想 I_i 和 I_j $(i \neq j)$ 可找到域 $\mathscr{R}$ 的 $\mathbb{K}$-自同构将 I_i 映为 I_j. 因此准素理想 $I_l(l = 1, \cdots, g)$ 的指数相等且都等于 I 在环 $\mathbb{K}[X]$ 中的指数 n.

类似于 $g=1$ 的情形，我们有 $\bar{I}_l=(R_l^n)$，其中，$\bar{\mathfrak{P}}_l=(R_l)$，$R_l=\sum_{j=0}^{m}\alpha_{lj}u_j$. 多项式 $R_l(l=1,\cdots,g)$ 互异，应用命题 1 可得到

$$\overline{I^e}=\bar{I}_1\cap\cdots\cap\bar{I}_g=(F^n)\subset\mathbb{K}[U],$$

其中，$F=R_1\cdots R_g$. 因为域 $\mathscr{R}$ 的任何 $\mathbb{K}$-自同构只是重新排列乘积 $R_1\cdots R_g$ 中的因子，因而，多项式 F 不变，因此，$F\in\mathbb{K}[U]$. 于是理想 $\bar{I}\subset\mathbb{K}[U]$ 的所有元素在 $\mathbb{K}[U]$ 中都被 F^n 整除. 但因为 $\bar{I}$ 是准素主理想，所以其指数不小于 n. 由注 5 知 $g>1$ 时结论成立.

现在设 $r>1$. 用 J 表示理想 $J_{m-h^*(I)}$（J_l 的定义见引理 8 的证明）. 由于 $m-h^*(I)=m-(m-r+1)=r-1$，并根据引理 8，J 是环 $\mathbb{K}_{r-1}[X]$ 中的准素理想，其高为 $h^*(J)=h^*(I)+(m-h^*(I))=m$，而指数与 I 的指数相同. 将命题 3A（$r=1$ 情形）应用于环 $\mathbb{K}_{r-1}[X]$ 中的理想 J（注意 $h^*(J)=m=m-r+1$）可知，J 与 $\bar{J}(1)$ 有相同的指数. 此处与 J 一起定义 $\bar{J}(1)$ 的线性型取作 $L_r=\sum_{j=0}^{m}u_{rj}x_j$. 由引理 5 知，$\bar{I}(r)\cap T_{r-1}=\varnothing$（$T_l$ 的定义见引理 8 的证明）. 由定义容易证明.

$$\bar{J}(1)=T_{r-1}^{-1}\bar{I}(r)\subset\mathbb{K}_{r-1}[\boldsymbol{u}_r],$$

因此 $\bar{J}(1)$ 与 $\bar{I}(r)=\bar{I}$ 有相同的指数. 于是 $r>1$ 时命题结论也成立. □

由命题 2、命题 3 及引理 6，我们得到下述命题：

命题 4 设 I 是环 $R[X]$ 中的齐次纯粹理想，$h^*(I)=m-r+1$. 设 $I=I_1\cap\cdots\cap I_s\cap\cdots\cap I_t$ 是不可缩短的准素分解，并且当 $l\leqslant s$ 时 $I_l\cap R=(0)$，而且 $I_{s+1}\cap\cdots\cap I_t\cap R=(a)\subset R$. 还设当 $l\leqslant s$ 时 $\mathfrak{P}_l=\sqrt{I_l}$，并且理想 I_l 的指数为 k_l，$\bar{\mathfrak{P}}_l=(F_l)$. 那么 $\bar{I}=(F)$，其中

$$F=aF_1^{k_1}\cdots F_s^{k_s}.$$

最后，我们证明下列命题.

命题 5 设 $\mathfrak{P}$ 是环 $R[X]$ 中的齐次素理想，$h^*(\mathfrak{P})=m-r+1$，$\mathfrak{P}\cap R=(0)$. 还记主理想 $\bar{\mathfrak{P}}(r)\subset R[U]$ 的生成元为 F，而 J 是 $\vartheta(F)$ 中无关变量 $s_{jk}^{(i)}(i=1,\cdots,r;0\leqslant j<k\leqslant m)$ 的幂积的系数生成的 $R[X]$ 中的理想. 那么 $\mathfrak{P}$ 是理想 J 的唯一的高为 $m-r+1$ 的孤立准素分量，而且 J 的任何其他孤立准素分量都与 R 有非平凡的交，且高不小于 $m-r+2$.

证 按定义有 $\vartheta(F)\subset J[S]$，而由引理 1 知 $F\in\bar{J}$. 但 $\bar{\mathfrak{P}}=(F)$，所以 $\bar{\mathfrak{P}}\subset\bar{J}$. 另一方面，$h^*(\mathfrak{P})<m+1$，所以 $\chi\subsetneqq\mathfrak{P}$，于是由理想 J 的定义及引理 1 得 $J\subset\mathfrak{P}$，从而 $\bar{J}\subset\bar{\mathfrak{P}}$. 综合上述两个结果知 $\bar{J}=\bar{\mathfrak{P}}$.

设 $J=J_1\cap\cdots\cap J_d$ 是理想 J 的不可缩短准素分解. 由命题 1 可得

$$\bar{\mathfrak{P}}=\bar{J}=\bar{J}_1\cap\cdots\cap\bar{J}_d.$$

设 J_1, …, J_t($t \leqslant d$) 是 J 的所有不与 R 相交的准素分量. 因为 $\bar{\mathfrak{P}} \neq (0)$, 所以理想 $\bar{J}_k$ 也非零. 由注 3 及引理 5 推出当 $k \leqslant t$ 时 $h^*(J_k) \geqslant m - r + 1$. 于是因为 $\bar{J}_k \supset \bar{\mathfrak{P}}$, 从引理 7 得到

$$\sqrt{J_k} \supset \mathfrak{P} \quad (k \leqslant t). \tag{4}$$

因为 $J \subset \mathfrak{P}$, 所以总存在 J 的一个相伴素理想包含在 $\mathfrak{P}$ 中. 又由于已知条件 $\mathfrak{P} \cap R = (0)$, 所以存在一个下标 $k(k \leqslant t)$ 使得 $\sqrt{J_k} \subset \mathfrak{P}$. 于是由式(4)得知 $\sqrt{J_k} = \mathfrak{P}$. 又因为 J 的准素分解不可缩短,因而这种理想 J_k 是唯一的. 为确定计,设 $\sqrt{J_1} = \mathfrak{P}$. 显然分量 J_1 是孤立的. 最后,如上所证有 $\bar{J}_1 \supset \bar{\mathfrak{P}}$; 且因为 $J_1 \subset \mathfrak{P}$, 所以 $\bar{J}_1 \subset \bar{\mathfrak{P}}$. 于是 $\bar{J}_1 = \bar{\mathfrak{P}}$, 从而由命题 3 得到 $J_1 = \mathfrak{P}$.

现在设 J_k 是理想J 的孤立准素分量,但 $\sqrt{J_k} \neq \mathfrak{P}$. 于是 $k > t$, 这是因为,若不然,则由式(4)知 $\sqrt{J_k} \supset \mathfrak{P}$, 这与理想 $\sqrt{J_k}$ 的极小性矛盾. 但由此我们就有 $J_k \cap R = qR \neq (0)$ (见文献[141],第一卷第 4 章第 5 节定理 8). 于是,若 $h^*(J_k) \leqslant m - r + 1$, 则由引理 6 得到 $\bar{J}_k = (q) \subset R[U]$ 是主理想. 注意 $\bar{\mathfrak{P}} \subset \bar{J}_k$, 可知多项式 F 的所有系数有公因子 q; 但由命题 1 可推出 $\bar{\mathfrak{P}} = (F)$ 是素理想,因而我们得出矛盾,从而 $h^*(J_k) \geqslant m - r + 2$. □

第3章 代数微分方程解的重数估计

本章的目的是借助于某个多项式理想在特殊点上“值”的下界估计导出一类代数微分方程的解的零点的重数的下界，这种下界对于辅助函数的构造起着重要作用．不同类型的超越数论问题需要不同类型的重数估计．本章的结果将直接应用于下一章，而它的方法适用于其他一些类型的零点重数估计问题．

3.1 D 性质

设 $f(z)$是某个函数，我们用 $\mathrm{ord}_{z=0}f$ 表示f 在点$z=0$ 的零点阶数，当然我们也可类似地定义 $\mathrm{ord}_{z=\xi}f$. 在下文中，如无特殊说明，符号 $\mathrm{ord}\,f$ 总表示 $\mathrm{ord}_{z=0}f$.

我们考虑微分方程组

$$y_j' = \frac{A_j(z, y_1, \cdots, y_m)}{A_0(z, y_1, \cdots, y_m)} \quad (j = 1, \cdots, m), \tag{3.1.1}$$

其中, $A_j(z, y_1, \cdots, y_m) \in \mathbb{C}[z, y_1, \cdots, y_m](j = 0, 1, \cdots, m)$, 并设这些多项式没有非常数公因子.

我们定义算子

$$D = A_0(z, x_1, \cdots, x_m)\frac{\partial}{\partial z} + \sum_{j=1}^{m} A_j(z, x_0, \cdots, x_m)\frac{\partial}{\partial x_j}. \tag{3.1.2}$$

设 $f = (f_1, \cdots, f_m)$ 是方程组(3.1.1)的解, 而 $E \in \mathbb{C}[z, x_1, \cdots, x_m]$, 那么由式(3.1.1)得到

$$DE(z, f(z)) = A_0(z, f(z))E_0' + \sum_{j=1}^{m} A_j(z, f(z))E_j' \Bigg/ \frac{A_j(z, f(z))}{A_0(z, f(z))},$$

于是有恒等式

$$DE(z, f(z)) = A_0(z, f(z))\frac{\mathrm{d}}{\mathrm{d}z}E(z, f(z)). \tag{3.1.3}$$

我们称函数组 $f = (f_1(z), \cdots, f_m(z))$ 在点 $z = 0$ 有 D 性质, 如果它满足下列诸条件:

(i) f 是方程组(3.1.1)的一组解;

(ii) f 在点 $z = 0$ 解析;

(iii) 存在仅与 f 有关的常数 $c_0 > 0$, 使对于任何满足 $D\mathfrak{a} \subset \mathfrak{a}$ 的非零素理想 $\mathfrak{a}$(这种理想称为对于 D 稳定的理想)有

$$\min_{E \in \mathfrak{a}} \operatorname{ord} E(z, f(z)) \leqslant c_0. \tag{3.1.4}$$

引理 3.1.1 具有 D 性质的函数 f 在 $\mathbb{C}(z)$ 上代数无关.

证 如果 f 在 $\mathbb{C}(z)$ 上代数相关, 我们用 $\mathfrak{S}$ 表示在环 $\mathbb{C}[z, x_1, \cdots, x_m]$ 中由所有满足条件 $E(z, f(z)) = 0$ 的多项式 $E \in \mathbb{C}[z, x_1, \cdots, x_m]$ 组成的素理想. 由式(3.1.3)可知, 理想 $\mathfrak{S} \neq (0)$ 且满足 $D\mathfrak{S} \subset \mathfrak{S}$, 但对于任何多项式 $E \in \mathfrak{S}$ 有 $\operatorname{ord} E(z, f(z)) = \infty$, 这与式(3.1.4)矛盾. □

现在给出两个例子.

例 3.1.1 设函数 f 在原点解析, 并且在 $\mathbb{C}(z)$ 上代数无关, 是式(3.1.1)的解. 如果 $A_0(0, f(0)) \neq 0$, 那么 f 具有 D 性质.

证 设 $\mathfrak{a} \subset \mathbb{C}[z, x_1, \cdots, x_m](\mathfrak{a} \neq (0))$ 是对于 D 的稳定素理想. 我们选取 $E(E \in \mathfrak{a})$ 为 $\mathfrak{a}$ 的所有多项式中具有极小的 $\operatorname{ord} E(z, f)$ 的多项式. 如果 $\operatorname{ord} E(z, f(z)) \geqslant 1$, 那么由式(3.1.3), 多项式 DE 满足 $\operatorname{ord} DE(z, f(z)) < \operatorname{ord} E(z, f(z))$, 并且 $DE \in \mathfrak{a}$. 这与 E 的选取相矛盾, 所以 $\operatorname{ord} E(z, f(z)) = 0$. 由此可知结论成立, 并且式(3.1.4)中

$c_0 = 1$.

特别地,如果$(0, f_1(0), \cdots, f_m(0))$不是方程组(3.1.1)的奇点(例如,当 $A_0 = 1$ 时),上述结论成立. □

例 3.1.2 如果方程组(3.1.1)在$\mathbb{C}(z)$上是线性的:

$$y_j' = \sum_{k=1}^{m} a_{jk}(z) y_k \quad (j = 1, \cdots, m),$$

其中,$a_{jk}(z) \in \mathbb{C}(z)$,那么基于线性微分方程的 Galois 理论可以证明 f 具有 D 性质(见文献[69]).

另一个重要例子见后面第 3.3 节.

3.2 零点重数定理

考虑微分方程组

$$y_j' = \frac{A_j(z, y_1, \cdots, y_m)}{A_0(z, y_1, \cdots, y_m)} \quad (j = 1, \cdots, m) \tag{3.2.1}$$

其中,$A_j(z, y_1, \cdots, y_m) \in \mathbb{C}[z, y_1, \cdots, y_m]$,并且它们没有非常数公因子.还记 $\mathbb{K} = \mathbb{C}(z)$.

定理 3.2.1 设函数 $f = f(z) = (f_1(z), \cdots, f_m(z))$ 在点 $z = 0$ 解析并形成(3.2.1)式的一组解.如果这些函数在 $z = 0$ 具有 D 性质,那么存在常数(仅与 f 有关) $c_1 > 0$ 使对任何多项式 $A \in \mathbb{C}[z, x_1, \cdots, x_m]$ $(A \neq 0)$,有

$$\operatorname{ord} A(z, f_1(z), \cdots, f_m(z)) \leqslant c_1(\deg_z A + 1)(\deg_{(x)} A + 1)^m, \tag{3.2.2}$$

其中,符号 $\deg_{(x)} A$ 表示 A 关于变量$(x_1, \cdots, x_m)$的(全)次数.

在证明此定理时,我们将使用上一节中的记号,注意域$\mathbb{K}$ 在此取作有理函数域$\mathbb{C}(z)$,对任何 $\alpha \in \mathbb{K}$,令绝对值 $|\alpha| = \exp(-\operatorname{ord}_{z=0}\alpha)$,这个绝对值可以扩充到形式幂级数域$\mathbb{C}((z))$.在这个记号下,定理 3.2.1 中的不等式(3.2.2)可改写为

$$\log |A(z, f(z))| \geqslant -c_1(\deg_z A + 1)(\deg_{(x)} A + 1)^m.$$

定理 3.2.1 可以由下面的定理 3.2.2 推出.

定理 3.2.2 设函数 $f = f(z) = (f_1(z), \cdots, f_m(z))$ 在点 $z = 0$ 解析,并形成式(3.2.1)的一组解.如果这些函数在 $z = 0$ 具有 D 性质,那么存在一个仅与 f 有关的常数

$\tau > 0$ 使对任何维数 $\dim I = r-1 < m$ 的齐次纯粹理想 $I \in \mathbb{K}[x_0, \cdots, x_m] = \mathbb{K}[X]$ 有

$$\log|I(\boldsymbol{\omega})| \geqslant -\tau^{mr}(h(I)(\deg I)^{r/(m+1-r)} + (\deg I)^{m/(m+1-r)}), \quad (3.2.3)$$

其中, $\boldsymbol{\omega} = (1, f_1(z), \cdots, f_m(z))$.

现在由定理 3.2.2 推导出定理 3.2.1. 对于定理 3.2.1 中的多项式 A 定义齐次多项式

$$P(X) = x_0^{\deg_{(x)} A} A\left(z, \frac{x_1}{x_0}, \cdots, \frac{x_m}{x_0}\right) \in \mathbb{K}[X] = \mathbb{C}(z)[X].$$

将第 2 章命题 2.1.3(非阿基米德绝对值)应用于理想 $I = (P)(\dim I = m - h(I) = m - 1)$. 由式(3.2.3)得

$$\log\|P\|_{\boldsymbol{\omega}} \geqslant \log|I(\boldsymbol{\omega})| \geqslant -\tau^{m^2}(h(P)(\deg P)^m + (\deg P)^m). \quad (3.2.4)$$

但由定义并注意 $|\boldsymbol{\omega}| = 1$, 可知

$$\begin{aligned} \log\|P\|_{\boldsymbol{\omega}} &= \log|P(\boldsymbol{\omega})| + \log|P|^{-1} - (\deg P)\log|\boldsymbol{\omega}| \\ &= \log|P(\boldsymbol{\omega})| + \log|P|^{-1}, \end{aligned} \quad (3.2.5)$$

由绝对值的乘积公式可推出 $|P|^{-1} \leqslant |P|_\infty = \exp(\deg_z A)$, 我们还有 $h(P) = \deg_z P = \deg_z A$ (见第 2.1 节的例 2.1.1 和例 2.1.3),并注意 $\deg P = \deg_{(x)} A$, 我们由式(3.2.4)和式(3.2.5)得到

$$\begin{aligned} \log|P(\boldsymbol{\omega})| &\geqslant \log\|P\|_{\boldsymbol{\omega}} - \deg_z A \\ &\geqslant -\tau^{m^2}(\deg_z A + 1)(\deg_{(x)} A)^m - \deg_z A, \end{aligned}$$

因为 $|P(\boldsymbol{\omega})| = |A(z, \boldsymbol{f}(z))|$, 所以由上式得到式(3.2.2),其中, $c_1 = \max(1, \tau^{m^2})$.

现在证明定理 3.2.2,首先给出一些辅助结果.

设 $\mathfrak{P}$ 是环 $\mathbb{K}[X]$ 中的齐次素理想. 对于整数 $\nu \geqslant 1$ 及 $\mu \geqslant 0$, 用 $\mathbb{L}(\mu, \nu)$ 表示满足

$$\deg_z P \leqslant \mu, \quad \deg_x P = \nu$$

的变量 $\boldsymbol{x} = (x_0, x_1, \cdots, x_m)$ 的齐次多项式 $P \in \mathbb{C}[z, X]$ 的 $\mathbb{C}$ 矢量空间. 还用 $\mathbb{L}_{\mathfrak{P}}(\mu, \nu)$ 表示 $\mathbb{L}(\mu, \nu)$ 中的多项式模 $\mathfrak{P}$ 剩余数所张成的 $\mathbb{C}$ 矢量空间,并令

$$\chi_{\mathfrak{P}}(\mu, \nu) = \dim_{\mathbb{C}} \mathbb{L}_{\mathfrak{P}}(\mu, \nu).$$

引理 3.2.1 设 $\mathfrak{P} \subset \mathbb{C}(z)[X]$ 是齐次素理想, $r = \dim\mathfrak{P} + 1 \geqslant 1$. 那么

$$\chi_{\mathfrak{P}}(\mu, \nu) \leqslant \gamma_1((\mu + 1)\nu^{r-1}\deg\mathfrak{P} + \nu^r h(\mathfrak{P})), \quad (3.2.6)$$

其中, $\gamma_1 \geqslant 1$ 是一个仅与 m 有关的常数.

证 见本章附录.

引理 3.2.3 在引理 3.2.1 的条件下,设 ν, μ 是满足下列不等式的整数:

$$\nu^{m-r+1} \geqslant \gamma_2 \deg \mathfrak{P}, \quad (\mu+1)\nu^{m-r} \geqslant \gamma_2 h(\mathfrak{P}), \tag{3.2.7}$$

其中,$\gamma_2 = 2m!\gamma_1$. 那么存在多项式 $P \in \mathfrak{P} \cap \mathbb{C}[z, X]$,它关于变量 $\boldsymbol{x} = (x_0, \cdots, x_m)$ 是齐次的,并且

$$\deg_z P \leqslant \mu, \quad \deg_{\boldsymbol{x}} P = \nu.$$

证 我们有

$$\dim_{\mathbb{C}} \mathbb{L}(\mu, \nu) = (\mu+1)\binom{\nu+m}{m} > (m!)^{-1}(\mu+1)\nu^m,$$

而由式(3.2.6)和式(3.2.7)可得

$$\begin{aligned}\chi_{\mathfrak{P}}(\mu, \nu) &\leqslant \gamma_1((\mu+1)\nu^{r-1}\deg \mathfrak{P} + \nu^r h(\mathfrak{P})) \\ &\leqslant (m!)^{-1}(\mu+1)\nu^m,\end{aligned}$$

所以

$$\chi_{\mathfrak{P}}(\mu, \nu) < \dim_{\mathbb{C}} \mathbb{L}(\mu, \nu),$$

于是结论成立. □

推论 3.2.1 设 $\mathfrak{P} \subset \mathbb{K}[X]$ 是齐次素理想,$r = \dim \mathfrak{P} + 1 \geqslant 1$,并且

$$\nu = 1 + [\gamma_2(\deg \mathfrak{P})^{\frac{1}{m-r+1}}], \quad \mu = [\gamma_2 h(\mathfrak{P})(\deg \mathfrak{P})^{-\frac{m-r}{m-r+1}}]. \tag{3.2.8}$$

那么存在多项式 $P \in \mathfrak{P} \cap \mathbb{C}[z, X]$,它关于变量 $\boldsymbol{x}$ 是齐次的,并且

$$\deg_z P \leqslant \mu, \quad \deg_{\boldsymbol{x}} P = \nu.$$

证 可以直接验证式(3.2.8)中的 μ, ν 满足式(3.2.7). □

现在我们记 $d = \max\limits_{0\leqslant j\leqslant m} \deg_{(x)} A_j(z, x_1, \cdots, x_m)$,并令

$$B_j(z, \boldsymbol{x}) = x_0^d A_j\left(z, \frac{x_1}{x_0}, \cdots, \frac{x_m}{x_0}\right) \quad (j = 1, \cdots, m) \tag{3.2.9}$$

(A_j 的定义见方程组(3.2.1)).还定义环$\mathbb{K}[X]$上的微分算子

$$T = B_0(z, \boldsymbol{x})\frac{\partial}{\partial z} + \sum_{j=1}^{m} B_j(z, \boldsymbol{x}) x_0 \frac{\partial}{\partial x_j},$$

它是微分算子 D(见式(3.1.2))的齐次类似.特别地,有 $Tx_0 = 0$. □

引理 3.2.4 如果 $\mathfrak{P}$ 是环$\mathbb{K}[X]$中的齐次素理想,并且对 $\boldsymbol{\omega} = (1, f_1(z), \cdots, f_m(z))$ 有

$$\log|\mathfrak{P}(\boldsymbol{\omega})| < -h(\mathfrak{P}) - c_0 m \deg \mathfrak{P},$$

其中，c_0 是式(3.1.4)中的常数，那么 $x_0 \notin \mathfrak{P}$，并且不存在任何齐次素理想 $\mathfrak{q} \subset \mathfrak{P}$，$\mathfrak{q} \neq (0)$ 且 $T\mathfrak{q} \subset \mathfrak{q}$.

证 由第 2 章命题 2.3.3(注意，因为 $\mathscr{M}_\infty = \varnothing$，所以式中的 $\nu = 0$)，存在理想 $\mathfrak{P}$ 的零点 $\boldsymbol{\beta}$ 满足

$$\deg \mathfrak{P} \cdot \log \|\boldsymbol{\omega} - \boldsymbol{\beta}\| \leqslant \frac{1}{r}(\log|\mathfrak{P}(\boldsymbol{\omega})| + h(\mathfrak{P})) < -c_0 \deg \mathfrak{P}.$$

这蕴含

$$\|\boldsymbol{\omega} - \boldsymbol{\beta}\| < \mathrm{e}^{-c_0}.$$

由第 2.3 节推论 2.3.1 可知，对于任何齐次多项式 $C \in \mathfrak{P}$ 有

$$\|C\|_{\boldsymbol{\omega}} \leqslant \|\boldsymbol{\omega} - \boldsymbol{\beta}\| < \mathrm{e}^{-c_0}. \tag{3.2.10}$$

因为 $\|x_0\|_{\boldsymbol{\omega}} = 1$，所以 $x_0 \notin \mathfrak{P}$.

设存在齐次素理想 $\mathfrak{q} \subset \mathfrak{P}$，$\mathfrak{q} \neq (0)$，使得 $T\mathfrak{q} \subset \mathfrak{q}$. 用 $\mathfrak{a}$ 表示 $\mathbb{C}[z, x_1, \cdots, x_m] = \mathbb{C}[z, \boldsymbol{x}^*]$ 中由所有满足

$$x_0^{\deg_{x^*} A} A\left(z, \frac{x_1}{x_0}, \cdots, \frac{x_m}{x_0}\right) \in \mathfrak{q}$$

的多项式 $A \in \mathbb{C}[z, x_1, \cdots, x_m]$ 生成的理想. 因为 $\mathfrak{q}$ 是素理想，$x_0 \notin \mathfrak{q}$，所以易证 $\mathfrak{a}$ 是素理想；并且由式(3.2.9)及 $T\mathfrak{q} \subset \mathfrak{q}$ 可推出它对于算子 D 是稳定的.

依据 D 性质，存在多项式 $E \in \mathfrak{a}$ 适合

$$\operatorname{ord} E(z, f(z)) \leqslant c_0. \tag{3.2.11}$$

为不失一般性，可以认为 E 是不可约的. 由理想 $\mathfrak{a}$ 的定义可知，存在整数 n 使得齐次多项式

$$C_0 = x_0^n E\left(z, \frac{x_1}{x_0}, \cdots, \frac{\boldsymbol{x}_m}{\boldsymbol{x}_0}\right) \in \mathfrak{q} \subset \mathfrak{P}.$$

但因为 $|\boldsymbol{\omega}| = 1$，我们有

$$\begin{aligned}\|C_0\|_{\boldsymbol{\omega}} &= |C_0(\boldsymbol{\omega})| \, |C_0|^{-1} \, |\boldsymbol{\omega}|^{-\deg C_0} \\ &= |C_0(\boldsymbol{\omega})| \cdot \exp(\operatorname{ord} C_0) \geqslant |C_0(\boldsymbol{\omega})|,\end{aligned}$$

所以由式(3.2.10)得

$$|C_0(\boldsymbol{\omega})| < \mathrm{e}^{-c_0},$$

这与式(3.2.11)矛盾. □

引理 3.2.5 设 $I \subset J \subset \mathbb{K}[X]$ 是两个齐次纯粹理想，$\dim J = \dim I - 1$. 还设 $Q \in \mathbb{K}[X]$ 是一个齐次多项式，不含在理想 I 的任何伴随素理想中. 如果 $(I, Q) \subset J$，那么

(i) $\deg J \leqslant \deg I \cdot \deg Q$;

(ii) $h(J) \leqslant h(I)\deg_x Q + \deg I \cdot \deg_z Q$.

证 设 I 有不可缩短准素分解

$$I = I_l \cap \cdots \cap I_s,$$

其中，I_l 的根 $\sqrt{I_l} = \mathfrak{P}_l$（素理想），其指数为 $k_l (l = 1, 2, \cdots, s)$. 因为由假设条件有 $\dim I = \dim J + 1 \geqslant 1$，$\dim \mathfrak{P}_l \geqslant 1$，所以不妨设 $x_0 \notin \mathfrak{P}_l$. 由第2章引理2.3.3，应用多项式 Q 和 $\mathfrak{P}_l$ 的 Chow 形式的结式定义多项式 $G_l \in \mathbb{K}[\boldsymbol{u}_1, \cdots, \boldsymbol{u}_{r-1}]$ $(r = \dim I + 1)$，并令多项式

$$H = G_1^{k_1} \cdots G_s^{k_s}.$$

由第2章引理2.3.3的(i)，并注意 $(Q, I) \subset J$ 以及 k_l 的定义，可以推出 $H \in \bar{J}(r-1)$. 设 $\bar{J} = (P)$，$P \in \mathbb{K}[\boldsymbol{u}_1, \cdots, \boldsymbol{u}_{r-1}]$，那么 $P | H$，从而得

$$\deg J = \deg_{\boldsymbol{u}_1} P \leqslant \deg_{\boldsymbol{u}_1} H = \sum_{l=1}^{s} k_l \deg_{\boldsymbol{u}_1} G_l. \tag{3.2.12}$$

但由第2章引理2.2.2的(iii)知

$$\deg_{\boldsymbol{u}_1} G_l \leqslant \deg \mathfrak{P}_l \cdot \deg Q \quad (l = 1, \cdots, s),$$

于是由式(3.2.12)及第2章命题2.1.2得到

$$\deg J \leqslant \deg Q \sum_{l=1}^{s} k_l \deg \mathfrak{P}_l \leqslant \deg Q \cdot \deg I.$$

注意在此 $\mathscr{M}_\infty = \varnothing$，因而由第2.1节的例2.1.1和例2.1.3，以及第2章命题2.1.2、引理2.1.2和引理2.2.2的(ii)得到

$$\begin{aligned} h(J) &= h(P) = \deg_z P \leqslant \deg_z H = h(H) \\ &= \sum_{l=1}^{s} k_l h(G_l) \leqslant \sum_{l=1}^{s} k_l (\deg_x Q \cdot h(\mathfrak{P}_l) + \deg \mathfrak{P}_l \cdot h(Q)) \\ &= \deg_x Q \cdot \sum_{l=1}^{s} k_l h(\mathfrak{P}_l) + h(Q) \cdot \sum_{l=1}^{s} k_l \deg \mathfrak{P}_l \\ &\leqslant \deg_x Q \cdot h(I) + \deg_z Q \cdot \deg I. \end{aligned}$$

□

命题 3.2.1 设 $\mathfrak{P} \subset \mathbb{K}[X]$ 是齐次素理想，$r = 1 + \dim \mathfrak{P} \geqslant 1$，并且

$$\log |\mathfrak{P}(\boldsymbol{\omega})| < -\tau(h(\mathfrak{P})(\deg \mathfrak{P})^{\frac{r}{m+1-r}} + (\deg \mathfrak{P})^{\frac{m}{m+1-r}}), \tag{3.2.13}$$

其中,$\tau > 0$ 是一个仅与函数 f 有关的足够大的常数,设 ρ 是点 $\boldsymbol{\omega}$ 到 $\mathfrak{P}$ 在 $\mathbb{P}_{m+1}(\mathscr{K})$ ($\mathscr{K}$ 是 $\mathscr{C}((x))$ 的代数闭包)中的零点簇的距离,那么存在关于变量 $\boldsymbol{x}=(x_0, \cdots, x_m)$ 的齐次多项式 $B \in \mathbb{C}[z, X]$,且 $B \notin \mathfrak{P}$,使得

$$\deg_{\boldsymbol{x}} B \leqslant \sqrt{\tau}(\deg \mathfrak{P})^{\frac{1}{m+1-r}}, \tag{3.2.14}$$

$$\deg_z B \leqslant \sqrt{\tau}(h(\mathfrak{P})(\deg \mathfrak{P})^{-\frac{m-r}{m+1-r}}+1), \tag{3.2.15}$$

$$\| B \|_{\boldsymbol{\omega}} \leqslant \rho. \tag{3.2.16}$$

证 我们首先证明式(3.2.14)和式(3.2.15),分 4 步进行.

第 1 步:定义理想 J_n.

通过方程 $\tau=\lambda^{2^{m+2}}$ 定义参数 λ.设 E 是 $\mathfrak{P} \cap \mathbb{C}[z, X]$ 中关于 $\boldsymbol{x}$ 齐次的非零多项式,使下式取最小值:

$$\deg \mathfrak{P} \cdot \deg_z E+(h(\mathfrak{P})+1) \deg_{\boldsymbol{x}} E.$$

多项式 E 显然是不可约的.我们简记 $L=\deg_{\boldsymbol{x}} E$, $M=\deg_z E$,并应用式(3.2.8)定义 μ 和 ν.由 L, M 的定义,若 $\lambda \geqslant \gamma_2$,则由推论 3.2.1 得

$$\begin{aligned} M \deg \mathfrak{P}+L(h(\mathfrak{P})+1) & \leqslant \mu \deg \mathfrak{P}+\nu(h(\mathfrak{P})+1) \\ & \leqslant 3 \lambda(h(\mathfrak{P})+1)(\deg \mathfrak{P})^{\frac{1}{m+1-r}}, \end{aligned}$$

因此

$$L \leqslant 3 \lambda(\deg \mathfrak{P})^{\frac{1}{m+1-r}}, \quad M \leqslant 3 \lambda(h(\mathfrak{P})+1)(\deg \mathfrak{P})^{-\frac{m-r}{m+1-r}}. \tag{3.2.17}$$

定义参数

$$a_j=\lambda^{2^{j+2}-4}, \quad b_j=\lambda^{2^{j+1}-1}, \quad c_j=\lambda^{2^{j+1}-2} \quad (j=0, \cdots, m).$$

容易直接验证下列不等式成立:

$$a_{j+1} \geqslant 2 a_j b_{j+1}, \quad b_{j+1} \geqslant b_j+2 \lambda^2 a_j, \quad c_{j+1} \geqslant c_j+2 \lambda a_j. \tag{3.2.18}$$

对于每个 $i=0, \cdots, m$,用 J_i 表示环$\mathbb{K}[X]$中由多项式 $T^j E(0 \leqslant j<c_i)$ 生成的理想.设 n 是具有下列性质的最大整数:$J_n \subset \mathfrak{P}$,并且存在多项式 $E_0, \cdots, E_n \in \mathbb{C}[z, X]$,它们关于 $\boldsymbol{x}$ 齐次且满足下述三个条件:

(i) $\deg_{\boldsymbol{x}} E_j \leqslant b_j(L+1)$, $\deg_z E_j \leqslant b_j(M+1)$ $(j=0, \cdots, n)$;

(ii) 理想 $\mathfrak{a}_n=(E_0, \cdots, E_n) \subset \mathbb{K}[X]$ 含在 J_n 中;

(iii) $\mathfrak{a}_n$ 的所有包含在 $\mathfrak{P}$ 中的准素分量都有维数 $m-n-1$,并且若 $\mathfrak{A}_n$ 是这些分量的交(于是 $\mathfrak{A}_n$ 是纯粹理想),则

$$\deg \mathfrak{A}_n \leqslant a_n(L+1)^{n+1}, \quad h(\mathfrak{A}_n) \leqslant a_n(M+1)(L+1)^n. \tag{3.2.19}$$

令 $E_0 = E$，由数 L，M 的定义以及第 2 章命题 2.1.1 可知，上述三条性质当 n 为 0 时成立，因此我们推出上面定义的 $n \geqslant 0$. 另一方面，关系式 $\mathfrak{A}_n \subset \mathfrak{P}$ 蕴含 $r-1=\dim \mathfrak{P} \leqslant \dim \mathfrak{A}_n = m-n-1$，因而 $n \leqslant m-r$.

第 2 步：构造多项式 E_{n+1}.

首先，设 $\mathfrak{b}$ 是理想 $\mathfrak{A}_n$ 的一个准素分量，令 $\mathfrak{q}=\sqrt{\mathfrak{b}}$，设 l 是 $\mathfrak{b}$ 的指数，我们证明

$$l \leqslant 2\lambda a_n. \tag{3.2.20}$$

用反证法. 设 $l > 2\lambda a_n$. 那么由式(3.2.19)并应用第 2 章命题 2.1.2，我们有

$$a_n(L+1)^{n+1} \geqslant \deg \mathfrak{A}_n \geqslant l \deg \mathfrak{q} \geqslant l > 2\lambda a_n.$$

这蕴含 $(L+1)^m \geqslant (L+1)^{n+1} > 2\lambda$ 以及 $L-1 > 5m$，于是

$$\left(\frac{L+1}{L-1}\right)^m = \left(1+\frac{2}{L-1}\right)^m < \left(1+\frac{2}{5m}\right)^m < 2,$$

所以有

$$(L+1)^n < 2(L-1)^n.$$

仍然由式(3.2.19)并应用第 2 章命题 2.1.2，由此得到

$$\begin{aligned}
\lambda h(\mathfrak{q}) &\leqslant \frac{\lambda h(\mathfrak{A}_n)}{l} \leqslant \frac{h(\mathfrak{A}_n)}{2a_n} \leqslant \frac{1}{2}(M+1)(L+1)^n \\
&< (M+1)(L-1)^n, \\
\lambda \deg \mathfrak{q} &\leqslant \frac{\lambda \deg \mathfrak{A}_n}{l} \leqslant \frac{\deg \mathfrak{A}_n}{2a_n} \leqslant \frac{1}{2}(L+1)^{n+1} \\
&< (L-1)^{n+1}.
\end{aligned}$$

这表明当 λ 充分大时理想 $\mathfrak{q}$ 满足式(3.2.7)，其中，$\nu = L-1$，$\mu = M$. 由引理 3.2.2，存在齐次多项式 $P \in \mathfrak{q}$ 满足条件

$$\deg_x P = L-1, \quad \deg_z P \leqslant M.$$

因为 $P \in \mathfrak{q} \subset \mathfrak{P}$，上式与多项式 E 的定义矛盾，所以式(3.2.20)得证.

其次，我们证明：存在 $i(0 \leqslant i \leqslant n)$，$j(0 \leqslant j \leqslant 2\lambda a_n)$ 使 $T^j E_i \notin \mathfrak{q}$. 理想 $\mathfrak{q}$ 在 $\mathfrak{a}_n$ 的相伴素理想的集合中是孤立的，因此存在多项式 $H \notin \mathfrak{q}$，使得 $G^l H \in \mathfrak{a}_n$（对任何 $G \in \mathfrak{q}$）. 设具有上述性质的 i，j 不存在，那么因为 $l \leqslant 2\lambda a_n$，我们可得到 $T^l(G^l H) \in \mathfrak{q}$. 但因为 $G \in \mathfrak{q}$，所以 $(TG)^l H \in \mathfrak{q}$；且因为 $\mathfrak{q}$ 是素理想，而 $H \notin \mathfrak{q}$，从而 $TG \in \mathfrak{q}$. 于是 $T\mathfrak{q} \subset \mathfrak{q}$，注意式(3.2.13)，可知这与引理 3.2.3 矛盾. 因此具有上述性质的 i，j 确实存在.

最后，设 $\mathfrak{q}_1, \cdots, \mathfrak{q}_s$ 是理想 $\mathfrak{A}_n$ 的全部相伴素理想，由上面所证，对每个 $v(1 \leqslant v \leqslant s)$，存在 $i_v(0 \leqslant i_v \leqslant n)$，$j_v(0 \leqslant j_v \leqslant 2\lambda a_n)$，适合 $T^{j_v} E_{i_v} \notin \mathfrak{q}_v$. 我们令

$$E_{n+1} = \sum_{\nu=0}^{s} \eta_\nu x_0^{r_\nu} T^{j_\nu} E_{i_\nu},$$

其中, $\eta_\nu \in \mathbb{C}$, $r_\nu \in \mathbb{Z}$, 并且选取它们的值使 E_{n+1} 是齐次多项式, $E_{n+1} \notin \mathfrak{q}_\nu (1 \leqslant \nu \leqslant s)$.

第 3 步: 证明 $J_{n+1} \subsetneq \mathfrak{P}$.

由 n 的定义,只用证明: 若 $J_{n+1} \subset \mathfrak{P}$, 则 $E_0, \cdots, E_{n+1}$ 满足条件 (i) ~ (iii).

对于式(3.2.9)定义的多项式 B_j,令

$$d_0 = \max_{0 \leqslant j \leqslant m} (\deg_z B_j, \deg_x B_j),$$

由式(3.2.18),并注意 $d_0 \leqslant \lambda$, 我们有

$$\deg_x E_{n+1} \leqslant b_n(L+1) + 2d_0 \lambda a_n \leqslant b_{n+1}(L+1),$$

$$\deg_z E_{n+1} \leqslant b_n(M+1) + 2d_0 \lambda a_n \leqslant b_{n+1}(M+1).$$

于是当 $j = n+1$ 条件(i)成立;而由 E_{n+1} 的定义及式(3.2.18)知,条件(ii)也成立.

设 $\mathfrak{M}$ 是 $\mathfrak{a}_{n+1}$ 的含在 $\mathfrak{P}$ 中的相伴素理想. 因为 $\mathfrak{a}_{n+1} \subset J_{n+1} \subset \mathfrak{P}$, 所以这种理想存在. 由于 $\mathfrak{M} \supset \mathfrak{a}_{n+1} = (\mathfrak{a}_n, E_{n+1})$, 我们有 $\mathfrak{P} \supset \mathfrak{M} \supset \mathfrak{a}_n$. 注意,若准素分量含在 $\mathfrak{P}$ 中,则相应的素理想也含在 $\mathfrak{P}$ 中,所以由 $\mathfrak{A}_n$ 的定义可知, $\mathfrak{a}_n$ 的含在 $\mathfrak{P}$ 中的相伴素理想就是 $\mathfrak{A}_n$ 的含在 $\mathfrak{P}$ 中的那些相伴素理想 $\mathfrak{q}_1, \cdots, \mathfrak{q}_s$,从而存在一个理想 $\mathfrak{q}_j \subset \mathfrak{M}$. 因此 $\dim \mathfrak{M} \leqslant \dim \mathfrak{q}_j = m-n-1$. 如果 $\dim \mathfrak{M} = m-n-1$, 那么 $\mathfrak{M} = \mathfrak{q}_j$. 但因为 $E_{n+1} \in \mathfrak{M}$ 及 $E_{n+1} \notin \mathfrak{q}_j$, 所以这不可能. 于是 $\dim \mathfrak{M} \leqslant m-n-2$; 因为 $\mathfrak{a}_{n+1}$ 由 $n+2$ 个多项式生成,所以这意味着 $\dim \mathfrak{M} = m-n-2$. 于是我们证明了 $\mathfrak{a}_{n+1}$ 的所有含在 $\mathfrak{P}$ 中的准素分量均有维数 $m-n-2$.

令 $\mathfrak{a}_n = \mathfrak{A}_n \cap \mathfrak{a}'$, 此处 $\mathfrak{a}'$ 是 $\mathfrak{a}_n$ 的不在 $\mathfrak{A}_n$ 中出现的准素分量的交. 如果 I 是 $\mathfrak{A}_{n+1}$ 的一个准素分量且 $\mathfrak{M} = \sqrt{I}$, 那么包含关系 $\mathfrak{M} \supset \mathfrak{a}'$ 将蕴含 $\mathfrak{P} \supset \mathfrak{M} \supset \mathfrak{a}'$, 这不可能. 因此 $\mathfrak{a}'$ 不含在 $\mathfrak{M}$ 中,从而由关系式 $\mathfrak{A}_n \cap \mathfrak{a}' \subset \mathfrak{a}_n \subset \mathfrak{a}_{n+1} \subset I$ 推出 $\mathfrak{A}_n \subset I$. 于是 $\mathfrak{A}_n \subset \mathfrak{A}_{n+1}$, 并且由于 $E_{n+1} \in \mathfrak{a}_{n+1} \subset \mathfrak{A}_{n+1}$, 我们有

$$(\mathfrak{A}_n, E_{n+1}) \subset \mathfrak{A}_{n+1},$$

应用引理 3.2.4 以及式(3.2.18)和式(3.2.19),可得

$$\deg \mathfrak{A}_{n+1} \leqslant \deg \mathfrak{A}_n \cdot \deg_x E_{n+1} \leqslant a_{n+1}(L+1)^{n+2},$$

$$\begin{aligned} h(\mathfrak{A}_{n+1}) &\leqslant h(\mathfrak{A}_n) \cdot \deg_x E_{n+1} + \deg \mathfrak{A}_n \cdot \deg_z E_{n+1} \\ &\leqslant a_{n+1} M(L+1)^{n+1}. \end{aligned}$$

这表明式(3.2.19)当 n 换为 $n+1$ 时也成立. 于是条件(iii)在现在情形成立.

第 4 步: (式(3.2.14)和式(3.2.15))证明的完成.

由上可知, $J_{n+1} \subset \mathfrak{P}$ 将导致与 n 的"极小性"相矛盾,所以 J_{n+1} 不含在 $\mathfrak{P}$ 中. 因为 $n < m-r < m$, 所以 $J_m \subset \mathfrak{P}$ 也不可能,这表明存在 $i(0 \leqslant i \leqslant c_m - 1)$, 使 $A = T^i E$

$\in \mathfrak{P}$，但 $C = TA \notin \mathfrak{P}$.

记 $B = C^2$. 由式(3.2.17)，并注意 T 的定义，可得

$$\begin{aligned}\deg_x B &= 2\deg_x C \leqslant 2\deg_x E + 2c_m d_0 \leqslant 2L + 2c_m d_0 \\ &\leqslant \lambda^{2^{m+1}} (\deg \mathfrak{P})^{\frac{1}{m+1-r}}, \\ \deg_z B &= 2\deg_z C \leqslant 2\deg_z E + 2c_m d_0 \leqslant 2M + 2c_m d_0 \\ &\leqslant \lambda^{2^{m+1}} (h(\mathfrak{P})(\deg \mathfrak{P})^{-\frac{m-r}{m+1-r}} + 1).\end{aligned} \tag{3.2.21}$$

于是式(3.2.14)和式(3.2.15)得证.

下面来证明式(3.2.16). 因为 $A \in \mathfrak{P}$，而$|\cdot|$是非阿基米德绝对值，所以由第2.3节推论2.3.2得 $\|A\|_{\boldsymbol{\omega}} \leqslant \rho$. 因为 $\|A\|_{\boldsymbol{\omega}} = |A(\boldsymbol{\omega})||A|^{-1}|\boldsymbol{\omega}|^{-\deg A} = |A(\boldsymbol{\omega})|\exp(\operatorname{ord} A) \geqslant |A(\boldsymbol{\omega})|$，所以有

$$\operatorname{ord} A(\boldsymbol{\omega}) = -\log|A(\boldsymbol{\omega})| \geqslant -\log\|A\|_{\boldsymbol{\omega}} \geqslant \log\frac{1}{\rho},$$

于是由 C 的定义知

$$\operatorname{ord} C(\boldsymbol{\omega}) \geqslant \operatorname{ord} A(\boldsymbol{\omega}) - 1 \geqslant \log\frac{1}{\rho} - 1.$$

由此得到

$$\log\|C\|_{\boldsymbol{\omega}} = -\operatorname{ord} C(\boldsymbol{\omega}) - \log|C| \leqslant \log\rho + 1 + \deg_z C. \tag{3.2.22}$$

由第2.3节命题2.3.3(注意 $\mathscr{M}_\infty = \varnothing$) 及式(3.2.13)，有

$$\begin{aligned}\deg\mathfrak{P}\cdot\log\rho &\leqslant \frac{1}{r}(\log|\mathfrak{P}(\boldsymbol{\omega})| + h(\mathfrak{P})) \\ &\leqslant -\frac{1}{2r}\tau(h(\mathfrak{P})(\deg\mathfrak{P})^{\frac{r}{m+1-r}} + (\deg\mathfrak{P})^{\frac{m}{m+1-r}}).\end{aligned}$$

如果 λ 充分大，那么由上式及式(3.2.21)得到

$$\begin{aligned}\deg\mathfrak{P}\left(\frac{1}{2}\log\rho + 1 + \deg_z C\right) &\leqslant -\frac{\tau}{4r}(h(\mathfrak{P})(\deg\mathfrak{P})^{\frac{r}{m+1-r}} + (\deg\mathfrak{P})^{\frac{m}{m+1-r}}) \\ &\quad + \deg\mathfrak{P} + \lambda^{2^m}(h(\mathfrak{P})(\deg\mathfrak{P})^{\frac{1}{m+1-r}} + \deg\mathfrak{P}) \\ &< 0.\end{aligned}$$

于是由式(3.2.22)可知，当 λ 充分大时，有

$$\log\|C\|_{\boldsymbol{\omega}} \leqslant \frac{1}{2}\log\rho.$$

因为 $B = C^2$，所以式(3.2.16)得证. □

定理 3.2.2 之证 设存在理想满足定理的假设条件但定理结论不成立.用 I 表示维数最小的这样的理想,还令 $r = 1 + \dim I$. 那么

$$\log|I(\boldsymbol{\omega})| < -\tau^{mr}\left(h(I)(\deg I)^{\frac{r}{m+1-r}} + (\deg I)^{\frac{m}{m+1-r}}\right). \tag{3.2.23}$$

设 $I_1, \cdots, I_s$ 是 I 的全部准素分量,$k_j\ (j=1, \cdots, s)$是其指数, $\mathfrak{P}_j = \sqrt{I_j}$ 是其根.如果有

$$\log|\mathfrak{P}_j(\boldsymbol{\omega})| \geqslant -\tau^{mr}\left(h(\mathfrak{P}_j)(\deg \mathfrak{P}_j)^{\frac{r}{m+1-r}} + (\deg \mathfrak{P}_j)^{\frac{m}{m+1-r}}\right)$$
$$(j = 1, \cdots, s),$$

那么由第 2 章命题 2.1.2 得

$$\begin{aligned}\log|I(\boldsymbol{\omega})| &= \sum_{j=1}^{s} k_j \log|\mathfrak{P}_j(\boldsymbol{\omega})| \\ &\geqslant -\tau^{mr}\sum_{j=1}^{s} k_j h(\mathfrak{P}_j)(\deg \mathfrak{P}_j)^{\frac{r}{m+1-r}} - \tau^{mr}\sum_{j=1}^{s} k_j (\deg \mathfrak{P}_j)^{\frac{m}{m+1-r}} \\ &\geqslant -\tau^{mr}(\deg I)^{\frac{r}{m+1-r}}\sum_{j=1}^{s} k_j h(\mathfrak{P}_j) - \tau^{mr}\left(\sum_{j=1}^{s} k_j (\deg \mathfrak{P}_j)\right)^{\frac{m}{m+1-r}} \\ &= -\tau^{mr}\left(h(I)(\deg I)^{\frac{r}{m+1-r}} + (\deg I)^{\frac{m}{m+1-r}}\right),\end{aligned}$$

这与式(3.2.23)矛盾,因此存在一个素理想 $\mathfrak{P} \subset \mathbb{K}[X]$, $\dim \mathfrak{P} = r - 1$ 使得

$$\log|\mathfrak{P}(\boldsymbol{\omega})| < -\tau^{mr}\left(h(\mathfrak{P})(\deg \mathfrak{P})^{\frac{r}{m+1-r}} + (\deg \mathfrak{P})^{\frac{m}{m+1-r}}\right). \tag{3.2.24}$$

设 B 是命题 3.2.1 所证明存在的那个多项式.我们要对不同情况借助理想 $\mathfrak{P}$ 和多项式 B 导出矛盾.

先设 $r = 1$. 将第 2 章命题 2.3.1 应用于理想 $\mathfrak{P}$ 和多项式 B(该命题的(3)中,由式(3.2.16)知 $\delta = |\mathfrak{P}(\boldsymbol{\omega})|$;又因 $r = 1$, 所以认为 $J(\boldsymbol{\omega}) = 1$), 由式(3.2.14)和式(3.2.15)得

$$\begin{aligned}\log|\mathfrak{P}(\boldsymbol{\omega})| &\geqslant -h(B)\deg \mathfrak{P} - h(\mathfrak{P})\cdot \deg_x B \\ &= -\deg_z B\cdot \deg \mathfrak{P} - h(\mathfrak{P})\cdot \deg_x B \\ &\geqslant -2\sqrt{\tau}\left(h(\mathfrak{P})(\deg \mathfrak{P})^{1/m} + \deg \mathfrak{P}\right),\end{aligned}$$

这与式(3.2.24)(其中 $r = 1$) 矛盾.

现设 $r \geqslant 2$. 我们考虑将第 2 章命题 2.3.1 应用于 $\mathfrak{P}$ 和 B 所得到的理想J,依照该命题并注意式(3.2.14)和式(3.2.15)可得

$$\deg J \leqslant \deg \mathfrak{P}\cdot \deg_x B \leqslant \sqrt{\tau}(\deg \mathfrak{P})^{\frac{m+2-r}{m+1-r}}, \tag{3.2.25}$$

$$\begin{aligned}h(J) &\leqslant h(\mathfrak{P})\deg_x B + \deg \mathfrak{P}\deg_z B \\ &\leqslant 2\sqrt{\tau}\left(h(\mathfrak{P})(\deg \mathfrak{P})^{\frac{1}{m+1-r}} + \deg \mathfrak{P}\right),\end{aligned} \tag{3.2.26}$$

$$\begin{aligned}\log|J(\boldsymbol{\omega})| &\leqslant \log|\mathfrak{P}(\boldsymbol{\omega})| + h(\mathfrak{P})\deg_x B + \deg\mathfrak{P}\cdot\deg_z B \\ &\leqslant \log|\mathfrak{P}(\boldsymbol{\omega})| + 2\sqrt{\tau}(h(\mathfrak{P})(\deg\mathfrak{P})^{\frac{1}{m+1-r}} + \deg\mathfrak{P}) \\ &\leqslant -\frac{1}{2}\tau^{mr}(h(\mathfrak{P})(\deg\mathfrak{P})^{\frac{r}{m+1-r}} + (\deg\mathfrak{P})^{\frac{m}{m+1-r}}).\end{aligned} \tag{3.2.27}$$

理想 J 满足关系式 $\dim J = \dim\mathfrak{P} - 1 = r - 2 < \dim I$，于是由$\dim I$的“极小性”得到

$$\log|J(\boldsymbol{\omega})| \geqslant -\tau^{m(r-1)}(h(J)(\deg J)^{\frac{r-1}{m+2-r}} + (\deg J)^{\frac{m}{m+2-r}}).$$

由此不等式及式(3.2.25)和式(3.2.26)可知

$$\log|J(\boldsymbol{\omega})| > -\frac{1}{2}\tau^{mr}(h(\mathfrak{P})(\deg\mathfrak{P})^{\frac{r}{m+1-r}} + (\deg\mathfrak{P})^{\frac{m}{m+1-r}}).$$

此式与式(3.2.27)矛盾.

综上所述,证明了开始所说的那种理想 I 不可能存在. □

3.3 Ramanujan 函数的重数估计

我们考虑 Ramanujan 函数

$$P(z) = 1 - 24\sum_{n=1}^{\infty}\sigma_1(n)z^n = 1 - 24\sum_{n=1}^{\infty}\frac{nz^n}{1-z^n},$$

$$Q(z) = 1 + 240\sum_{n=1}^{\infty}\sigma_3(n)z^n = 1 + 240\sum_{n=1}^{\infty}\frac{n^3z^n}{1-z^n},$$

$$R(z) = 1 - 504\sum_{n=1}^{\infty}\sigma_5(n)z^n = 1 - 504\sum_{n=1}^{\infty}\frac{n^5z^n}{1-z^n}.$$

(见《超越数:基本理论》第 3.3 节),它们形成微分方程组

$$z\frac{\mathrm{d}P}{\mathrm{d}z} = \frac{1}{12}(P^2 - Q),\quad z\frac{\mathrm{d}Q}{\mathrm{d}z} = \frac{1}{3}(PQ - R),\quad z\frac{\mathrm{d}R}{\mathrm{d}z} = \frac{1}{2}(PR - Q^2) \tag{3.3.1}$$

的一组解(见文献[110]),K. Mahler[60]证明它们在$\mathbb{C}(z)$上代数无关.现在给出它们的零点重数估计.

定理 3.3.1 设 $L_1(L_1\geqslant 1)$, $L_2(L_2\geqslant 1)$是整数.那么对于任何多项式 $A(z, x_1,$

$x_2, x_3) \in \mathbb{C}[z, x_1, x_2, x_3]$，$A \not\equiv 0$，$\deg_z A \leqslant L_1$，$\deg x_i A \leqslant L_2 (i = 1, 2, 3)$，有

$$\operatorname{ord} A(z, P(z), Q(z), R(z)) \leqslant c L_1 L_2^3,$$

其中，$c > 0$ 是一个绝对常数.

注 3.3.1 Yu. V. Nesterenko 在文献[82]中证明：可取 $c = 2 \cdot 10^{45}$.

根据定理 3.2.1，我们只需证明函数 $P(z)$，$Q(z)$，$R(z)$ 具有 D 性质，即可得出定理 3.3.1. 为此，本节将主要证明下列内容.

命题 3.3.1 如果 $\mathfrak{P}$ 是环 $\mathscr{R} = \mathscr{C}[\mathscr{z}, x_1, x_2, x_3]$ 中的素理想，并且满足 $D\mathfrak{P} \subset \mathfrak{P}$，在 $(0, 1, 1, 1)$ 有一个零点，其中

$$D = z\frac{\mathrm{d}}{\mathrm{d}z} + \frac{1}{12}(x_1^2 - x_2)\frac{\partial}{\partial x_1} + \frac{1}{3}(x_1 x_2 - x_3)\frac{\partial}{\partial x_2} + \frac{1}{2}(x_1 x_3 - x_2^2)\frac{\partial}{\partial x_3},$$

那么或者 $z \in \mathfrak{P}$，或者 $\Delta = x_2^3 - x_3^2 \in \mathfrak{P}$.

注 3.3.2 此处的 Δ 与通常文献中的记号相差一个数值因子 12^{-3}，显然，从数学上看没有本质性差别.

我们首先给出一些辅助结果.

因为 $Dz = z$ 以及

$$D\Delta = x_2^2(x_1 x_2 - x_3) - x_3(x_1 x_3 - x_2^2) = x_1 \Delta.$$

因此由 z 和 Δ 在 $\mathscr{R}$ 中生成的两个主理想 $(\mathscr{z})$ 和 (Δ) 对于 D 是稳定的.

引理 3.3.1 $\mathscr{R}$ 中仅存在两个对于 $\mathscr{D}$ 稳定的素主理想，即 $(\mathscr{z})$ 和 (Δ).

证 设 $A \in \mathscr{R}$ 是任意具有性质 $\mathscr{A} \mid DA$ 的不可约多项式. 那么 $DA = AB$，其中，$B \in \mathscr{R}$.

对任何 $F \in \mathscr{R}$ 我们定义 $\mathscr{F}$ 的权为

$$\varphi(F) = \deg_t F(z, t x_1, t^2 x_2, t^3 x_3).$$

φ 具有下列性质：

(i) 对于任何整数 $k_1, k_2, k_3 \geqslant 0$，所有单项式 $D(x_1^{k_1} x_2^{k_2} x_3^{k_3})$ 有相同的权：

$$\varphi(D(x_1^{k_1} x_2^{k_2} x_3^{k_3})) = 1 + \varphi(x_1^{k_1} x_2^{k_2} x_3^{k_3}) = k_1 + 2k_2 + 3k_3 + 1;$$

(ii) 对于任何 $F \in \mathscr{R}$ 有

$$\varphi(DF) \leqslant \varphi(F) + 1;$$

(iii) 对于任何 $F, G \in \mathscr{R}$ 有

$$\varphi(FG) = \varphi(F) + \varphi(G).$$

这些性质可以由权的定义及 D 的表达式直接验证.

应用性质(ii)和(iii),可知关系式 $DA = AB$ 蕴含

$$\varphi(A) + \varphi(B) = \varphi(DA) \leqslant \varphi(A) + 1,$$

因而 $\varphi(B) \leqslant 1$, 从而 B 与 x_2, x_3 无关,且关于 x_1 的次数$\leqslant 1$. 由此可得

$$DA = (ax_1 + b)A, \tag{3.3.2}$$

其中, a, $b \in \mathbb{C}[z]$. 我们还可从 $AB = DA$ 推出

$$\deg_z A + \deg_z B = \deg_z(DA) \leqslant \deg_z A,$$

因此, a, $b \in \mathbb{C}$.

设 C 是 A 的具有极小权的那些单项式之和. 设 $A = C + C_1$, 那么由式(3.3.2)得

$$DC + DC_1 = ax_1C + bC + (ax_1 + b)C_1,$$

比较两边权为 $\varphi(C)$的单项式之和并应用性质(i),我们得到

$$z\frac{\partial C}{\partial z} = bC.$$

在此式中比较 $C \in \mathscr{R}$ 中 z 的最高次幂的系数可知 $b = \deg_z C \in \mathbb{Z}$. 令

$$A(z, P(z), Q(z), R(z)) = c_m z^m + c_{m+1} z^{m+1} + \cdots, \ c_m \neq 0.$$

应用恒等式(3.3.2),我们得到

$$\begin{aligned}(aP(z) + b)(c_m z^m + \cdots) &= DA(z, P(z), Q(z), R(z)) \\ &= z\frac{\mathrm{d}}{\mathrm{d}z}(A(z, P(z), Q(z), R(z)) \\ &= mc_m z^m + \cdots.\end{aligned}$$

比较上式两边 z^m 的系数,我们得到

$$(a + b)c_m = mc_m, \quad a + b = m.$$

因为已证 $b \in \mathbb{Z}$, 所以 a, b 都是整数.

最后,注意

$$D(\Delta^{-a}z^{-b}) = -(ax_1 + b)\Delta^{-a}z^{-b}. \tag{3.3.3}$$

令

$$S(z, x_1, x_2, x_3) = A \cdot \Delta^{-a}z^{-b} \in \mathbb{C}(z, x_1, x_2, x_3). \tag{3.3.4}$$

借助式(3.3.2)和式(3.3.3)易验证 $DS = 0$, 于是若记

$$g(z) = S(z, P(z), Q(z), R(z)),$$

则有 $\frac{\mathrm{d}}{\mathrm{d}z}g(z)=0$, 从而函数 $S(z, P(z), Q(z), R(z))$是一个常数. 但因为 Ramanujan 函数 $P(z)$, $Q(z)$, $R(z)$在域$\mathbb{C}(z)$上代数无关, 所以 $S(z, x_1, x_2, x_3)=c_1$ (c_1 为非零常数). 由式(3.3.4)得 $A=c_1\Delta^a z^b\in\mathscr{R}$, $a\geqslant 0$, $b\geqslant 0$ 为整数. 因为 A 是不可约多项式, 所以只有两种可能: $a=1$, $b=0$ 及 $a=0$, $b=1$, 这分别给出 $A=c_1\Delta$ 或 $A=c_1 z$. □

注 3.3.3 上面实际证明了 $\mathscr{R}$ 中对于D 稳定的主理想有形式$(\Delta^a z^b)$, 其中, a, b 是非负整数.

引理 3.3.2 微分方程组

$$\begin{cases}(x^2-f)f'=4(xf-g),\\(x^2-f)g'=6(xg-f^2)\end{cases}\tag{3.3.5}$$

有唯一一组满足 $f(1)=1$, $g(1)=1$ 的代数函数解 $f(x)$, $g(x)$, 亦即 $f(x)=x^2$, $g(x)=x^3$.

证 注意 $f(x)=x^2$ 及 $g(x)=x^3$ 满足微分方程组(3.3.5), 用反证法, 在下面证明中可设 $f(x)\neq x^2$. 证明分三个步骤.

第1步: 令 $u(x)=x^2-f(x)$ 及 $v(x)=xf(x)-g(x)$. 那么 $xg-f^2=x^2u-u^2-xv$, $uu'=2ux-uf'=2ux-4v$, $uv'=uf+4xv-6x^2u+6u^2+6xv=5u^2-5x^2u+10xv=5u^2-\frac{5}{2}xuu'$, 所以 $u(x)$, $v(x)$满足微分方程组

$$\begin{cases}uu'=2xu-4v,\\2v'=10u-5xu',\end{cases}\tag{3.3.6}$$

并且 $u(1)=0$, $v(1)=0$. 因为 $u(x)$和 $v(x)$是代数函数, 所以存在自然数 l 及参数化(因为 $u(1)=v(1)=0$, 所以这里考虑在 $x=1$ 的分支的参数化)

$$x=1+t^l,\quad u=\sum_{k=\lambda}^{\infty}a_k t^k,\quad v=\sum_{k=\mu}^{\infty}b_k t^k,$$

其中, $\lambda\geqslant 1$, $\mu\geqslant 1$, a_k, $b_k\in\mathbb{C}$ 且 $a_\lambda b_\mu\neq 0$. 我们还设 l 已选取为最小可能值.

首先, 式(3.3.6)中函数展开式有下列初项:

$$xu=a_\lambda t^\lambda+\cdots,\quad xu'=\frac{\lambda}{l}a_\lambda t^{\lambda-l}+\cdots,$$

$$uu'=\frac{\lambda}{l}a_\lambda^2 t^{2\lambda-l}+\cdots,\quad v'=\frac{\mu}{l}b_\mu t^{\mu-l}+\cdots.$$

将它们代入式(3.3.6)中的第二个方程可得

$$2\frac{\mu}{l}b_\mu t^{\mu-l}+\cdots=10a_\lambda t^\lambda+\cdots-5\frac{\lambda}{l}a_\lambda t^{\lambda-l}+\cdots.\tag{3.3.7}$$

比较两边 t 的最低次幂的指数,可知 $\lambda = \mu$. 若将前述展开式代入式(3.3.6)中的第一个方程,则得

$$\frac{\lambda}{l}a_\lambda^2 t^{2\lambda-l} + \cdots = 2a_\lambda t^\lambda + \cdots - 4b_\lambda t^\lambda - \cdots. \tag{3.3.8}$$

这表明必然有 $2\lambda - l \geqslant \lambda$, 所以 $\lambda \geqslant l$.

其次,比较式(3.3.7)中两边 $t^{\lambda-l}$ 的系数得到

$$2b_\lambda = -5a_\lambda. \tag{3.3.9}$$

如果 $\lambda > l$, 那么比较式(3.3.8)两边 t^λ 的系数,有

$$2a_\lambda - 4b_\lambda = 0,$$

由此式及式(3.3.9)可得 $a_\lambda = 0$, 这与假设矛盾,因此 $\lambda = l$, 从而由式(3.3.8)得到

$$a_l^2 = 2a_l - 4b_l.$$

由式(3.3.9)和此式推出 $a_l^2 = 12a_l$. 因为 $a_l \neq 0$, 所以 $a_l = 12$,以及 $b_l = -30$.

现在我们证明 $l = 1$. 设不然,则 $l \geqslant 2$. 令 r 是满足条件 $a_r \neq 0$ 且 l 不整除 r 的最小正整数.这个数是存在的,因为 l 的选取具有"极小性"(不然,式(3.3.6)中第一个方程将蕴含所有非零系数 b_k 的下标均被 l 整除).比较方程组(3.3.6)中第一个方程两边 t^r 的系数,我们得到

$$\frac{r+l}{l}a_r a_l = 2a_r - 4b_r,$$

或因为 $a_l = 12$, 由此得

$$12\frac{r+l}{l}a_r = 2a_r - 4b_r. \tag{3.3.10}$$

类似地,在式(3.3.6)的第二个方程中作相同代换并比较两边 t^{r-l} 的系数,得到

$$2\frac{r}{l}b_r = -5\frac{r}{l}a_r,$$

或

$$2b_r + 5a_r = 0. \tag{3.3.11}$$

由式(3.3.10)和式(3.3.11)求得 $ra_r = 0$. 但因 $r > l$, 所以 $a_r = 0$, 这不可能.因此确实 $l = 1$. 于是函数 $u(x)$ 和 $v(x)$ 在点 $x = 1$ 的邻域中单值,并且

$$u(1) = v(1) = 0, \quad u'(1) = 12, \quad v'(1) = -30. \tag{3.3.12}$$

第2步:现在证明 $u(x)$ 和 $v(x)$ 在点 $x = 1$ 的所有导数是唯一确定的,亦即微分方程

组(3.3.6)存在唯一的在 $x=1$ 的邻域解析且满足条件式(3.3.12)的解.设 $k\geqslant 2$. 若将式(3.3.6)中第一个方程微分 k 次,则可知函数

$$uu^{(k+1)}+(k+1)u'u^{(k)}-2xu^{(k)}+4v^{(k)}$$

可表示为 x 及 u, u', $\cdots$, $u^{(k-1)}$的多项式.考虑到式(3.3.12),即知量

$$(6k+5)u^{(k)}(1)+2v^{(k)}(1)$$

由 $u(1)$, $u'(1)$, $\cdots$, $u^{(k-1)}(1)$ 唯一确定.同样地,对式(3.3.6)中第二个方程微分 $k-1$ 次,可得知量

$$5u^{(k)}(1)+2v^{(k)}(1)$$

可通过 $u^{(j)}(1)$, $v^{(j)}(1)(0\leqslant j\leqslant k-1)$ 唯一地表示.这样,导数值$u^{(k)}(1)$, $v^{(k)}(1)$也是唯一确定的.这就证明了上述论断.

第 3 步:在点 $x=1$ 的某个邻域方程 $x=P(z)$ 将 z 唯一地确定为x 的解析函数并且在 $x=1$ 为零.我们用 $P^{-1}(x)$表示这个函数,令

$$F(x)=Q(P^{-1}(x)),\quad G(x)=R(P^{-1}(x)).$$

那么 $F(x)$和 $G(x)$是 $x=1$ 的某个邻域中的解析函数,且易验证它们满足微分方程组(3.3.5)及初始条件 $F(1)=1$, $G(1)=1$. 另外还有

$$z=-\frac{1}{24}(x-1)+\cdots,\quad F(x)=1-10(x-1)+\cdots,$$
$$G(x)=1+21(x-1)+\cdots.$$

但由此可见函数 $U(x)=x^2-F(x)$, $V(x)=xF(x)-G(x)$ 也满足微分方程组(3.3.6)及初始条件(3.3.12).由上面所证唯一性得 $u(x)=U(x)$, $v(x)=V(x)$, 因而 $f(x)=F(x)$, $g(x)=G(x)$, 于是 $F(x)$和 $G(x)$是代数函数.但若将 $x=P(z)$ 代入某个恒等式 $A(x,F(x))=0$, 此处 $A(x,y)\in\mathbb{C}[x,y]$, 那么就得到函数 $P(z)$和 $Q(x)$间的代数关系式 $A(P(z),Q(z))=0$. 这与 $P(z)$, $Q(z)$, $R(z)$在$\mathbb{C}(z)$上的代数无关性矛盾. □

注 3.3.4 上面的证明是基于 C. L. Siegel[116] 的思想,他首先用来研究特殊的 Riccati 微分方程的代数解.对此还可见文献[117].

命题 3.3.1 之证 设 $\mathfrak{P}$ 是命题3.3.1 中的素理想,并设$\mathfrak{q}=\mathfrak{P}\cap\mathbb{C}[x_1,x_2,x_3]$. 那么$\mathfrak{q}$是素理想,并且 $D\mathfrak{q}\subset\mathfrak{q}$. 下面分五种情况讨论:

第 1 种情形,设$\mathfrak{q}=(0)$, 那么$\mathfrak{P}=(A)$, 其中, $A\notin\mathbb{C}[x_1,x_2,x_3]$, 于是由引理 3.3.1 得$\mathfrak{P}=(z)$.

第 2 种情形,设$\mathfrak{q}\cap\mathbb{C}[x_1]\neq(0)$, 那么因为$\mathfrak{q}$是素理想,所以存在常数 c_2 使 $x_1-c_2\in\mathfrak{q}\subset\mathfrak{P}$. 因为(0, 1, 1, 1)是$\mathfrak{P}$的零点,我们得到 $c_2=1$, 因而 $x_1-1\in\mathfrak{q}$或即 $x_1\equiv$

$1 \pmod{\mathfrak{q}}$. 因为 $\mathfrak{q}$ 对于 D 稳定,所以 $D(x_1 - 1) = \frac{1}{12}(x_1^2 - x_2) \in \mathfrak{q}$, 或即 $x_2 \equiv x_1^2 \equiv 1 \pmod{\mathfrak{q}}$. 类似地, $D(x_2 - 1) = \frac{1}{3}(x_1 x_2 - x_3) \in \mathfrak{q}$ 给出 $x_3 \equiv 1 \pmod{\mathfrak{q}}$. 因此 $\Delta = x_2^3 - x_3^2 \equiv 0 \pmod{\mathfrak{q}}$, 从而 $\Delta \in \mathfrak{q}$.

第 3 种情形是 $\mathfrak{q} \neq (0)$, 且 $\mathfrak{q} \cap \mathbb{C}[x_1, x_2] = (0)$, 那么 $\mathfrak{q} = (A)$, 其中 $A \in \mathbb{C}[x_1, x_2, x_3]$, 并且 $A \mid DA$. 由引理 3.3.1 可得到 $(A) = (\Delta)$, 因此 $\Delta \in \mathfrak{q}$.

$\mathfrak{q} \neq (0)$ 而 $\mathfrak{q} \cap \mathbb{C}[x_1, x_3] = (0)$ 时, 可同样地证明有 $\Delta \in \mathfrak{q}$.

最后一种情形是

$$\mathfrak{q} \cap \mathbb{C}[x_1] = (0), \quad \mathfrak{q} \cap \mathbb{C}[x_1, x_2] \neq (0), \quad \mathfrak{q} \cap \mathbb{C}[x_1, x_3] \neq (0).$$

此时存在不可约多项式 $A(x_1, x_2)$, $B(x_1, x_3) \in \mathfrak{q}$. 由假设,我们有 $A(1, 1) = B(1, 1) = 0$. 注意 $\mathbb{C}[x_1, x_2, x_3]/\mathfrak{q} = \mathbb{C}[\xi_1, \xi_2, \xi_3]$, 其中, ξ_2, ξ_3 在 $\mathbb{C}(\xi_1)$ 上代数, 而 ξ_1 在 $\mathbb{C}$ 上超越,还有 $A(\xi_1, \xi_2) = B(\xi_1, \xi_3) = 0$. 于是存在代数函数 $y(x)$, $z(x)$, 满足 $y(1) = z(1) = 1$, 并且函数组 $(x, y(x), z(x))$ 是理想 $\mathfrak{q}$ 的零点. 关于 x 对方程 $A(x, y(x)) = 0$ 求导,可得

$$\frac{\partial A}{\partial x_1}(x, y(x)) + \frac{\partial A}{\partial x_2}(x, y(x))y'(x) = 0. \tag{3.3.13}$$

因多项式

$$DA = \frac{1}{12}(x_1^2 - x_2)\frac{\partial A}{\partial x_1} + \frac{1}{3}(x_1 x_2 - x_3)\frac{\partial A}{\partial x_2} \in \mathfrak{q},$$

而 $(x, y(x), z(x))$ 是 $\mathfrak{q}$ 的零点,所以

$$\frac{1}{12}(x^2 - y(x))\frac{\partial A}{\partial x_1}(x, y(x)) + \frac{1}{3}(xy(x) - z(x))\frac{\partial A}{\partial x_2}(x, y(x)) = 0.$$

由上式及式(3.3.13)消去 $\partial A/\partial x_1$, 我们得

$$\frac{\partial A}{\partial x_2}(x, y(x))\left(\frac{1}{12}(x^2 - y(x))y'(x) - \frac{1}{3}(xy(x) - z(x))\right) = 0. \tag{3.3.14}$$

因为

$$\frac{\partial A}{\partial x_2}(x, y(x)) \neq 0,$$

因此由式(3.3.14)得知 $y(x)$, $z(x)$ 满足式(3.3.5)中第一个微分方程. 将上面的推理应用于多项式 B, 可得知 $y(x)$, $z(x)$ 也满足式(3.3.5)中第二个方程. 由引理 3.3.2 得到 $y(x) = x^2$, $z(x) = x^3$, 于是 $A(x_1, x_2) = x_1^2 - x_2$, $B(x_1, x_2) = x_1^3 - x_3$. 这表明理

想 $\mathfrak{q}$ 含有多项式

$$\begin{aligned}&(x_2-x_1^2)(x_2^2+x_2x_1^2+x_1^4)-(x_3-x_1^3)(x_3+x_1^3)\\&\quad=x_2^3-x_3^2=\Delta.\end{aligned}$$

于是对此情形命题结论也成立. □

3.4 补充与评注

1. 现在补充两个例子,说明如何借助代数的考虑给出零点重数估计.

命题 3.4.1 (Tijdeman 指数多项式零点估计定理)设 $\alpha_0, \cdots, \alpha_m$ 是不同的复数,并令

$$F(z)=\sum_{i=0}^{m}a_i(z)\mathrm{e}^{\alpha_i z},$$

其中, $a_i(z)\in\mathbb{C}[z](i=0,\cdots,m)$. 那么

$$\operatorname{ord}F(z)\leqslant -1+\sum_{i=0}^{m}(\deg a_i(z)+1).$$

证 记 $M=\operatorname{ord}F(z)$. 为不失一般性,可设 $a_i(z)\neq 0(i=0,\cdots,m)$. 记

$$a_i(z)=b_iz^{n_i}+\cdots,\ b_i\neq 0\quad(i=0,\cdots,m).$$

那么有

$$F^{(k)}(z)=\sum_{i=0}^{m}a_{ki}(z)\mathrm{e}^{\alpha_i z}\quad(0\leqslant k\leqslant m).\tag{3.4.1}$$

其中

$$a_{ki}(z)=b_i\alpha_i^kz^{n_i}+\cdots\in\mathbb{C}[z].$$

令 $\Delta(z)=\det(a_{ki}(z))_{0\leqslant i,\,k\leqslant m}$. 那么

$$\Delta(z)=b_0\cdots b_mz^{n_0+\cdots+n_m}\det(\alpha_i^k)_{0\leqslant i,\,k\leqslant m}+\cdots.$$

其中,最高项系数是 Vandermonde 行列式与 $b_0\cdots b_m$ 之积,因此 $\Delta(z)\neq 0$, 并且 $\deg\Delta(z)=n_0+\cdots+n_m$.

由 Cramer 法则从式(3.4.1)得到

$$\Delta(z)e^{\alpha_i z} = \sum_{k=0}^{m}\Delta_{ik}(z)F^{(k)}(z)\quad(0\leqslant i\leqslant m),\tag{3.4.2}$$

其中,$\Delta_{ik}(z)$是元素为 $a_{ki}(z)$的行列式,所以$\in\mathbb{C}[z]$.显然有

$$\operatorname{ord}F^{(k)}(z)\geqslant M-k\quad(0\leqslant k\leqslant m).$$

于是由式(3.4.2)得到

$$\operatorname{ord}\Delta(z)\geqslant M-m,$$

从而

$$\begin{aligned}M&\leqslant\operatorname{ord}\Delta(z)+M=n_0+\cdots+n_m-m\\&=-1+\sum_{i=0}^{m}(\deg a_i(z)+1).\end{aligned}$$

□

下面的例子是 Schneider 方法(见《超越数:基本理论》,第 2.3 节)中使用的辅助函数的零点估计.

命题 3.4.2 设 S 是一个自然数,$\alpha\ (\alpha\neq0)$,$\beta\ (\beta\notin\mathbb{Q})$ 是复数,并且 α 不是单位根,令

$$F(z)=\sum_{l=0}^{m}a_l(z)\alpha^{lz},$$

其中,$a_l(z)\in\mathbb{C}[z]\ (l=0,\cdots,m)$. 如果

$$F(u+\beta v)=0\quad(u,v=0,\cdots,S-1),\tag{3.4.3}$$

那么

$$S^2\leqslant2\sum_{l=0}^{m}\deg a_l(z)+m^2.\tag{3.4.4}$$

证 为不失一般性,设 $a_l(z)\neq0\ (l=0,\cdots,m)$. 记 $a_l(z)=b_lz^{n_l}+\cdots$. 易见

$$F(z+k)=\sum_{l=0}^{m}a_{kl}(z)\alpha^{lz}\quad(0\leqslant l\leqslant m),\tag{3.4.5}$$

其中

$$a_{kl}(z)=a_l(z+k)\alpha^{lk}=b_l\alpha^{lk}z^{n_l}+\cdots\in\mathbb{C}[z].$$

于是有

$$\begin{aligned}\Delta(z)&=\det(a_{kl}(z))_{0\leqslant l,\,k\leqslant m}\\&=b_0\cdots b_mz^{n_0+\cdots+n_m}\det(\alpha^{lk})_{0\leqslant l_1k\leqslant m}+\cdots.\end{aligned}$$

因为 α 不是单位根,所以 $\alpha^{l_1}\neq\alpha^{l_2}\ (l_1\neq l_2)$. 于是 $\Delta(z)\neq0$, $\deg\Delta(z)=n_0+\cdots+n_m$.

由式(3.4.5)可得

$$\Delta(z)\alpha^{lz} = \sum_{k=0}^{m}\Delta_{lk}(z)F(z+k) \quad (0 \leqslant l \leqslant m). \tag{3.4.6}$$

依据条件(3.4.3),我们由式(3.4.6)得

$$\Delta(u+\beta v) = 0 \quad (0 \leqslant u \leqslant S-m,\ 0 \leqslant v < S). \tag{3.4.7}$$

因为β是无理数,所以式(3.4.7)蕴含

$$S(S-m) \leqslant \deg\Delta(z) = n_0 + \cdots + n_m = \sum_{l=0}^{m}\deg a_l(z). \tag{3.4.8}$$

记$\tau = \sum_{l=0}^{m}\deg a_l(z)$. 由式(3.4.8)得

$$S^2 \leqslant \tau + Sm, \tag{3.4.9}$$

但$Sm \leqslant \frac{1}{2}(S^2+m^2) \leqslant \frac{1}{2}(\tau + Sm + m^2) = \frac{1}{2}(\tau + m^2) + \frac{1}{2}Sm$, 所以$Sm \leqslant \tau + m^2$, 最终由式(3.4.9)得到$S^2 \leqslant 2\tau + m^2$, 于是式(3.4.4)得证. □

2. 命题3.4.1的证明的思想源于C. L. Siegel[118],1955年,A. B. Shidlovskii(见文献[117])发展了这个方法,用于研究Siegel E函数的值的代数无关性. 1977年,Yu. V. Nesterenko[70]首次应用一般消元理论和交换代数技术研究$\mathbb{C}(z)$上线性微分方程解的多项式的零点重数估计,并应用于E函数的研究.在其后的工作(如文献[76-77]等)中做了进一步改进和推广. 1996年,这个方法被成功应用于对Ramanujan函数的数论性质的研究,建立了π和e^{π}的代数无关性.对此可见文献[81-84].本章内容主要取自这些文献.这种类型的零点估计研究还可见文献[11,15]等.

上述零点估计方法还可应用于Mahler函数,见第5章.

3. 命题3.4.2的证明思想被推广到代数群上的多项式的零点估计的研究.在文献[134]的第5章和第8章有很全面的论述,还可参见文献[86]的第11章,以及D. Bertrand的阐述性论文[7].有关的原始资料可见P. Philippon的论文[106-107]及D. W. Masser, G. Wüstholz的论文[63-65,140]等.

4. Yu. V. Nesterenko[73]给出素理想的特征函数的上界估计,分别考察了$\mathfrak{P} \in \mathbb{K}[x_0, \cdots, x_m]$($\mathbb{K}$为特征0的域), $\mathfrak{P} \in \mathbb{C}[z, x_0, \cdots, x_m]$及$\mathfrak{P} \in \mathbb{Z}[x_0, \cdots, x_m]$三种情形.本书引理3.2.1给出其中一个结果.关于这个方面的研究概况可见文献[86]的第9章(几何Hilbert函数的上界).

附录 3 素理想的特征函数的上界估计

设 $\mathfrak{P} \subset \mathbb{C}(z)[X]$ 是齐次素理想，$r = \dim \mathfrak{P} + 1 \geqslant 1$. 对于整数 $\nu \geqslant 0$，$\mu \geqslant 0$，用 $\mathbb{L}(\mu, \nu)$ 表示满足

$$\deg_z P \leqslant \mu, \quad \deg_x P = \nu$$

的变量 $\boldsymbol{x} = (x_0, x_1, \cdots, x_m)$ 的齐次多项式 $P \in \mathbb{C}[z, X]$ 的 $\mathbb{C}$ 矢量空间，并用 $\mathbb{L}_{\mathfrak{P}}(\mu, \nu)$ 表示 $\mathbb{L}(\mu, \nu)$ 中的多项式模 $\mathfrak{P}$ 剩余类所张成的 $\mathbb{C}$ 矢量空间，记

$$\chi_{\mathfrak{P}}(\mu, \nu) = \dim_{\mathbb{C}} \mathbb{L}_{\mathfrak{P}}(\mu, \nu),$$

它称为素理想 $\mathfrak{P} \subset \mathbb{C}(z)[X]$ 的特征函数. 我们断言

$$\chi_{\mathfrak{P}}(\mu, \nu) \leqslant \gamma_1((\mu + 1)\nu^{r-1} \deg \mathfrak{P} + \nu^r h(\mathfrak{P})),$$

其中，$\gamma_1 \geqslant 1$ 是仅与 m 有关的常数(即正文引理 3.2.1).

为证明这个结论，需要一些辅助结果.

记 $\mathbb{K} = \mathbb{C}(z)$，$\mathbb{K}_r = \mathbb{K}[\boldsymbol{u}_1, \cdots, \boldsymbol{u}_r]$，其中，$\boldsymbol{u}_j = (u_{j0}, \cdots, u_{jm})\ (1 \leqslant j \leqslant r)$，并设 $\mathbb{K}_0 = \mathbb{K}$. 还用 $\mathscr{R}$ 表示域 $\mathbb{K}_{r-1}$ 的正规扩域，如第 2 章引理 2.2.1 中所定义.

当 $r \geqslant 2$ 时，可将偏导数 $\partial/\partial u_{pq}\ (p = 1, \cdots, r-1;\ q = 0, \cdots, m)$ 作用于域 $\mathbb{K}_{r-1}$ 上，并且可将它们唯一地扩充到域 $\mathscr{R}$ 上. 在 $\mathbb{K}_{r-1}$ 上这些偏导数是交换的，所以在 $\mathscr{R}$ 上也是交换的.

引理 1 设 $r \geqslant 2$，则对所有 i, j, p, q 有

$$\frac{\partial \alpha_i^{(j)}}{\partial u_{pq}} = \alpha_q^{(j)} \frac{\partial \alpha_i^{(j)}}{\partial u_{p0}},$$

其中，$\alpha_i^{(j)}$ 如第 2 章引理 2.2.1 所定义.

证 只需对 $j = 1$ 证明，并简记 $\alpha_i = \alpha_i^{(1)}$，还令 $\alpha_0 = 1$. 将算子 $\partial/\partial u_{p0}$ 作用于第 2 章引理 2.2.1 的(iv)中的方程，得到

$$\delta_{p,l} + \sum_{i=1}^{m} u_{l,i} \frac{\partial \alpha_i}{\partial u_{p0}} = 0 \quad (l = 1, \cdots, r-1). \tag{1}$$

其中，$\delta_{p,l}$ 是 Kronecker 符号.

因为(由该引理)$(1:\alpha_1:\cdots:\alpha_m)$是理想$\mathfrak{P}$的一般零点,且$h^*(\mathfrak{P})=m-r+1$,所以$\alpha_1,\cdots,\alpha_m$中在$\mathbb{K}$上代数无关的元素的最大个数为$r-1$(见文献[141],第二卷第7章第7节定理20).为不失一般性,可设$\alpha_1,\cdots,\alpha_{r-1}$在$\mathbb{K}$上代数无关.令$P_r,\cdots,P_m\in\mathfrak{P}$是不可约齐次多项式,使得多项式$P_l$仅与$x_0,\cdots,x_{r-1},x_l$有关,并且

$$P_l(1,\alpha_1,\cdots,\alpha_{r-1},\alpha_l)=0\quad(l=r,\cdots,m).\tag{2}$$

将算子$\partial/\partial u_{p0}$作用于式(2),得到

$$\sum_{i=1}^{r-1}\frac{\partial P_l}{\partial x_i}(\boldsymbol{\alpha})\frac{\partial\alpha_i}{\partial u_{p0}}+\frac{\partial P_l}{\partial x_l}(\boldsymbol{\alpha})\frac{\partial\alpha_l}{\partial u_{p0}}=0\quad(l=r,\cdots,m),\tag{3}$$

其中,$\boldsymbol{\alpha}=(\alpha_0,\alpha_1,\cdots,\alpha_m)$.用$\boldsymbol{\Delta}_1$表示$m$阶矩阵,其前$r-1$行是$(u_{l1},\cdots,u_{lm})(l=1,\cdots,r-1)$,其余$m-r+1$行是

$$\left(\frac{\partial P_l}{\partial x_1}(\boldsymbol{\alpha}),\cdots,\frac{\partial P_l}{\partial x_m}(\boldsymbol{\alpha})\right)\quad(l=r,\cdots,m).$$

还令$\boldsymbol{\Delta}_2$为另一个m阶矩阵,其前$r-1$列为

$$\left(\frac{\partial\alpha_1}{\partial u_{p0}},\cdots,\frac{\partial\alpha_m}{\partial u_{p0}}\right)^\tau\quad(p=1,\cdots,r-1),$$

其余$m-r+1$列为

$$(\delta_{l,1},\cdots,\delta_{l,m})^\tau\quad(l=r,\cdots,m),$$

此处τ表示转置.由式(1)和式(3)可知$\boldsymbol{\Delta}_1\boldsymbol{\Delta}_2$是上三角矩阵,在主对角线上,前$r-1$个元素为$-1$,其余元素为

$$-\frac{\partial P_l}{\partial x_l}(\boldsymbol{\alpha})\quad(l=r,\cdots,m).$$

因为多项式P_l不可约,且$\mathfrak{P}\cap\mathbb{K}[x_0,\cdots,x_m]=(0)$,所以

$$\frac{\partial P_l}{\partial x_l}(\boldsymbol{\alpha})\neq0,$$

并且

$$\det\boldsymbol{\Delta}_1\det\boldsymbol{\Delta}_2=(-1)^{r-1}\prod_{l=r}^{m}\frac{\partial P_l}{\partial x_l}(\boldsymbol{\alpha})\neq0,$$

于是矩阵$\boldsymbol{\Delta}_1$是非奇异的.

现在将算子$\dfrac{\partial}{\partial u_{pq}}-\alpha_q\dfrac{\partial}{\partial u_{p0}}$作用于上述引理的(iv)中方程,容易验证

$$\sum_{i=1}^{m} u_{li}\left(\frac{\partial \alpha_i}{\partial u_{pq}} - \alpha_q \frac{\partial \alpha_i}{\partial u_{p0}}\right) = 0 \quad (l = 1, \cdots, r-1), \tag{4}$$

将此算子作用于式(2)得到

$$\sum_{i=1}^{m} \frac{\partial P_l}{\partial x_i}(\boldsymbol{\alpha})\left(\frac{\partial \alpha_i}{\partial u_{pq}} - \alpha_q \frac{\partial \alpha_i}{\partial u_{p0}}\right) = 0 \quad (l = r, \cdots, m). \tag{5}$$

因为 $\boldsymbol{\Delta}_1$ 非奇异，所以由式(4)和式(5)得

$$\frac{\partial \alpha_i}{\partial u_{pq}} - \alpha_q \frac{\partial \alpha_i}{\partial u_{p0}} = 0 \quad (i = 1, \cdots, m).$$

且当 $i = 0$ 时上式显然成立. □

记 $\overline{\mathfrak{P}}(r) = (F)$. 其中 F 是理想 $\mathfrak{P}$ 的 Chow 形式(见第2章命题2.1.1). 选取 $u'_{rj} \in \mathbb{K}(j = 0, 1, \cdots, m)$，使得元素

$$u'_{r0} + u'_{r1}\alpha_1^{(j)} + \cdots + u'_{rm}\alpha_m^{(j)} \quad (j = 1, \cdots, g) \tag{6}$$

互异，此处 $g = \deg \mathfrak{P}$ (见第2章引理2.2.1的(i)). 定义 Q 为在 $\partial F/\partial u_{r0}$ 中将变量 u_{r0} 换为 $-u'_{r1}t_1 - \cdots - u'_{rm}t_m$，并且将变量 $u_{rj}(j = 1, \cdots, m)$ 换为 $u'_{rj}t_0$ 所得到的多项式，于是

$$Q = Q(t_0, \cdots, t_m) \in \mathbb{K}[\boldsymbol{u}_1, \cdots, \boldsymbol{u}_{r-1}, t_0, \cdots, t_m].$$

注意 $\deg_t Q = g - 1$. 还令 $\Phi = \operatorname{Res}(Q, F)$ (见第2.2节)，于是

$$\Phi = a^{g-1}\prod_{l=1}^{g} Q(1, \alpha_1^{(l)}, \cdots, \alpha_m^{(l)}) \in \mathbb{K}[\boldsymbol{u}_1, \cdots, \boldsymbol{u}_{r-1}].$$

由式(2.2.1)得

$$Q(1, \alpha_1^{(l)}, \cdots, \alpha_m^{(l)}) = a\prod_{\substack{j=1\\ j\neq l}}^{g}((\alpha_1^{(j)} - \alpha_1^{(l)})u'_{r1} + \cdots + (\alpha_m^{(j)} - \alpha_m^{(l)})u'_{rm}),$$

以及

$$\Phi = (-1)^{g(g-1)/2}a^{2g-1}\prod_{1\leqslant j<l\leqslant g}((\alpha_1^{(j)} - \alpha_1^{(l)})u'_{r1} + \cdots + (\alpha_m^{(j)} - \alpha_m^{(l)})u'_{rm})^2. \tag{7}$$

由元素 u'_{rj} 的选取可知式(7)蕴含 $\Phi \neq 0$.

我们还记 $B = \mathbb{K}[\boldsymbol{u}_1, \cdots, \boldsymbol{u}_{r-1}, \alpha_1^{(1)}, \cdots, \alpha_m^{(g)}]$ (见第2.2节引理2.2.4).

引理2 环 $B[a^{-1}, \Phi^{-1}]$ 在所有偏导数 $\partial/\partial u_{pq}$ 的作用下是封闭的.

证 由引理1，只需对 $\partial/\partial u_{p0}(p = 1, \cdots, r-1)$ 证明结论成立. 如果

$$\frac{\partial \alpha_l^{(j)}}{\partial u_{p0}} \in B[a^{-1}, \Phi^{-1}], \tag{8}$$

那么由环 B 的定义可知要证的结论成立.现在对(例如) $j=1$ 证明式(8).

我们令

$$Q^{(j)}=-u'_{r1}\alpha_1^{(j)}-\cdots-u'_{rm}\alpha_m^{(j)}\quad(j=1,\cdots,g),$$

并记 $\theta=\theta^{(1)}$. 令 $f(t)$是环 $\mathbb{K}[u_1,\cdots,u_{r-1},t]$ 中的多项式,它是在 $\mathfrak{P}$ 的 Chow形式 F 中分别用 t 代 u_{r0},用 u'_{rj}代 $u_{rj}(j=1,\cdots,m)$ 所得到.那么

$$f(t)=a\prod_{j=1}^{g}(t-\theta^{(j)}),$$

并且由 $f(\theta)=0$ 得

$$\frac{\partial f}{\partial u_{p0}}(\theta)+f'(\theta)\frac{\partial\theta}{\partial u_{p0}}=0. \tag{9}$$

因为 $f(t)\in B[t]$, $\theta\in B$, 所以 $(\partial f/\partial u_{p0})(\theta)\in B$. 而且由式(7)可知

$$\Phi=(-1)^{g(g-1)/2}a^{2g-1}\prod_{1\leqslant j<l\leqslant g}(\theta^{(j)}-\theta^{(l)})^2=a^{g-1}\prod_{j=1}^{g}f'(\theta^{(j)}), \tag{10}$$

因此

$$f'(\theta)^{-1}=\Phi^{-1}a^{g-1}\prod_{j=2}^{g}f'(\theta^{(j)})\in B[\Phi^{-1}]\subset B[a^{-1},\Phi^{-1}],$$

从而由式(9)可求出

$$\frac{\partial\theta}{\partial u_{p0}}=-(f'(\theta))^{-1}\frac{\partial f}{\partial u_{p0}}(\theta)\in B[a^{-1},\Phi^{-1}]. \tag{11}$$

考虑多项式

$$g_l(t)=a^{g^2-2g+2}\Phi\sum_{i=1}^{g}\alpha_l^{(i)}\frac{f(t)}{(t-\theta^{(i)})f'(\theta^{(i)})},$$

它在 $\mathscr{R}$ 的在 $\mathbb{K}_{r-1}$ 上的自同构的作用下不变,因而 $g_l(t)\in\mathbb{K}_{r-1}[t]$. 又因为元素 $a\alpha_l^{(i)}$,多项式 $a^{g-1}f(t)(t-\theta^{(i)})^{-1}$ 的系数,以及元素

$$\begin{aligned}a^{g^2-2g+2-1-(g-1)}\Phi f'(\theta^{(i)})^{-1}&=a^{(g-1)^2}\prod_{\substack{k=1\\k\neq i}}^{g}f'(\theta^{(k)})\\&=\prod_{\substack{k=1\\k\neq i}}^{g}(a^{g-1}f'(\theta^{(k)}))\end{aligned}$$

都是环$\mathbb{K}[u_1,\cdots,u_{r-1}]$上的整元,所以多项式 $g_l(t)$的系数是$\mathbb{K}[u_1,\cdots,u_{r-1}]$上的整元.但环$\mathbb{K}[u_1,\cdots,u_{r-1}]$在域 $\mathbb{K}_{r-1}$ 中整闭,因此 $g_l(t)\in\mathbb{K}[u_1,\cdots,u_{r-1},t]$. 注意

$$g_l(\theta) = a^{g^2-2g+2}\Phi\alpha_l,$$

因而

$$\alpha_l = g_l(\theta)a^{-g^2+2g-2}\Phi^{-1} \in \mathbb{K}[\boldsymbol{u}_1, \cdots, \boldsymbol{u}_{r-1}, a^{-1}, \Phi^{-1}, \theta]. \tag{12}$$

由式(11)和式(12)即得式(8)(其中 $j = 1$). □

我们用 $\mathfrak{N}$ 表示矢量 $\boldsymbol{k} = (k_1, \cdots, k_{r-1}) \in \mathbb{Z}^{r-1}(k_j \geqslant 0)$ 的集合,用符号 ∂_i^k 表示算子

$$\left(\frac{\partial}{\partial u_{1,i}}\right)^{k_1}\cdots\left(\frac{\partial}{\partial u_{r-1,i}}\right)^{k_{r-1}} \quad (i = 0, 1, \cdots, m).$$

还令 $|\boldsymbol{k}| = k_1 + \cdots + k_{r-1}$.

设 T 是环$\mathbb{K}[\boldsymbol{u}_1, \cdots, \boldsymbol{u}_{r-1}, x_0, \cdots, x_m]$中的齐次多项式,对非负整数$\lambda$,用 $D(\lambda)$表示由元素

$$\prod_{j=1}^{g}\partial_0^{l_j}(T(1, \alpha_1^{(j)}, \cdots, \alpha_m^{(j)}))$$
$$(\boldsymbol{l}_1, \cdots, \boldsymbol{l}_g \in \mathfrak{N}, |\boldsymbol{l}_1| + \cdots + |\boldsymbol{l}_g| \leqslant \lambda),$$

生成的环 $B[a^{-1}, \Phi^{-1}]$上的模.

引理 3 设 T 如上述, $G = \mathrm{Res}(F, T)$ (即理想 $\mathfrak{P}$ 的生成元 F 与多项式 T 的 u 结式),λ 是非负整数.那么对于任何一组矢量 $\boldsymbol{v}_0, \cdots, \boldsymbol{v}_m \in \mathfrak{N}, |\boldsymbol{v}_0| + \cdots + |\boldsymbol{v}_m| \leqslant \lambda$, 有 $\partial_0^{\boldsymbol{v}_0}\cdots\partial_m^{\boldsymbol{v}_m}G \in D(\lambda)$.

证 对λ用归纳法证明.当 $\lambda = 0$ 时,由式(2.2.4),我们有

$$G = a^{\deg T}\prod_{j=1}^{g}T(1, \alpha_1^{(j)}, \cdots, \alpha_m^{(j)}),$$

因此结论成立.又由引理 1 知

$$\frac{\partial}{\partial u_{pq}}T(1, \alpha_1^{(j)}, \cdots, \alpha_m^{(j)}) = \alpha_q^{(i)}\frac{\partial}{\partial u_{p0}}T(1, \alpha_1^{(j)}, \cdots, \alpha_m^{(j)}),$$

所以由引理 2 容易完成归纳推理. □

我们选取 $u'_{ij} \in \mathbb{K}(i = 1, \cdots, r-1; j = 0, 1, \cdots, m)$, 使得 $a(u'_{ij}) \neq 0$, $\Phi(u'_{ij}) \neq 0$. 并由此按第 2.2 节引理 2.2.4 定义同态 τ: $B[a^{-1}] \to \mathscr{K}_0$ ($\mathscr{K}_0$ 是包含域$\mathbb{K}$ 的代数闭域),它在$\mathbb{K}$ 上恒等,且 $\tau(u_{ij}) = u'_{ij}$. 我们记

$$\mathscr{F}^{(j)} = \mathbb{K}(\tau(\alpha_1^{(j)}), \cdots, \tau(\alpha_m^{(j)})) \quad (j = 1, \cdots, g)$$

引理 4 对于每个 j,上面定义的域 $\mathscr{F}^{(j)} \supset \mathbb{K}$ 是有限次代数扩张.如果 $d_j = [\mathscr{F}^{(j)} : \mathbb{K}]$, 并且设 $\mathscr{F}^{(1)}, \cdots, \mathscr{F}^{(v)}$是诸 $\mathscr{F}^{(j)}$ 中互不共轭的域的最大集合,那么 $d_1 + \cdots + d_v = g$.

证　记 $\gamma_j = \tau(\theta^{(j)}) \in \mathscr{F}^{(j)}$，其中元素 $\theta^{(j)} \in B$ 如引理 2 证明中所定义. 设 $f(t)$ 也是在引理 2 证明中所定义，即

$$f(t) = a\prod_{j=1}^{g}(t - \theta^{(j)}),$$

那么 γ_j 是多项式 $g(t) = (\tau f)(t) \in \mathbb{K}[t]$ 的根.

由式(12)可知

$$\tau(\alpha_l^{(j)}) = (\tau g_l)(\gamma_j) \cdot \tau(a)^{-g^2+2g-2} \cdot \tau(\Phi)^{-1} \in \mathbb{K}(\gamma_j),$$

因此 $\mathscr{F}^{(j)} \subset \mathbb{K}(\gamma_j)$. 但因为 $\gamma_j \in \mathscr{F}^{(j)}$，所以 $\mathscr{F}^{(j)} = \mathbb{K}(\gamma_j)$.

因为 $\tau(\Phi) \neq 0$，所以由式(10)知，多项式 $g(t)$ 没有重根. 由引理条件知，$g(t)$ 的每个根与根 $\gamma_1, \cdots, \gamma_v$ 中的一个共轭，并且这些根互不共轭，因此，多项式 $g(t)$ 与元素 $\gamma_1, \cdots, \gamma_v$ 的极小多项式之积只相差一个 $\mathbb{K}$ 中的因子. □

引理 3.2.1 之证　因为 $\dim\mathfrak{P} \geqslant 0$，所以 $\mathfrak{P} \neq \mathbb{K}[X]$，可设 $x_0 \notin \mathfrak{P}$. 我们分两种情形来讨论.

1. 设 $h^*(\mathfrak{P}) = m$，亦即 $r = \dim\mathfrak{P} + 1 = m + 1 - h^*(\mathfrak{P}) = 1$. 此时 $\mathscr{R} \supset \mathbb{K} = \mathbb{C}(z)$ 是有限次代数扩张，所以存在域 $\mathscr{R}$ 的有限非分歧绝对值 $|\cdot|_v$（记 $V(x) = -\log|x|_v$），满足

$$V(\alpha_i^{(j)}) \geqslant 0, \quad V(a) = V(\Phi) = 0.$$

设 W 是 V 的赋值环，并令 $\mathfrak{M}$ 是 W 的极大理想.

考虑域 $\mathbb{C}$ 上的矢量空间

$$\mathfrak{E} = \bigoplus_{j=1}^{g} W/\mathfrak{M}^d,$$

其中

$$d = 1 + \left[\frac{\mu\deg\mathfrak{P} + \nu h(\mathfrak{P})}{\deg\mathfrak{P}}\right]. \tag{13}$$

我们还考虑同态

$$\varphi: \mathbb{L}_{\mathfrak{P}}(\mu, \nu) \to \mathfrak{E},$$

其定义为

$$R \bmod \mathfrak{P} \xrightarrow{\varphi} (\cdots, R(1, \alpha_1^{(j)}, \cdots, \alpha_m^{(j)}) \bmod \mathfrak{M}^d, \cdots).$$

现在证明 φ 是嵌入.

设 $R \bmod \mathfrak{P} \in \operatorname{Ker}\varphi$. 那么

$$V(R(1, \alpha_1^{(j)}, \cdots, \alpha_m^{(j)})) \geqslant d \quad (j = 1, \cdots, g), \tag{14}$$

取 $G = \mathrm{Res}(F, R)$($\mathfrak{P}$的生成元 F 与 R 的 u 结式) $\in \mathbb{C}[z, \boldsymbol{u}_1, \cdots, \boldsymbol{u}_{r-1}]$,由第 2.2 节引理 2.2.2(取非阿基米德绝对值 $|G(z)|_\infty = \exp(\deg_z G)$,并注意第 2.1 节例 2.1.3)得

$$\deg_z G \leqslant h(\mathfrak{P}) \cdot \deg_x R + \deg \mathfrak{P} \cdot \deg_z R \leqslant \nu h(\mathfrak{P}) + \mu \deg \mathfrak{P}. \tag{15}$$

又由式(2.2.4)知

$$G = a^{\deg R} \prod_{j=1}^{g} R(1, \alpha_1^{(j)}, \cdots, \alpha_m^{(j)}),$$

所以由式(13)～式(15)得

$$\begin{aligned} V(G) &= \nu V(a) + \sum_{j=1}^{g} V(R(1, \alpha_1^{(j)}, \cdots, \alpha_m^{(j)})) \geqslant gd \\ &> \deg \mathfrak{P} \cdot \frac{\mu \deg \mathfrak{P} + \nu h(\beta)}{\deg \mathfrak{P}} \\ &= \mu \deg \mathfrak{P} + \nu h(\mathfrak{P}) \geqslant \deg_z G. \end{aligned}$$

因此 $G = 0$,从而 $R(1, \alpha_1^{(j)}, \cdots, \alpha_m^{(j)}) = 0$,于是 $R \in \mathfrak{P}$(见第 2.2 节引理 2.2.1 的结论(ii)).这就证明了 φ 是嵌入.

现在我们可得(注意式(13))

$$\begin{aligned} \chi_{\mathfrak{P}}(\mu, \nu) &= \dim_{\mathbb{C}} \mathbb{L}_{\mathfrak{P}}(\mu, \nu) \leqslant \dim \mathfrak{E} = gd \\ &\leqslant \deg \mathfrak{P}\left(1 + \frac{\mu \deg \mathfrak{P} + \nu h(\mathfrak{P})}{\deg \mathfrak{P}}\right) \\ &= (\mu + 1)\deg \mathfrak{P} + \nu h(\mathfrak{P}), \end{aligned}$$

亦即结论成立.

2. 设 $h^*(\mathfrak{P}) < m$,亦即 $r \geqslant 2$. 类似于前,按第 2.2 节引理 2.2.4,定义同态 τ,其中,取 $u'_{ij} \in \mathbb{C}$ 满足 $a(u'_{ij}) \neq 0$, $\Phi(u'_{ij}) \neq 0$,并可将它扩充到环 $B[a^{-1}, \Phi^{-1}]$. 令域 $\mathscr{K} = \mathbb{C}(z, \tau(\alpha_1^{(1)}, \cdots, \tau(\alpha_m^{(g)}))$,由引理 4, $\mathscr{K}$ 是 $\mathbb{C}(z)$ 的有限扩张. 令 V_1 是 $\mathscr{K}$ 的有限非分歧绝对值,满足

$$V_1(\tau(\alpha_i^{(j)})) \geqslant 0, \quad V_1(\tau(a)) = V_1(\tau(\Phi)) = 0, \tag{16}$$

并且用 W_1 表示 V_1 的赋值环, $\mathfrak{M}_1$ 为 W_1 的极大理想. 对每个矢量 $\boldsymbol{k} = (k_1, \cdots, k_{r-1}) \in \mathfrak{N}$,记

$$d_{\boldsymbol{k}} = \max\left\{0, 1 + \left[\left(\frac{\mu}{\nu} + \frac{h(\mathfrak{P})}{\deg \mathfrak{P}}\right)(r\nu - |\boldsymbol{k}|)\right]\right\}.$$

考虑 $\mathbb{C}$ 矢量空间

$$\mathfrak{E}_1 = \bigoplus_{j=1}^{g} \bigoplus_{\boldsymbol{k} \in \mathfrak{N}} W_1 / \mathfrak{M}_1^{d_{\boldsymbol{k}}},$$

以及同态

$$\varphi : \mathbb{L}_{\mathfrak{P}}(\mu, \nu) \to \mathfrak{E}_1,$$

φ 的定义为

$$R \bmod \mathfrak{P} \xrightarrow{\varphi} (\cdots, \tau(\partial_0^{\boldsymbol{k}} R(1, \alpha_1^{(j)}, \cdots, \alpha_m^{(j)})) \bmod \mathfrak{M}_1^{d_{\boldsymbol{k}}}, \cdots).$$

现在证明 φ 是嵌入.

设 $R \bmod \mathfrak{P} \in \operatorname{Ker} \varphi$, 那么

$$V_1(\tau(\partial_0^{\boldsymbol{k}} R(1, \alpha_1^{(j)}, \cdots, \alpha_m^{(j)}))) \geqslant d_{\boldsymbol{k}} \quad (j = 1, \cdots, g; \boldsymbol{k} \in \mathfrak{N}).$$

设 $\boldsymbol{l}_1, \cdots, \boldsymbol{l}_g \in \mathfrak{N}$ 任意,并适合 $|\boldsymbol{l}_1| + \cdots + |\boldsymbol{l}_g| \leqslant (r-1)\nu g$. 那么

$$\begin{aligned} &\sum_{j=1}^{g} V_1(\tau(\partial_0^{\boldsymbol{l}_j} R(1, \alpha_1^{(j)}, \cdots, \alpha_m^{(j)}))) \\ &\quad \geqslant \sum_{j=1}^{g} d_{\boldsymbol{l}_j} \geqslant \left(\frac{\mu}{\nu} + \frac{h(\mathfrak{P})}{\deg \mathfrak{P}}\right) \sum_{j=1}^{g} (r\nu - |\boldsymbol{l}_j|) \\ &\quad \geqslant \left(\frac{\mu}{\nu} + \frac{h(\mathfrak{P})}{\deg \mathfrak{P}}\right)(r\nu g - (r-1)\nu g) = \mu \deg \mathfrak{P} + \nu h(\mathfrak{P}). \end{aligned}$$

由式(16)可知环 $B[a^{-1}, \Phi^{-1}]$在同态 τ 作用下的像落在 W_1 中,因此对每个 $\xi \in \tau(D((r-1)\nu g))$ 有

$$V_1(\xi) > \mu \deg \mathfrak{P} + \nu h(\mathfrak{P}).$$

于是由引理 3 得知当 $|\boldsymbol{v}_0| + \cdots + |\boldsymbol{v}_m| \leqslant (r-1)\nu g$,对 $G = \operatorname{Res}(F, R)$ 有

$$V_1(\tau(\partial_0^{\boldsymbol{v}_0} \cdots \partial_m^{\boldsymbol{v}_m} G)) > \mu \deg \mathfrak{P} + \nu h(\mathfrak{P}). \tag{17}$$

因为 $u'_{ij} \in \mathbb{C}$, 所以 $\tau(\partial_0^{\boldsymbol{v}_0} \cdots \partial_m^{\boldsymbol{v}_m} G) \in \mathbb{C}[z]$, 于是由式(15)我们又有

$$\deg_z \tau(\partial_0^{\boldsymbol{v}_0} \cdots \partial_m^{\boldsymbol{v}_m} G) \leqslant \deg_z G \leqslant \mu \deg \mathfrak{P} + \nu h(\mathfrak{P}). \tag{18}$$

由式(17)和式(18)得知

$$\tau(\partial_0^{\boldsymbol{v}_0} \cdots \partial_m^{\boldsymbol{v}_m} G) = 0 (|\boldsymbol{v}_0| + \cdots + |\boldsymbol{v}_m| \leqslant (r-1)\nu g). \tag{19}$$

但由第 2.2 节引理 2.2.2 的结论(ii)(其中,对于 $P_1, P_2 \in \mathbb{K}[\boldsymbol{u}_1, \cdots, \boldsymbol{u}_{r-1}]$, 令非阿基米德绝对值 $|P_1/P_2| = \exp(\deg P_1 - \deg P_2)$, 其中,$\deg P$为多项式$P \in \mathbb{K}[\boldsymbol{u}_1, \cdots, \boldsymbol{u}_{r-1}]$ 关于变量 $\boldsymbol{u}_1, \cdots, \boldsymbol{u}_{r-1}$全体的次数)可得

$$\deg G \leqslant \deg_{\boldsymbol{x}} R \cdot \deg F = \nu(r-1)g.$$

由此及式(19)可知 $G \equiv 0$, 从而 $R(1, \alpha_1^{(j)}, \cdots, \alpha_m^{(j)}) = 0$, 于是 $R \in \mathfrak{P}$. 这证明了 φ 是

嵌入.

最后注意,当 $|\boldsymbol{k}| > r\nu$ 时,$d_{\boldsymbol{k}} = 0$,我们得到

$$\begin{aligned}
\chi_{\mathfrak{P}}(\mu, \nu) &= \dim_{\mathbb{C}} \mathbb{L}_{\mathfrak{P}}(\mu, \nu) \leqslant \dim \mathfrak{E}_1 = g\sum_{\boldsymbol{k}\in\mathfrak{N}} d_{\boldsymbol{k}} = \deg \mathfrak{P} \cdot \sum_{|\boldsymbol{k}|\leqslant r\nu} d_{\boldsymbol{k}} \\
&\leqslant \deg \mathfrak{P} \cdot \sum_{|\boldsymbol{k}|\leqslant r\nu} \left(1 + r\nu\left(\frac{\mu}{\nu} + \frac{h(\mathfrak{P})}{\deg \mathfrak{P}}\right)\right) \\
&= ((r\mu + 1)\deg \mathfrak{P} + r\nu h(\mathfrak{P}))\binom{r\nu + r - 1}{r - 1} \\
&\leqslant 6^{r-1}((\mu + 1)\nu^{r-1}\deg \mathfrak{P} + \nu^r h(\mathfrak{P})).
\end{aligned}$$

□

我们还可类似地研究 $\mathfrak{P} \in \mathbb{K}[x_0, \cdots, x_m]$($\mathbb{K}$ 为特征为 0 的域)及 $\mathfrak{P} \in \mathbb{Z}[x_0, \cdots, x_m]$ 的情形(见文献[73]).

第4章 Ramanujan函数值的代数无关性

在《超越数:基本理论》第3.3节,我们曾概述了Yu. V. Nesterenko关于Ramanujan函数值的代数无关性结果,推导了它的许多重要的推论,如π, e^{π}和$\Gamma(1/4)$的代数无关性,还涉及相应的代数无关性度量.本章将给出Nesterenko定理(定性和定量两个方面)的完整证明,包括定性结果的第一个证明(另一个证明见第6章)以及两个定量结果的证明,还给出π, e^{π}和$\Gamma(1/4)$代数无关性的直接证明.这些论证给出了Nesterenko方法的一些模式.

4.1 基本结果的叙述

习知,Ramanujan函数是指下列三个级数:

$$P(z) = 1 - 24\sum_{n=1}^{\infty}\sigma_1(n)z^n = 1 - 24\sum_{n=1}^{\infty}\frac{nz^n}{1-z^n},$$

$$Q(z) = 1 + 240\sum_{n=1}^{\infty}\sigma_3(n)z^n = 1 + 240\sum_{n=1}^{\infty}\frac{n^3z^n}{1-z^n},$$

$$R(z) = 1 - 504\sum_{n=1}^{\infty}\sigma_5(n)z^n = 1 - 504\sum_{n=1}^{\infty}\frac{n^5z^n}{1-z^n},$$

其中,$\sigma_k(n) = \sum_{d|n} d^k$. 它们分别是权为 2, 4 和 6 的 Eisenstein 级数 E_2, E_4 和 E_6. 令

$$\begin{aligned}\Delta &= (Q^3 - R^2)/1\,728 = 12^{-3}(Q^3 - R^2)\\ &= z + \sum_{n=2}^{\infty} d_n z^n (d_n \in \mathbb{Z}),\end{aligned}$$

那么椭圆模函数可以表示为

$$J(z) = Q^3/\Delta \quad (z = e^{2\pi i\tau},\ \mathrm{Im}\tau > 0).$$

另外,Ramanujan 函数与 Weierstrass $\wp$ 函数,Dedekind η 函数,以及 ϑ 函数,Rogers-Ramanujan 连分式等均有密切关系.这些函数的特殊点上的值是超越数论关注的对象.因此 Ramanujan 函数的数论性质将产生重要的超越数论结果.

现在来叙述 Yu. V. Nesterenko 的主要结果.

定理 4.1.1 (Nesterenko 定理)若 $q \in \mathbb{C}$, $0 < |q| < 1$, 则有

$$\mathrm{tr\,deg}\ \mathbb{Q}(q, P(q), Q(q), R(q)) \geqslant 3,$$

亦即数 q, $P(q)$, $Q(q)$和 $R(q)$中至少有 3 个(在$\mathbb{Q}$上)代数无关.

作为推论立即得到(参见《超越数:基本理论》第 3.3 节).

推论 4.1.1 数 π, e^{π}, $\Gamma(1/4)$代数无关.

推论 4.1.2 数 π, $e^{\pi\sqrt{3}}$, $\Gamma(1/3)$代数无关.

注 4.1.1 1976 年,G. V. Chudnovski 证明了 π 和 $\Gamma(1/4)$及 π 和 $\Gamma(1/3)$分别代数无关(见文献[24]和[27]).

对于多项式 $A(x_1, \cdots, x_m) \in \mathbb{Z}[x_1, \cdots, x_m]$,用 $\deg A$ 及$H(A)$表示其(全)次数和高(系数绝对值的最大值),并令 $t(A) = \deg A + \log H(A)$ 为其规格.我们有下列度量结果.

定理 4.1.2 设 $q \in \mathbb{C}(0 < |q| < 1)$,并且 ω_1, ω_2 和 $\omega_3 \in \mathbb{C}$ 使得数 q, $P(q)$, $Q(q)$, $R(q)$在域 $\mathbb{Q}(\omega_1, \omega_2, \omega_3)$上是代数元.那么存在常数 $\gamma_1 > 0$ 仅与数 q 和 ω_i 有关,使对于任何非零多项式 $A \in \mathbb{Z}[x_1, x_2, x_3]$ 有不等式

$$|A(\omega_1, \omega_2, \omega_3)| > \exp(-\gamma_1 S^4(\log S)^9) \tag{4.1.1}$$

成立,其中,S 是任意满足下列条件的数:

$$S \geqslant \max\{\log H(A) + \deg A \cdot \log t(A), \mathrm{e}\}.$$

注 4.1.2 Yu. V. Nesterenko 最初的结果[82] 是式(4.1.1)右边为 $\exp(-\gamma_1 t(A)^4(\log t(A))^{24})$. 不久 P. Philippon[109]将对数因子的指数降低为 12.

当 q 是代数数时,定理 4.1.2 可改进为下述定理:

定理 4.1.3 设 $q\ (0<|q|<1)$ 为代数数,并且 ω_1, ω_2 和 $\omega_3 \in \mathbb{C}$ 使得数 $P(q)$, $Q(q)$, $R(q)$在域 $\mathbb{Q}(\omega_1, \omega_2, \omega_3)$上是代数元.那么存在常数 $\gamma_2 > 0$ 仅与数 q 和 ω_i 有关,使对任何非零多项式 $A \in \mathbb{Z}[x_1, x_2, x_3]$ 有不等式

$$|A(\omega_1, \omega_2, \omega_3)| > \exp(-\gamma_2 S d^3 (\log S)^9) \tag{4.1.2}$$

成立,其中,S 和 d 是任意满足下列条件的数:

$$S \geqslant \max\{\log H(A) + \deg A \cdot \log t(A), \mathrm{e}\}, \quad d \geqslant \deg A.$$

注 4.1.3 当多项式 A 的系数显著地超过其次数,估值(4.1.2)明显优于估值(4.1.1).例如,若

$$\frac{\log H(A)}{\log\log H(A)} \geqslant \deg A,$$

则 $\deg A \leqslant \log H(A)$, $t(A) \leqslant \deg H(A) + \deg A \leqslant 2\log H(A)$,从而 $\log H(A) + \deg A \cdot \log t(A) \leqslant c_1 \log H(A)$,取 $S = \mathrm{e}\, c_1 \log H(A)$, $d = \log A$($c_1 > 0$ 为常数),于是由式(4.1.2)得

$$|A(\omega_1, \omega_2, \omega_3)| > \exp(-\gamma_3 (\deg A)^3 (\log H(A))(\log\log H(A))^9).$$

我们在定理 4.1.2 中取 $q = \mathrm{e}^{-2\pi}$,那么

$$P(\mathrm{e}^{-2\pi}) = \frac{3}{\pi}, \quad Q(\mathrm{e}^{-2\pi}) = 3\frac{\Gamma\left(\frac{1}{4}\right)^8}{(2\pi)^6}, \quad R(\mathrm{e}^{-2\pi}) = 0$$

(参见《超越数:基本理论》,第 3.3 节),于是得下述推论:

推论 4.1.3 数组(π, e^{π}, $\Gamma(1/4)$)有代数无关性度量

$$\begin{aligned}\varphi(d, H) = \exp\{&-c_2(\log H + d\log(d + \log H))^4 \\ &\cdot (\log(\log H + d\log(d + \log H)))^9\}.\end{aligned}$$

因此有超越型 $\tau \leqslant 4 + \varepsilon\ (\varepsilon > 0)$.

对数组(π, $\mathrm{e}^{\pi\sqrt{3}}$, $\Gamma(1/3)$)可类似地得到同样结果.

注 4.1.4 习知,若 d, $H \in \mathbb{N}$, $\varphi(x, y)$是定义在 $\mathbb{N}\times\mathbb{N}$ 上的正函数,$(\omega_1, \cdots, \omega_q) \in \mathbb{C}^q\ (q \geqslant 1)$,并且对任何次数$\leqslant d$,高$\leqslant H$ 的非零多项式 $P \in \mathbb{Z}[z_1, \cdots, z_q]$ 有 $|P(\omega_1, \cdots, \omega_q)| \geqslant \varphi(d, H)$,则称 φ 是$(\omega_1, \cdots, \omega_q)$的一个代数无关性度量($q = 1$ 时

就是 ω_1 的超越性度量). 若 $\varphi(d, H) = \exp(-c_3 t(P)^{\tau})$($c_3 > 0$, $\tau \in \mathbb{R}$ 为常数),则称 $(\omega_1, \cdots, \omega_q)$ 有超越型 $\leqslant \tau$.

4.2 辅助多项式的构造

从本节开始,c_i 等表示正常数,$|\cdot|$为通常的绝对值.

引理 4.2.1 对于所有 $L_1 \geqslant 1$, $L_2 \geqslant 1$,当 $L_1 + L_2$ 充分大时,存在多项式 $A \in \mathbb{Z}[z, x_1, x_2, x_3]$, $A \neq 0$,满足条件

$$\deg_z A \leqslant L_1, \ \deg_{x_i} A \leqslant L_2 \quad (i = 1, 2, 3),$$
$$\log H(A) \leqslant 85 L_2 \log(L_1 + L_2),$$

其中,$H(A)$表示 A 的(通常)高,并且使多项式

$$F(z) = A(z, P(z), Q(z), R(z))$$

满足等式

$$F^{(k)}(0) = 0 \quad \left(k = 0, 1, \cdots, \left[\frac{1}{2} L_1 L_2^3\right] - 1\right).$$

证 当 $k \geqslant 1$ 时

$$\sigma_k(n) = \sum_{d \mid n} d^k \leqslant n^k \sum_{d \mid n} 1 \leqslant n^{k+1},$$

以及

$$1 + \sum_{n=1}^{\infty} n^k z^n \prec \sum_{n=0}^{\infty} (n+1) \cdots (n+k) z^n = \frac{k!}{(1-z)^{k+1}},$$

其中,$f(z) \prec g(z)$ 表示 g 是f 的强函数. 于是

$$P(z) \prec \frac{24 \cdot 2!}{(1-z)^3}, \quad Q(z) \prec \frac{240 \cdot 4!}{(1-z)^5}, \quad R(z) \prec \frac{504 \cdot 6!}{(1-z)^7}.$$

另外,对任何整数 $k \geqslant 1$,

$$z^k \prec \frac{1}{1-z}.$$

令集合

$$\mathfrak{M} = \{\boldsymbol{k} = (k_0, k_1, k_2, k_3) \in \mathbb{Z}^4, 0 \leqslant k_0 \leqslant L_1, \\ 0 \leqslant k_i \leqslant L_2 (i = 1, 2, 3)\}.$$

那么有

$$z^{k_0} P(z)^{k_1} Q(z)^{k_2} R(z)^{k_3} = \sum_{n=0}^{\infty} d(\boldsymbol{k}, n) z^n \prec c_1^{3L_2} (1 - z)^{-16L_2},$$

其中, $c_1 = 504 \cdot 6!$, $d(\boldsymbol{k}, n) \in \mathbb{Z}$, 从而得估值

$$|d(\boldsymbol{k}, n)| \leqslant c_1^{3L_2} (n + 16L_2)^{16L_2} \leqslant (c_2 n L_2)^{16L_2} \quad (n \geqslant 1) \tag{4.2.1}$$

以及

$$|d(\boldsymbol{k}, 0)| \leqslant 1. \tag{4.2.2}$$

现在令

$$A = \sum_{\boldsymbol{k} \in \mathfrak{M}} a(\boldsymbol{k}) z^{k_0} x_1^{k_1} x_2^{k_2} x_3^{k_3},$$

其中,整数 $a(\boldsymbol{k})(\boldsymbol{k} \in \mathfrak{M})$ 取作下列线性齐次方程组的非平凡解:

$$\sum_{\boldsymbol{k} \in \mathfrak{M}} d(\boldsymbol{k}, n) a(\boldsymbol{k}) = 0 \quad \left(n = 0, 1, \cdots, \left[\frac{1}{2} L_1 L_2^3\right] - 1\right).$$

因为变量的个数 $u = [L_1 + 1] \cdot [L_2 + 1]^3$, 方程个数 $v = \left[\frac{1}{2} L_1 L_2^3\right]$, 并且 $2v \leqslant u$, 因此由 Siegel 引理知,这样的解确实存在,并且由式(4.2.1)和式(4.2.2),它们满足

$$\max_{\boldsymbol{k} \in \mathfrak{M}} |a(\boldsymbol{k})| \leqslant L_1 L_2^3 (c_2 L_1 L_2^4)^{16L_2} \leqslant (L_1 + L_2)^{85L_2}, \tag{4.2.3}$$

其中, $L_1 + L_2$ 足够大. □

记

$$M = \mathrm{ord}_{z=0} F(z) \quad (\text{简记为 } \mathrm{ord}\, F(z)).$$

由引理 4.2.1 及第 3 章定理 3.3.1,有

$$\left[\frac{1}{2} L_1 L_2^3\right] \leqslant M \leqslant c L_1 L_2^3, \tag{4.2.4}$$

其中,可取 $c = 2 \cdot 10^{45}$. 还令

$$r_0 = \min\{(1 + |q|)/2, 2|q|\},$$

于是 $|q| < r_0 < 1$.

引理 4.2.2 如果 $L_1 + L_2$ 充分大,那么对所有 $z \in \mathbb{C}$, $|z| \leqslant r_0$ 有估值

$$|F(z)| \leqslant |z|^M (L_1 + L_2)^{189L_2}.$$

证 将 $F(z)$在 $z = 0$ 展开为 Taylor 级数：

$$F(z) = \sum_{n=M}^{\infty} b_n z^n \quad (b_M \neq 0).$$

那么

$$b_n = \sum_{\boldsymbol{k} \in \mathfrak{M}} d(\boldsymbol{k}, n) a(\boldsymbol{k}) \in \mathbb{Z},$$

并且由式(4.2.1)和式(4.2.3)得

$$\begin{aligned} |b_n| &\leqslant \sum_{\boldsymbol{k} \in \mathfrak{M}} (c_2 n L_2)^{16L_2} (L_1 + L_2)^{85L_2} \\ &\leqslant n^{16L_2} (L_1 + L_2)^{103L_2} \quad (n \geqslant M). \end{aligned}$$

当 $|z| \leqslant r_0$ 时,有

$$\begin{aligned} |F(z)| &\leqslant \sum_{n=M}^{\infty} |b_n| |z|^n = \sum_{n=0}^{\infty} |b_{n+M}| |z|^{n+M} \\ &\leqslant |z|^M (L_1 + L_2)^{103L_2} \sum_{n=0}^{\infty} (n + M)^{16L_2} |z|^n \\ &\leqslant |z|^M (L_1 + L_2)^{103L_2} (M + 1)^{16L_2} \left(1 + \sum_{n=1}^{\infty} n^{16L_2} |z|^n\right) \\ &\leqslant |z|^M (L_1 + L_2)^{103L_2} (cL_1 L_2^3 + 1)^{16L_2} (16L_2)! (1 - r_0)^{-16L_2 - 1} \\ &\leqslant |z|^M (L_1 + L_2)^{189L_2}, \end{aligned}$$

其中, $L_1 + L_2$ 充分大. □

引理 4.2.3 存在整数 T, $0 \leqslant T \leqslant \gamma L_2 \log(L_1 + L_2)$, 使对给定的 $q \in \mathbb{C}$, $0 < |q| < 1$ 有不等式

$$|F^{(T)}(q)| > \left(\frac{1}{2}|q|\right)^{2M}$$

成立,其中, $\gamma = 190(\log|r_0/q|)^{-1}$.

证 令 $L = [\gamma L_2 \log(L_1 + L_2)]$. 设有不等式

$$4^{L+1} |F^{(k)}(q)| \leqslant \left(\frac{1}{2}|q|\right)^M \quad (0 \leqslant k \leqslant L). \tag{4.2.5}$$

在圆 C: $|z| = r_0$ 上 $z\bar{z} = r_0^2$, 并且

$$|r_0^2 - \bar{q}z| = |r_0^2 - \bar{q}z| \left|\frac{\bar{z}}{r_0}\right| = |r_0 \bar{z} - r_0 \bar{q}| = r_0 |z - q|.$$

由此式及引理 4.2.2,可知积分

$$I = \frac{1}{2\pi \mathrm{i}}\int_C \frac{F(z)}{z^{M+1}}\left(\frac{r_0^2 - \bar{q}z}{r_0(z-q)}\right)^{L+1} \mathrm{d}z$$

有上界估计

$$|I| \leqslant (L_1 + L_2)^{189L_2}. \tag{4.2.6}$$

同时还有

$$I = \operatorname*{Res}_{z=0} G(z) + \operatorname*{Res}_{z=q} G(z),$$

其中,$G(z)$表示积分 I 的被积函数.容易算出

$$\operatorname*{Res}_{z=0} G(z) = b_M\left(-\frac{r_0}{q}\right)^{L+1}, \tag{4.2.7}$$

$$\begin{aligned}\operatorname*{Res}_{z=q} G(z) &= \frac{1}{L!}\left(\frac{\mathrm{d}}{\mathrm{d}z}\right)^L\left(F(z)\cdot\frac{(r_0^2 - \bar{q}r_0)^{L+1}}{z^{M+1}r_0^{L+1}}\right)\bigg|_{z=q} \\ &= \sum_{k=0}^{L}\frac{F^{(L-k)}(q)}{(L-k)!\,r_0^{L+1}}\cdot g_k,\end{aligned} \tag{4.2.8}$$

其中

$$\begin{aligned}g_k &= \frac{1}{k!}\left(\frac{\mathrm{d}}{\mathrm{d}z}\right)^k\left(\frac{(r_0^2 - \bar{q}z)^{L+1}}{z^{M+1}}\right)\bigg|_{z=q} \\ &= \frac{1}{2\pi\mathrm{i}}\int_{C_1}\frac{(r_0^2-\bar{q}z)^{L+1}}{z^{M+1}(z-q)^{k+1}}\mathrm{d}z,\end{aligned}$$

其中,C_1 表示圆 $|z-q| = |q|/2$, 在 C_1 上有

$$|z| \geqslant |q| - |z-q| \geqslant \frac{1}{2}|q|,$$

$$\begin{aligned}|r_0^2 - \bar{q}z| &= |r_0^2 - q\bar{q} + \bar{q}(q-z)| \\ &\leqslant r_0^2 - |q|^2 + \frac{1}{2}|q|^2 \\ &\leqslant r_0^2 \leqslant 2r_0|q|,\end{aligned}$$

以及

$$\begin{aligned}\left|\frac{(r_0^2 - \bar{q}z)^{L+1}}{(z-q)^{k+1}}\right| &\leqslant (2r_0|q|)^{L+1}\left(\frac{1}{2}|q|\right)^{-k-1} \\ &\leqslant (4r_0)^{L+1},\end{aligned}$$

因此

$$|g_k| \leqslant (4r_0)^{L+1}\left(\frac{1}{2}|q|\right)^{-M} \quad (0 \leqslant k \leqslant L). \tag{4.2.9}$$

由式(4.2.5)、式(4.2.8)和式(4.2.9)得

$$\begin{aligned} \left|\operatorname*{Res}_{z=q} G(z)\right| &\leqslant \sum_{k=0}^{L} \frac{4^{-L-1}\left(\frac{1}{2}|q|\right)^{M}}{(L-k)!\, r_0^{L+1}} \cdot (4r_0)^{L+1}\left(\frac{1}{2}|q|\right)^{-M} \\ &= \sum_{k=0}^{L} \frac{1}{(L-k)!} \leqslant \mathrm{e}. \end{aligned} \tag{4.2.10}$$

于是由于 $|b_M| \in \mathbb{N}$，从式(4.2.6)和式(4.2.7)及式(4.2.10)得

$$\begin{aligned} \left|\frac{r_0}{q}\right|^{L+1} &\leqslant \left|b_M\left(-\frac{r_0}{q}\right)^{L+1}\right| = \left|\operatorname*{Res}_{z=0} G(z)\right| \\ &\leqslant |I| + \left|\operatorname*{Res}_{z=q} G(z)\right| \\ &\leqslant (L_1 + L_2)^{189L_2} + \mathrm{e}. \end{aligned}$$

由参数 L 和 γ 的选取，此式当 $L_2 \geqslant 2$ 时已不成立. 因此存在整数 $T \leqslant L$ 使

$$|F^{(T)}(q)| > 4^{-L-1}\left(\frac{1}{2}|q|\right)^{M} > \left(\frac{1}{2}|q|\right)^{2M}. \qquad \square$$

现在来证明下列辅助多项式的存在性：

命题 4.2.1 设 $q \in \mathbb{C}$，$0 < |q| < 1$. 对于任何数 $L_1 \geqslant 1$，$L_2 \geqslant 1$，当 $L_1 + L_2$ 充分大时，存在多项式 $B \in \mathbb{Z}[z, x_1, x_2, x_3]$ 满足下列条件：

$$\deg_z B \leqslant L_1, \quad \deg_{x_i} B \leqslant 2\gamma L_2 \log(L_1 + L_2) \quad (i = 1, 2, 3), \tag{4.2.11}$$

$$\log H(B) \leqslant 2\gamma L_2 (\log(L_1 + L_2))^2, \tag{4.2.12}$$

并且

$$\exp(-\beta_2 L_1 L_2^3) \leqslant |B(q, P(q), Q(q), R(q))| \leqslant \exp(-\beta_1 L_1 L_2^3), \tag{4.2.13}$$

其中

$$\beta_1 = \frac{1}{4}\log\frac{1}{r_0}, \quad \beta_2 = 3c\log\frac{2}{|q|},$$

而 $c = 2 \cdot 10^{45}$ (见式(4.2.4)).

证 对于任何多项式 $E \in \mathbb{C}[z, x_1, x_2, x_3]$ 有恒等式

$$\frac{\mathrm{d}}{\mathrm{d}z}E(z, P(z), Q(z), R(z)) = z^{-1}DE(z, P(z), Q(z), R(z)), \tag{4.2.14}$$

其中，微分算子

$$D = z\frac{\partial}{\partial z} + \frac{1}{12}(x_1^2 - x_2)\frac{\partial}{\partial x_1} + \frac{1}{3}(x_1x_2 - x_3)\frac{\partial}{\partial x_2} + \frac{1}{2}(x_1x_3 - x_2^2)\frac{\partial}{\partial x_3},$$

它与 Ramanujan 函数所满足的微分方程

$$z\frac{\mathrm{d}}{\mathrm{d}z}P = \frac{1}{12}(P^2 - Q), \quad z\frac{\mathrm{d}}{\mathrm{d}z}Q = \frac{1}{3}(PQ - R), \quad z\frac{\mathrm{d}}{\mathrm{d}z}R = \frac{1}{2}(PR - Q^2)$$

相对应.设 A 是引理 4.2.1 所确定的多项式，T 是引理 4.2.3 所确定的整数，我们定义多项式

$$B(z, x_1, x_2, x_3) = (12z)^T(z^{-1}D)^TA(z, x_1, x_2, x_3).$$

用归纳法易证

$$(z^{-1}D)^n = z^{-n}\prod_{k=0}^{n-1}(D-k) \quad (n \geqslant 1), \tag{4.2.15}$$

因此 $B \in \mathbb{Z}[z, x_1, x_2, x_3]$. 由式(4.2.14)得到

$$B(z, P(z), Q(z), R(z)) = (12z)^TF^{(T)}(z),$$

其中，$F(z)$是引理 4.2.1 中定义的多项式.

由引理 4.2.3 和式(4.2.4)，我们得到式(4.2.13)的左半边：

$$\begin{aligned}|B(q, P(q), Q(q), R(q))| &\geqslant \left(\frac{1}{2}|q|\right)^{2M}\cdot(12|q|)^T \\ &> \left(\frac{1}{2}|q|\right)^{3M} \geqslant \exp(-\beta_2L_1L_2^3).\end{aligned}$$

为证明式(4.2.13)的右半边，我们应用公式

$$F^{(T)}(q) = \frac{T!}{2\pi\mathrm{i}}\int_{C_2}\frac{F(z)}{(z-q)^{T+1}}\mathrm{d}z,$$

其中，C_2 表示圆 $|z-q| = r_0 - |q|$. 由不等式 $|z| \leqslant |z-q| + |q| = r_0$ 以及式(4.2.4)，并应用引理 4.2.2 和引理 4.2.3 可得

$$\begin{aligned}|B(q, P(q), Q(q), R(q))| &\leqslant 12^TT!(r_0 - |q|)^{-T}r_0^M(L_1+L_2)^{189L_2} \\ &\leqslant \exp(-\beta_1L_1L_2^3).\end{aligned}$$

现在应用恒等式(4.2.15)来证式(4.2.11)和式(4.2.12).如果 $E \in \mathbb{C}[z, x_1, x_2, x_3]$

并且

$$E \prec H(1 + x_1 + x_2 + x_3)^S(1 + z + \cdots + z^L),$$

那么对任何 k, $|k| < T$, 我们有

$$\begin{aligned}(D + k)E \prec &|k| H(1 + x_1 + x_2 + x_3)^S(1 + z + \cdots + z^L) \\ &+ HS(1 + x_1 + x_2 + x_3)^{S-1}((x_1^2 + x_2) + (x_1x_2 + x_3) \\ &+ (x_1x_3 + x_2^2)) \cdot (1 + z + \cdots + z^L) + HL(1 + x_1 + x_2 \\ &+ x_3)^S(1 + z + \cdots + z^L) \\ \prec &H(S + L + T)(1 + x_1 + x_2 + x_3)^{S+1}(1 + z + \cdots + z^L),\end{aligned}$$

因此

$$\begin{aligned}&12^T \prod_{k=0}^{T-1}(D - k)E(z, x_1, x_2, x_3) \\ &\prec 12^T H(S + L + 2T)^T(1 + x_1 + x_2 + x_3)^{S+T}(1 + z + \cdots + z^L),\end{aligned}$$

但因为由引理 4.2.1 我们有

$$A \prec (L_1 + L_2)^{85L_2}(1 + x_1 + x_2 + x_3)^{3[L_2]}(1 + z + \cdots + z^{[L_1]}),$$

所以得到

$$\begin{aligned}B(z, x_1, x_2, x_3) \prec &(L_1 + L_2)^{85L_2}(36L_2 + 12L_1 + 24T)^T \\ &\cdot (1 + x_1 + x_2 + x_3)^{3[L_2]+T}(1 + z + \cdots + z^{[L_1]}).\end{aligned}$$

由此立得

$$\begin{aligned}&\deg_z B \leqslant L_1, \quad \deg_{x_i} B \leqslant 3L_2 + T \leqslant 2\gamma L_2 \log(L_1 + L_2) \quad (i = 1, 2, 3), \\ &H(B) \leqslant (L_1 + L_2)^{85L_2}(36L_2 + 12L_1 + 24T)^T \cdot 4^{3[L_2]+T} \cdot (L_1 + 1) \\ &\quad \leqslant \exp(2\gamma L_2(\log(L_1 + L_2))^2).\end{aligned}$$

□

4.3 定理 4.1.1 和定理 4.1.2 的证明

定理 4.1.1 和定理 4.1.2 都是下述定理 4.3.1 的推论.

定理 4.3.1 设 $q \in \mathbb{C}$, $0 < |q| < 1$. 那么对每个整数 $r(1 \leqslant r \leqslant 3)$, 存在常数 $\mu_r > 0$, 使对于任何齐次纯粹理想 $I \subset \mathbb{Q}[x_0, \cdots, x_4]$, $\dim I = r - 1$, 有不等式

$$\log|I(\boldsymbol{\xi})| \geqslant -\mu_r D^{\frac{4}{4-r}}(\log D)^{\frac{3r}{4-r}},$$

其中,D 是任意满足下式的数:

$$D \geqslant \max\{h(I) + \deg I \cdot \log(h(I) + \deg I),\ \mathrm{e}\},$$

而 $\boldsymbol{\xi} = (1, q, P(q), Q(q), R(q))$.

我们首先由此定理推出定理 4.1.1 和定理 4.1.2.

定理 4.1.1 之证 用 $\mathfrak{P}$ 表示环$\mathbb{Q}[x_0, \cdots, x_4]$中所有在点 $\boldsymbol{\xi}$ 上为零的齐次多项式生成的齐次素理想.那么有

$$\dim \mathfrak{P} = \operatorname{trdeg} \mathbb{Q}(q, P(q), Q(q), R(q))$$

(见文献[141],第二卷第 170-171 页).如果 $\dim \mathfrak{P} \leqslant 2$,那么由定理 4.3.4 得 $|\mathfrak{P}(\boldsymbol{\xi})| > 0$,这与第 2.3 节的推论 2.3.2(其中 $\rho = 0$)矛盾.所以 $\dim \mathfrak{P} \geqslant 3$,即得定理 4.1.1. □

定理 4.1.2 之证 设理想 $\mathfrak{P}$ 如上述,那么 $h(\mathfrak{P})$和 $\deg \mathfrak{P}$ 由 $\boldsymbol{\xi}$ 唯一确定.由定理 4.1.1 知 $\dim \mathfrak{P} \geqslant 3$,而由定理 4.1.2 的条件得 $\mathbb{Q}(q, P(q), Q(q), R(q)) \subset \mathbb{Q}(\omega_1, \omega_2, \omega_3)$,因而有 $\dim \mathfrak{P} = \operatorname{trdeg} \mathbb{Q}(q, P(q), Q(q), R(q)) \leqslant \operatorname{trdeg}_{\mathbb{Q}} \mathbb{Q}(\omega_1, \omega_2, \omega_3) \leqslant 3$,因此 $\dim \mathfrak{P} = 3$.

对任何满足 $B(\boldsymbol{\xi}) \neq 0$ 的多项式 $B \in \mathbb{Z}[x_1, x_2, x_3, x_4]$,令

$$C(x_0, x_1, x_2, x_3, x_4) = x_0^{\deg B} B\left(\frac{x_1}{x_0}, \frac{x_2}{x_0}, \frac{x_3}{x_0}, \frac{x_4}{x_0}\right),$$

则 C 是齐次多项式,在 $\boldsymbol{\xi}$ 值不为零,并且 $C(\boldsymbol{\xi}) = B(\boldsymbol{\xi})$.令 J 是根据第 2.3 节命题 2.3.1 得到的与 $\mathfrak{P}$ 和 C 相应的环 $\mathbb{Q}[X] = \mathbb{Q}[x_0, \cdots, x_4]$ 中的齐次纯粹理想,于是 $\dim J = \dim \mathfrak{P} - 1 = 2$,并且

$$\deg J \leqslant c_1 \deg C, \quad h(J) \leqslant c_1(h(C) + \deg C),$$
$$\log|J(\boldsymbol{\xi})| \leqslant \log\|C\|_{\boldsymbol{\xi}} + c_1(h(C) + \deg C).$$

将定理 4.3.1 应用于理想 J,其中取

$$D = c_2(t(B) + \deg B \cdot \log t(B)),$$

其中,常数 c_2 足够大,并注意 $\deg C = \deg B$, $h(C) = h(B) \leqslant \log H(B)$, $r = 3$ 以及 $|C(\boldsymbol{\xi})| = \|C\|_{\boldsymbol{\xi}} |C| |\boldsymbol{\xi}|^{\deg C}$,我们得

$$\begin{aligned}&\log|B(q, P(q), Q(q), R(q))| \\ &\quad \geqslant -c_3(t(B) + \deg B \cdot \log t(B))^4 (\log t(B))^9.\end{aligned} \tag{4.3.1}$$

由定理条件知,数 $\omega_1, \omega_2, \omega_3$ 在域$\mathbb{Q}(q, P(q), Q(q), R(q))$上也是代数元.如果

多项式 $E \in \mathbb{Q}[x_1, \cdots, x_4]$，数 $d = E(q, P(q), Q(q), R(q))$ 使所有的数 $d\omega_i(i = 1, 2, 3)$ 均为环$\mathbb{Q}[q, P(q), Q(q), R(q)]$上的代数整数，那么

$$\mathrm{Norm}(d^{\deg A}A(\omega_1, \omega_2, \omega_3)) = B_0(q, P(q), Q(q), R(q)),$$

其中，$B_0(x_1, x_2, x_3, x_4)$是整系数多项式，并且

$$\deg B_0 \leqslant c_4 \deg A, \quad \log H(B_0) \leqslant c_4 \log H(A).$$

将不等式(4.3.1)应用于 B_0 即得所要的结果. □

定理 4.3.1 之证 对 r 用归纳法，设 $r(1 \leqslant r \leqslant 3)$ 是使定理 4.3.1 不成立的最小的数. 选取 λ 充分大并加以固定.

1. 首先证明：具有下列性质的数 D 是无界的：存在齐次素理想 $\mathfrak{P}$，满足条件 $\dim \mathfrak{P} = r - 1$，并且

$$h(\mathfrak{P}) + \deg \mathfrak{P} \cdot \log(h(\mathfrak{P}) + \deg \mathfrak{P}) \leqslant D, \tag{4.3.2}$$

$$\log |\mathfrak{P}(\boldsymbol{\xi})| < -2\lambda^{12} D^{\frac{4}{4-r}} (\log D)^{\frac{3r}{4-r}}. \tag{4.3.3}$$

设不然，那么对于某个正常数 γ_1，使对所有 $\dim \mathfrak{P} = r - 1$ 的齐次素理想 $\mathfrak{P} \subset \mathbb{Q}[X]$ 有不等式

$$\log |\mathfrak{P}(\boldsymbol{\xi})| \geqslant -\gamma_1 \varphi(\mathfrak{P})^{\frac{4}{4-r}} (\log \varphi(\mathfrak{P}))^{\frac{3r}{4-r}}, \tag{4.3.4}$$

其中，$\varphi(\mathfrak{P}) = h(\mathfrak{P}) + \deg \mathfrak{P} \cdot \log(h(\mathfrak{P}) + \deg \mathfrak{P})$. 将第 2.1 节命题 2.1.2 应用于任意一个维数为 $r - 1$ 的齐次纯粹理想 $I \subset \mathbb{Q}[X]$，可得不等式

$$\begin{aligned} h(\mathfrak{P}_j) + \deg \mathfrak{P}_j &< (1 + 1 \cdot 4^2)(h(I) + \deg I) \\ &= 17(h(I) + \deg I), \end{aligned}$$

其中，已设 $I = I_1 \cap \cdots \cap I_s$ 是不可缩短准素分解，$\mathfrak{P}_j = \sqrt{I_j}$，且 I_j 的指数为 $k_j(j = 1, \cdots, s)$，于是

$$\begin{aligned} \sum_{j=1}^{s} k_j \varphi(\mathfrak{P}_j) &\leqslant \sum_{j=1}^{s} k_j (h(\mathfrak{P}_j) + \deg \mathfrak{P}_j \cdot \log(17(h(I) + \deg I))) \\ &\leqslant c_5 \varphi(I). \end{aligned}$$

因为函数 $x^{\frac{r}{4-r}}(\log x)^{\frac{3r}{4-r}}$ 当 $x \geqslant 1$ 时单调上升，所以

$$\sum_{j=1}^{s} k_j \varphi(\mathfrak{P}_j)^{\frac{4}{4-r}} (\log \varphi(\mathfrak{P}_j))^{\frac{3r}{4-r}} \leqslant (c_5 \varphi(I))^{\frac{4}{4-r}} (\log(c_5 \varphi(I)))^{\frac{3r}{4-r}}.$$

应用刚才引用的命题中最后一个不等式，从式(4.3.4)及上式可推得

$$\log |I(\boldsymbol{\xi})| \geqslant \sum_{j=1}^{s} k_j \log |\mathfrak{P}_j(\boldsymbol{\xi})| - 4^3 \cdot \deg I$$

$$\geqslant -\gamma_1\sum_{j=1}^{s}k_j\varphi(\mathfrak{P}_j)^{\frac{4}{4-r}}(\log\varphi(\mathfrak{P}_j))^{\frac{3r}{4-r}}-64\deg I$$
$$\geqslant -\gamma_1 c_6(\varphi(I))^{\frac{4}{4-r}}(\log(\varphi(I)))^{\frac{3r}{4-r}}.$$

这与上述 r 的"极小性"矛盾.所以所说的数 D 无界.

2. 设 D 充分大,而 $\mathfrak{P}$ 是维数为 $r-1$ 的满足条件(4.3.2),(4.3.3)的齐次素理想.还由下式定义数 L:

$$2\beta_2L^4\log L=\min\left\{2\lambda^{12}D^{\frac{4}{4-r}}(\log D)^{\frac{3r}{4-r}},\ \log\frac{1}{\rho}\right\},\qquad(4.3.5)$$

其中,ρ 是点 $\boldsymbol{\xi}$ 与理想 $\mathfrak{P}$ 的零点簇的距离,β_2 是命题 4.2.1 中的常数.由第 2.3 节命题 2.3.3 可知,当 D 增长时 L 也无限增大.还令 $L_1=L\log L$ 及 $L_2=L$.

由命题 4.2.1 可知,存在多项式 $B\in\mathbb{Z}[z,x_1,x_2,x_3]$,它关于全体变量的(全)次数不超过 $n=[7\gamma L\log L]$. 定义齐次多项式

$$E=x_0^nB\left(\frac{x_4}{x_0},\frac{x_1}{x_0},\frac{x_2}{x_0},\frac{x_3}{x_0}\right)\in\mathbb{Z}[x_0,\cdots,x_4].$$

我们证明: $E\notin\mathfrak{P}$.

设 $E\in\mathfrak{P}$,那么由第 2.3 节推论 2.3.1 可知

$$|E(\boldsymbol{\xi})|=\|E\|_{\xi}|E||\boldsymbol{\xi}|^{\deg E}\leqslant\rho\,\mathrm{e}^{9n}H(E)|\boldsymbol{\xi}|^n.$$

但因为 $H(E)=H(B)$,且由命题 4.2.1 中的式(4.2.12)知 $\log H(B)\leqslant 3\gamma L(\log L)^2$,所以由上式及式(4.3.5)得到

$$\begin{aligned}\log|B(\boldsymbol{\xi})|=\log|E(\boldsymbol{\xi})|&\leqslant\log\rho+\log H(B)+n(9+\log|\boldsymbol{\xi}|)\\&\leqslant-2\beta_2L^4\log L+3\gamma L(\log L)^2+7\gamma(9+\log|\boldsymbol{\xi}|)L\log L\\&<-\beta_2L^4\log L=-\beta_2L_1L_2^3.\end{aligned}$$

这与命题 4.2.1 中的式(4.2.13)矛盾.所以确实 $E\notin\mathfrak{P}$.

3. 下面将第 2.3 节命题 2.3.2 应用于理想 $\mathfrak{P}$ 和多项式 E.记 $\eta=1+[4\beta_2/\beta_1]$,其中 β_i 是命题 4.2.1 中的常数.由命题 4.2.1 中的式(4.2.13)得

$$\begin{aligned}-\eta\log\|E\|_{\xi}\geqslant-\eta\log|B(\boldsymbol{\xi})|\geqslant\eta\beta_1L_1L_2^3>4\beta_2L^4\log L\\=2\min\left\{2\lambda^{12}D^{\frac{4}{4-r}}(\log D)^{\frac{3r}{4-r}},\ \log\frac{1}{\rho}\right\},\end{aligned}$$

于是当 $r\geqslant 2$ 时存在齐次纯粹理想 $J\subset\mathbb{Q}[x_0,\cdots,x_4]$ 满足下列诸条件:

$$\deg J\leqslant\eta n\deg\mathfrak{P},\qquad(4.3.6)$$
$$h(J)\leqslant\eta(nh(\mathfrak{P})+h(E)\deg\mathfrak{P}+24n\deg\mathfrak{P}),\qquad(4.3.7)$$

$$\log|J(\boldsymbol{\xi})| \leqslant -2\lambda^{12}D^{\frac{4}{4-r}}(\log D)^{\frac{3r}{4-r}} + \eta(h(E)\deg\mathfrak{P} + nh(\mathfrak{P}) + 192n\deg\mathfrak{P}). \tag{4.3.8}$$

并且当 $r=1$ 时,若约定 $|J(\boldsymbol{\xi})|=1$, 则式(4.3.8)也成立.

注意由式(4.3.5)得

$$L \leqslant \lambda^4 D^{\frac{1}{4-r}}(\log D)^{\frac{r-1}{4-r}}, \tag{4.3.9}$$

由式(4.3.2)得

$$h(\mathfrak{P}) \leqslant D, \quad \deg\mathfrak{P} \leqslant 2D(\log D)^{-1} \tag{4.3.10}$$

(其中,第二个不等式可借助式(4.3.2)用反证法证明).由式(4.3.9)和式(4.3.10),并注意 $h(E)\leqslant \log H(B)$ 及命题4.2.1中的式(4.2.12),我们推出

$$\begin{aligned}
&\eta(h(E)\deg\mathfrak{P} + nh(\mathfrak{P}) + 192n\deg\mathfrak{P})\\
&\quad \leqslant \eta(3\gamma L(\deg L)^2\cdot\deg\mathfrak{P} + 7\gamma L\log L\cdot h(\mathfrak{P}) + 192\cdot 7\gamma L\log L\cdot\deg\mathfrak{P})\\
&\quad \leqslant 14\gamma\eta DL\log L \leqslant \lambda^5 D^{\frac{5-r}{4-r}}(\log D)^{\frac{3}{4-r}}.
\end{aligned} \tag{4.3.11}$$

于是由式(4.3.8)和式(4.3.11)得到

$$\log|J(\boldsymbol{\xi})| \leqslant -\lambda^{12}D^{\frac{4}{4-r}}(\log D)^{\frac{3}{4-r}}. \tag{4.3.12}$$

当 $r=1$ 时此式不可能成立,因此 $r\geqslant 2$.

4. 由上述命题5知 $\dim J = r-2=(r-1)-1$, 并且 $1\leqslant r-1\leqslant 3$, 依归纳假设(即 r 的"极小性"),定理结论对理想 J 成立.由式(4.3.6)、式(4.3.9)和式(4.3.10)可知

$$\begin{aligned}
\deg J &\leqslant 14\gamma\eta D(\log D)^{-1}L\log L\\
&\leqslant 28\gamma\eta DL \leqslant \lambda^5 D^{\frac{5-r}{4-r}}(\log D)^{\frac{r-1}{4-r}},
\end{aligned}$$

由式(4.3.7)和式(4.3.11)得

$$h(J) \leqslant \lambda^5 D^{\frac{5-r}{4-r}}(\log D)^{\frac{3}{4-r}},$$

于是

$$\begin{aligned}
\varphi(J) &= h(J) + \deg J\cdot\log(h(J)+\deg J)\\
&\leqslant 4\lambda^5 D^{\frac{5-r}{4-r}}(\log D)^{\frac{3}{4-r}}.
\end{aligned} \tag{4.3.13}$$

在定理4.3.1中用 $r-1$ 代 r, $\varphi(J)$ 代 D,并应用式(4.3.13)可得

$$\begin{aligned}
\log|J(\boldsymbol{\xi})| &\geqslant -\mu_{r-1}\varphi(J)^{\frac{4}{5-r}}(\log\varphi(J))^{\frac{3r-3}{5-r}}\\
&\geqslant -\mu_{r-1}\lambda^{11}D^{\frac{4}{4-r}}(\log D)^{\frac{3r}{4-r}}.
\end{aligned}$$

当 $\lambda>\mu_{r-1}$ 时,上式与式(4.3.12)矛盾. □

4.4 定理 4.1.3 的证明

证明方法与上节类似，但因为 q 是代数数，所以要考虑环 $\mathbb{K}[X]=\mathbb{K}[x_0,x_1,x_2,x_3]$，其中，$\mathbb{K}=\mathbb{Q}(q)$，于是 $\mathbb{Q}\subset\mathbb{K}\subset\mathbb{C}$，$\nu(=|\mathscr{M}_\infty|)=[\mathbb{K}:\mathbb{Q}]$，而 $|\cdot|$ 表示通常 $\mathbb{C}$ 上的绝对值.

我们将证明下列的定理，并首先由它推出定理 4.1.3.

定理 4.4.1 设 q 是代数数，$0<|q|<1$，那么对每个整数 $r(1\leqslant r\leqslant 3)$，存在常数 $\mu_r'>0$ 使得对于任何齐次纯粹理想 $I\subset\mathbb{K}[x_0,x_1,x_2,x_3]$，$\dim I=r-1$，有下列不等式成立

$$\log|I(\boldsymbol{\xi})|\geqslant-\mu_r'(h+d\log(h+d))d^{\frac{r}{4-r}}(\log(h+d))^{\frac{3r}{4-r}},$$

其中，d 和 h 分别是任意满足

$$\deg I\leqslant d,\quad h(I)\leqslant h \tag{4.4.1}$$

的数，而 $\boldsymbol{\xi}=(1,P(q),Q(q),R(q))$.

定理 4.1.3 之证 对任意非零多项式 $B\in\mathbb{Z}[x_1,x_2,x_3]$，定义齐次多项式

$$C(x_0,x_1,x_2,x_3)=x_0^{\deg B}B\left(\frac{x_1}{x_0},\frac{x_2}{x_0},\frac{x_3}{x_0}\right).$$

那么 $C(\boldsymbol{\xi})=B(\boldsymbol{\xi})$. 设 $I=(C)$ 是环 $\mathbb{K}[X]$ 中的主理想，那么 $\dim I=2$（见文献[141]，第二卷第 7 章定理 23），并且由第 2.1 节命题 2.1.3 得

$$\deg I=\deg C,\quad h(I)\leqslant 9\nu(h(C)+\deg C), \tag{4.4.2}$$

$$\log|I(\boldsymbol{\xi})|\leqslant\log\|C\|_{\boldsymbol{\xi}}+18\deg C. \tag{4.4.3}$$

注意 $h(C)\leqslant\nu\log H(B)$，$\deg C=\deg B$，在定理 4.4.1 中取

$$r=3,\quad d=\deg B,\quad h=9\nu^2(\log H(B)+\deg B)$$

（由式(4.4.2)知，条件(4.4.1)在此成立），那么由式(4.4.3)得

$$\begin{aligned}\log\|C\|_{\boldsymbol{\xi}}&\geqslant\log|I(\boldsymbol{\xi})|-18\deg C\\&\geqslant-\mu_3'c_1(\log H(B)+\deg B\cdot\log t(B))(\deg B)^3(\log t(B))^9.\end{aligned}$$

于是由 $|B(\boldsymbol{\xi})| = |C(\boldsymbol{\xi})| = \|C\|_{\xi} |C| |\boldsymbol{\xi}|^{\deg C}$ 得

$$\begin{aligned}&\log|B(P(q), Q(q), R(q))|\\&\quad\geqslant -c_2(\log H(B) + \deg B \cdot \log t(B))(\deg B)^3(\log t(B))^9.\end{aligned}$$

由此类似于定理 4.1.2 的证明即可推出所要的结果. □

定理 4.4.1 之证 与定理 4.3.1 证法类似,对 r 用归纳法. 设 $r(1 \leqslant r \leqslant 3)$ 是使定理 4.4.1 结论不成立的最小的数,设 λ 充分大并固定.

1. 设 S 是具有下列性质的实数: 存在一对数 d, h 及齐次素理想 $\mathfrak{P} \subset \mathbb{K}[X]$, $\dim \mathfrak{P} = r-1$, 并且

$$\begin{aligned}&\deg \mathfrak{P} \leqslant d, \quad h(\mathfrak{P}) \leqslant h, \quad h + d\log(d+h) = S,\\&\log|\mathfrak{P}(\boldsymbol{\xi})| < -2\lambda^{12} S d^{\frac{r}{4-r}} (\log S)^{\frac{3r}{4-r}}.\end{aligned} \tag{4.4.4}$$

我们首先证明 S 无界.

设不然,那么有某个正常数 γ_2 使对所有齐次素理想 $\mathfrak{P} \subset \mathbb{Q}[X]$, $\dim \mathfrak{P} = r-1$, 有不等式

$$\log|\mathfrak{P}(\boldsymbol{\xi})| \geqslant -\gamma_2 \varphi(\mathfrak{P})(\deg \mathfrak{P})^{\frac{4}{4-r}} (\log \varphi(\mathfrak{P}))^{\frac{3r}{4-r}}, \tag{4.4.5}$$

其中, $\varphi(\mathfrak{P}) = h(\mathfrak{P}) + \deg \mathfrak{P} \cdot \log(h(\mathfrak{P}) + \deg \mathfrak{P})$. 将第 2.1 节命题 2.1.2 应用于任意维数为 $r-1$ 的齐次纯粹理想 $I \subset \mathbb{K}[X]$, 类似于定理 4.3.1 的证明,我们得到

$$\sum_{j=1}^{s} k_j \varphi(\mathfrak{P}_j) \leqslant c_3 \varphi(I).$$

由此并注意 $\deg \mathfrak{P}_j \leqslant \deg I$ 可得

$$\sum_{j=1}^{s} k_j \varphi(\mathfrak{P}_j)(\deg \mathfrak{P}_j)^{\frac{r}{4-r}} (\log \varphi(\mathfrak{P}_j))^{\frac{3r}{4-r}} \leqslant c_3 \varphi(I)(\deg I)^{\frac{r}{4-r}} (\log(c_3 \varphi(I)))^{\frac{3r}{4-r}}.$$

由上述命题中最后一个不等式得到

$$\begin{aligned}\log|I(\boldsymbol{\xi})| &\geqslant \sum_{j=1}^{s} k_j \log|\mathfrak{P}_j(\boldsymbol{\xi})| - 3^3 \deg I\\&\geqslant -\gamma_2 \sum_{j=1}^{s} k_j \varphi(\mathfrak{P}_j)(\deg \mathfrak{P}_j)^{\frac{r}{4-r}} (\log \varphi(\mathfrak{P}_j))^{\frac{3r}{4-r}} - 27\deg I\\&\geqslant -\gamma_2 c_4 \varphi(I)(\deg I)^{\frac{r}{4-r}} (\log \varphi(I))^{\frac{3r}{4-r}}.\end{aligned}$$

但这与 r 的选取矛盾. 因此 S 无界.

2. 取 S 足够大,数 d, h 及齐次素理想 $\mathfrak{P}(\dim \mathfrak{P} = r-1)$ 满足条件(4.4.4). 并由下二式定义数 L_1 和 L_2:

$$L_1 = \lambda^3 S d^{\frac{r-3}{4-r}} (\log S)^{\frac{3}{4-r}}, \tag{4.4.6}$$

$$2\beta_2 L_1 L_2^3 = \min\left\{2\lambda^{12} S d^{\frac{r}{4-r}}(\log S)^{\frac{3r}{4-r}},\ \log\frac{1}{\rho}\right\}, \tag{4.4.7}$$

其中,ρ 是点 $\boldsymbol{\xi}$ 与 $\mathfrak{P}$ 的零点簇的距离,β_2 见命题 4.2.1. 由式(4.4.4)及第 2.3 节命题 2.3.3 可知

$$(\deg\mathfrak{P})\cdot\log\rho \leqslant \frac{1}{r}\log|\mathfrak{P}(\boldsymbol{\xi})| + \frac{1}{r}h(\mathfrak{P}) + 27(\nu+3)\deg\mathfrak{P}.$$

于是由式(4.4.4)得到

$$\begin{aligned}\log\frac{1}{\rho} &\geqslant -(r\deg\mathfrak{P})^{-1}\log|\mathfrak{P}(\boldsymbol{\xi})| - (r\deg\mathfrak{P})^{-1}h(\mathfrak{P}) - 27(\nu+3)\\ &\geqslant (r\deg\mathfrak{P})^{-1}\cdot 2\lambda^{12} S d^{\frac{r}{4-r}}(\log S)^{\frac{3r}{4-r}} - (r\deg\mathfrak{P})^{-1}h(\mathfrak{P}) - 27(\nu+3)\\ &\geqslant 2\lambda^{11} S d^{\frac{2r-4}{4-r}}(\log S)^{\frac{3r}{4-r}}.\end{aligned}$$

在式(4.4.7)中,若 $2\beta_2 L_1 L_2^3 = \log\dfrac{1}{\rho}$,则由上式得

$$\beta_2 L_1 L_2^3 \geqslant \lambda^{11} S d^{\frac{2r-4}{4-r}}(\log S)^{\frac{3r}{4-r}};$$

若式(4.4.7)中 $2\beta_2 L_1 L_2^3 = 2\lambda^{12} S d^{\frac{r}{4-r}}(\log S)^{\frac{3r}{4-r}}$,那么易见上式也成立. 于是由上式可知,当 λ 充分大时,$L_1 \geqslant 1$,$L_2 \geqslant 1$,并且由式(4.4.6)和式(4.4.7)推出

$$L_2 \leqslant \lambda^3 d^{\frac{1}{4-r}}(\log S)^{\frac{r-1}{4-r}}. \tag{4.4.8}$$

应用命题 4.2.1 构造多项式 $B \in \mathbb{Z}[z, x_1, x_2, x_3]$,它关于变量 x_1, x_2, x_3 的(全)次数 n 满足不等式

$$n \leqslant 12\gamma L_2 \log S \leqslant 12\gamma\lambda^3 d^{\frac{1}{4-r}}(\log S)^{\frac{3}{4-r}}. \tag{4.4.9}$$

定义齐次多项式 $E \in \mathbb{K}[X]$ 为

$$E = x_0^n B\left(q, \frac{x_1}{x_0}, \frac{x_2}{x_0}, \frac{x_3}{x_0}\right).$$

我们证明: $E \notin \mathfrak{P}$.

设结论不成立,即 $E \in \mathfrak{P}$,那么由第 2.3 节推论 2.3.1 得到

$$|E(\boldsymbol{\xi})| = \|E\|_{\boldsymbol{\xi}}|E||\boldsymbol{\xi}|^{\deg E} \leqslant \rho|E||\boldsymbol{\xi}|^n e^{7n}. \tag{4.4.10}$$

我们来估计 $|E|$,为此将 B 表示为

$$B = \sum_{\boldsymbol{k}} a_{\boldsymbol{k}}(z) x_1^{k_1} x_2^{k_2} x_3^{k_3}, \quad a_{\boldsymbol{k}}(z) \in \mathbb{Z}[z], \quad \boldsymbol{k} = (k_1, k_2, k_3).$$

那么对于任何绝对值 $|\cdot|_v$ ($v \in \mathcal{M}$) 有

$$\max_k |a_k(q)|_v \leqslant |B|_v (\max\{1, |q|_v\})^{L_1}(L_1+1), \tag{4.4.11}$$

并且当 $v \notin \mathscr{M}_\infty$ 时(即 $|\cdot|_v$ 是非阿基米德绝对值时),因子 (L_1+1) 可略去.特别在式(4.4.11)中取 $|\cdot|_v = |\cdot|_{\mathbb{C}}$,可得

$$\begin{aligned} \log|E| &\leqslant \log H(B) + L_1(\log(1+|q|)+1) \\ &\leqslant \lambda^4 S d^{\frac{r-3}{4-r}} (\log S)^{\frac{3}{4-r}}. \end{aligned} \tag{4.4.12}$$

现在由式(4.4.10)并应用式(4.4.7)、式(4.4.9)和式(4.4.12)得到

$$\begin{aligned} \log|B(\boldsymbol{\xi})| = \log|E(\boldsymbol{\xi})| &\leqslant \log\rho + \log|E| + (7+\log|\boldsymbol{\xi}|)n \\ &\leqslant -2\beta_2 L_1 L_2^3 + \lambda^4 S d^{\frac{r-3}{4-r}} (\log S)^{\frac{3}{4-r}} + (7+\log|\boldsymbol{\xi}|)\cdot 12\gamma L_2 \log S \\ &< -\beta_2 L_1 L_2^3. \end{aligned}$$

但这与命题 4.2.1 的式(4.2.13)矛盾.所以确实 $E \notin \mathfrak{P}$.

3. 现在将第 2.3 节命题 2.3.2 应用于此处的多项式 E 和理想 $\mathfrak{P}$.为此令 $\eta = 1 + [5\beta_2/\beta_1]$,其中 β_i 是命题 4.2.1 中的常数.将 Liouville 不等式应用于 $a_k \in \mathbb{Z}[z]$,得到

$$\begin{aligned} \log|a_k(q)| &\geqslant -c_5(\log H(a_k) + \deg a_k) \\ &\geqslant -c_5(\log H(B) + \deg_z B), \end{aligned}$$

由此及命题 4.2.1 中的式(4.2.11)和式(4.2.12)及此处 L_1, L_2 的选取(即式(4.4.6)和式(4.4.8))可得

$$\begin{aligned} \log|E| &= \max_k \log|a_k(q)| \\ &\geqslant -c_5(\log H(B) + \deg_z B) \\ &\geqslant -\lambda^4 S d^{\frac{r-3}{4-r}} (\log S)^{\frac{3}{4-r}}. \end{aligned} \tag{4.4.13}$$

由式(4.4.9)和式(4.4.13)及命题 4.2.1 中的式(4.2.13)可知

$$\begin{aligned} -\eta\log\|E\|_{\xi} &= -\eta\log(|B(\boldsymbol{\xi})|\,|E|^{-1}|\boldsymbol{\xi}|^{-n}) \\ &\geqslant \eta(\beta_1 L_1 L_2^3 + n\log|\boldsymbol{\xi}| - \lambda^4 S d^{\frac{r-3}{4-r}} (\log S)^{\frac{3}{4-r}}) \\ &> 4\beta_2 L_1 L_2^3 = 2\min\left\{2\lambda^{12} S d^{\frac{r}{4-r}} (\log S)^{\frac{3r}{4-r}}, \log\frac{1}{\rho}\right\}, \end{aligned}$$

即知上述命题 2.3.2 中的条件(2.3.24)在此被满足,于是当 $r \geqslant 2$ 时存在齐次纯粹理想 $J \subset \mathbb{K}[x_0, x_1, x_2, x_3]$,满足下列诸式:

$$\deg J \leqslant \eta n \deg \mathfrak{P}, \tag{4.4.14}$$

$$h(J) \leqslant \eta(h(E)\deg\mathfrak{P} + nh(\mathfrak{P}) + 15\nu n \deg\mathfrak{P}), \tag{4.4.15}$$

$$\log|J(\boldsymbol{\xi})| \leqslant -2\lambda^{12} S d^{\frac{r}{4-r}} (\log S)^{\frac{3r}{4-r}} + \eta(h(E)\deg\mathfrak{P} + \eta h(\mathfrak{P}) + 108\nu n \deg\mathfrak{P}). \tag{4.4.16}$$

并且当 $r=1$ 时约定 $|J(\boldsymbol{\xi})|=1$，那么式(4.4.16)也成立．又由式(4.4.11)得到

$$\begin{aligned}
h(E) &= \sum_{v\in\mathscr{M}}\log(\max_{\boldsymbol{k}}|a_{\boldsymbol{k}}(q)|_v)\\
&\leqslant \sum_{v\in\mathscr{M}}\log|B|_v + L_1\sum_{v\in\mathscr{M}}\log(\max\{1,|q|_v\}) + \nu\log(L_1+1)\\
&\leqslant h(B)+c_6L_1\leqslant \nu\log H(B)+c_6L_1\\
&\leqslant c_7\lambda^3\left(d^{\frac{1}{4-r}}(\log S)^{\frac{7-r}{4-r}}+Sd^{\frac{r-3}{4-r}}(\log S)^{\frac{3}{4-r}}\right)\\
&\leqslant \lambda^4Sd^{\frac{r-3}{4-r}}(\log S)^{\frac{3}{4-r}}.
\end{aligned}\tag{4.4.17}$$

现在由式(4.4.4)、式(4.4.9)和式(4.4.17)，我们有

$$\begin{aligned}
&\eta(h(E)\deg\mathfrak{P}+nh(\mathfrak{P})+108\nu n\deg\mathfrak{P})\\
&\quad\leqslant \eta\left(\lambda^4Sd^{\frac{r-3}{4-r}}(\log S)^{\frac{3}{4-r}}d+12\gamma\lambda^3d^{\frac{1}{4-r}}(\log S)^{\frac{3}{4-r}}\right)(h+108\nu d))\\
&\quad\leqslant \lambda^5Sd^{\frac{1}{4-r}}(\log S)^{\frac{3}{4-r}}.
\end{aligned}\tag{4.4.18}$$

于是从式(4.4.16)和式(4.4.18)得到

$$\log|J(\boldsymbol{\xi})|\leqslant-\lambda^{12}Sd^{\frac{r}{4-r}}(\log S)^{\frac{3r}{4-r}}.\tag{4.4.19}$$

此式当 $r=1$ 时不可能成立，因此 $r\geqslant2$.

4. 由式(4.4.9)和式(4.4.14)有

$$\deg J\leqslant 12\gamma\eta\lambda^3d^{\frac{5-r}{4-r}}(\log S)^{\frac{3}{4-r}},$$

而由式(4.4.15)和式(4.4.18)有

$$h(J)\leqslant\lambda^5Sd^{\frac{1}{4-r}}(\log S)^{\frac{3}{4-r}}.$$

由此二式可知

$$\begin{aligned}
\varphi(J) &= h(J)+\deg J\cdot\log(h(J)+\deg J)\\
&\leqslant 4\lambda^5Sd^{\frac{1}{4-r}}(\log S)^{\frac{3}{4-r}}.
\end{aligned}\tag{4.4.20}$$

由于 $\dim J=r-2=(r-1)-1$，由归纳假设(即 r 的“极小性”)，定理 4.4.1 对理想 J 成立，于是，注意式(4.4.20)，我们有

$$\begin{aligned}
\log|J(\boldsymbol{\xi})| &\geqslant-\mu'_{r-1}\varphi(J)(\deg J)^{\frac{r-1}{5-r}}(\log\varphi(J))^{\frac{3r-3}{5-r}}\\
&\geqslant-\mu'_{r-1}\lambda^{10}Sd^{\frac{r}{4-r}}(\log S)^{\frac{3r}{4-r}}.
\end{aligned}$$

当 $\lambda^2>\mu'_{r-1}$ 时此式与式(4.4.19)矛盾. □

4.5 π, e^{π}和 Γ(1/4)的代数无关性的直接证明

这个证明是基于下列关于 π 和 Γ(1/4) 的代数无关性度量,其中,$|\cdot|$是通常的绝对值.

定理 4.5.1 存在常数 $c_0 > 0$ 使对任何非零多项式 $A \in \mathbb{Z}[x, y]$ 有不等式

$$\left|A\left(\pi, \Gamma\left(\frac{1}{4}\right)\right)\right| > \exp(-c_0 T^3 (\log T)^6) \tag{4.5.1}$$

成立,其中,T 是任何满足下式的数:

$$T \geqslant \log H(A) + \deg A \cdot \log(\log H(A) + \deg A),$$

而 $H(A)$是多项式 A 的通常的高.

注 4.5.1 G. V. Chudnovsky 于 1982 年宣布了第一个 π 和 Γ(1/4)代数无关性度量结果(见文献[26]),但其证明不完全正确. 1988 年,G. Philibert[101]遵循 Chudnovsky 的方法给出了一个正确的证明,得到 $|A(\pi, \Gamma(1/4))| > \exp(-c(\varepsilon)(T(A))^{3+\varepsilon})$, 其中, $\varepsilon > 0$ 任意给定, $T(A) = \log H(A) + \deg A$. 还可以参见文献[44].

现在由定理 4.5.1 推出的推论 4.1.1(即 π, e^{π}和 Γ(1/4)的代数无关性). 先证明下列的辅助结果.

引理 4.5.1 存在正整数 N 的无穷序列及多项式$B_N \in \mathbb{Z}[z, x_1, x_2]$满足

$$\deg_z B_N \leqslant 2N, \quad \deg_{x_i} B_N \leqslant c_1 N \log N \quad (i = 1, 2),$$

$$\log H(B_N) \leqslant c_2 N (\log N)^2,$$

并且对于 $q = e^{-2\pi}$ 有下列不等式成立:

$$0 < |B_N(q, P(q), Q(q))| \leqslant e^{-2N^4}.$$

证 设 L 是足够大的整数,在命题 4.2.1 中取 $L_1 = L_2 = L$, $B \in \mathbb{Z}[z, x_1, x_2, x_3]$ 是命题中定义的多项式. 设 M 如式(4.2.4)所定义. 取 N 为整数,满足条件

$$N^4 > M \geqslant (N-1)^4.$$

由式(4.2.4)易知 $L < 2N$, 并且

$$\deg_z B \leqslant L < 2N, \quad \deg_{x_i} B \leqslant c_1 N \log N \quad (i = 1, 2, 3).$$
$$\log H(B) \leqslant c_2 N (\log N)^2.$$

当 $q = e^{-2\pi}$ 时,易算出(第 4.2 节中定义的)数

$$r_0 = \min\left\{\frac{1 + |q|}{2}, 2|q|\right\} = 2e^{-2\pi},$$

所以 $\beta_1 = 5.4\cdots$, 从而命题 4.2.1 的式(4.2.13)给出

$$0 < |B(q, P(q), Q(q), R(q))| \leqslant e^{-2N^4}.$$

因为 $R(q) = R(e^{-2\pi}) = 0$. □

现在来证明 π, e^π 和 $\Gamma(1/4)$ 的代数无关性. 设 e^π 是域 $\mathbb{K} = \mathbb{Q}(\pi, \Gamma(1/4))$ 上的代数元. 用 $\tau \in \mathbb{Z}[\pi, \Gamma(1/4)]$ 表示这样的数: 它使数 τq, $\tau P(q)$ 及 $\tau Q(q)$ 都是环 $\mathbb{Z}[\pi, \Gamma(1/4)]$ 上的整元. 设 N 是足够大的正整数, $B = B_N$ 是由引理 4.5.1 确定的多项式. 记

$$G = \tau^{3[c_1 N \log N]} \cdot B(q, P(q), Q(q)).$$

由引理 4.5.1 知, G 是 $\mathbb{Z}[\pi, \Gamma(1/4)]$ 上的整元. 定义多项式

$$A = \operatorname{Norm} G \quad (\operatorname{Norm} \text{ 由 } \mathbb{Q}(q, P(q), Q(q)) \text{ 到 } \mathbb{K}),$$

那么 $A = A(\pi, \Gamma(1/4))$, $A \in \mathbb{Z}[x_1, x_2]$, 并且由引理 4.5.1 及第 2.1 节引理 2.1.1 可推得

$$\begin{aligned} &\deg A + \log H(A) \leqslant c_3 N (\log N)^2, \\ &0 < \left|A\left(\pi, \Gamma\left(\frac{1}{4}\right)\right)\right| \leqslant e^{-N^4}. \end{aligned} \tag{4.5.2}$$

取 $T = \log H(A) + \deg A \cdot \log(\log H(A) + \deg A)$, 则 $T \leqslant c_4 N (\log N)^3$, 且由式(4.5.2)得知当 N 充分大时, 有

$$\left|A\left(\pi, \Gamma\left(\frac{1}{4}\right)\right)\right| \leqslant \exp(-c_0 T^3 (\log T)^6).$$

这与式(4.5.1)矛盾, 因此 e^π, π, $\Gamma(1/4)$ 代数无关.

下面来证明定理 4.5.1, 为此只需证明下述命题.

命题 4.5.1 设 $q = e^{-2\pi}$, $\boldsymbol{\xi} = (1, P(q), Q(q)) \in \mathbb{R}^3$. 那么存在常数 $\mu_1 > 0$, $\mu_2 > 0$ 使对于环 $\mathbb{Q}[x_0, x_1, x_2]$ 中任何齐次纯粹理想 I 有下列不等式成立:

(1) 若 $\dim I = 1$, 则

$$\log |I(\boldsymbol{\xi})| \geqslant -\mu_2 T^3 (\log T)^6;$$

(2) 若 $\dim I = 0$, 则

$$\log | I(\boldsymbol{\xi}) | \geqslant -\mu_1 T^{3/2}(\log T)^{3/2},$$

其中,T 是任意满足下列不等式的数:

$$T \geqslant \max\{h(I) + \deg I \cdot \log(h(I) + \deg I), \mathrm{e}\}.$$

我们首先由命题 4.5.1 推出定理 4.5.1. 设定理 4.5.1 不成立,那么对于足够大的 γ_3,存在多项式 $A \in \mathbb{Z}[x, y]$, $A \not\equiv 0$, 以及数 T 使得

$$\left| A\left(\pi, \Gamma\left(\frac{1}{4}\right)\right) \right| \leqslant \exp(-\gamma_3 T^3 (\log T)^6),$$
$$T \geqslant \max\{\log H(A) + \deg A \cdot \log(\log H(A) + \deg A), \mathrm{e}\}.$$

取 $\sigma = \dfrac{3}{\pi}$,那么由于 $P(q) = P(\mathrm{e}^{-2\pi}) = \dfrac{3}{\pi}$, $Q(q) = Q(\mathrm{e}^{-2\pi}) = 3\Gamma(1/4)^8/(2\pi)^6$,可知数 $\sigma\pi$, $\sigma\Gamma(1/4)$都是环$\mathbb{Z}[P(q), Q(q)]$上的代数整数(其中, $q = \mathrm{e}^{-2\pi}$). (例如,$\sigma\Gamma(1/4)$满足方程 $X^8 - 2^6 \cdot 3^5 \cdot P(q)^2 \cdot Q(q) = 0$). 令

$$B = \mathrm{Norm}\left(\sigma^{\deg A} A\left(\pi, \Gamma\left(\frac{1}{4}\right)\right)\right)$$

(其中,Norm 由$\mathbb{Q}(\pi, \Gamma(1/4))$到$\mathbb{Q}(P(q), Q(q))$). 于是得知存在非零多项式 $B \in \mathbb{Z}[x, y]$ 及绝对常数 $c_5 > 0$ 使得 $B = B(P(q), Q(q))$ 满足

$$0 < | B(P(q), Q(q)) | \leqslant \exp(-\gamma_3 T^3 (\log T)^6 + c_5 T),$$
$$\log H(B) + \deg B \cdot \log(\log H(B) + \deg B) \leqslant c_5 T.$$

现在定义齐次多项式

$$C = {x_0}^{\deg B} \cdot B\left(\frac{x_1}{x_0}, \frac{x_2}{x_0}\right),$$

并设 $I = (C)$ 是环$\mathbb{Q}[x_0, x_1, x_2]$中的由多项式 C 生成的齐次主理想,那么 $\dim I = 1$ (见文献[141],第二卷第7章定理23),并由第2.1节命题2.1.3得

$$\log | I(\boldsymbol{\omega}) | < -\gamma_3 T^3 (\log T)^6 + c_6 T,$$
$$h(I) + \deg I \cdot \log(h(I) + \deg I) \leqslant c_7 T.$$

若选取 γ_3 足够大即知上二式与定理 4.1.3 的情形(1)矛盾. 因此定理 4.5.1 成立.

命题 4.5.1 之证 证法与定理 4.3.1 和定理 4.4.1 的证明类似. 对 $r = \dim I + 1 = 1, 2$,并取 $\mu_r = \lambda^{9r-5}$ $(r = 1, 2)$ 进行归纳,其中 λ 选取得足够大并加以固定. 设 $r = \dim I + 1$ $(1 \leqslant r \leqslant 2)$ 是使命题不成立的最小的数.

用 T 表示具有下列性质的数: 存在维数为 $r - 1$ 的齐次素理想,满足条件

$$h(\mathfrak{P}) + \deg\mathfrak{P}\cdot\log(h(\mathfrak{P}) + \deg\mathfrak{P}) \leqslant T, \tag{4.5.3}$$

$$\log|\mathfrak{P}(\boldsymbol{\xi})| < -\lambda^{9r-6}T^{\frac{3}{3-r}}(\log T)^{\frac{3r}{3-r}}. \tag{4.5.4}$$

我们首先证明这种数存在.若不然,那么不等式

$$\log|\mathfrak{P}(\boldsymbol{\xi})| \geqslant -\lambda^{9r-6}\phi(\mathfrak{P})^{\frac{3}{3-r}}(\log\phi(\mathfrak{P}))^{\frac{3r}{3-r}}$$

将对所有维数为 $r-1$ 的齐次素理想 $\mathfrak{P}\subset\mathbb{Q}[x_0, x_1, x_2]$ 成立,其中, $\phi(\mathfrak{P}) = h(\mathfrak{P}) + \deg\mathfrak{P}\cdot\log(h(\mathfrak{P}) + \deg\mathfrak{P})$. 于是对于任意维数为 $r-1$ 的齐次纯粹理想 $I\subset\mathbb{Q}[x_0, x_1, x_2]$, 由第 2.1 节命题 2.1.2 可推得

$$h(\mathfrak{P}_j) + \deg\mathfrak{P}_j \leqslant 5(h(I) + \deg I) \quad (j = 1, \cdots, s),$$

$$\begin{aligned}\sum_{j=1}^{s} k_j\phi(\mathfrak{P}_j) &\leqslant \sum_{j=1}^{s} k_j(h(\mathfrak{P}_j) + \deg\mathfrak{P}_j\cdot\log(5(h(I) + \deg I)))\\ &\leqslant c_8\phi(I),\end{aligned}$$

其中, $\mathfrak{P}_j$, $k_j(1\leqslant j\leqslant s)$ 的意义见上述命题.注意函数

$$x^{\frac{r}{3-r}}(\log x)^{\frac{3r}{3-r}}$$

当 $x\geqslant 1$ 时单调上升,所以

$$\sum_{j=1}^{s} k_j\phi(\mathfrak{P}_j)^{\frac{3}{3-r}}(\log\phi(\mathfrak{P}_j))^{\frac{3r}{3-r}} \leqslant (c_8\phi(I))^{\frac{3}{3-r}}(\log(c_8\phi(I)))^{\frac{3r}{3-r}}.$$

仍然由上面引用的命题(其中最后一个不等式),可得

$$\begin{aligned}\log|I(\boldsymbol{\xi})| &\geqslant \sum_{j=1}^{s} k_j\log|\mathfrak{P}_j(\boldsymbol{\xi})| - 8\deg I\\ &\geqslant -\lambda^{9r-6}\sum_{j=1}^{s} k_j\phi(\mathfrak{P}_j)^{\frac{3}{3-r}}(\log\phi(\mathfrak{P}_j))^{\frac{3r}{3-r}} - 8\deg I\\ &\geqslant -\lambda^{9r-6}c_9(\phi(I))^{\frac{3}{3-r}}(\log\phi(I))^{\frac{3r}{3-r}}.\end{aligned}$$

但当 λ 充分大时,这与 r 的“极小性”矛盾,所以上述的数 T 存在.现设 T 和 $\mathfrak{P}$ 是满足条件式(4.5.3)和式(4.5.4)的数和理想.

类似于命题 4.2.1 可证明当 N 充分大时,存在多项式 $B = B_N\in\mathbb{Z}[x_1, x_2, x_3]$ 适合条件

$$\deg B_N \leqslant c_{10}N\log N, \quad \log H(B_N) \leqslant c_{11}N(\log N)^2, \tag{4.5.5}$$

并且满足不等式

$$\exp(-c_{12}N^3) \leqslant B_N(P(q), Q(q), R(q)) \leqslant \exp(-N^3). \tag{4.5.6}$$

其中, $\deg B_N$ 表示 B_N 关于 x_0, x_1, x_2 的(全)次数.设 N 是满足下列不等式的最大整数:

$$2c_{12}N^3 \leqslant \min\left\{2\lambda^{9r-6}T^{\frac{3}{3-r}}(\log T)^{\frac{3r}{3-r}},\ \log\frac{1}{\rho}\right\}, \tag{4.5.7}$$

其中,ρ 是 $\boldsymbol{\xi}$ 到 $\mathfrak{P}$ 的零点簇的距离.当 λ 足够大时 N 也充分大.我们定义多项式

$$E = x_0^{\deg B_N}\cdot B_N\left(\frac{x_1}{x_0},\ \frac{x_2}{x_0},\ 0\right)\in\mathbb{Z}[x_0,\ x_1,\ x_2],$$

因为当 $q = \mathrm{e}^{-2\pi}$ 时 $R(q) = 0$,所以

$$E(\boldsymbol{\xi}) = B_N(P(q),\ Q(q),\ R(q)). \tag{4.5.8}$$

我们证明:$E \notin \mathfrak{P}$. 设不然,那么 $E \in \mathfrak{P}$. 由第 2.3 节推论 2.3.1 容易推出

$$|E(\boldsymbol{\xi})| \leqslant \rho H(E)\,|\boldsymbol{\xi}|^n\mathrm{e}^{5n},$$

其中,$n = \deg E = \deg B_N$,$H(E) \leqslant H(B_N)$,于是由此及式(4.5.5)、式(4.5.7)和式(4.5.8)得到

$$\begin{aligned}
\log|B_N(P(q),\ Q(q),\ R(q))| &= \log|E(\boldsymbol{\xi})|\\
&\leqslant \log\rho + \log H(B_N) + n(5+\log|\boldsymbol{\xi}|)\\
&\leqslant -2c_{12}N^3 + c_{11}N(\log N)^2 + c_{10}(5+\log|\boldsymbol{\xi}|)N\log N\\
&< -c_{12}N^3.
\end{aligned}$$

这与式(4.5.6)矛盾.所以 $E \notin \mathfrak{P}$.

现在将第 2.3 节命题 2.3.2 应用于理想 $\mathfrak{P}$ 及多项式 E.为此令 $\eta = 1 + [5c_{12}]$. 依据 $\|E\|_{\xi}$的定义,我们有

$$\begin{aligned}
\log\|E\|_{\xi} &= \log|E(\boldsymbol{\xi})| - \log|E| - \deg E\cdot\log|\boldsymbol{\xi}|\\
&\leqslant \log|E(\boldsymbol{\xi})|,
\end{aligned}$$

所以由式(4.5.6)~式(4.5.8)得

$$\begin{aligned}
-\eta\log\|E\|_{\xi} &\geqslant -\eta\log|B_N(P(q),\ Q(q),\ R(q))| \geqslant \eta N^3\\
&> 5c_{12}N^3 > 2\min\left\{2\lambda^{9r-6}T^{\frac{3}{3-r}}(\log T)^{\frac{3r}{3-r}},\ \log\frac{1}{\rho}\right\},
\end{aligned}$$

因此该命题的条件在此成立,从而当 $r = 2$ 时存在环$\mathbb{Q}[x_0,\ x_1,\ x_2]$中的齐次纯粹理想 J,满足下列条件:

$$\deg J \leqslant \eta n\deg\mathfrak{P}, \tag{4.5.9}$$

$$h(J) \leqslant \eta(nh(\mathfrak{P}) + h(E)\deg\mathfrak{P} + 8n\deg\mathfrak{P}), \tag{4.5.10}$$

$$\begin{aligned}
\log|J(\boldsymbol{\xi})| \leqslant &-2\lambda^{9r-6}T^{\frac{3}{3-r}}(\log T)^{\frac{3r}{3-r}}\\
&+\eta(h(E)\deg\mathfrak{P} + nh(\mathfrak{P}) + 48n\deg\mathfrak{P}),
\end{aligned} \tag{4.5.11}$$

并且若约定 $r=1$ 时 $|J(\xi)|=1$，则上式当 $r=1$ 时也成立.

现在由式(4.5.7)得

$$N \leqslant \lambda^{3r-2} T^{\frac{1}{3-r}} (\log T)^{\frac{r}{3-r}}, \tag{4.5.12}$$

由式(4.5.3)推出

$$h(\mathfrak{P}) \leqslant T, \quad \deg \mathfrak{P} \leqslant 2T(\log T)^{-1} \tag{4.5.13}$$

(第二式可用反证法证明). 由式(4.5.5)、式(4.5.12)和式(4.5.13)，并注意 $h(E) \leqslant \log H(B_N)$，我们有

$$\begin{aligned}
&\eta(h(E)\deg \mathfrak{P} + nh(\mathfrak{P}) + 48n \deg \mathfrak{P}) \\
&\quad \leqslant \eta(c_{11} N(\log N)^2 \cdot 2T(\log T)^{-1} + c_{10} N(\log N) \cdot T \\
&\qquad + 48 \cdot c_{10} N(\log N) \cdot 2T(\log T)^{-1}) \\
&\quad \leqslant 4c_{11} TN(\log N) \leqslant \lambda^{3r-1} T^{\frac{4-r}{3-r}} (\log T)^{\frac{3}{3-r}}.
\end{aligned} \tag{4.5.14}$$

由式(4.5.11)和式(4.5.14)可知

$$\log |J(\xi)| \leqslant -\lambda^{9r-6} T^{\frac{3}{3-r}} (\log T)^{\frac{3r}{3-r}}. \tag{4.5.15}$$

当 $r=1$ 时式(4.5.15)不可能成立，于是 $r=2$.

最后，由式(4.5.9)、式(4.5.12)和式(4.5.13)得

$$\deg J \leqslant 2c_{10} \eta T(\log T)^{-1} \cdot N \log N \leqslant 4c_{10} \eta TN \leqslant \lambda^5 T^2 (\log T)^2,$$

另外，还由式(4.5.10)和式(4.5.14)得

$$h(J) \leqslant \lambda^5 T^2 (\log T)^{\frac{3}{2}}.$$

于是

$$\begin{aligned}
\phi(T) &= h(J) + \deg J \cdot \log(h(J) + \deg J) \\
&\leqslant 4\lambda^5 T^2 (\log T)^3.
\end{aligned} \tag{4.5.16}$$

因为由归纳假设(r 的"极小性")可知，当 $\dim J = 0$(即 $r=1$)时命题成立，所以

$$\log |J(\xi)| \geqslant -\lambda^4 \phi(J)^{\frac{3}{2}} (\log \phi(J))^{\frac{3}{2}},$$

由此式及式(4.5.16)立得

$$\log |J(\xi)| > -\lambda^{12} T^3 (\log T)^6.$$

这与式(4.5.15)(其中 $r=2$) 矛盾. □

4.6 补充与评注

1. 关于 Nesterenko 定理最初的证明可见原始论文[80-81],证明中应用了代数无关性判别法则,我们将在第6章给出.本章主要按他的论文[83-84]改写;这些证明的共同特点是不使用代数无关性判别法则,而是基于某个理想在特殊点上的“值”的下界估计.在文献[86]的第3章中,Yu. V. Nesterenko 概括地论述了这两种方法.

2. 关于 π, e^{π} 和 $\Gamma(1/4)$代数无关性的直接证明,关键是将问题归结为某个相关的代数无关性度量.这个方法的原始思想出自 S. Lang 的专著(见文献[50]第5章,特别是“历史注记”).P. Philippon[108-109]进一步发展了这个思想,并提出了 K 函数的概念.在文献[86]的第4章,他概述了这个方法,特别地,其中包含了 π, e^{π} 和 $\Gamma(1/4)$代数无关性的另外一个“直接证明”(见该章第4.3节).

3. 关于 Nesterenko 定理的 p-adic 类似,可参见文献[132-133],还可见文献[137].

4. 关于 Nesterenko 方法对于其他重要函数的值的代数无关性问题的应用,还可见:第5.4节(Mahler 函数),第6.5节的4(指数函数),以及文献[79-80](Weierstrass $\wp$ 函数).另外,一个较新的结果可见文献[46](Jacobi 椭圆函数).

关于函数值的代数无关性的主要方法及重要结果的较新的综述可见文献[85].

5. Nesterenko 方法的一个最新应用可见 S. V. Mikhailov 于 2017 年在 *Matematicheskiĭ Sbornik* 上发表的文章,研究了超越型的 Chudnovsky 猜想(实的情形).关于这个猜想,可见《超越数:基本理论》.

第 5 章

Mahler 函数值的代数无关性

Mahler 函数在超越数论的研究中占有重要地位，并且在计算机科学和分形几何中都有所应用．本章主要研究其代数无关性质，包括三个方面：Mahler 函数（在$\mathbb{C}(z)$上）的代数无关性，Mahler 函数在代数点上的值的代数无关性，以及代数无关性度量．前两类问题主要涉及经典方法，后一类问题着重于 Nesterenko 方法的应用．

5.1　一类 Mahler 函数的代数无关性

设$\mathbb{F}$是一个特征为零的域，$L = \mathbb{F}(z_1, \cdots, z_n)$是$\mathbb{F}$上的 n 个变量$z_1, \cdots, z_n$ 的有理函数域，M 是$\mathbb{F}$上的 n 个变量$z_1, \cdots, z_n$ 的形式幂级数环$\mathbb{F}[[z_1, \cdots, z_n]]$的商域．还设 $\boldsymbol{\Omega}$ 是一个 n 阶非奇异非负整数矩阵，其特征值均非单位根．运用下式定义一个自同态$\sigma: M \to M$：

$$f^{\sigma}(z) = f(\boldsymbol{\Omega} z) \quad (f \in M).$$

此处,若 $\boldsymbol{\Omega} = (\omega_{ij})$, $z = (z_1, \cdots, z_n) \in \mathbb{C}^n$,则定义

$$\boldsymbol{\Omega} z = \left(\prod_{j=1}^{n} z_j^{\omega_{1j}}, \cdots, \prod_{j=1}^{n} z_j^{\omega_{nj}} \right).$$

对于 $z = (z_1, \cdots, z_n)$ 及 $\boldsymbol{\lambda} = (\lambda_1, \cdots, \lambda_n)$,还记 $z^{\boldsymbol{\lambda}} = z_1^{\lambda_1} \cdots z_n^{\lambda_n}$.

本节主要证明下列 K. Nishinka[93]的一个结果:

定理 5.1.1 设 $f_{ij} \in M$ $(i = 1, \cdots, k;\ j = 1, \cdots, n(i))$ 满足函数方程

$$\begin{pmatrix} f_{i1}^{\tau} \\ \vdots \\ f_{i,\,n(i)}^{\tau} \end{pmatrix} = \begin{pmatrix} a_i & & & \\ a_{21}^{(i)} & a_i & & 0 \\ \vdots & & \ddots & \\ a_{n(i),\,1}^{(i)} & \cdots & a_{n(i),\,n(i)-1}^{(i)} & a_i \end{pmatrix} \begin{pmatrix} f_{i1} \\ \vdots \\ f_{i,\,n(i)} \end{pmatrix} + \begin{pmatrix} b_{i1} \\ \vdots \\ b_{i,\,n(i)} \end{pmatrix}$$

$$(i = 1, \cdots, k), \tag{5.1.1}$$

其中,a_i, $a_{s,t}^{(i)} \in \mathbb{F}$, $a_i \neq 0$, $a_{s,s-1}^{(i)} \neq 0$, $b_{ij} \in L$. 如果 $f_{ij}(i = 1, \cdots, k;\ j = 1, \cdots, n(i))$ 在 L 上代数相关,那么存在$\{1, \cdots, k\}$的非空子集$\{i_1, \cdots, i_r\}$及非零元素 c_1, $\cdots$, $c_r \in \mathbb{F}$ 适合

$$a_{i_1} = \cdots = a_{i_r}, \quad g = c_1 f_{i_1,1} + \cdots + c_r f_{i_r,1} \in L, \tag{5.1.2}$$

此处 g 满足

$$g^{\sigma} = a_{i_1} g + c_1 b_{i_1,1} + \cdots + c_r b_{i_r,1}.$$

为证明定理 5.1.1,首先给出下述辅助引理:

引理 5.1.1 如果 $g \in M$,并且

$$g^{\sigma} = cg + d, \tag{5.1.3}$$

其中,c, $d \in \mathbb{F}$,那么 $g \in \mathbb{F}$.

证 可设 $c \neq 0$(不然引理显然成立). 由非负矩阵的谱性质可知 $\boldsymbol{\Omega}$ 具有一个正特征值$\rho > 1$,它的所有特征值的绝对值$\leqslant \rho$,并且有非负特征矢 $\boldsymbol{u}$ 使$\boldsymbol{\Omega u} = \rho \boldsymbol{u}$. 适当变动变量下标顺序,不妨认为 $\boldsymbol{u} = (u_1, \cdots, u_m, 0, \cdots, 0)^{\tau}$(此处 τ 表示转置),$u_1, \cdots, u_m > 0$. 如果 $m < n$,那么 $\boldsymbol{\Omega}$ 有分块形状

$$\boldsymbol{\Omega} = \begin{pmatrix} \boldsymbol{A} & \boldsymbol{B} \\ \boldsymbol{0} & \boldsymbol{D} \end{pmatrix}, \tag{5.1.4}$$

其中,$\boldsymbol{A}$ 是m 阶矩阵,$\boldsymbol{D}$ 是$n - m$ 阶矩阵,两者均非奇异矩阵,并且它们的特征根均非单位根.

现对 n 用归纳法. 当 $n=1$ 时,引理可直接验证. 现设 $n>1$, 且当变量个数 $<n$ 时命题成立. 令

$$\{R=(\boldsymbol{\lambda},\ \boldsymbol{u})\mid \boldsymbol{\lambda}\in\mathbb{N}_0^n\}=\{R_0,\ R_1,\ \cdots\},\quad 0=R_0<R_1<\cdots,$$

其中, $(\boldsymbol{\lambda},\ \boldsymbol{u})=\lambda_1u_1+\cdots+\lambda_nu_n$ 是 $\boldsymbol{\lambda}=(\lambda_1,\ \cdots,\ \lambda_n)$ 与 $\boldsymbol{u}$ 的内积. 如果 $f(\boldsymbol{z})\in\mathbb{F}[[\boldsymbol{z}]]$, 那么可将它分解为

$$f(\boldsymbol{z})=\sum_R f_R(\boldsymbol{z}),\quad f_R(\boldsymbol{z})=\sum_{(\boldsymbol{\lambda},\ \boldsymbol{u})=R}f_{\boldsymbol{\lambda}}(\boldsymbol{z}'')\boldsymbol{z}'^{\boldsymbol{\lambda}},$$

其中,求和号中 R 遍历序列 $\{R_0,\ R_1,\ \cdots\}$,并且每个 $f_R(\boldsymbol{z})$ 是变量 $\boldsymbol{z}'=(z_1,\ \cdots,\ z_m)$ 的多项式,其系数是变量 $\boldsymbol{z}''=(z_{m+1},\ \cdots,\ z_n)$ 的幂级数. 注意,如果记 $z_j=y_js^{u_j}\ (1\leqslant j\leqslant n)$, 那么由 $\boldsymbol{u}$ 的定义得

$$f_R(\boldsymbol{z})=f_R(\boldsymbol{y})s^R,\quad f_R(\boldsymbol{\Omega z})=f_R(\boldsymbol{\Omega y})s^{\rho R}.$$

现在设 $g(\boldsymbol{z})\neq 0$, 并令

$$g(\boldsymbol{z})=P(\boldsymbol{z})/Q(\boldsymbol{z}),\quad P,\ Q\in\mathbb{F}[[\boldsymbol{z}]].$$

将 $P,\ Q$ 表示成分解式

$$P(\boldsymbol{z})=\sum_R p_R(\boldsymbol{z}),\quad Q(\boldsymbol{z})=\sum_R q_R(\boldsymbol{z}),$$

那么只需证明

$$p_{R_l}(\boldsymbol{z})=aq_{R_l}(\boldsymbol{z}),\quad a\in\mathbb{F},\ a\neq 0\quad (l=0,\ 1,\ \cdots).\tag{5.1.5}$$

由式(4.5.3)我们得到

$$\begin{aligned}&\Big(\sum_R p_R(\boldsymbol{\Omega y})s^{\rho R}\Big)\Big(\sum_R q_R(\boldsymbol{y})s^R\Big)\\&\quad=c\Big(\sum_R p_R(\boldsymbol{y})s^R\Big)\Big(\sum_R q_R(\boldsymbol{\Omega y})s^{\rho R}\Big)+d\Big(\sum_R q_R(\boldsymbol{y})s^R\Big)\Big(\sum_R q_R(\boldsymbol{\Omega y})s^{\rho R}\Big).\end{aligned}\tag{5.1.6}$$

设 R_i 和 R_j 分别是使 $p_{R_i}(\boldsymbol{y})\neq 0$ 和 $q_{R_i}(\boldsymbol{y})\neq 0$ 的最小下标,则 $R_i=R_j$. 这是因为如果 $R_i>R_j$, 那么式(5.1.6)中 s 的最低次项在左边是 $p_{R_i}(\boldsymbol{\Omega y})q_{R_j}(\boldsymbol{y})s^{\rho R_i+R_j}$, 而在右边是 $dq_{R_j}(\boldsymbol{y})q_{R_j}(\boldsymbol{\Omega y})s^{R_j+\rho R_j}$, 或者 $cp_{R_i}(\boldsymbol{y})q_{R_j}(\boldsymbol{\Omega y})s^{R_i+\rho R_j}$, 因而得到矛盾;同理不可能 $R_i<R_j$. 于是 $R_i=R_j$, 并且比较式(5.1.6)两边 s 的最低次项可知

$$p_{R_i}(\boldsymbol{\Omega y})q_{R_i}(\boldsymbol{y})=cp_{R_i}(\boldsymbol{y})q_{R_i}(\boldsymbol{\Omega y})+dq_{R_i}(\boldsymbol{y})q_{R_i}(\boldsymbol{\Omega y}).\tag{5.1.7}$$

现在证明式(5.1.7)蕴含

$$p_{R_i}(\boldsymbol{y})/q_{R_i}(\boldsymbol{y})=a\in\mathbb{F}.$$

为简便计,略去下标 R_i. 将 $p(\boldsymbol{y})$ 和 $q(\boldsymbol{y})$ 写成 $\boldsymbol{y}'=(y_1,\ \cdots,\ y_m)$ 的多项式

$$p(\boldsymbol{y}) = \sum_{\boldsymbol{\lambda}} p_{\boldsymbol{\lambda}}(\boldsymbol{y}'')\boldsymbol{y}'^{\boldsymbol{\lambda}}, \quad q(\boldsymbol{y}) = \sum_{\boldsymbol{\lambda}} q_{\boldsymbol{\lambda}}(\boldsymbol{y}'')\boldsymbol{y}'^{\boldsymbol{\lambda}}, \tag{5.1.8}$$

其中,系数是 $\boldsymbol{y}'' = (y_{m+1}, \cdots, y_n)$ 的幂级数.由式(5.1.4)得

$$p(\boldsymbol{\Omega}^k\boldsymbol{y}) = \sum_{\boldsymbol{\lambda}} p_{\boldsymbol{\lambda}}(\boldsymbol{D}^k\boldsymbol{y}'')\boldsymbol{y}''^{\boldsymbol{\lambda}(\boldsymbol{B}\boldsymbol{D}^{k-1}+\boldsymbol{A}\boldsymbol{B}\boldsymbol{D}^{k-2}+\cdots+\boldsymbol{A}^{k-1}\boldsymbol{B})}\boldsymbol{y}'^{\boldsymbol{\lambda}\boldsymbol{A}^k}, \tag{5.1.9}$$

$$q(\boldsymbol{\Omega}^k\boldsymbol{y}) = \sum_{\boldsymbol{\lambda}} q_{\boldsymbol{\lambda}}(\boldsymbol{D}^k\boldsymbol{y}'')^{\boldsymbol{\lambda}(\boldsymbol{B}\boldsymbol{D}^{k-1}+\boldsymbol{A}\boldsymbol{B}\boldsymbol{D}^{k-2}+\cdots+\boldsymbol{A}^{k-1}\boldsymbol{B})}\boldsymbol{y}'^{\boldsymbol{\lambda}\boldsymbol{A}^k}. \tag{5.1.10}$$

对于表达式 $\gamma\boldsymbol{y}'^{\boldsymbol{t}}(\gamma\neq 0, \boldsymbol{t}\in\mathbb{N}_0^m)$,将 $\boldsymbol{t}$ 称为它的秩,并按字典顺序排列.对于 $k = 0, 1, 2, \cdots$,令 $\boldsymbol{\mu}_k\boldsymbol{A}^k$ 和 $\boldsymbol{v}_k\boldsymbol{A}^k$ 分别是式(5.1.9)和式(5.1.10)的右边最低秩的项的指数.因为 $\boldsymbol{A}$ 是非奇异的,所以 $\boldsymbol{x}\boldsymbol{A}^k = \boldsymbol{0}$ 没有非零解,因而 $\boldsymbol{\mu}_k$ 和 $\boldsymbol{v}_k$ 都唯一确定.但因为 $\boldsymbol{v}_k$ 只能取 $q(\boldsymbol{y})$ 的表达式(5.1.8)中的使 $(\boldsymbol{\lambda}, \boldsymbol{u}) = R_i$ 的那些 $\boldsymbol{\lambda}$,因而存在一个 $\boldsymbol{\lambda}$(记为 $\boldsymbol{v}$)及一个由非负整数组成的无限集合 Λ 使 $\boldsymbol{v}_k = \boldsymbol{v}$(当一切 $k\in\Lambda$);同样 $\boldsymbol{\mu}_k$ 也只有有限多个可能值,所以存在非负整数 $h, k\in\Lambda, h<k$,使 $\boldsymbol{\mu}_h = \boldsymbol{\mu}_k$(记为 $\boldsymbol{\mu}$).由式(5.1.7)可得

$$\frac{p(\boldsymbol{\Omega}^h\boldsymbol{y})}{q(\boldsymbol{\Omega}^h\boldsymbol{y})} = c^h\frac{p(\boldsymbol{y})}{q(\boldsymbol{y})} + (c^{h-1} + c^{h-2} + \cdots + 1)d,$$

$$\frac{p(\boldsymbol{\Omega}^k\boldsymbol{y})}{q(\boldsymbol{\Omega}^k\boldsymbol{y})} = c^k\frac{p(\boldsymbol{y})}{q(\boldsymbol{y})} + (c^{k-1} + c^{k-2} + \cdots + 1)d,$$

于是

$$\frac{p(\boldsymbol{\Omega}^k\boldsymbol{y})}{q(\boldsymbol{\Omega}^k\boldsymbol{y})} = c^{k-h}\frac{p(\boldsymbol{\Omega}^h\boldsymbol{y})}{q(\boldsymbol{\Omega}^h\boldsymbol{y})} + d'.$$

由此得到

$$p(\boldsymbol{\Omega}^k\boldsymbol{y})q(\boldsymbol{\Omega}^h\boldsymbol{y}) = c^{k-h}p(\boldsymbol{\Omega}^h\boldsymbol{y})q(\boldsymbol{\Omega}^k\boldsymbol{y}) + d'q(\boldsymbol{\Omega}^k\boldsymbol{y})q(\boldsymbol{\Omega}^h\boldsymbol{y}). \tag{5.1.11}$$

比较两边最低秩的项的指数,得到

$$\boldsymbol{\mu}_k\boldsymbol{A}^k + \boldsymbol{v}_h\boldsymbol{A}^h = \boldsymbol{\mu}_h\boldsymbol{A}^h + \boldsymbol{v}_k\boldsymbol{A}^k,$$

或者

$$\boldsymbol{\mu}_k\boldsymbol{A}^k + \boldsymbol{v}_h\boldsymbol{A}^h = \boldsymbol{v}_k\boldsymbol{A}^k + \boldsymbol{v}_h\boldsymbol{A}^h.$$

因为 $\boldsymbol{A}$ 是非退化的并且不以 1 为特征根,所以得 $\boldsymbol{\mu} = \boldsymbol{v}$. 应用式(5.1.9)和式(5.1.10),并比较式(5.1.11)两边最低秩的项的系数得

$$p_{\boldsymbol{\mu}}(\boldsymbol{D}^k\boldsymbol{y}'')q_{\boldsymbol{\mu}}(\boldsymbol{D}^h\boldsymbol{y}'') = c^{k-h}p_{\boldsymbol{\mu}}(\boldsymbol{D}^h\boldsymbol{y}'')q_{\boldsymbol{\mu}}(\boldsymbol{D}^k\boldsymbol{y}'') + d'q_{\boldsymbol{\mu}}(\boldsymbol{D}^k\boldsymbol{y}'')q_{\boldsymbol{\mu}}(\boldsymbol{D}^h\boldsymbol{y}''),$$

于是

$$\frac{p_{\boldsymbol{\mu}}(\boldsymbol{D}^{k-h}(\boldsymbol{D}^h\boldsymbol{y}''))}{q_{\boldsymbol{\mu}}(\boldsymbol{D}^{k-h}(\boldsymbol{D}^h\boldsymbol{y}''))} = c^{k-h}\frac{p_{\boldsymbol{\mu}}(\boldsymbol{D}^h\boldsymbol{y}'')}{q_{\boldsymbol{\mu}}(\boldsymbol{D}^h\boldsymbol{y}'')} + d'.$$

因为矩阵 $\boldsymbol{D}^{k-h}$ 具有与 $\boldsymbol{\Omega}$ 类似的性质且阶数 $<n$，所以由归纳假设得

$$p_{\boldsymbol{\mu}}(\boldsymbol{D}^h\boldsymbol{y}'') = aq_{\boldsymbol{\mu}}(\boldsymbol{D}^h\boldsymbol{y}''), \quad a \in \mathbb{F}, a \neq 0.$$

视 $\boldsymbol{D}^h\boldsymbol{y}''$ 为变量，比较上式两边同次幂的系数可推出

$$p_{\boldsymbol{\mu}}(\boldsymbol{y}'') = aq_{\boldsymbol{\mu}}(\boldsymbol{y}''). \tag{5.1.12}$$

令 $r(\boldsymbol{y}) = p(\boldsymbol{y}) - aq(\boldsymbol{y})$，则 $r(\boldsymbol{y}) = 0$. 设不然，那么由式(5.1.7)得

$$\begin{aligned} r(\boldsymbol{\Omega y})q(\boldsymbol{y}) &= p(\boldsymbol{\Omega y})q(\boldsymbol{y}) - aq(\boldsymbol{\Omega y})q(\boldsymbol{y}) \\ &= cp(\boldsymbol{y})q(\boldsymbol{\Omega y}) + dq(\boldsymbol{y})q(\boldsymbol{\Omega y}) - aq(\boldsymbol{\Omega y})q(\boldsymbol{y}) \\ &= cr(\boldsymbol{y})q(\boldsymbol{\Omega y}) + (ca + d - a)q(\boldsymbol{y})q(\boldsymbol{\Omega y}). \end{aligned} \tag{5.1.13}$$

我们用 $r(\boldsymbol{y})$ 代替 $p(\boldsymbol{y})$，用式(5.1.13)代替式(5.1.7)，进行与上面类似的推理，将会得到一个与式(5.1.12)类似的等式(其中，$p(\boldsymbol{y})$ 代以 $r(\boldsymbol{y})$)．但由式(5.1.12)可知，$r(\boldsymbol{y})$ 不含有秩为 $\boldsymbol{\mu}(=\boldsymbol{\nu})$ 的项，因而比较该等式两边最低秩的项的指数时得到 $\boldsymbol{\nu} = \boldsymbol{\mu}'$，而 $\boldsymbol{\mu}' \neq \boldsymbol{\mu}$，这是矛盾的，所以确实 $r(\boldsymbol{y}) = 0$，若恢复原先略去的下标 R_i，即得要证的等式

$$p_{R_i}(\boldsymbol{y}) = aq_{R_i}(\boldsymbol{y}), \tag{5.1.14}$$

并且由式(5.1.13)得 $a = ca + d$.

现设 $j > i$，并且当 $l = i, \cdots, j-1$ 时式(5.1.5)成立．我们比较式(5.1.6)两边 $s^{\rho R_i + R_j}$ 的系数．注意，如果有某个下标组 $(i', j') \neq (i, j)$，$i', j' \geqslant i$，使得 $\rho R_i + R_j = \rho R_{i'} + R_{j'}$，则因 R_l 递增而得 $i', j' < j$. 于是由关于式(5.1.5)所作的归纳假设得知

$$p_{R_{i'}}(\boldsymbol{y}) = aq_{R_{i'}}(\boldsymbol{y}), \quad p_{R_{j'}}(\boldsymbol{y}) = aq_{R_{j'}}(\boldsymbol{y}).$$

由于对这组 (i', j') 有 $\rho R_i + R_j = \rho R_{i'} + R_{j'}$，所以在式(5.1.6)左边与 (i', j') 相应的项对 $s^{\rho R_i + R_j}$ 的系数所作的贡献是

$$p_{R_{i'}}(\boldsymbol{\Omega y})q_{R_{j'}}(\boldsymbol{y}) = aq_{R_{i'}}(\boldsymbol{\Omega y})q_{R_{j'}}(\boldsymbol{y}),$$

而在式(5.1.6)右边这个贡献是

$$cp_{R_{j'}}(\boldsymbol{y})q_{R_{i'}}(\boldsymbol{\Omega y}) + dq_{R_{j'}}(\boldsymbol{y})q_{R_{i'}}(\boldsymbol{\Omega y}) = (ca + d)q_{R_{i'}}(\boldsymbol{\Omega y})q_{R_{j'}}(\boldsymbol{y}),$$

因为 $a = ca + d$，所以它们互相抵消．总之，比较两边系数的最终结果是

$$p_{R_i}(\boldsymbol{\Omega y})q_{R_j}(\boldsymbol{y}) = cp_{R_j}(\boldsymbol{y})q_{R_i}(\boldsymbol{\Omega y}) + dq_{R_j}(\boldsymbol{y})q_{R_i}(\boldsymbol{\Omega y}),$$

由此式及式(5.1.14)可推出

$$aq_{R_j}(\boldsymbol{y}) = cp_{R_j}(\boldsymbol{y}) + dq_{R_j}(\boldsymbol{y}).$$

但因 $a - d = ca$，$c \neq 0$，所以得

$$p_{R_j}(\boldsymbol{y}) = aq_{R_j}(\boldsymbol{y}).$$

依归纳法知

$$p_{R_l}(\boldsymbol{y}) = aq_{R_l}(\boldsymbol{y}) \quad (l = i,\ i+1,\ \cdots).$$

由此易见式(5.1.5)对 $l \geqslant 0$ 成立,从而

$$g(z) = P(z)/Q(z) = \sum_R p_R(z) / \sum_R q_R(z) = a \in \mathbb{F}.$$

于是完成了命题的归纳证明.

现在我们来考虑 $m = n$ 的情形,此时式(5.1.4)不再成立.我们令

$$\boldsymbol{\Omega}_1 = \begin{pmatrix} \boldsymbol{\Omega} & \boldsymbol{0} \\ \boldsymbol{0} & \boldsymbol{\Omega} \end{pmatrix},$$

$$g_1(z_1,\ \cdots,\ z_n,\ z_{n+1},\ \cdots,\ z_{2n}) = g(z_1 z_{n+1},\ z_2 z_{n+1},\ \cdots,\ z_n z_{2n}).$$

因为

$$\boldsymbol{\Omega}_1(z_1,\ \cdots,\ z_n,\ z_{n+1},\ \cdots,\ z_{2n}) = \left(\prod_{j=1}^n z_j^{\omega_{1j}},\ \cdots,\ \prod_{j=1}^n z_j^{\omega_{nj}},\ \prod_{j=1}^n z_{n+j}^{\omega_{1j}},\ \cdots,\ \prod_{j=1}^n z_{n+j}^{\omega_{nj}}\right),$$

$$\boldsymbol{\Omega}(z_1 z_{n+1},\ \cdots,\ z_n z_{2n}) = \left(\prod_{j=1}^n z_j^{\omega_{1j}} \cdot \prod_{j=1}^n z_{n+j}^{\omega_{1j}},\ \cdots,\ \prod_{j=1}^n z_j^{\omega_{nj}} \cdot \prod_{j=1}^n z_{n+j}^{\omega_{nj}}\right),$$

并且注意 $g \in M$,所以

$$g_1^{\sigma_1}(z_1,\ \cdots,\ z_{2n}) = g^{\sigma}(z_1 z_{n+1},\ \cdots,\ z_n z_{2n}),$$

其中,σ_1 是由 $\boldsymbol{\Omega}_1$ 定义的 M_1 上的自同态,而 M_1 是 $\mathbb{F}[[z_1,\ \cdots,\ z_{2n}]]$ 的商域.于是由式(5.1.3)得

$$g_1^{\sigma_1} = cg_1 + d.$$

依据上面所证结果可知 $g_1(z_1,\ \cdots,\ z_{2n}) \in \mathbb{F}$,于是 $g(z_1,\ \cdots,\ z_n) = g_1(z_1,\ \cdots,\ z_n,\ 1,\ \cdots,\ 1) \in \mathbb{F}$. □

定理 5.1.1 之证 我们对 $s = \sum_{i=1}^k n(i)$ 用归纳法.当 $s = 1$ 时,

$$g = f_{11},\quad c_1 = 1,\quad a_{i_1} = a_1,\quad \{i_1\} = \{1\}.$$

现设 $s > 1$,且命题对于函数总数 $< \sum_{i=1}^k n(i)$ 的情形已证.若函数 $f_{ij}(i = 1,\ \cdots,\ k;\ j = 1,\ \cdots,\ n(i))$ 在 L 上代数相关,那么可设 $f_{ij}(i = 1,\ \cdots,\ k-1;\ j = 1,\ \cdots,\ n(i))$, f_{k1}, $\cdots$, $f_{k,\ n(k)-1}$ 在 L 上代数相关(不然,由归纳假设,命题已成立).用 $x_{ij}(i = 1,\ \cdots,\ k;\ j = 1,\ \cdots,\ n(i))$ 表示不定元, $M[\boldsymbol{x}] = M[x_{11},\ \cdots,\ x_{1n(1)},\ x_{21},\ \cdots,\ x_{k,\ n(k)}]$ 是 M 上 $\boldsymbol{x}$ 的多项式组成的环.将 x_{ij} 按上述顺序排序,并按字典顺序将它们的单项式排序.用下列

诸式定义 $M[\boldsymbol{x}]$的自同态 T:

$$T\alpha = \alpha^{\sigma} \quad (\text{当 } \alpha \in M),$$

$$\begin{pmatrix} Tx_{i1} \\ \vdots \\ Tx_{i,n(i)} \end{pmatrix} = \begin{pmatrix} a_i & & & \\ a_{21}^{(i)} & a_i & & 0 \\ \vdots & & \ddots & \\ a_{n(i),1}^{(i)} & \cdots & a_{n(i),n(i)-1} & a_i \end{pmatrix}$$

存在非常数且最高次项系数为 1 的不可约多项式 $F\in L[\boldsymbol{x}]$使得

$$F(\boldsymbol{f}) = F(f_{11}, \cdots, f_{1,n(1)}, f_{21}, \cdots, f_{k,n(k)}) = 0.$$

记 $F = \sum_J b_J \boldsymbol{x}^J$, $b_J \in L$, $J = (j_{11}, \cdots, j_{1,n(1)}, j_{21}, \cdots, j_{k,n(k)}) \in \mathbb{N}_0^s$, $\boldsymbol{x}^J = x_{11}^{j_{11}} \cdots x_{1,n(1)}^{j_{1,n(1)}} \cdots x_{k,n(k)}^{j_{k,n(k)}}$. 那么

$$TF(\boldsymbol{f}) = \sum_J b_J^{\sigma} (\boldsymbol{f}^{\sigma})^J = \left(\sum_J b_J \boldsymbol{f}^J \right)^{\sigma} = F(\boldsymbol{f})^{\sigma} = 0.$$

我们将 F 和 TF 写成

$$F(\boldsymbol{x}) = \sum_h e_h(x_{11}, \cdots, x_{k,n(k)-1}) x_{k,n(k)}^h,$$
$$TF(\boldsymbol{x}) = \sum_h d_h(x_{11}, \cdots, x_{k,n(k)-1}) x_{k,n(k)}^h,$$

其中, e_h, $d_h \in L[x_{11}, \cdots, x_{k,n(k)-1}]$ 都不全为零,还令

$$F_1(\boldsymbol{x}) = \sum_h e_h(f_1, \cdots, f_{k,n(k)-1}) x^h,$$
$$F_2(\boldsymbol{x}) = \sum_h d_h(f_1, \cdots, f_{k,n(k)-1}) x^h.$$

因为 $f_{11}, \cdots, f_{k,n(k)-1}$ 在 L 上代数无关,所以 F_1, F_2 是 $L(f_{11}, \cdots, f_{k,n(k)-1})$上的非零多项式;又因为 F 在 L 上不可约,所以 F_1 也在 $L(f_{11}, \cdots, f_{k,n(k)-1})$上不可约. 由于 $F_1(f_{k,n(k)}) = F_2(f_{k,n(k)}) = 0$, 所以 $F_1 | F_2$. 注意 F_1 和 F_2 次数相同,所以得到

$$F_2(\boldsymbol{x}) = \xi F_1(\boldsymbol{x}) \quad (\xi \neq 0, \xi \in L(f_{11}, \cdots, f_{k,n(k)-1})).$$

比较此式两边 x 同次幂系数,由 $f_{11}, \cdots, f_{k,n(k)-1}$ 的代数无关性可知对应项系数作为 $x_{11}, \cdots, x_{k,n(k)-1}$ 的多项式应当相等,并且 $\xi \in L$, 于是得到

$$TF = \xi F \quad (\xi \neq 0, \xi \in L).$$

我们比较此式两边最高项系数(注意 a_i, $a_{st}^{(i)} \in \mathbb{F}$),可知 $\xi \in \mathbb{F}$.

现在设 $P(\boldsymbol{x}) \in L[\boldsymbol{x}]$ 是集合

$$\mathscr{F} = \{F(\boldsymbol{x}) \mid F(\boldsymbol{x}) \in L[\boldsymbol{x}], TF = \xi F + \eta (\text{某个 } \xi, \eta \in \mathbb{F})\}$$

中(全)次数最低的非常数多项式,于是

$$TP = \xi P + \eta \quad (\xi, \eta \in \mathbb{F}) \tag{5.1.15}$$

用 D_{ij} 表示偏导数 $\partial/\partial x_{ij}$,那么有

$$a_i TD_{i,n(i)}P = D_{i,n(i)}TP = D_{i,n(i)}(\xi P + \eta) = \xi D_{i,n(i)}P. \tag{5.1.16}$$

因为 $D_{i,n(i)}P$ 的全次数小于 P 的全次数,而由上式可知 $D_{i,n(i)}P \in \mathscr{F}$,所以由 P 的定义推知 $D_{i,n(i)}P$ 是"常数",亦即属于 L. 注意 T 的定义以及式(5.1.16),由引理 5.1.1 得到

$$D_{i,n(i)}P = c_{i,n(i)} \in \mathbb{F} \quad (i = 1, \cdots, k).$$

我们记多项式

$$\begin{aligned} Q &= P - \sum_{r=1}^{k} c_{r,n(r)} x_{r,n(r)} \\ &\in L[x_{11}, \cdots, x_{1,n(1)-1}, x_{21}, \cdots, x_{k,n(k)-1}], \end{aligned}$$

因为

$$\begin{aligned} D_{i,n(i)-1}TQ &= a_i TD_{i,n(i)-1}Q = a_i TD_{i,n(i)-1}P, \\ D_{i,n(i)-1}TQ &= D_{i,n(i)-1}\Big(TP - T\sum_{r=1}^{k} c_{r,n(r)} x_{r,n(r)}\Big) \\ &= D_{i,n(i)-1}\Big(\xi P + \eta - \sum_{r=1}^{k} c_{r,n(r)}\Big(\sum_{s=1}^{n(r)} a_{n(r)s}^{(r)} x_{rs} - b_{r,n(r)}\Big)\Big) \\ &= \xi D_{i,n(i)-1}P - c_{i,n(i)} a_{n(i),n(i)-1}^{(i)}, \end{aligned}$$

所以

$$a_i TD_{i,n(i)-1}P = \xi D_{i,n(i)-1}P - c_{i,n(i)} a_{n(i),n(i)-1}^{(i)}.$$

但因为 $D_{i,n(i)-1}P$ 的全次数小于 P 的全次数,所以与上面类似可知 $D_{i,n(i)-1}P \in L$,从而由引理 5.1.1 得到

$$D_{i,n(i)-1}P = c_{i,n(i)-1} \in \mathbb{F} \quad (i = 1, \cdots, k).$$

继续上述过程,可得

$$P = \sum_{i,j} c_{ij} x_{ij} + b \quad (c_{ij} \in \mathbb{F},\ b \in L), \tag{5.1.17}$$

由此有

$$\begin{aligned} TP &= T\Big(\sum_{i,j} c_{ij} x_{ij} + b\Big) \\ &= \sum_{i,j} c_{ij}(a_i x_{ij} + a_{j,j-1}^{(i)} x_{i,j-1} + \cdots + a_{j,1}^{(i)} x_{i1} + b_{ij}) + b^{\sigma}, \end{aligned}$$

再由式(5.1.15)知 $TP = \xi\Big(\sum_{i,j} c_{ij}x_{ij} + b\Big) + \eta$，从而

$$\sum_{i,j} c_{ij}(a_i x_{ij} + a_{j,j-1}^{(i)} x_{i,j-1} + \cdots + a_{j1}^{(i)} x_{i1} + b_{ij}) + b^{\sigma} = \xi\Big(\sum_{i,j} c_{ij}x_{ij} + b\Big) + \eta. \tag{5.1.18}$$

令 $\mathscr{J} = \{i_1, \cdots, i_r\}$ 是这种下标 i 的集合：存在某个 j 使 $c_{ij} \neq 0$. 还令

$$J_h = \max\{j \mid c_{i_h j} \neq 0\} \quad (h = 1, \cdots, r).$$

比较式(5.1.18)两边 $x_{i_h J_h}$ 的系数可得

$$c_{i_h J_h} a_{i_h} = \xi c_{i_h J_h}, \quad a_{i_h} = \xi \quad (h = 1, \cdots, r),$$

因此

$$a_{i_1} = a_{i_2} = \cdots = a_{i_r} = \xi. \tag{5.1.19}$$

我们来证明 $J_h = 1$ $(h = 1, \cdots, r)$. 设不然，那么对某个 h 有 $J_h > 1$. 比较式(5.1.18)两边 $x_{i_h, J_h - 1}$ 的系数得

$$c_{i_h J_h} a_{J_h, J_h - 1}^{(i_h)} + c_{i_h J_h - 1} a_{i_h} = \xi c_{i_h, J_h - 1},$$

注意式(5.1.19)可知 $a_{J_h, J_h-1}^{(i_h)} = 0$，这与假设矛盾. 因此确实所有 $J_h = 1$. 因而当 $i \notin \mathscr{J}$ 及 $i \in \mathscr{J}$ 但 $j > 1$ 时有 $c_{ij} = 0$. 于是由式(5.1.17)得到

$$P = \sum_{h=1}^{r} c_{i_h 1} x_{i_h 1} + b \quad (c_{i_h 1} \neq 0, \ b \in L),$$

而式(5.1.18)变成

$$\sum_{h=1}^{r} c_{i_h 1}(a_{i_h} x_{i_h 1} + b_{i_h 1}) + b^{\tau} = \xi\Big(\sum_{h=1}^{r} c_{i_h 1} x_{i_h 1} + b\Big) + \eta.$$

比较此式两边常数项得

$$\sum_{h=1}^{r} c_{i_h 1} b_{i_h 1} + b^{\sigma} = \xi b + \eta. \tag{5.1.20}$$

由此及式(5.1.1)，并注意式(5.1.19)，我们有

$$\begin{aligned}\Big(\sum_{h=1}^{r} c_{i_h 1} f_{i_h 1} + b\Big)^{\sigma} &= \sum_{h=1}^{r} c_{i_h 1}(a_{i_h} f_{i_h 1} + b_{i_h 1}) + b^{\sigma} \\ &= a_{i_1}\Big(\sum_{i=1}^{r} c_{i_h 1} f_{i_h 1} + b\Big) + \eta. \end{aligned} \tag{5.1.21}$$

于是由引理 5.1.1 知

$$\sum_{i=1}^{r} c_{i_h 1} f_{i_h 1} + b \in \mathbb{F}.$$

但因为 $b \in L$，所以

$$\sum_{i=1}^{r} c_{i_h 1} f_{i_h 1} \in L.$$

将 $c_{i_h 1}$改记为 c_h，并令

$$g = \sum_{h=1}^{r} c_h f_{i_h 1},$$

注意由式(5.1.20)得

$$a_{i_1} b + \eta - b^{\sigma} = \sum_{h=1}^{r} c_h b_{i_h 1},$$

于是由式(5.1.21)推出

$$g^{\sigma} = a_{i_1} g + \sum_{h=1}^{r} c_h b_{i_h 1}. \qquad \square$$

定理 5.1.1 包含了许多已知结果(例如文献[49, 54, 95]等)为其特例，下述特例(见文献[95])在后文中用到：

定理 5.1.2 设 $f_1(z), \cdots, f_m(z) \in M$，且满足函数方程

$$\begin{pmatrix} f_1(z) \\ \vdots \\ f_m(z) \end{pmatrix} = \boldsymbol{A} \begin{pmatrix} f_1(\boldsymbol{\Omega} z) \\ \vdots \\ f_m(\boldsymbol{\Omega} z) \end{pmatrix} + \begin{pmatrix} b_1(z) \\ \vdots \\ b_m(z) \end{pmatrix}, \tag{5.1.22}$$

其中，$\boldsymbol{A}$ 是 m 阶矩阵，其元素$\in \mathbb{F}$，$b_i(z) \in L$. 如果 $f_1, \cdots, f_m$ 在 L 上代数相关，那么存在 $\gamma_1, \cdots, \gamma_m \in \mathbb{F}$，不全为零，使 $\sum_{j=1}^{m} \gamma_j f_j \in L$.

证 如果 $\det \boldsymbol{A} = 0$，那么存在不全为零的 $\gamma_1, \cdots, \gamma_m \in \mathbb{F}$，使 $\boldsymbol{A}$ 的各个行矢$(a_{j1}, \cdots, a_{jm})$ $(j = 1, \cdots, m)$满足

$$\sum_{j=1}^{m} \gamma_j (a_{j1}, \cdots, a_{jm}) = \boldsymbol{0},$$

于是

$$\begin{aligned} \sum_{j=1}^{m} \gamma_j f_j &= \sum_{j=1}^{m} \gamma_j \left(\sum_{k=1}^{m} a_{jk} f_k(\boldsymbol{\Omega} z) + b_j(z) \right) \\ &= \sum_{k=1}^{m} \left(\sum_{j=1}^{m} \gamma_j a_{jk} \right) f_k(\boldsymbol{\Omega} z) + \sum_{j=1}^{m} \gamma_j b_j(z) \end{aligned}$$

$$= \sum_{j=1}^{m} \gamma_j b_j(z) \in L.$$

如果 $\det \boldsymbol{A} \neq 0$，那么令 $\boldsymbol{B} = \boldsymbol{R}^{-1}\boldsymbol{A}^{-1}\boldsymbol{R}$ 是矩阵$\boldsymbol{A}^{-1}$的Jordan 标准形，此处 $\boldsymbol{B}$ 和$\boldsymbol{R}$ 是元素$\in \overline{\mathbb{F}}$($\mathbb{F}$ 的代数闭包)的 m 阶矩阵. 由式(5.1.22)得

$$\boldsymbol{R}^{-1}\begin{pmatrix} f_1^{\tau} \\ \vdots \\ f_m^{\tau} \end{pmatrix} = \boldsymbol{R}^{-1}\left(\boldsymbol{A}^{-1}\begin{pmatrix} f_1 \\ \vdots \\ f_m \end{pmatrix} - \boldsymbol{A}^{-1}\begin{pmatrix} b_1 \\ \vdots \\ b_m \end{pmatrix}\right)$$
$$= \boldsymbol{B}\boldsymbol{R}^{-1}\begin{pmatrix} f_1 \\ \vdots \\ f_m \end{pmatrix} - \boldsymbol{R}^{-1}\boldsymbol{A}^{-1}\begin{pmatrix} b_1 \\ \vdots \\ b_m \end{pmatrix}.$$

由定理 5.1.1(其中式(5.1.1)中的矩阵取作此处的矩阵 $\boldsymbol{B}$)，存在非零矢量$(c_1, \cdots, c_m) \in \overline{\mathbb{F}}^m$ 使得

$$g(z) = (c_1, \cdots, c_m)\boldsymbol{R}^{-1}\begin{pmatrix} f_1 \\ \vdots \\ f_m \end{pmatrix} \in \overline{\mathbb{F}}(z_1, \cdots, z_m).$$

令 $(c_1, \cdots, c_m)\boldsymbol{R}^{-1} = (d_1, \cdots, d_m) \in \overline{\mathbb{F}}^m$，那么它非零且

$$g = d_1 f_1 + \cdots + d_m f_m. \tag{5.1.23}$$

因为 $f_1, \cdots, f_m \in \boldsymbol{M}$，$g \in \overline{\mathbb{F}}(z_1, \cdots, z_m)$，所以可设

$$g = p/q \quad (p \in \overline{\mathbb{F}}[z_1, \cdots, z_n],\ q \in \mathbb{F}[z_1, \cdots, z_n]).$$

令 $f \in \mathbb{F}[[z_1, \cdots, z_n]]$ 是 $f_1, \cdots, f_m$ 的公分母，$\{\beta_1, \cdots, \beta_s\}$是 $d_1, \cdots, d_m$ 及p 的诸系数中在$\mathbb{F}$ 上线性无关的极大元素组，那么

$$d_i = \sum_{j=1}^{s} \theta_{ij}\beta_j \quad (i = 1, \cdots, m), \tag{5.1.24}$$

$$p = \sum_{i} p_i \boldsymbol{z}^{\boldsymbol{i}} = \sum_{i}\Big(\sum_{j=1}^{s} \lambda_{ij} B_j\Big)\boldsymbol{z}^{\boldsymbol{i}} = \sum_{j=1}^{s}\Big(\sum_{i} \lambda_{ij}\boldsymbol{z}^{\boldsymbol{i}}\Big)\beta_j, \tag{5.1.25}$$

其中，$\sum_{i} \lambda_{ij}\boldsymbol{z}^{\boldsymbol{i}} \in \mathbb{F}[z_1, \cdots, z_n](j = 1, \cdots, s)$ 不全为零，$(\theta_{i1}, \cdots, \theta_{is}) \in \mathbb{F}^s\ (i = 1, \cdots, m)$也不全为零. 不妨设 $\sum_{i} \lambda_{i1}\boldsymbol{z}^{\boldsymbol{i}} \neq 0$. 由式(5.1.23)得

$$g(ff_1)d_1 + \cdots + g(ff_m)d_m = fp.$$

将式(5.1.24)和式(5.1.25)代入上式并比较两边 β_1 的系数，得到

$$\theta_{11}f_1+\theta_{21}f_2+\cdots+\theta_{m1}f_m=\left(\sum_i\lambda_{i1}z^i\right)/q\in L.$$

令 $\gamma_i=\theta_{i1}(i=1,\cdots,m)$,因为上式右边不为零,所以 γ_i 不全为零. □

5.2 某些 Mahler 函数在代数点上的值的代数无关性

设$\mathbb{K}$为一个代数数域,一组函数 $f_1(z),\cdots,f_r(z)\in\mathbb{K}[[z_1,\cdots,z_n]]$称为在$\mathbb{K}$上 mod $\mathbb{K}(z_1,\cdots,z_n)$(或 mod $\mathbb{K}[z_1,\cdots,z_n]$)线性无关,如果对于任何不全为零的 $c_1,\cdots,c_r\in\mathbb{K}$ 有 $c_1f_1(z)+\cdots+c_rf_r(z)\notin\mathbb{K}(z_1,\cdots,z_n)$(或$\notin\mathbb{K}[z_1,\cdots,z_n]$);不然则相应地称为线性相关.

对于 $\boldsymbol{\Omega}=(\omega_{ij})$(具有非负整数元素的 n 阶矩阵)及代数点 $\boldsymbol{\alpha}=(\alpha_1,\cdots,\alpha_n)\in\mathbb{A}^n$(此处$\mathbb{A}$表示所有代数数组成的集合),$\alpha_i\neq0\ (i=1,\cdots,n)$,我们设它们具有下列性质(见《超越数:基本理论》,第7.2节):

(Ⅰ)$\boldsymbol{\Omega}$ 非奇异,没有一个特征值是单位根;

(Ⅱ)用 ρ 表示$\boldsymbol{\Omega}$ 的绝对值的最大值,当 $k\to\infty$ 时 $\boldsymbol{\Omega}^k$ 的每个元素是$O(\rho^k)$;

(Ⅲ)记 $\boldsymbol{\Omega}^k\boldsymbol{\alpha}=(\alpha_1^{(k)},\cdots,\alpha_n^{(k)})$,当 k 充分大时,有

$$\log|\alpha_i^{(k)}|\leqslant-\sigma\rho^k\quad(i=1,\cdots,n),$$

其中,$\sigma>0$ 是常数;

(Ⅳ)如果 $f(z)$是变量 $z=(z_1,\cdots,z_n)$ 的复系数幂级数,在原点的某个领域内收敛,那么存在无穷多个正整数 k 使$f(\boldsymbol{\Omega}^k\boldsymbol{\alpha})\neq0$.

注意,由非负矩阵的性质可知,上述性质(Ⅰ)蕴含 $\rho>1$,且 ρ 是$\boldsymbol{\Omega}$ 的一个特征值.另外,可以证明:若 $\boldsymbol{\Omega}$ 的每个绝对值为ρ 的特征值都是$\boldsymbol{\Omega}$ 的极小多项式的单根,那么性质(Ⅱ)成立.

定理 5.2.1 设 $f_1(z),\cdots,f_m(z)\in\mathbb{K}[[z_1,\cdots,z_n]]$在一个包围原点的 n 维多圆盘 U 中收敛,并满足函数方程

$$\begin{pmatrix}f_1(z)\\ \vdots\\ f_m(z)\end{pmatrix}=\boldsymbol{A}\begin{pmatrix}f_1(\boldsymbol{\Omega}z)\\ \vdots\\ f_m(\boldsymbol{\Omega}z)\end{pmatrix}+\begin{pmatrix}b_1(z)\\ \vdots\\ b_m(z)\end{pmatrix},\tag{5.2.1}$$

其中,$\boldsymbol{A}$ 是一个$\mathbb{K}$上的 m 阶矩阵,诸 $b_i\in\mathbb{K}(z)$,$\boldsymbol{\Omega}$ 和 $\boldsymbol{\alpha}$ 如上所述,并且对所有 $k\geqslant0$,

$\boldsymbol{\Omega}^k\boldsymbol{\alpha} \in U$ 且 $b_i(z)$ 在点 $\boldsymbol{\Omega}^k\boldsymbol{\alpha}$ 有定义.如果 $f_1(z), \cdots, f_m(z)$ 在$\mathbb{K}(z_1, \cdots, z_n)$上代数无关,那么 $f_1(\boldsymbol{\alpha}), \cdots, f_m(\boldsymbol{\alpha})$(在$\mathbb{Q}$上)代数无关.

注 5.2.1 注意: $f_1, \cdots, f_m$ 在$\mathbb{K}(z_1, \cdots, z_n)$上代数无关,当且仅当它们在$\mathbb{C}(z_1, \cdots, z_n)$上代数无关.

引理 5.2.1 设 $\boldsymbol{\Omega}, \boldsymbol{\alpha}$ 满足上述性质(Ⅰ)～(Ⅳ),令

$$\psi(z;x) = \sum_{i=1}^{q}\sum_{j=1}^{d_i}\theta_i^x x^{j-1} g_{ij}(z),$$

其中,θ_i 是互异的非零复数,$g_{ij}(z) \in \mathbb{C}[[z_1, \cdots, z_n]]$.如果 $g_{ij}(z)$ 在原点正则,并且对所有充分大的 k, $\psi(\boldsymbol{\Omega}^k\boldsymbol{\alpha}; k) = 0$,那么 $g_{ij}(z) = 0$(对所有 i, j).

证 对 $\sum_{i=1}^{q} d_i$ 用归纳法.若 $\sum_{i=1}^{q} d_i = 1$,则 $q = 1$, $d_1 = 1$,因而由性质(Ⅳ)知引理成立.现设 $l > 1$,并且引理当 $\sum_{i=1}^{q} d_i < l$ 时成立,但当 $\sum_{i=1}^{q} d_i = l$ 时不成立.于是 $g(z) = g_{qd_q}(z) \neq 0$. 不妨设 $\theta_q = 1$(不然可用函数 $\theta_q^{-x}\psi(z;x)$代替 $\psi(z;x)$).考虑函数

$$\xi(z;x) = g(\boldsymbol{\Omega}z)\psi(z;x) - g(z)\psi(\boldsymbol{\Omega}z;x+1).$$

因为

$$\begin{aligned}
g(\boldsymbol{\Omega}z)\psi(z;x) &= \sum_{i=1}^{q-1}\sum_{j=1}^{d_i}\theta_i^x x^{j-1} g_{ij}(z) g(\boldsymbol{\Omega}z) \\
&\quad + \sum_{j=1}^{d_q-1}\theta_q^x x^{j-1} g_{qj}(z) g(\boldsymbol{\Omega}z) + \theta_q^x x^{d_q-1} g(z) g(\boldsymbol{\Omega}z), \\
g(z)\psi(\boldsymbol{\Omega}z;x+1) &= \sum_{i=1}^{q}\sum_{k=1}^{d_i}\theta_i^{x+1}\sum_{j=1}^{k}\binom{k-1}{j-1} x^{j-1} g_{ik}(\boldsymbol{\Omega}z) g(z) \\
&= \sum_{i=1}^{q}\sum_{j=1}^{d_i}\theta_i^{x+1} x^{j-1}\sum_{k=j}^{d_i}\binom{k-1}{j-1} g_{ik}(\boldsymbol{\Omega}z) g(z) \\
&= \sum_{i=1}^{q-1}\sum_{j=1}^{d_i}\theta_i^x x^{j-1}\theta_i\sum_{k=j}^{d_i}\binom{k-1}{j-1} g_{ik}(\boldsymbol{\Omega}z) g(z) \\
&\quad + \sum_{j=1}^{d_q-1}\theta_q^{x+1} x^{j-1}\sum_{k=j}^{d_q}\binom{k-1}{j-1} g_{qk}(\boldsymbol{\Omega}z) g(z) \\
&\quad + \theta_q^{x+1} x^{d_q-1} g(\boldsymbol{\Omega}z) g(z).
\end{aligned}$$

注意 $\theta_q = 1$,我们得到

$$\xi(z;x) = \sum_{i=1}^{q-1}\sum_{j=1}^{d_i}\theta_i^x x^{j-1} h_{ij}(z) + \sum_{j=1}^{d_q-1} x^{j-1} h_j(x),$$

其中,已记

$$h_j(z) = g(\boldsymbol{\Omega}z)g_{qj}(z) - g(z)\sum_{k=j}^{d_q}\binom{k-1}{j-1}g_{qk}(\boldsymbol{\Omega}z)$$
$$(j = 1, \cdots, d_q - 1),$$
$$h_{ij}(z) = g(\boldsymbol{\Omega}z)g_{ij}(z) - \theta_i g(z)\sum_{h=j}^{d_i}\binom{k-1}{j-1}g_{ik}(\boldsymbol{\Omega}z)$$
$$(i = 1, \cdots, q-1;\ j = 1, \cdots, d_i).$$

由引理假设知,当 k 充分大时,有

$$\xi(\boldsymbol{\Omega}^k\boldsymbol{\alpha};\ k) = 0,$$

而 $\sum_{i=1}^{q-1} d_i + (d_q - 1) = l - 1$, 所以由归纳假设得

$$h_j(z) = 0, \quad h_{ij}(z) = 0. \tag{5.2.2}$$

特别地,有

$$\begin{aligned} h_{d_q-1}(z) &= g(\boldsymbol{\Omega}z)g_{q,\,d_q-1}(z) - g(z)(g_{q,\,d_q-1}(\boldsymbol{\Omega}z) + (d_q - 1)g_{qd_q}(\boldsymbol{\Omega}z)) \\ &= 0, \end{aligned}$$

亦即

$$\frac{g_{q,\,d_q-1}(z)}{g(z)} = \frac{g_{q,\,d_q-1}(\boldsymbol{\Omega}z)}{g(\boldsymbol{\Omega}z)} + d_q - 1,$$

于是由引理 5.1.1 可知

$$\frac{g_{q,\,d_q-1}(z)}{g(z)} \in \mathbb{C},$$

从而 $d_q = 1$. 但由归纳假设 $\sum_{i=1}^{q} d_i > 1$, 所以必有 $q \geqslant 2$, 并且由式(5.2.2)得

$$h_{1d_1}(z) = g(\boldsymbol{\Omega}z)g_{1d_1}(z) - \theta_1 g(z)g_{1d_1}(\boldsymbol{\Omega}z) = 0.$$

类似于前,由此及引理 5.1.1 得

$$g_{1d_1}(z)/g(z) \in \mathbb{C},$$

从而

$$(1 - \theta_1)g(\boldsymbol{\Omega}z)g(z) = 0.$$

但因为 θ_i 两两互异,所以 $\theta_1 \neq 1$, 从而 $g(z) = 0$, 这与原假设矛盾,于是当 $\sum_{i=1}^{q} d_i = l$ 时引理也成立. □

定理 5.2.1 之证 不妨设 $\alpha_1, \cdots, \alpha_n$ 及 $\boldsymbol{A}$ 的特征值全属于$\mathbb{K}$(不然用$\mathbb{K}$的适当扩

域代替$\mathbb{K}$). 因为 $f_1, \cdots, f_m$ 在$\mathbb{K}(z_1, \cdots, z_n)$上代数无关,所以 $\det \boldsymbol{A} \neq 0$. 由方程(5.2.1)得

$$\begin{aligned} \boldsymbol{f}(z) &= \boldsymbol{A}^k \boldsymbol{f}(\boldsymbol{\Omega}^k z) + \sum_{j=0}^{k-1} \boldsymbol{A}^j \boldsymbol{b}(\boldsymbol{\Omega}^j z) \\ &= \boldsymbol{A}^k \boldsymbol{f}(\boldsymbol{\Omega}^k z) + \boldsymbol{b}^{(k)}(z), \end{aligned} \tag{5.2.3}$$

其中

$$\boldsymbol{b}^{(k)}(z) = \sum_{j=0}^{k-1} \boldsymbol{A}^j \boldsymbol{b}(\boldsymbol{\Omega}^j z),$$

并且 $\boldsymbol{f}(z) = (f_1(z), \cdots, f_m(z))^\tau$, $\boldsymbol{b}(z) = (b_1(z), \cdots, b_m(z))^\tau$, 以及 $\boldsymbol{b}^{(k)}(z) = (b_1^{(k)}(z), \cdots, b_m^{(k)}(z))^\tau$ (τ 表示转置). 还要注意,如果 $\boldsymbol{A}$ 的特征值中有两个其比为单位根,那么存在正整数 N,使 $\boldsymbol{A}^N$ 的互异特征根之比不是单位根;并且由式(5.2.3),以 $\boldsymbol{\Omega}^N$ 代替$\boldsymbol{\Omega}$,$\boldsymbol{A}^N$ 代替$\boldsymbol{A}$,$\boldsymbol{b}^{(N)}(z)$代替 $\boldsymbol{b}(z)$,那么方程(5.2.1)仍然成立. 于是我们可以认为由 $\boldsymbol{A}$ 的特征值生成的乘法子群G 是无挠群. 设 $f_1(\boldsymbol{\alpha}), \cdots, f_m(\boldsymbol{\alpha})$代数相关,那么有

$$\sum_{\boldsymbol{\mu}} \tau_{\boldsymbol{\mu}} f_1(\boldsymbol{\alpha})^{\mu_1} \cdots f_m(\boldsymbol{\alpha})^{\mu_m} = 0, \tag{5.2.4}$$

其中, $\boldsymbol{\mu} = (\mu_1, \cdots, \mu_m) \in \mathbb{N}_0^m$, $|\boldsymbol{\mu}| = \mu_1 + \cdots + \mu_m \leqslant L$, $\tau_{\boldsymbol{\mu}} \in \mathbb{Z}$不全为零. 设 $t_{\boldsymbol{\mu}}$($\boldsymbol{\mu} = (\mu_1, \cdots, \mu_m) \in \mathbb{N}_0^m$, $|\boldsymbol{\mu}| \leqslant L$) 是未定元,并记 $\boldsymbol{t} = (t_{\boldsymbol{\mu}})$. 令

$$F(z, \boldsymbol{t}) = \sum_{\boldsymbol{\mu}} t_{\boldsymbol{\mu}} f_1(z)^{\mu_1} \cdots f_m(z)^{\mu_m} = \sum_{\boldsymbol{\mu}} t_{\boldsymbol{\mu}} \boldsymbol{f}(z)^{\boldsymbol{\mu}};$$

其中,简记 $\boldsymbol{f}(z)^{\boldsymbol{\mu}} = f_1(z)^{\mu_1} \cdots f_m(z)^{\mu_m}$. 将式(5.2.3)代入式(5.2.4),由下式定义 $t_{\boldsymbol{\mu}}^{(k)}$:

$$\begin{aligned} F(z, \boldsymbol{t}) &= \sum_{\boldsymbol{\mu}} t_{\boldsymbol{\mu}} \boldsymbol{f}(z)^{\boldsymbol{\mu}} = \sum_{\boldsymbol{\mu}} t_{\boldsymbol{\mu}} (\boldsymbol{A}^k \boldsymbol{f}(\boldsymbol{\Omega}^k z) + \boldsymbol{b}^{(k)}(z))^{\boldsymbol{\mu}} \\ &= \sum_{\boldsymbol{\mu}} t_{\boldsymbol{\mu}}^{(k)} \boldsymbol{f}(\boldsymbol{\Omega}^k z)^{\boldsymbol{\mu}}. \end{aligned} \tag{5.2.4}$$

还设 $x_{11}, \cdots, x_{1m}, \cdots, x_{m1}, \cdots, x_{mm}$; $w_1, \cdots, w_m$ 以及$y_1, \cdots, y_m$ 是未定元,并用下式定义 $T_{\boldsymbol{\mu}}(\boldsymbol{t}; \boldsymbol{X}; \boldsymbol{y})$(其中, $\boldsymbol{\mu} = (\mu_1, \cdots, \mu_m) \in \mathbb{N}_0^m$, $|\boldsymbol{\mu}| \leqslant L$):

$$\sum_{\boldsymbol{\mu}} t_{\boldsymbol{\mu}} (\boldsymbol{X}\boldsymbol{w} + \boldsymbol{y})^{\boldsymbol{\mu}} = \sum_{\boldsymbol{\mu}} T_{\boldsymbol{\mu}}(\boldsymbol{t}; \boldsymbol{X}; \boldsymbol{y}) \boldsymbol{w}^{\boldsymbol{\mu}},$$

其中

$$\boldsymbol{X} = (x_{ij})(m \text{ 阶矩阵}), \quad \boldsymbol{w} = (w_1, \cdots, w_m)^\tau, \quad \boldsymbol{y} = (y_1, \cdots, y_m)^\tau$$

(τ 表示转置). 于是由式(5.2.4)和式(5.2.5)得

$$\begin{aligned} t_{\boldsymbol{\mu}}^{(k)} &= T_{\boldsymbol{\mu}}(\boldsymbol{t}; \boldsymbol{A}^k; \boldsymbol{b}^{(k)}(z)), \\ F(z; \boldsymbol{t}) &= F(\boldsymbol{\Omega}^k z; T(\boldsymbol{t}; \boldsymbol{A}^k; \boldsymbol{b}^{(k)}(z))), \end{aligned}$$

$$\tau_{\mu} = T_{\mu}(\boldsymbol{\tau};\ \boldsymbol{A}^{0};\ \boldsymbol{b}^{(0)}(z)),$$
$$F(\boldsymbol{\alpha};\ \boldsymbol{\tau}) = F(\boldsymbol{\Omega}^{k}\boldsymbol{\alpha};\ T(\boldsymbol{\tau};\ \boldsymbol{A}^{k};\ \boldsymbol{b}^{(k)}(\boldsymbol{\alpha}))) = 0, \tag{5.2.6}$$

其中,$T(\cdots)$表示$(T_{\mu}(\cdots))$, $\boldsymbol{\tau} = (\tau_{\mu})$. 还定义集合

$$V(\boldsymbol{\tau}) = \{Q(\boldsymbol{t}) \in \mathbb{K}[\boldsymbol{t}] \mid Q(T(\boldsymbol{\tau};\ \boldsymbol{A}^{k};\ \boldsymbol{y})) = 0\ (k = 0, 1, \cdots)\}.$$

下面我们来证明一系列命题并最终完成定理的证明.

命题 5.2.1 $V(\boldsymbol{\tau})$是$\mathbb{K}[\boldsymbol{\tau}]$中的素理想.

证 首先注意,由 Hamilton-Cayley 定理, $\boldsymbol{A} = (a_{ij})$满足它的特征多项式,从而$\boldsymbol{A}^{k} = (a_{ij}^{(k)})$的每个元素$a_{ij}^{(k)}$满足同一个线性递推关系式,因而

$$a_{ij}^{(k)} = \sum_{h=1}^{l} p_{hij}(k)\alpha_{h}^{k} \quad (p_{hij} \in \mathbb{C}[x]),$$

其中,α_h是$\boldsymbol{A}$的互异特征值(参见本章附录),于是可以推出$Q(T(\boldsymbol{\tau};\ \boldsymbol{A}^{k};\ \boldsymbol{y}))$可以表示为下列形式:

$$\sum_{h=1}^{s} \widetilde{p}_{h}(k)\beta_{h}^{k} \quad (\widetilde{p}_{h} \in \mathbb{C}(\boldsymbol{y})[x]),$$

其中,$\beta_h \in G$互异,从而它满足一个线性递推关系,并且其特征多项式的根为β_h. 现在设$Q_1, Q_2 \in \mathbb{K}[\boldsymbol{t}]$,并且$Q_1Q_2 \in V(\boldsymbol{\tau})$,那么对于每个$k \geqslant 0$, $Q_1(T(\boldsymbol{\tau};\ \boldsymbol{A}^{k};\ \boldsymbol{y}))$和$Q_2(T(\boldsymbol{\tau};\ \boldsymbol{A}^{k};\ \boldsymbol{y}))$中至少有一个为零,因而这些线性递推序列中有一个具有无穷多个零项,但其特征根之比不是单位根(因为G是无挠群),因此由 Skolem-Lech-Mahler 定理(见本章附录)知,它是零序列,从而Q_1和Q_2中有一个属于$V(\boldsymbol{\tau})$. □

命题 5.2.2 设$P(z;\ \boldsymbol{t})$是变量$z = (z_1, \cdots, z_n)$及$\boldsymbol{t} = (t_{\mu})$的系数在$\mathbb{K}$中的多项式,则下列两个命题等价:

(i) $P(\boldsymbol{\Omega}^{k}\boldsymbol{\alpha};\ T(\boldsymbol{\tau};\ \boldsymbol{A}^{k};\ \boldsymbol{b}^{(k)}(\boldsymbol{\alpha}))) = 0$(当$k$充分大);

(ii) 若$P(z;\ \boldsymbol{t}) = \sum_{\boldsymbol{\lambda}} Q_{\boldsymbol{\lambda}}(\boldsymbol{t})z^{\boldsymbol{\lambda}}$,则$Q_{\boldsymbol{\lambda}} \in V(\boldsymbol{\tau})$(对于所有$\boldsymbol{\lambda}$).

证 设命题(i)成立. 令

$$Q_{\boldsymbol{\lambda}}(T(\boldsymbol{\tau};\ \boldsymbol{A}^{k};\ \boldsymbol{f}(\boldsymbol{\alpha}) - \boldsymbol{A}^{k}\boldsymbol{w})) = \sum_{\boldsymbol{\mu}} R_{\boldsymbol{\lambda\mu}}(k)\boldsymbol{w}^{\boldsymbol{\mu}}. \tag{5.2.7}$$

仿上可知$R_{\boldsymbol{\lambda\mu}}(k)$满足一个线性递推关系. 又因为由式(5.2.3)有

$$\boldsymbol{b}^{(k)}(\boldsymbol{\alpha}) = \boldsymbol{f}(\boldsymbol{\alpha}) - \boldsymbol{A}^{k}\boldsymbol{f}(\boldsymbol{\Omega}^{k}\boldsymbol{\alpha}),$$

所以

$$P(\boldsymbol{\Omega}^{k}\boldsymbol{\alpha};\ T(\boldsymbol{\tau};\ \boldsymbol{A}^{k};\ \boldsymbol{b}^{(k)}(\boldsymbol{\alpha}))) = \sum_{\boldsymbol{\lambda}} \sum_{\boldsymbol{\mu}} R_{\boldsymbol{\lambda\mu}}(k)\boldsymbol{f}(\boldsymbol{\Omega}^{k}\boldsymbol{\alpha})^{\boldsymbol{\mu}}(\boldsymbol{\Omega}^{k}\boldsymbol{\alpha})^{\boldsymbol{\lambda}}. \tag{5.2.8}$$

注意 $R_{\lambda\mu}(k)$ 可以表示为 $\sum_{h=1}^{t} q_{h\lambda\mu}(k)\gamma_h^k$ 的形式，其中，$q_{h\lambda\mu} \in \mathbb{C}[x]$，$\gamma_h \in G$ 是互异非零复数；又因为 $f_1(z), \cdots, f_m(z)$ 在 $\mathbb{K}(z_1, \cdots, z_n)$ 上代数无关，所以 $z, f_1(z), \cdots, f_m(z)$ 在 $\mathbb{C}$ 上代数无关（见注 5.2.1），将引理 5.2.1 应用于式(5.2.8)可知，$R_{\lambda\mu}^{(k)}$ 是零线性递推序列，于是由式(5.2.7)得

$$Q_\lambda(T(\boldsymbol{\tau};\ \boldsymbol{A}^k;\ \boldsymbol{f}(\boldsymbol{\alpha}) - \boldsymbol{A}^k\boldsymbol{w})) = 0 \quad (\text{当所有 } k \geqslant 0).$$

但 $\boldsymbol{w}$ 是未定元，所以 $Q_\lambda(T(\boldsymbol{\tau};\ \boldsymbol{A}^k;\ \boldsymbol{y})) = 0\ (k \geqslant 0)$，从而 $Q_\lambda \in V(\boldsymbol{\tau})$（当所有 $\boldsymbol{\tau}$），即命题(ii) 成立.

显然命题(ii)蕴含命题(i). □

如果 $P(z;\ t) = \sum_{\lambda} p_\lambda(t) z^\lambda$ 是变量 $z_1, \cdots, z_n$ 的系数属于 $\mathbb{K}[\boldsymbol{t}]$ 的形式幂级数，那么我们称

$$\operatorname{index} P(z;\ t) = \min\{|\boldsymbol{\lambda}| \mid p_\lambda(\boldsymbol{\tau}) \notin V(\boldsymbol{\tau})\} \in \mathbb{N}_0$$

为 $P(z;\ t)$ 的指标；如果这样的整数不存在，则规定 $P(z;\ t)$ 的指标是 ∞. 由命题 5.2.1 可知

$$\operatorname{index}(P_1(z;\ t)P_2(z;\ t)) = \operatorname{index}P_1(z;\ t) + \operatorname{index}P_2(z;\ t).$$

命题 5.2.3 $\operatorname{index} F(z;\ t) < \infty$.

证 因为 $f_1(z), \cdots, f_m(z)$ 代数无关，所以 $F(z;\ \boldsymbol{\tau}) \neq 0$. 由性质(Ⅳ)知，存在 $l \in \mathbb{N}$ 使 $F(\boldsymbol{\Omega}^l\boldsymbol{\alpha};\ \boldsymbol{\tau}) \neq 0$. 如果

$$F(z;\ t) = \sum_{\lambda} p_\lambda(t) z^\lambda,$$

并且 $\operatorname{index} F(z;\ t) = \infty$，那么对每个 $\boldsymbol{\lambda}$，$p_\lambda(t) \in V(\boldsymbol{\tau})$，因而

$$F(\boldsymbol{\Omega}^l\boldsymbol{\alpha};\ \boldsymbol{\tau}) = \sum_{\lambda} p_\lambda(T(\boldsymbol{\tau};\ \boldsymbol{A}^0;\ \boldsymbol{b}^{(0)}(\boldsymbol{\Omega}^l\boldsymbol{\alpha})))(\boldsymbol{\Omega}^l\boldsymbol{\alpha})^\lambda = 0,$$

所以得到矛盾. □

设 p 是一个非负整数，$R(p)$ 是 $\mathbb{K}[\boldsymbol{t}]$ 中关于每个 t_μ 的次数 $\leqslant p$ 的多项式构成的 $\mathbb{K}$ 矢量空间，$d(p)$ 是商空间 $\overline{R}(p) = R(p)/(R(p) \cap V(\boldsymbol{\tau}))$ 在 $\mathbb{K}$ 上的维数. 我们用 $\overline{P(t)}$ 记 $\overline{R}(p)$ 中含有多项式 $P(t) \in R(p)$ 的陪集.

命题 5.2.4 $d(2p) \leqslant 2^{(L+1)^m} d(p)$.

证 每个 $Q(t) \in R(2p)$ 都可以表示为

$$Q(t) = \sum_{\varepsilon} \left(\prod_{\mu} t_\mu^{\varepsilon(\mu)p}\right) Q_\varepsilon(t),$$

其中，$Q_\varepsilon(t) \in R(p)$，求和遍历所有函数

$$\varepsilon: \{\boldsymbol{\mu} \mid |\boldsymbol{\mu}| \leqslant L\} \rightarrow \{0, 1\},$$

亦即对于每个 $\boldsymbol{\mu} = (\mu_1, \cdots, \mu_m) \in \mathbb{N}_0^m$ 且 $|\boldsymbol{\mu}| \leqslant L$，函数值 $\varepsilon(\boldsymbol{\mu}) \in \{0, 1\}$，因此集合 $E = \{\varepsilon\}$ 中元素个数 $\leqslant 2^{(L+1)^m}$. 如果 $\{\overline{Q_1(t)}, \cdots, \overline{Q_{d(p)}(t)}\}$ 是 $\overline{R}(p)$ 的基底，那么 $\{\overline{(\prod_{\boldsymbol{\mu}} t_{\boldsymbol{\mu}}^{\varepsilon(\boldsymbol{\mu})p}) Q_i(t)}(i = 1, \cdots, d(p);\ \varepsilon \in E)\}$ 生成 $\overline{R}(2p)$，因此得结论. □

命题 5.2.5 设 p 是一个充分大的正整数，则存在多项式 $P_0(\boldsymbol{z};\ \boldsymbol{t}), \cdots, P_p(\boldsymbol{z};\ \boldsymbol{t}) \in \mathbb{K}[\boldsymbol{z};\ \boldsymbol{t}]$，它们的系数是代数整数，关于每个变量的次数 $\leqslant p$，并且

(i) $\operatorname{index} P_0(\boldsymbol{z};\ \boldsymbol{t}) < \infty$；

(ii) $\operatorname{index}\left(\sum_{h=0}^{p} P_h(\boldsymbol{z};\ \boldsymbol{t}) F(\boldsymbol{z};\ \boldsymbol{t})^h\right) \geqslant c_1(p+1)^{1+1/n}$，其中，$c_1 > 0$ 是常数.

证 设 $\{\overline{Q_1^{(p)}(\boldsymbol{t})}, \cdots, \overline{Q_{d(p)}^{(p)}(\boldsymbol{t})}\}$ 是 $\overline{R}(p)$ 在 $\mathbb{K}$ 上的基底，则所要的多项式可表示为

$$P_h(\boldsymbol{z};\ \boldsymbol{t}) = \sum_{\boldsymbol{\lambda}} P_{h\boldsymbol{\lambda}}(\boldsymbol{t}) \boldsymbol{z}^{\boldsymbol{\lambda}},$$

$$\overline{P_{h\boldsymbol{\lambda}}(\boldsymbol{t})} = \sum_{i=1}^{d(p)} g_{h\boldsymbol{\lambda}i} \overline{Q_i^{(p)}(\boldsymbol{t})} \quad (g_{h\boldsymbol{\lambda}i} \in \mathbb{K}).$$

令

$$E(\boldsymbol{z};\ \boldsymbol{t}) = \sum_{h=0}^{p} P_h(\boldsymbol{z};\ \boldsymbol{t}) F(\boldsymbol{z};\ \boldsymbol{t})^h = \sum_{\boldsymbol{\lambda}} E_{\boldsymbol{\lambda}}(\boldsymbol{t}) \boldsymbol{z}^{\boldsymbol{\lambda}},$$

那么 $E_{\boldsymbol{\lambda}}(\boldsymbol{t}) \in R(2p)$（当 p 充分大），从而可以由 $\overline{Q_i^{(2p)}(\boldsymbol{t})}(i = 1, \cdots, d(2p))$ 表示 $\overline{E_{\boldsymbol{\lambda}}(\boldsymbol{t})}$. 为此设

$$F(\boldsymbol{z};\ \boldsymbol{t})^h = \sum_{\boldsymbol{\lambda}} F_{h\boldsymbol{\lambda}}(\boldsymbol{t}) \boldsymbol{z}^{\boldsymbol{\lambda}},$$

那么有

$$\begin{aligned} E(\boldsymbol{z};\ \boldsymbol{t}) &= \sum_{h=0}^{p} \left(\sum_{\boldsymbol{\mu}} P_{h\boldsymbol{\mu}}(\boldsymbol{t}) \boldsymbol{z}^{\boldsymbol{\mu}}\right)\left(\sum_{\boldsymbol{\nu}} F_{h\boldsymbol{\nu}}(\boldsymbol{t}) \boldsymbol{z}^{\boldsymbol{\nu}}\right) \\ &= \sum_{\boldsymbol{\lambda}} \left(\sum_{h=0}^{p} \sum_{\boldsymbol{\mu}+\boldsymbol{\nu}=\boldsymbol{\lambda}} P_{h\boldsymbol{\mu}}(\boldsymbol{t}) F_{h\boldsymbol{\nu}}(\boldsymbol{t})\right) \boldsymbol{z}^{\boldsymbol{\lambda}}, \end{aligned}$$

因而

$$\begin{aligned} \overline{E_{\boldsymbol{\lambda}}(\boldsymbol{t})} &= \sum_{h=0}^{p} \sum_{\boldsymbol{\mu}+\boldsymbol{\nu}=\boldsymbol{\lambda}} \overline{P_{h\boldsymbol{\mu}}(\boldsymbol{t})} \cdot \overline{F_{h\boldsymbol{\nu}}(\boldsymbol{t})} \\ &= \sum_{h=0}^{p} \sum_{\boldsymbol{\mu}+\boldsymbol{\nu}=\boldsymbol{\lambda}} \left(\sum_{i=1}^{d(p)} g_{h\boldsymbol{\lambda}i} \overline{Q_i^{(p)}(\boldsymbol{t})}\right)\left(\sum_{j=1}^{d(p)} f_{h\boldsymbol{\lambda}j} \overline{Q_j^{(p)}(\boldsymbol{t})}\right), \end{aligned}$$

因为 $\overline{Q_i^{(p)}(\boldsymbol{t})}\,\overline{Q_j^{(p)}(\boldsymbol{t})} \in \overline{R}(2p)$，所以它们可以表为 $\overline{Q_k^{(2p)}(\boldsymbol{t})}(k=1, \cdots, d(2p))$ 的系数在 $\mathbb{K}$ 中的线性组合，因此

$$\overline{E_\lambda(t)} = \sum_{k=1}^{d(2p)} e_{\lambda k}\,\overline{Q_k^{(2p)}(t)},$$

其中,$e_{\lambda k}$是$g_{h\lambda i}$在$\mathbb{K}$上的齐次线性型.注意,当且仅当$\overline{E_\lambda(t)} = \bar{0}$时,$E_\lambda(t) \in V(\boldsymbol{\tau})$,所以 $E_\lambda(t) \in V(\boldsymbol{\tau})$ 等价于 $e_{\lambda k}(k = 1, \cdots, d(2p))$ 全为零.于是如果要使

$$\operatorname{index} E(z;\ t) \geqslant J = [2^{-(L+1)^m/n}(p+1)^{1+1/n}] - 1,$$

那么必须解齐次线性方程组($g_{h\lambda i}$为未知数)

$$e_{\lambda k} = 0 \quad (|\boldsymbol{\lambda}| < J,\ k = 1, \cdots, d(2p)).$$

因为满足 $|\boldsymbol{\lambda}| < J$ 的$\boldsymbol{\lambda}$ 的个数为

$$\sum_{k=0}^{J-1}\binom{k+n-1}{n-1} = \binom{J+n-1}{n},$$

所以方程组中方程的个数是

$$\binom{J+n-1}{n} d(2p) \leqslant J^n d(2p),$$

而未知数的个数是$(p+1)^{n+1}d(p)$.由命题 5.2.4 知

$$(p+1)^{n+1}d(p) > J^n 2^{(L+1)^m} d(p) \geqslant J^n d(2p),$$

所以确实存在函数 $E(z;\ t)$其指标为 $I \geqslant J$,并且对某些 h, $\operatorname{index} P_h(z;\ t) \neq \infty$.设 r 是这些h 中的最小者,令

$$E_0(z;\ t) = \sum_{h=r}^{p} P_h(z;\ t) F(z;\ t)^{h-r},$$

那么

$$\begin{aligned} I &= \operatorname{index}(F(z;\ t)^r E_0(z;\ t)) \\ &= r \operatorname{index} F(z;\ t) + \operatorname{index} E_0(z;\ t). \end{aligned}$$

由命题 5.2.3,我们有

$$\operatorname{index} E_0(z;\ t) \geqslant I \geqslant J \geqslant c_1(p+1)^{1+1/n}.$$

于是 $E_0(z;\ t)$具有性质(i)和(ii)(但将 P_r 改记为P_0,等等). □

下面用 $E(z;\ t)$表示命题 5.2.5 的(ii)中的多项式,用 I 表示其指标.运用 c_i 表示与k, p 无关的正常数,而 $c_i(p)$为仅与 p 有关(与 k 无关)的正常数.

命题 5.2.6 若 $k > c_2(p)$,则

$$\log |E(\boldsymbol{\Omega}^k\boldsymbol{\alpha};\ T(\boldsymbol{\tau};\ \boldsymbol{A}^k;\ \boldsymbol{b}^{(k)}(\boldsymbol{\alpha})))| \leqslant -c_3(p+1)^{1+1/n}\rho^k.$$

证 由等式

$$f(\boldsymbol{\alpha}) = \boldsymbol{A}^k f(\boldsymbol{\Omega}^k\boldsymbol{\alpha}) + \boldsymbol{b}^{(k)}(\boldsymbol{\alpha}),$$

并注意性质(Ⅲ),可知 $|b_i^{(k)}(\boldsymbol{\alpha})| \leqslant c_4^k$ 以及

$$|T_{\boldsymbol{\mu}}(\boldsymbol{\tau};\boldsymbol{A}^k;\boldsymbol{b}^{(k)}(\boldsymbol{\alpha}))| \leqslant c_5^k. \tag{5.2.9}$$

$E(z;t)$作为 t 的多项式关于每个变量 $t_{\boldsymbol{\mu}}$ 的次数$\leqslant 2p$,其系数是在 U 中收敛的幂级数.记

$$E(z;t) = \sum_{\boldsymbol{\nu}} g_{\boldsymbol{\nu}}(z)\boldsymbol{t}^{\boldsymbol{\nu}},\quad g_{\boldsymbol{\nu}}(z) = \sum_{\boldsymbol{\lambda}} g_{\boldsymbol{\nu\lambda}} z^{\boldsymbol{\lambda}},$$

则得

$$|g_{\boldsymbol{\nu\lambda}}| \leqslant c_6(p) c_7^{|\boldsymbol{\lambda}|}. \tag{5.2.10}$$

因为 $E(z;t) = \sum_{\boldsymbol{\lambda}}\left(\sum_{\boldsymbol{\nu}} g_{\boldsymbol{\nu\lambda}}\boldsymbol{t}^{\boldsymbol{\nu}}\right)z^{\boldsymbol{\lambda}}$,所以由式(5.2.9)和式(5.2.10)得

$$|E(\boldsymbol{\Omega}^k\boldsymbol{\alpha};T(\boldsymbol{\tau};\boldsymbol{A}^k;\boldsymbol{b}^{(k)}(\boldsymbol{\alpha})))| \leqslant \sum_{|\boldsymbol{\lambda}|\geqslant I} c_8(p) c_7^{|\boldsymbol{\lambda}|} c_9^{pk} |(\boldsymbol{\Omega}^k\boldsymbol{\alpha})^{\boldsymbol{\lambda}}|.$$

由性质(Ⅲ)知 $|\alpha_i^{(k)}| \leqslant \theta^{\rho^k}$ (其中,常数 $\theta<1$),于是当 $k > c_{10}(p)$ 时有

$$\begin{aligned}|E(\boldsymbol{\Omega}^k\boldsymbol{\alpha};T(\boldsymbol{\tau};\boldsymbol{A}^k;\boldsymbol{b}^{(k)}(\boldsymbol{\alpha})))| &\leqslant c_8(p) c_9^{pk} \sum_{i=1}^{n} \sum_{\substack{\lambda_1,\cdots,\lambda_n\geqslant 0\\ \lambda_i\geqslant I/n}} (c_7\theta^{\rho^k})^{\lambda_1+\cdots+\lambda_n}\\ &\leqslant nc_8(p) c_9^{pk}(c_7\theta^{\rho^k})^{I/n}(1-c_7\theta^{\rho^k})^{-n}.\end{aligned}$$

于是由命题 5.2.5 的(ii)得到所要的估值. □

命题 5.2.7 若 $k > c_{11}(p)$,则

$$s(E(\boldsymbol{\Omega}^k\boldsymbol{\alpha};T(\boldsymbol{\tau};\boldsymbol{A}^k;\boldsymbol{b}^{(k)}(\boldsymbol{\alpha})))) \leqslant c_{12}p\rho^k,$$

此处 $s(\alpha) = \max\{\log\overline{|\alpha|}, \log\operatorname{den}(\alpha)\}$ 表示代数数 α 的容度.

证 由式(5.2.6)得

$$E(\boldsymbol{\Omega}^k\boldsymbol{\alpha};T(\boldsymbol{\tau};\boldsymbol{A}^k;\boldsymbol{b}^{(k)}(\boldsymbol{\alpha}))) = P_0(\boldsymbol{\Omega}^k\boldsymbol{\alpha};T(\boldsymbol{\tau};\boldsymbol{A}^k;\boldsymbol{b}^{(k)}(\boldsymbol{\alpha}))). \tag{5.2.11}$$

易知 $\boldsymbol{A}^k = (a_{ij}^{(k)})$ 的元素的容度 $s(a_{ij}^{(k)}) \leqslant c_{13}k$,并且由性质(Ⅱ)知 $s(b_i(\boldsymbol{\Omega}^k\boldsymbol{\alpha})) \leqslant c_{14}k$,因此

$$s(b_i^{(k)}(\boldsymbol{\alpha})) \leqslant \log\left(k\prod_{j=0}^{k-1} m(c_{13}^j c_{14}^{\rho^j})^m\right) \leqslant c_{15}\rho^k.$$

于是

$$s(T_{\boldsymbol{\mu}}(\boldsymbol{\tau};\boldsymbol{A}^k;\boldsymbol{b}^{(k)}(\boldsymbol{\alpha}))) \leqslant c_{16}\rho^k,$$

因而

$$s(P_0(\boldsymbol{\Omega}^k\boldsymbol{\alpha};\ T(\boldsymbol{\tau};\ \boldsymbol{A}^k;\ \boldsymbol{b}^{(k)}(\boldsymbol{\alpha}))))\leqslant c_{12}p\rho^k.$$

由此并注意式(5.2.11)即得所要的估值. □

现在继续定理 5.2.1 的证明. 由命题 5.2.1 及命题 5.2.5 的(i), 存在 $k\geqslant\max\{c_2(p),\ c_{11}(p)\}$ 使

$$P_0(\boldsymbol{\Omega}^k\boldsymbol{\alpha};\ T(\boldsymbol{\tau};\ \boldsymbol{A}^k;\ \boldsymbol{b}^{(k)}(\boldsymbol{\alpha})))\neq 0.$$

由命题 5.2.6 和命题 5.2.7, 应用代数数基本不等式得

$$-c_3(p+1)^{1+1/n}\rho^k\geqslant -2[\mathbb{K}:\mathbb{Q}]c_{12}p\rho^k,$$

或即

$$c_3(p+1)^{1+1/n}\leqslant 2[\mathbb{K}:\mathbb{Q}]c_{12}p,$$

当 p 充分大时得到矛盾, 因此 $f_1(\boldsymbol{\alpha}),\ \cdots,\ f_m(\boldsymbol{\alpha})$ 代数无关. □

定理 5.2.1 有一些推论, 其中 $f_1,\ \cdots,\ f_m$ 在 $\mathbb{K}(z_1,\ \cdots,\ z_n)$ 上的代数无关性被其他某些条件取代, 下面是其中的一个.

定理 5.2.2 设 $f_1(z),\ \cdots,\ f_m(z)\in\mathbb{K}[[z_1,\ \cdots,\ z_n]]$ 在一个包围原点的 n 维多圆盘 U 中收敛, 并满足函数方程(5.2.1), 还设 $\boldsymbol{\Omega}$ 和 $\boldsymbol{\alpha}$ 具有性质(Ⅰ)~(Ⅳ), 且 $\boldsymbol{\alpha}\in U$. 如果 $f_1(z),\ \cdots,\ f_r(z)$ $(r\leqslant m)$ 在 $\mathbb{K}$ 上 $\bmod\ \mathbb{K}(z_1,\ \cdots,\ z_n)$ 线性无关, 那么 $f_1(\boldsymbol{\alpha}),\ \cdots,\ f_r(\boldsymbol{\alpha})$ 代数无关.

推论 5.2.1 在上述假设下

$$\operatorname{tr\,deg}_{\mathbb{K}}\mathrm{K}(f_1(\boldsymbol{\alpha}),\ \cdots,\ f_m(\boldsymbol{\alpha}))=\operatorname{tr\,deg}_{\mathbb{K}(\boldsymbol{z})}\mathbb{K}(\boldsymbol{z})(f_1(\boldsymbol{z}),\ \cdots,\ f_m(\boldsymbol{z})).$$

为证明这个定理, 我们需要下述引理.

引理 5.2.2 如果 $\mathbb{F}$ 是一个特征为零的域, S 是其子域, 并且

$$f(z_1,\ \cdots,\ z_n)\in\mathbb{F}[[z_1,\ \cdots,\ z_n]]\cap S(z_1,\ \cdots,\ z_n),$$

那么存在多项式 $A,\ B\in S[z_1,\ \cdots,\ z_n]$ 使得

$$f(z_1,\ \cdots,\ z_n)=A(z_1,\ \cdots,\ z_n)/B(z_1,\ \cdots,\ z_n),\quad B(0,\ \cdots,\ 0)\neq 0.$$

证 由引理条件知, 存在 $A,\ B\in S[z_1,\ \cdots,\ z_n]$, 它们互素, 而且

$$f(z_1,\ \cdots,\ z_n)=A(z_1,\ \cdots,\ z_n)/B(z_1,\ \cdots,\ z_n).$$

我们要证明 B 的每个素因子 P 都满足 $P(0,\ \cdots,\ 0)\neq 0$.

可设 S 是代数闭域(不然可用其代数闭包 $\overline{S}$ 代替 S), 于是 $S\{t\}=\bigcup\limits_{n=1}^{\infty}S((t^{1/n}))$ 也是代数闭域, 此处 t 为变量, $S((t))$ 是 $S[[t]]$ 的商域. 注意在变换

$$z_1 = z_1', \ z_i = z_i' + \delta_i z_1' \quad (\delta_i \in S) \quad (i = 2, \cdots, n)$$

下，$\mathbb{F}[[z_1, \cdots, z_n]] = \mathbb{F}[[z_1', \cdots, z_n']]$，记

$$P = P_d + Q \quad (P_d \neq 0),$$

其中，P_d 是 P 的全次数为 d 的项的和，Q 为全次数 $< d$ 的项的和，那么在上述变换下

$$P(z_1, \cdots, z_n) = P_d(1, \delta_2, \cdots, \delta_n) z_1'^d + Q_1(z_1', \cdots, z_n'),$$

其中，Q_1 关于 z_1' 的次数 $< d$. 可以选取 $\delta_2, \cdots, \delta_n$ 使 $P_d(1, \delta_2, \cdots, \delta_n) \neq 0$. 因此我们可以认为

$$\begin{aligned} P(z_1, \cdots, z_n) = & \ a z_1^d + P_{d-1}(z_2, \cdots, z_n) z_1^{d-1} \\ & + \cdots + P_0(z_2, \cdots, z_n), \end{aligned} \tag{5.2.12}$$

其中，$a \in S$，$a \neq 0$，$P_0 \neq 0$. 可以选取 $g_2, \cdots, g_n \in S[[t]]$ 在 S 上代数无关且 $g_i(0) = 0 \ (i = 2, \cdots, n)$，于是 $P(x, g_2, \cdots, g_n) \in S[[t]][x]$ 且最高次项系数为 a. 它有零点 $\zeta_1, \cdots, \zeta_d \in S\{t\}$. 记 $Z(t) = \prod_{i=1}^{d} \zeta_i(t)$，因为 $P_0(g_2(t), \cdots, g_n(t)) = (-1)^d a Z(t)$，所以 $Z(t) \in S[[t]]$，并且

$$(-1)^d a^{-1} P_0(0, \cdots, 0) = Z(0) = \prod_{i=1}^{d} \zeta_i(0).$$

如果 $P(0, \cdots, 0) = 0$，那么由式(5.2.12)得 $P_0(0, \cdots, 0) = 0$，从而 $\zeta_1(0), \cdots, \zeta_d(0)$ 中有一个为零，将这个 $\zeta_i(t)$ 记为 $g_1(t)$，于是 $g_i(0) = 0 \ (i = 1, \cdots, n)$. 因为 $(g_1, \cdots, g_n) \in S\{t\}^n$ 是 $P(x_1, \cdots, x_n) = 0$ 在 S 上定义的代数簇的一般点，由 $f(z_1, \cdots, z_n) B(z_1, \cdots, z_n) = A(z_1, \cdots, z_n)$ 以及 $P(g_1, \cdots, g_n) = 0$ 得到 $A(g_1, \cdots, g_n) = 0$，因此 P 整除 A. 这与 A，B 互素的假设矛盾，因而 $P(0, \cdots, 0) \neq 0$. □

定理 5.2.2 之证 设 $\{f_1(z), \cdots, f_s(z)\} \ (r \leqslant s \leqslant m)$ 是 $\{f_1(z), \cdots, f_m(z)\}$ 中在 $\mathbb{K}$ 上 $\bmod \mathbb{K}(z_1, \cdots, z_n)$ 线性无关的元素组成的极大集合，只用证明 $f_1(\boldsymbol{\alpha}), \cdots, f_s(\boldsymbol{\alpha})$ 代数无关. 因为 $f_{s+1}(z), \cdots, f_m(z)$ 是 $f_1(z), \cdots, f_s(z)$ 的 $\bmod \mathbb{K}(z_1, \cdots, z_n)$ 的 $\mathbb{K}$ 线性组合，所以 $f_i(z) = \sum_{j=1}^{s} \beta_{ij} f_j(z) + e_i(z) \ (i = s+1, \cdots, m)$，从而

$$f_i(\boldsymbol{\Omega} z) = \sum_{j=1}^{s} \beta_{ij} f_j(\boldsymbol{\Omega} z) + e_i'(z) \quad (i = s+1, \cdots, m), \tag{5.2.13}$$

其中，$\beta_{ij} \in \mathbb{K}$，$e_i(z) \in \mathbb{K}(z_1, \cdots, z_n)$，$e_i'(z) = e_i(\boldsymbol{\Omega} z)$. 因为由式(5.2.1)，有

$$f_j(z) = \sum_{k=1}^{m} a_{jk} f_k(\boldsymbol{\Omega} z) + b_j(z) \quad (j = 1, \cdots, s),$$

所以将式(5.2.13)代入后可知，$f_1(z), \cdots, f_s(z)$ 满足一个与式(5.2.1)同形式的函数方

程,于是我们不妨认为 $s = m$. 由定理 5.1.2 知,$f_1, \cdots, f_m$ 在$\mathbb{K}(z_1, \cdots, z_n)$上代数无关. 并且由式(5.2.1)得

$$(b_1(z), \cdots, b_m(z))^{\tau} = (f_1(z), \cdots, f_m(z))^{\tau} - A(f_1(\boldsymbol{\Omega}z), \cdots, f_m(\boldsymbol{\Omega}z))^{\tau}$$

(τ 表示转置),因此 $b_i(z) \in \mathbb{K}[[z_1, \cdots, z_n]]$ $(i = 1, \cdots, m)$, 从而由引理 5.2.2 得

$$b_i(z) = p_i(z)/q_i(z), \quad p_i, q_i \in \mathbb{K}[z_1, \cdots, z_n], \quad q_i(0, \cdots, 0) \neq 0.$$

由性质(Ⅲ),存在 $k_0 \in \mathbb{N}_0$, 使得当 $k \geqslant k_0$ 时 $\boldsymbol{\Omega}^k\boldsymbol{\alpha} \in U$, 并且 $q_i(\boldsymbol{\Omega}^k\boldsymbol{\alpha}) \neq 0$, 因而 $b_i(z)$ 在 $\boldsymbol{\Omega}^k\boldsymbol{\alpha}$ 有意义. 如果 $k_0 = 0$, 那么由定理 5.2.1 得知结论成立.

现在设 $k_0 > 0$, 那么用 $f(\boldsymbol{\Omega}^{k_0} z)$代替 $\boldsymbol{f}(z)$,由定理 5.2.1 可知,$f_1(\boldsymbol{\Omega}^{k_0}\boldsymbol{\alpha}), \cdots, f_m(\boldsymbol{\Omega}^{k_0}\boldsymbol{\alpha})$代数无关. 由式(5.2.3)得

$$\sum_{j=0}^{k_0-1} \boldsymbol{A}^j \boldsymbol{b}(\boldsymbol{\Omega}^j z) = \boldsymbol{f}(z) - \boldsymbol{A}^{k_0} \boldsymbol{f}(\boldsymbol{\Omega}^{k_0} z),$$

而且 $\boldsymbol{f}(\boldsymbol{\alpha})$, $\boldsymbol{f}(\boldsymbol{\Omega}^{k_0}\boldsymbol{\alpha})$ 均有意义,所以上面每个函数都属于 $\mathbb{C}[[z_1 - \alpha_1, \cdots, z_n - \alpha_n]] \cap \mathbb{K}(z_1 - \alpha_1, \cdots, z_n - \alpha_n)$, 从而由引理 5.2.2 得到

$$\boldsymbol{f}(\boldsymbol{\alpha}) = \boldsymbol{A}^{k_0} \boldsymbol{f}(\boldsymbol{\Omega}^{k_0}\boldsymbol{\alpha}) + \boldsymbol{\delta} \quad (\boldsymbol{\delta} \in \mathbb{K}^m).$$

由于 $\det \boldsymbol{A} \neq 0$, 所以由此式及 $f_i(\boldsymbol{\Omega}^{k_0}\boldsymbol{\alpha})(i=1, \cdots, m)$的代数无关性推出 $f_i(\boldsymbol{\alpha})(i=1, \cdots, m)$的代数无关性. □

现在给出上述定理的一些应用. 令

$$f(z) = \sum_{k=0}^{\infty} z^{d^k} \quad (d \geqslant 2),$$

以及

$$f_l = \left(z\frac{d}{dz}\right)^l f \quad (l \geqslant 0);$$

那么 f_l 满足函数方程

$$f_l(z) = d^l f_l(z^d) + z \quad (l \geqslant 0).$$

用反证法易证 $f_l(z) \notin \mathbb{C}(z)$, 所以由定理 5.1.1 知,函数 $f_l(z)$ $(l \geqslant 0)$ 在 $\mathbb{C}(z)$ 上代数无关,从而由定理 5.2.1 得到下述定理:

定理 5.2.3 设 $\alpha \in \mathbb{A}$(代数数集),$0 < |\alpha| < 1$, 则数 $f_l(\alpha)$ $(l \geqslant 0)$代数无关;特别地,数 $f^{(l)}(\alpha)$ $(l \geqslant 0)$ 代数无关,其中,$f^{(l)}$ 表示 f 的 l 阶导数.

我们还令

$$f(x,z)=\sum_{k=0}^{\infty}x^k z^{d^k}\quad(d\geqslant 2),$$

那么 $f(x,z)$ 及其关于 x 的偏导数满足函数方程

$$f(x,z)=xf(x,z^d)+z,$$
$$\frac{\partial f}{\partial x}f(x,z)=x\frac{\partial f}{\partial x}(x,z^d)+f(x,z^d),$$
$$\frac{\partial^2 f}{\partial x^2}f(x,z)=x\frac{\partial^2 f}{\partial x^2}(x,z^d)+2\frac{\partial f}{\partial x}(x,z^d),$$
$$\cdots\cdots\cdots\cdots$$
$$\frac{\partial^l f}{\partial x^l}f(x,z)=x\frac{\partial^l f}{\partial x^l}(x,z^d)+l\frac{\partial f}{\partial x}(x,z^d).$$

令 $a_1,\cdots,a_n$ 是任意 n 个互异非零代数数，则易见 $f(a_i,z)\in\mathbb{C}(z)$，所以由定理5.1.1知，函数组

$$\left\{\frac{\partial^l f}{\partial x^l}(a_i,z),\ i=1,\cdots,n;\ l\geqslant 0\right\}$$

在 $\mathbb{C}(z)$ 上代数无关．因为 a_i 互异，$f(a_i,z)\notin\mathbb{C}(z)$，$\boldsymbol{\Omega}=(d)$，且取 α 为绝对值小于1的非零代数数，所以性质（Ⅰ）～（Ⅳ）成立，从而由定理5.2.1推知，数组

$$\left\{\frac{\partial^l f}{\partial x^l}(a_i,\alpha),\ i=1,\cdots,n;\ l\geqslant 0\right\}$$

代数无关．于是得

定理 5.2.4 设 $\alpha\in\mathbb{A}$，$0<|\alpha|<1$，且 $d\geqslant 2$，令

$$F(x)=\sum_{k=0}^{\infty}\alpha^{d^k}x^k.$$

则 $F(x)$ 是整函数，并且 $F^{(l)}(a)$ $(a\in\mathbb{A},\ a\neq 0;\ l\geqslant 0)$ 代数无关．

5.3 一类 Mahler 函数的零点重数估计定理

我们将研究 Mahler 函数值的代数无关性度量，为此首先给出有关的零点重数估计结果．

定理 5.3.1 设$\mathbb{F}$是特征为零的域,$f_1(z), \cdots, f_m(z) \in \mathbb{F}[[z]]$,并且满足函数方程

$$\begin{pmatrix} f_1(z^d) \\ \vdots \\ f_m(z^d) \end{pmatrix} = \boldsymbol{A}(z) \begin{pmatrix} f_1(z) \\ \vdots \\ f_m(z) \end{pmatrix} + \boldsymbol{B}(z),$$

其中,$d \geqslant 2$是一个整数,$\boldsymbol{A}(z)$是 m 阶矩阵,$\boldsymbol{B}(z)$是一个 m 维(列)矢量,它们的元素全$\in \mathbb{F}(z)$. 还设 $Q(z, x_1, \cdots, x_m) \in \mathbb{F}[z, x_1, \cdots, x_m]$是一个多项式, $\deg_z Q \leqslant M$, $\deg_{(x)} Q \leqslant N((x) = (x_1, \cdots, x_m))$, $M \geqslant N \geqslant 1$. 如果 $Q(z, f_1(z), \cdots, f_m(z)) \neq 0$, 那么

$$\operatorname{ord} Q(z, f_1(z), \cdots, f_m(z)) \leqslant c_0 M N^m,$$

此处 $c_0 > 0$ 是一个与 M, N 无关的常数,ord 表示在 $z = 0$ 的重数.

证 设

$$\operatorname{ord} Q(z, f_1(z), \cdots, f_m(z)) = \lambda^{m+1} M N^m, \tag{5.3.1}$$

其中,λ 是一个充分大的数,将在下文确定.

取多项式 $a(z) \in \mathbb{F}[z]$ 使 $a(z)\boldsymbol{A}(z)$, $a(z)\boldsymbol{B}(z)$的元素全$\in \mathbb{F}[z]$. 记

$$\begin{pmatrix} a(z)f_1(z^d) \\ \vdots \\ a(z)f_m(z^d) \end{pmatrix} = \begin{pmatrix} a_{11}(z) & a_{12}(z) & \cdots & a_{1m}(z) \\ \vdots & \vdots & & \vdots \\ a_{m1}(z) & a_{m2}(z) & \cdots & a_{mm}(z) \end{pmatrix} \cdot \begin{pmatrix} f_1(z) \\ \vdots \\ f_m(z) \end{pmatrix} + \begin{pmatrix} b_1(z) \\ \vdots \\ b_m(z) \end{pmatrix},$$

其中, $a_{ij}(z)$, $b_i(z) \in \mathbb{F}[z]$. 设 $R_0(z, x_0, \cdots, x_m) = x_0^N Q\left(z, \dfrac{x_1}{x_0}, \cdots, \dfrac{x_m}{x_0}\right)$,它是关于变量 $x_0, \cdots, x_m$ 的N 次齐次多项式,并且满足关系式

$$R_0(z, 1, x_1, \cdots, x_m) = Q(z, x_1, \cdots, x_m), \quad \deg_z R_0 \leqslant M.$$

记 $\boldsymbol{x} = (x_0, \cdots, x_m)$, 令

$$\begin{aligned} A_i(z, \boldsymbol{x}) &= A_i(z, x_0, \cdots, x_m) \\ &= b_i(z)x_0 + a_{i1}(z)x_1 + \cdots + a_{im}(z)x_m, \end{aligned}$$

并递推地定义多项式序列

$$R_k(z, \boldsymbol{x}) = R_{k-1}(z^d, a(z)x_0, A_1(z, \boldsymbol{x}), \cdots, A_m(z, \boldsymbol{x})) \quad (k \geqslant 1),$$

那么 R_k 关于$\boldsymbol{x}$ 是齐N 次的,并且

$$R_k(z, 1, f_1(z), \cdots, f_m(z))$$

$$= Q(z^{d^k},\ f_1(z^{d^k}),\ \cdots,\ f_m(z^{d^k}))\left(\prod_{j=0}^{k-1} a(z^{d^j})\right)^N.$$

因此我们由式(5.3.1)得

$$\operatorname{ord} R_k(z,\ 1,\ f_1(z),\ \cdots,\ f_m(z)) = \lambda^{m+1} d^k M N^m + c_1 N \frac{d^k - 1}{d - 1},$$

其中,c_1(及后文 c_2)为正常数,从而

$$\begin{aligned}\lambda^{m+1} d^k M N^m &\leqslant \operatorname{ord} R_k(z,\ 1,\ f_1(z),\ \cdots,\ f_m(z)) \\ &\leqslant 2\lambda^{m+1} d^k M N^m.\end{aligned} \tag{5.3.2}$$

按照第 2.1 节例 2.2.1 定义 $\mathbb{F}(z)$ 上的绝对值. 特别地,对于 $a = p/q$, p, $q \in \mathbb{F}[x]$, $q \neq 0$,记 $|a| = |a|_0 = \exp(\operatorname{ord}_{z=0} q - \operatorname{ord}_{z=0} p)$. 令 $\boldsymbol{\omega} = (1,\ f_1(z),\ \cdots,\ f_m(z))$,那么 $|\boldsymbol{\omega}| = 1$ (此处 $|\boldsymbol{\omega}|$ 及下文的 $h(\cdot)$ 等符号之意义与第 2 章相同). 记 $Q_k(\boldsymbol{x}) = R_k(z,\ x_0,\ \cdots,\ x_m) \in \mathbb{F}(z)[X]$,那么

$$\deg Q_k = N, \quad h(Q_k) \leqslant \deg_z R_k \leqslant c_2 d^k M,$$

并且由 $\| Q_k \|_{\boldsymbol{\omega}}$ 的定义及式(5.3.2)得

$$\frac{1}{2}\lambda^{m+1} d^k M N^m \leqslant -\log \| Q_k \|_{\boldsymbol{\omega}} \leqslant 2\lambda^{m+1} d^k M N^m. \tag{5.3.3}$$

选取正整数 l 适合

$$d^l > \lambda^{m+1} N^m. \tag{5.3.4}$$

设 $I = (Q_l) \subset \mathbb{F}(z)[X]$ 是 Q_l 生成的主理想,则 I 是纯粹理想,且 $\dim I = m - 1$(见文献[141],第二卷第 7 章定理 23),并且由第 2.1 节命题 2.1.3 得

$$\deg I = \deg Q_l = N, \quad h(I) = h(Q_l) \leqslant c_2 d^l M, \tag{5.3.5}$$

$$\log | I(\boldsymbol{\omega}) | \leqslant \log \| Q_l \|_{\boldsymbol{\omega}} \leqslant -\frac{1}{2}\lambda^{m+1} d^l M N^m. \tag{5.3.6}$$

设 $I = I_1 \cap \cdots \cap I_s$ 是 I 的不可缩短准素分解,则由第 2.1 节命题 2.1.2 得

$$\deg \mathfrak{P}_i \leqslant \deg I, \quad h(\mathfrak{P}_i) \leqslant h(I) \leqslant c_2 d^l M, \tag{5.3.7}$$

其中, $\mathfrak{P}_i = \sqrt{I_i}$. 现在证明存在某个 $i(1 \leqslant i \leqslant s)$ 使

$$\log | \mathfrak{P}_i(\boldsymbol{\omega}) | \leqslant -\lambda^m N^{m-1}(N h(\mathfrak{P}_i) + c_2 d^l M \deg \mathfrak{P}_i), \tag{5.3.8}$$

设不然,那么由式(5.3.5)~式(5.3.7)及上述命题 5.2.2 得

$$-\frac{1}{2}\lambda^{m+1} d^l M N^m \geqslant \log | I(\boldsymbol{\omega}) | \geqslant \sum_{j=1}^{s} k_j \log | \mathfrak{P}_j(\boldsymbol{\omega}) |$$

$$\geqslant -\lambda^m N^{m-1}\left(N\sum_{j=1}^{s}k_j h(\mathfrak{P}_j)+c_2 d^l M\sum_{j=1}^{s}k_j\deg\mathfrak{P}_j\right)$$
$$\geqslant -\lambda^m N^{m-1}(Nh(I)+c_2 d^l M\deg I)$$
$$\geqslant -\lambda^m N^{m-1}\cdot 2c_2 d^l MN$$

(其中,k_j 是 I_j 的指数,并要注意对于$\mathbb{F}(z)$没有阿基米德绝对值,即 $\mathscr{M}_\infty=\varnothing$),当 λ 足够大时得到矛盾,所以式(5.3.8)确实成立.

现在将上述理想 $\mathfrak{P}_i$ 记作 $\mathfrak{P}^{(1)}$,那么 $\dim\mathfrak{P}^{(1)}=m-1$. 我们用归纳法定义具有下列性质的素理想 $\mathfrak{P}^{(n)}$ ($n=1, 2, \cdots, m$):

$$\dim\mathfrak{P}^{(n)}=m-n,\quad \deg\mathfrak{P}^{(n)}\leqslant\lambda^{n-1}N^n,$$
$$h(\mathfrak{P}^{(n)})\leqslant\lambda^{n-1}c_2 d^l MN^{n-1},\tag{5.3.9}$$
$$\log|\mathfrak{P}^{(n)}(\boldsymbol{\omega})|\leqslant-\lambda^{m-n+1}N^{m-n}(Nh(\mathfrak{P}^{(n)})+c_2 d^l M\deg\mathfrak{P}^{(n)})$$
$$=-X_n.\tag{5.3.10}$$

对于 $n=1$, $\mathfrak{P}^{(1)}$ 已经定义.设当 $n<m$, $\mathfrak{P}^{(1)}, \cdots, \mathfrak{P}^{(n)}$ 已定义,我们应用第 2.3 节命题 2.3.2,借助 $\mathfrak{P}^{(n)}$ 来构造理想 $\mathfrak{P}^{(n+1)}$. 由式(5.3.4)、式(5.3.9)和式(5.3.10)得

$$8\lambda^{m+1}MN^m\leqslant\lambda^{m-n+1}N^{m-n+1}N^{m-n}c_2 d^l M$$
$$\leqslant X_n\leqslant\lambda^{m+1}d^l MN^m.\tag{5.3.11}$$

设 ρ 是 $\boldsymbol{\omega}$ 与 $\mathfrak{P}^{(n)}$ 的零点簇的距离. 由第 2.3 节命题 2.3.3 及式(5.3.4)、式(5.3.9)和式(5.3.10)可得

$$\log\rho\leqslant-\frac{1}{m-n+1}\lambda^{m-n+1}N^{m-n}\left(N\frac{h(\mathfrak{P}^{(n)})}{\deg\mathfrak{P}^{(n)}}+c_2 d^l M\right)+\frac{h(\mathfrak{P}^{(n)})}{\deg\mathfrak{P}^{(n)}}$$
$$\leqslant-8\lambda^{m-n}N^{m-n}d^l M$$
$$\leqslant-8\lambda^{m+1}MN^m.\tag{5.3.12}$$

令 $\eta=16d$, 并取 k 为满足下式的整数:

$$\frac{1}{2}\lambda^{m+1}d^{k-1}MN^m<\frac{2}{\eta}\min\left\{X_n,\ \log\frac{1}{\rho}\right\}\leqslant\frac{1}{2}\lambda^{m+1}d^k MN^m.\tag{5.3.13}$$

由式(5.3.11)～式(5.3.13)得

$$\frac{2}{\eta}\cdot 8\lambda^{m+1}MN^m\leqslant\frac{1}{2}\lambda^{m+1}d^k MN^m,$$

因而 $k\geqslant 0$. 又由式(5.3.11)和式(5.3.13)得

$$\frac{1}{2}\lambda^{m+1}d^{k-1}MN^m<\frac{2}{\eta}X_n\leqslant\frac{2}{\eta}\lambda^{m+1}d^l MN^m,$$

因此 $k<l$, $Q_k\neq Q_l$, 现在证明 $Q_k\notin\mathfrak{P}^{(n)}$. 设不然,则由第 2.3 节推论 2.3.2 将有

$$\| Q_k \|_{\omega} \leqslant \rho;$$

但另一方面，由式(5.3.3)和式(5.3.13)有

$$\frac{1}{2}\log\frac{1}{\rho} = 4d \cdot \frac{2}{\eta}\log\frac{1}{\rho} > 2\lambda^{m+1}d^k MN^m$$
$$\geqslant -\log \| Q_k \|_{\omega}.$$

于是得到矛盾，从而的确 $Q_k \notin \mathfrak{P}^{(n)}$. 另外，注意式(5.3.10)蕴含 $|\mathfrak{P}^{(n)}(\boldsymbol{\omega})| \leqslant \mathrm{e}^{-X_n}$，式(5.3.3)蕴含 $\| Q_k \|_{\omega} \leqslant 1$（注意：对于域$\mathbb{F}(z)$，$\mathscr{M}_\infty = \varnothing$，所以 $\nu = |\mathscr{M}_\infty| = 0$），并且由式(5.3.13)的右半边及式(5.3.3)的左半边可得 $-\eta\log \| Q_k \|_{\omega} \geqslant 2\min\left\{X_n,\ \log\frac{1}{\rho}\right\}$. 因此知第 2.3 节命题 2.3.2 的条件被满足，由多项式 Q_k 及素理想 $\mathfrak{P}^{(n)}$ 可构造齐次纯粹理想 $J \subset \mathbb{F}(z)[X]$，具有下列性质：

$$\dim J = \dim \mathfrak{P}^{(n)} - 1 = m - n - 1,$$

$$\deg J \leqslant \eta \deg \mathfrak{P}^{(n)} \deg Q_k \leqslant \lambda^n N^{n+1};$$

$$\begin{aligned} h(J) &\leqslant \eta(h(\mathfrak{P}^{(n)})\deg Q_k + h(Q_k)\deg \mathfrak{P}^{(n)}) \\ &\leqslant \eta(Nh(\mathfrak{P}^{(n)}) + c_2 d^l M \deg \mathfrak{P}^{(n)}) \\ &\leqslant \lambda^n c_2 d^l MN^n, \end{aligned} \tag{5.3.14}$$

$$\begin{aligned} \log |J(\boldsymbol{\omega})| &\leqslant -X_n + \eta(h(\mathfrak{P}^{(n)})\deg Q_k + h(Q_k)\deg \mathfrak{P}^{(n)}) \\ &\leqslant -X_n + \eta(Nh(\mathfrak{P}^{(n)}) + c_2 d^l M \deg \mathfrak{P}^{(n)}) \\ &\leqslant -\frac{X_n}{2}. \end{aligned} \tag{5.3.15}$$

类似地，设 $J = I_1' \cap \cdots \cap I_t'$ 是其不可缩短准素分解，$\mathfrak{P}_i' = \sqrt{I_i'}$，其指数为 k_i'. 由第 2.1 节命题 2.1.2 知 $\dim \mathfrak{P}_i' = \dim J = m - n - 1$，$\deg \mathfrak{P}_i' \leqslant \deg J < \lambda^n N^{n+1}$，$h(\mathfrak{P}_i') \leqslant h(J) \leqslant \lambda^n c_2 d^l MN^n$. 另外，存在 $i(1 \leqslant i \leqslant t)$ 使 $\log |\mathfrak{P}_i'(\boldsymbol{\omega})| \leqslant -\lambda^{m-n}N^{m-n-1}(Nh(\mathfrak{P}_i') + c_2 d^l M \deg \mathfrak{P}_i')$. 这是因为，不然由式(5.3.14)和式(5.3.15)及上述命题 5.2.2 有

$$\begin{aligned} & -\frac{1}{2}\lambda^{m-n+1}N^{m-n}(Nh(\mathfrak{P}^{(n)}) + c_2 d^l M \deg \mathfrak{P}^{(n)}) \\ & \geqslant \log |J(\boldsymbol{\omega})| \geqslant \sum_{j=1}^{t} k_j' \log |\mathfrak{P}_j'(\boldsymbol{\omega})| \\ & \geqslant -\lambda^{m-n}N^{m-n-1}(Nh(J) + c_2 d^l M \deg J) \\ & \geqslant -\lambda^{m-n}N^{m-n-1}(N\eta(Nh(\mathfrak{P}^{(n)}) \\ & \quad + c_2 d^l M \deg \mathfrak{P}^{(n)}) + c_2 d^l M \eta N \deg \mathfrak{P}^{(n)}) \\ & \geqslant -2\eta\lambda^{m-n}N^{m-n}(Nh(\mathfrak{P}^{(n)}) + c_2 d^l M \deg \mathfrak{P}^{(n)}). \end{aligned}$$

当 λ 充分大时产生矛盾，于是上述不等式成立. 现在取此 $\mathfrak{P}_i'$ 作为 $\mathfrak{P}^{(n+1)}$，它满足所有要求，这样，我们构造了具有性质(5.3.9)和(5.3.10)的素理想序列$\mathfrak{P}^{(n)}$（$n=1,\cdots,m$）.

最后，对于理想 $\mathfrak{P}^{(m)}$，我们可以类似地选取多项式 $Q_k\notin\mathfrak{P}^{(m)}$. 重复上述过程，但最终得到(类似于式(5.3.15)) $0\leqslant -X_n/2$，这是矛盾的. 因此式(5.3.1)中 λ 不可能任意大，从而 $\lambda^{m+1}\leqslant c_0$. □

5.4 某些 Mahler 函数值的代数无关性度量

我们证明下列结果，作为 Nesterenko 方法对于 Mahler 函数在代数点上的值的代数无关性度量问题的应用的示例.

定理 5.4.1 设$\mathbb{K}$ 是一个代数数域，$f_1(z),\cdots,f_m(z)\in\mathbb{K}[[z]]$ 在$\mathbb{K}(z)$ 上代数无关，且满足函数方程

$$\begin{pmatrix}f_1(z)\\ \vdots\\ f_m(z)\end{pmatrix}=\boldsymbol{A}(z)\begin{pmatrix}f_1(z^d)\\ \vdots\\ f_m(z^d)\end{pmatrix}+\boldsymbol{B}(z),\tag{5.4.1}$$

其中，$d>1$ 是一个整数，$\boldsymbol{A}(z)$是 m 阶矩阵，$\boldsymbol{B}(z)$是 m 维(列)矢量，它们的元素都$\in\mathbb{K}[z]$. 还设 α 是一个代数数，$0<|\alpha|<1$，α^{d^k} $(k\geqslant 0)$ 不是$\det\boldsymbol{A}(z)$的零点，那么对于任何 H 及 $s\geqslant 1$ 以及任何次数$\leqslant s$ 且(通常的)高$\leqslant H$ 的非零多项式$P\in Z[x_1,\cdots,x_m]$有下列不等式成立：

$$|P(f_1(\alpha),\cdots,f_m(\alpha))|>\exp(-\gamma s^m(\log H+s^2\log(s+1))),$$

其中，$\gamma>0$ 是仅与 α 及函数f_i 有关的常数.

注 5.4.1 由定理5.4.1 可知，$(f_1(\alpha),\cdots,f_m(\alpha))$的超越型$\leqslant m+2+\varepsilon$（$\varepsilon>0$ 任意给定）.

首先证明几个辅助引理.

引理 5.4.1 设 $\omega_0=1,\omega_1,\cdots,\omega_m\in\mathbb{C}$，$\zeta$是$\mathbb{Q}(\omega_1,\cdots,\omega_m)$上的 ν 次代数元素. 设 $\gamma_1,\gamma_2,\delta_1,\delta_2$ 和 T 是一些正数，$\delta_1\geqslant\delta_2$，而$P\in\mathbb{Z}[x_0,\cdots,x_m,y]$关于变量 $\boldsymbol{x}=(x_0,\cdots,x_m)$ 是齐次的，并满足

$$P=\sum_{j=0}^{\nu-1}P_j(x_0,\cdots,x_m)y^j,$$

$$\log H(P_j)\leqslant\delta_1,\quad \deg P_j\leqslant\delta_2,$$

以及

$$-\gamma_1 T \leqslant \log|P(\omega_0, \cdots, \omega_m, \zeta)| \leqslant -\gamma_2 T.$$

如果 T/δ_1 及 δ_2 足够大,即 $T/\delta_1, \delta_2 \geqslant c_0 = c_0(\omega_i, \zeta, \gamma_i)$(某个正常数),那么存在一个齐次多项式 $Q \in \mathbb{Z}[x_0, \cdots, x_m]$ 满足不等式

$$\log H(Q) \leqslant \nu^{2m\nu^2}\delta_1, \quad \deg Q \leqslant \nu^{\nu^2}\delta_2,$$
$$-\gamma_3 T \leqslant \log|Q(\omega_0, \cdots, \omega_m)| \leqslant -\gamma_4 T,$$

其中,$\gamma_3 = (2\nu!)^{\nu}\gamma_1$, $\gamma_4 = 2^{-\nu}\gamma_2$.

证 当 $\nu = 1$ 时引理显然成立(取 $Q(x_0, \cdots, x_m) = P_0(x_0, \cdots, x_m)$ 即可). 现在设 $\nu > 1$. 令 $\zeta_1 = \zeta, \cdots, \zeta_\nu$ 是 ζ 在域 $\mathbb{Q}(\omega_1, \cdots, \omega_m)$ 上的共轭元,用 k 表示具有下列性质的最小的自然数:存在相同次数的齐次多项式 $Q_j \in \mathbb{Z}[X]$,以及多项式 $T_j \in \mathbb{Z}[y_1, \cdots, y_\nu]$ $(j = 1, \cdots, k)$ 使得

$$\log H(Q_j) \leqslant \nu^{2m\nu(\nu-k)}\delta_1, \quad \deg Q_j \leqslant \nu^{\nu(\nu-k)}\delta_2, \tag{5.4.2}$$
$$\log H(T_j) \leqslant (\nu - k)2^{3\nu-k}, \quad \deg T_j \leqslant \nu 2^{\nu-k}, \tag{5.4.3}$$

并且多项式

$$R_k(x_0, \cdots, x_m; y_1, \cdots, y_\nu) = \sum_{j=1}^{k} Q_j(x_0, \cdots, x_m)T_j(y_1, \cdots, y_\nu) \tag{5.4.4}$$

满足不等式

$$\begin{aligned}-(2\nu!)^{\nu-k}\gamma_1 T &\leqslant \log|R_k(\omega_0, \cdots, \omega_m; \zeta_1, \cdots, \zeta_\nu)| \\ &\leqslant -2^{k-\nu}\gamma_2 T.\end{aligned} \tag{5.4.5}$$

由于当上述条件中 k 换成 ν 时,由引理假设知式(5.4.2)、式(5.4.3)和式(5.4.5)均被满足(取 $Q_j = P_{j-1}$, $T_j = y_1^{j-1}$),因此 $k \leqslant \nu$.

如果 $k > 1$,我们记

$$\eta = \mathrm{Norm}(R_k(\omega_0, \cdots, \omega_m; \zeta_1, \cdots, \zeta_\nu))$$

(Norm 由 $\mathbb{F} = \mathbb{Q}(\omega_1, \cdots, \omega_m; \zeta_1, \cdots, \zeta_\nu)$ 到 $\mathbb{Q}(\omega_1, \cdots, \omega_m)$),令 $G = \{\sigma_1, \cdots, \sigma_\mu\}$ 是 $\mathbb{F}$ 在 $\mathbb{Q}(\omega_1, \cdots, \omega_m)$ 上的 Galois 群,其中

$$\mu = [\mathbb{F} : \mathbb{Q}(\omega_1, \cdots, \omega_m)] \leqslant \nu!.$$

还设 $\sigma \in G$ 在变量 $y_1, \cdots, y_\nu$ 上的作用是按照它对于 $\zeta_1, \cdots, \zeta_\nu$ 进行的置换来进行相应的置换. 令

$$\begin{aligned} S &= S(x_0, \cdots, x_m; y_1, \cdots, y_\nu) \\ &= \prod_{\sigma \in G}\sum_{j=1}^{k} Q_j(x_0, \cdots, x_m) \cdot \sigma T_j(y_1, \cdots, y_\nu). \end{aligned}$$

那么 $\eta = S(\omega_0, \cdots, \omega_m; \zeta_1, \cdots, \zeta_\nu)$，并且

$$S = \sum_{\substack{(j_1, \cdots, j_\mu) \\ 1\leqslant j_i \leqslant k}} Q_{j_1}\cdots Q_{j_\mu}(\sigma_1 T_{j_1})\cdots(\sigma_\mu T_{j_\mu})$$

$$= \sum_{\substack{(j_1, \cdots, j_\mu) \\ j_1\leqslant j_2\leqslant\cdots\leqslant j_\mu}} Q_{j_1}\cdots Q_{j_\mu} \cdot \sum_{\substack{\{i_1, \cdots, i_\mu\} \\ =\{j_1, \cdots, j_\mu\}}} (\sigma_1 T_{i_1})\cdots(\sigma_\mu T_{i_\mu}), \tag{5.4.6}$$

其中，$U = \sum(\sigma_1 T_{i_1})\cdots(\sigma_\mu T_{i_\mu})$ 在 G 作用下不变. 因为仅有有限多个 T_j 满足式(5.4.3)(当 $k\leqslant\nu$)，因而存在一个齐次多项式 $a\in\mathbb{Z}[X]$满足$a(\omega_0, \cdots, \omega_m)\neq 0$，并且对于(5.4.6)中所有这种多项式 $U\in\mathbb{Z}[y_1, \cdots, y_\nu]$有

$$a(\omega_0, \cdots, \omega_m)\sum(\sigma_1 T_{i_1})\cdots(\sigma_\mu T_{i_\mu})(\zeta_1, \cdots, \zeta_\nu) \in \mathbb{Z}[\omega_1, \cdots, \omega_m].$$

于是存在一个齐次多项式 $R\in\mathbb{Z}[X]$使得

$$R(\omega_0, \cdots, \omega_m) = a(\omega_0, \cdots, \omega_m)\eta.$$

由式(5.4.2)和式(5.4.3)可知，当 T/δ_1 和 δ_2 充分大时，有

$$\log H(R) \leqslant \log(\max_{1\leqslant j\leqslant k} c_1 H(Q_j)^{\nu!}(m+1)^{\nu!\deg Q_j})$$

$$\leqslant \nu^{2m\nu(\nu-k+1)}\delta_1, \tag{5.4.7}$$

$$\deg R \leqslant \nu!\nu^{\nu(\nu-k)}\delta_2 + c_2 \leqslant \nu^{\nu(\nu-k+1)}\delta_2, \tag{5.4.8}$$

$$\log|R(\omega_0, \cdots, \omega_m)| \leqslant c_3 - 2^{k-\nu}\gamma_2 T + c_4\delta_1$$

$$\leqslant -2^{k-\nu-1}\gamma_2 T, \tag{5.4.9}$$

其中(及下文)，c_i 是一些正常数.

现在我们证明

$$\log|R(\omega_0, \cdots, \omega_m)| \geqslant -(2\nu!)^{\nu-k+1}\gamma_1 T. \tag{5.4.10}$$

设不然，那么有

$$\log|R(\omega_0, \cdots, \omega_m)| < -(2\nu!)^{\nu-k+1}\gamma_1 T,$$

于是由 $R(x_0, \cdots, x_m)$的定义可知，存在$\sigma\in G$ 使得

$$\log|R_k(\omega_0, \cdots, \omega_m; \sigma\zeta_1, \cdots, \sigma\zeta_\nu)| < -2(2\nu!)^{\nu-k}\gamma_1 T + c_5 \tag{5.4.11}$$

(不然式(5.4.10)成立). 还可设 $T_k(\zeta_1, \cdots, \zeta_\nu)\neq 0$. (不然由式(5.4.4)，可知 $\sum_{j=1}^{k-1} Q_j(x_0, \cdots, x_m)T_j(y_1, \cdots, y_\nu)$ 也满足式(5.4.2)、式(5.4.3)和式(5.4.5)，这与 k 的定义矛盾.) 定义多项式

$$L(x_0, \cdots, x_m; y_1, \cdots, y_\nu) = T_k(\sigma R_k) - (\sigma T_k)R_k,$$

那么

$$L = \sum_{j=1}^{k-1} Q_j T_j', \quad T_j' = T_k(\sigma T_j) - (\sigma T_k) T_j,$$

以及

$$\begin{aligned}\log H(T_j') &\leqslant \log 2 + 2(\nu - k)2^{3\nu-k} + 2\nu 2^{\nu-k}\log(1+\nu)\\ &\leqslant (\nu - k + 1)2^{3\nu-k+1},\\ \deg T_j' &\leqslant 2\nu 2^{\nu-k} = \nu 2^{\nu-k+1}.\end{aligned}$$

又当 T 充分大时,有

$$-2(2\nu!)^{\nu-k}\gamma_1 T + c_5 \leqslant -(2\nu!)^{\nu-k}\gamma_1 T \leqslant -2^{k-\nu}\gamma_2 T,$$

所以由式(5.4.2)、式(5.4.4)和式(5.4.10)得

$$\begin{aligned}&\log|L(\omega_0, \cdots, \omega_m; \zeta_1, \cdots, \zeta_\nu)|\\ &\quad\leqslant \log(|T_k(\sigma\zeta_1, \cdots, \sigma\zeta_\nu)||R_k(\omega_0, \cdots, \omega_m; \zeta_1, \cdots, \zeta_\nu)|\\ &\qquad + |T_k(\zeta_1, \cdots, \zeta_\nu)||R_k(\omega_0, \cdots, \omega_m; \sigma\zeta_1, \cdots, \sigma\zeta_\nu)|)\\ &\quad\leqslant -2^{k-\nu}\gamma_2 T + c_6\\ &\quad\leqslant -2^{k-\nu-1}\gamma_2 T,\\ &\log|L(\omega_0, \cdots, \omega_m; \zeta_1, \cdots, \zeta_\nu)|\\ &\quad\geqslant \log(|T_k(\sigma\zeta_1, \cdots, \sigma\zeta_\nu)||R_k(\omega_0, \cdots, \omega_m; \zeta_1, \cdots, \zeta_\nu)|\\ &\qquad - |T_k(\zeta_1, \cdots, \zeta_\nu)||R_k(\omega_0, \cdots, \omega_m; \sigma\zeta_1, \cdots, \sigma\zeta_\nu)|)\\ &\quad\geqslant \log\left(\frac{1}{2}|T_k(\sigma\zeta_1, \cdots, \sigma\zeta_\nu)||R_k(\omega_0, \cdots, \omega_m; \zeta_1, \cdots, \zeta_\nu)|\right)\\ &\quad\geqslant -2(2\nu!)^{\nu-k}\gamma_1 T - c_7\\ &\quad\geqslant -(2\nu!)^{\nu-k+1}\gamma_1 T.\end{aligned}$$

这表明多项式 $L \in \mathbb{Z}[x_0, \cdots, x_m]$ 也满足式(5.4.2)、式(5.4.3)和式(5.4.5),但其中 k 代以 $k-1$,这与 k 的“极小性”矛盾,于是式(5.4.10)得证.

由式(5.4.7)～式(5.4.10),并注意 $1 < k \leqslant \nu$ 可知,多项式 R 即可作为引理中的多项式 Q.

最后,如果 $k = 1$,那么取 $Q = Q_1$,当 T 充分大时即可满足引理要求. □

下文中,设 $f_1, \cdots, f_m$ 及 α 满足定理 5.4.1 的假设条件,并取

$$\boldsymbol{\omega} = (\omega_0, \omega_1, \cdots, \omega_m) = (1, f_1(\alpha), \cdots, f_m(\alpha)).$$

还可认为 $\mathbb{K}$ 含有 α,而 c_i 是仅与 α, f_i, $\mathbb{K}$ 有关的常数.还用 $\mathbb{Z}_{\mathbb{K}}$ 表示 $\mathbb{K}$ 中全体代数整数的集合.对于多项式 P,用 $\boxed{P}$ 表示其所有系数的共轭元的绝对值的最大值(称 P 的尺度).

引理 5.4.2 设 N 和 k 是正整数, $N \geqslant c_8$, $d^k \geqslant c_9 N\log N$,那么存在齐次多项式

$Q_k \in \mathbb{Z}[x_0, \cdots, x_m]$满足不等式

$$\deg Q_k \leqslant c_{10} N, \quad \log H(Q_k) \leqslant c_{11} N d^k, \tag{5.4.12}$$
$$-c_{12} N^{m+1} d^k \leqslant \log(|Q_k(\boldsymbol{\omega})| |\boldsymbol{\omega}|^{-\deg Q_k}) \leqslant -c_{13} N^{m+1} d^k. \tag{5.4.13}$$

证 设 $f_i(z) = \sum_{h=0}^{\infty} a_{ih} z^h$. 由函数方程(5.4.1)可以归纳地推出$\overline{|a_{ih}|} \leqslant c_{14} h^{c_{15}} (h \geqslant 1)$, $\overline{|a_{i0}|} \leqslant c_{16}$, 并且存在正整数 D 使 $D^{[\log h]+1} a_{ih} (h \geqslant 1)$ 及 $D a_{i0} \in \mathbb{Z}_{\mathbb{K}}$. 记

$$f_1^{j_1} \cdots f_m^{j_m} = \sum_{h=0}^{\infty} a_{jh} z^h, \quad \boldsymbol{j} = (j_1, \cdots, j_m),$$

那么容易验证

$$\overline{|a_{jh}|} \leqslant (c_{17} h^{c_{18}})^{|j|} \quad (h \geqslant 1), \quad \overline{|a_{j0}|} \leqslant c_{19}^{|j|} \quad (|\boldsymbol{j}| = j_1 + \cdots + j_m),$$
$$D^{([\log h]+1)|j|} a_{jh} \quad (h \geqslant 1), \quad D^{|j|} a_{j0} \in \mathbb{Z}_{\mathbb{K}}.$$

对每个整数 $N > 1$, 存在非零多项式 $R \in \mathbb{Z}_{\mathbb{K}}[z, x_1, \cdots, x_m]$满足下列条件:

$$\deg_z R \leqslant N, \quad \deg_x R \leqslant N \quad (\boldsymbol{x} = (x_1, \cdots, x_m)),$$
$$\operatorname{ord}_{z=0} R(z, f_1(z), \cdots, f_m(z)) \geqslant (2m!)^{-1} N^{m+1}, \quad \log \overline{|R|} \leqslant c_{20} N \log N. \tag{5.4.14}$$

这是因为式(5.4.14) 给出以 R 的系数为未知数$\left(\text{其个数为}(N+1)\binom{N+m}{m} \geqslant N^{m+1}/m!\right)$的包含$[N^{m+1}/(2m!)]+1$个方程的线性齐次方程组,方程的系数是 $a_{jh}(|\boldsymbol{j}| \leqslant N, h < N^{m+1}/(2m!))$, 所以 Siegel 引理保证了 R 的存在性.

定义多项式

$$E_N(z) = R(z, f_1(z), \cdots, f_m(z)) = \sum_{h=n}^{\infty} B_h z^h \quad (B_n \neq 0),$$

由上述 f_i 及 R 的有关估值易得

$$\log \overline{|B_h|} \leqslant c_{21} N \log N, \quad D^{([\log h]+1)N} B_h \in \mathbb{Z}_{\mathbb{K}}.$$

由代数数基本不等式及 $\log(n+i) \leqslant \log(n+1) + i (i \geqslant 1)$ 可得

$$|B_{n+i}/B_n| \leqslant c_{22}^{N\log(n+1)+iN}.$$

于是当 $d^k \geqslant N \log N$, $N \geqslant c_{23}$ 时, $c_{22}^N |\alpha^{d^k}| < \frac{1}{2}$, 并且

$$\left|\sum_{i=1}^{\infty} (B_{n+i}/B_n) \alpha^{id^k}\right| \leqslant c_{22}^{N\log(n+1)} \cdot 2 c_{22}^N |\alpha|^{d^k}.$$

因为方程(5.4.1)可化成定理 5.3.1 中的形式,所以由该定理得

$$n = \operatorname{ord}_{z=0} E_N(z) \leqslant c_{24} N^{m+1}.$$

于是当 $N \geqslant c_{25}$, $d^k \geqslant c_{26} N \log N$ 时, $\left| \sum_{i=1}^{\infty} (B_{n+i}/B_n) \alpha^{id^k} \right| < \frac{1}{2}$. 又因为

$$E_N(\alpha^{d^k}) = B_n \alpha^{nd^k} \left(1 + \sum_{i=1}^{\infty} (B_{n+i}/B_n) \alpha^{id^k}\right),$$

所以我们得到

$$\frac{1}{2} \mid B_n \mid \mid \alpha \mid^{nd^k} \leqslant \mid E_N(\alpha^{d^k}) \mid \leqslant \frac{3}{2} \mid B_n \mid \mid \alpha \mid^{nd^k},$$

从而当 $N \geqslant c_{25}$, $d^k \geqslant c_{27} N \log N$ 时,

$$- c_{28} d^k N^{m+1} \leqslant \log \mid E_N(\alpha^{d^k}) \mid \leqslant - c_{29} d^k N^{m+1}. \tag{5.4.15}$$

因为 $f_1, \cdots, f_m$ 在 $\mathbb{K}(z)$ 上代数无关,所以方程(5.4.1)中矩阵 $\boldsymbol{A}(z)$ 的行列式不为零,从而存在 m 阶矩阵 $\widetilde{\boldsymbol{A}}(z)$ 和 m 维(列)矢量 $\widetilde{\boldsymbol{B}}(z)$,其元素均属于 $\mathbb{K}(z)$,使得

$$\begin{pmatrix} f_1(z^d) \\ \vdots \\ f_m(z^d) \end{pmatrix} = \widetilde{\boldsymbol{A}}(z) \begin{pmatrix} f_1(z) \\ \vdots \\ f_m(z) \end{pmatrix} + \widetilde{\boldsymbol{B}}(z). \tag{5.4.16}$$

可以选取 $a(z) \in \mathbb{Z}_{\mathbb{K}}[z]$ 使 $a(z)\widetilde{\boldsymbol{A}}(z)$ 及 $a(z)\widetilde{\boldsymbol{B}}(z)$ 的元素均属于 $\mathbb{Z}_{\mathbb{K}}[z]$,并且 α^{d^k} $(k \geqslant 0)$ 不是 $a(z)$ 的零点. 由式(5.4.16)我们记

$$\begin{pmatrix} a(z) f_1(z^d) \\ \vdots \\ a(z) f_m(z^d) \end{pmatrix} = \begin{pmatrix} a_{11}(z) & \cdots & a_{1m}(z) \\ \vdots & & \vdots \\ a_{m1}(z) & \cdots & a_{mm}(z) \end{pmatrix} \begin{pmatrix} f_1(z) \\ \vdots \\ f_m(z) \end{pmatrix} + \begin{pmatrix} b_1(z) \\ \vdots \\ b_m(z) \end{pmatrix},$$

其中, $a_{ij}(z)$, $b_i(z) \in \mathbb{Z}_{\mathbb{K}}[z]$.

设 $R_0(z, x_0, \cdots, x_m) \in \mathbb{Z}_{\mathbb{K}}[z, X]$ 是关于变量 $\boldsymbol{x}$ 的 N 次齐次多项式,并且满足

$$R_0(z, 1, x_1, \cdots, x_m) = R(z, x_1, \cdots, x_m).$$

记多项式

$$\begin{aligned} A_i(z, \boldsymbol{x}) &= A_i(z, x_0, \cdots, x_m) \\ &= b_i(z) x_0 + a_{i1}(z) x_1 + \cdots + a_{im}(z) x_m, \end{aligned}$$

由此归纳地定义多项式序列 $R_k(z, \boldsymbol{x})$ $(k \geqslant 1)$ 为

$$R_k(z, \boldsymbol{x}) = R_{k-1}(z^d, a(z) x_0, A_1(z, \boldsymbol{x}), \cdots, A_m(z, \boldsymbol{x})),$$

那么 $R_k \in \mathbb{Z}_{\mathbb{K}}[z, X]$,它们关于变量 $\boldsymbol{x}$ 是 N 次齐次多项式,并且

$$R_k(z, 1, f_1(z), \cdots, f_m(z)) = E_N(z^{d^k})\left(\prod_{j=0}^{k-1} a(z^{d^j})\right)^N. \tag{5.4.17}$$

注意由上述 f_i 和 R 的有关估值知

$$\begin{aligned} &a(z) \prec c_{30}(1+z)^{c_{31}},\\ &A_i(z, X) \prec c_{30}(1+z)^{c_{31}}(x_0+\cdots+x_m),\\ &R_0(z, X) \prec N^{c_{32}N}\cdot(1+z)^N(x_0+\cdots+x_m)^N, \end{aligned}$$

其中,符号"$f \prec g$"表示 g 是 f 的强函数.对 k 用归纳法可证明

$$\begin{aligned} R_k(z, x_0, \cdots, x_m) \prec N^{c_{32}N}((m+1)c_{30})^{kN}(1+z^{d^k})^N\cdot \\ ((1+z^{d^{k-1}})\cdots(1+z))^{c_{31}N}(x_0+\cdots+x_m)^N, \end{aligned}$$

因此我们得到

$$\deg_z R_k \leqslant c_{33}d^kN, \quad \log\overline{|R_k|} \leqslant c_{34}N\log N + c_{35}kN. \tag{5.4.18}$$

设 ζ 是一个代数整数,在 $\mathbb{Q}$ 上生成 $\mathbb{K}$ (即 $\mathbb{K} = \mathbb{Q}(\zeta)$),并设 a 是一个非零有理整数,使 $a\alpha \in \mathbb{Z}[\zeta]$, $a\mathbb{Z}_{\mathbb{K}} \subset \mathbb{Z}[\zeta]$.对每个 $k \geqslant 0$, $a^{[c_{33}d^kN]+1}R_k(\alpha, 1, f_1(\alpha), \cdots, f_m(\alpha))$ 可表示为 $P_k(1, f_1(\alpha), \cdots, f_m(\alpha), \zeta)$,其中, $P_k \in \mathbb{Z}[x_0, \cdots, x_m, y]$,关于 $x_0, \cdots, x_m$ 齐次,并且由 ζ 的定义及式(5.4.18)有

$$\begin{aligned} &\deg_y P_k \leqslant \nu - 1 \quad (\nu = [\mathbb{K} : \mathbb{Q}]), \quad \deg_X P_k \leqslant N,\\ &\log H(P_k) \leqslant c_{34}N\log N + c_{36}d^kN. \end{aligned}$$

当 $N \geqslant c_8$, $d^k \geqslant c_9 N\log N$ 时,由式(5.4.15)、式(5.4.17)得

$$\begin{aligned} -c_{37}d^kN^{m+1} &\leqslant \log|P_k(1, f_1(\alpha), \cdots, f_m(\alpha), \zeta)|\\ &\leqslant -c_{38}d^kN^{m+1}. \end{aligned}$$

将引理 5.4.1 应用于多项式 P_k,即可得到所要的多项式 Q_k,满足不等式(5.4.12)和式(5.4.13). □

引理 5.4.3 设 $\delta \geqslant 2$.那么对任何 $s \geqslant c_{39}$,存在齐次多项式 $Q \in \mathbb{Z}[x_0, \cdots, x_m]$ 满足下列条件:

$$\deg Q \leqslant c_{40}s, \quad \log H(Q) \leqslant c_{41}s^\delta \log s, \tag{5.4.19}$$

$$-c_{42}s^{m+\delta}\log s \leqslant \log(|Q(\boldsymbol{\omega})|\,|\boldsymbol{\omega}|^{-\deg Q}) \leqslant -c_{43}s^{m+\delta}\log s. \tag{5.4.20}$$

证 设 s 充分大而 k 是满足 $sd^k \leqslant c_9 ds^\delta \log s$ 的最大整数(c_9 是引理 5.4.2 中的常数),那么 k 和 $N = [s]$ 满足引理 5.4.2 的假设,所以可取该引理中的多项式 Q_k 作为所要的多项式 Q. □

定理 5.4.1 可以从下列两个命题推出:

命题 5.4.1 设 $\lambda \geqslant c_{44}$, $D \geqslant \gamma_5(\lambda)$, $\log M \geqslant D^{m+3}\log D$, 其中,$\gamma_5(\lambda)$是仅与 α, f_i, $\mathbb{K}$ 及 λ 有关的常数. 还设 $I \subset \mathbb{Z}[x_0, \cdots, x_m]$ 是齐次纯粹理想, $r = \dim I + 1 \geqslant 1$, 并且

$$\deg I \leqslant \lambda^{m-r}D^{m-r+1}, \quad h(I) \leqslant \lambda^{m-r}D^{m-r}\log M.$$

那么

$$\log|I(\boldsymbol{\omega})| \geqslant -\lambda^r D^{r-1}(Dh(I) + \deg I \cdot \log M).$$

证 设存在理想使命题不成立,令 I 是这种理想中 r 值为最小的理想. 因为 $\dim I = m - h^*(I) + 1$, 所以 $1 \leqslant r \leqslant m$, 于是命题对所有 $r' = \dim J + 1 < r$ 的理想 J 成立.

令 $I = I_1 \cap \cdots \cap I_s$ 是 I 的不可缩短准素分解,记 $\mathfrak{P}_i = \sqrt{I_i}$ $(i = 1, \cdots, s)$. 由第 2.1 节命题 2.1.2 得

$$\deg \mathfrak{P}_i \leqslant \deg I \leqslant \lambda^{m-r}D^{m-r+1}, \tag{5.4.21}$$

$$h(\mathfrak{P}_i) \leqslant h(I) + \nu m^2 \deg I \leqslant \lambda^{m-r}D^{m-r}(\log M + \nu m^2 D). \tag{5.4.22}$$

我们首先证明,存在某个 $i(1 \leqslant i \leqslant s)$使

$$\log|\mathfrak{P}_i(\boldsymbol{\omega})| \leqslant -\frac{1}{3}\lambda^r D^{r-1}(Dh(\mathfrak{P}_i) + \deg \mathfrak{P}_i \cdot \log M) = -S_i. \tag{5.4.23}$$

设此式不成立,那么由 I 的定义及上述命题 2.1.2,我们得到

$$\begin{aligned}
&-\lambda^r D^{r-1}(Dh(I) + \deg I \cdot \log M) \\
&\quad > \log|I(\boldsymbol{\omega})| \\
&\quad \geqslant \sum_{j=1}^{s} k_j \log|\mathfrak{P}_j(\boldsymbol{\omega})| - m^3 \deg I \\
&\quad \geqslant -\frac{1}{3}\lambda^r D^{r-1}\Big(D\sum_{j=1}^{s} k_j h(\mathfrak{P}_j) + \log M \cdot \sum_{j=1}^{s} k_j \deg \mathfrak{P}_j\Big) - m^3 \deg I \\
&\quad \geqslant -\frac{1}{3}\lambda^r D^{r-1}(Dh(I) + Dm^2\nu \deg I + \log M \cdot \deg I) - m^3 \deg I.
\end{aligned}$$

由命题假设,对每个 $\lambda \geqslant 1$ 当 D 充分大时上式不可能成立. 因此存在 i 使式(5.4.23)成立. 对此 i,记 $\mathfrak{P} = \mathfrak{P}_i$, $S = S_i$. 还记 $\lambda = \mu^{2m+2}$, $N = [\mu^{2m}D]$, 并对此参数应用引理 5.4.2 定义多项式 Q_k(k 由下文式(5.4.25)定义).

下面要将第 2.3 节命题 2.3.2 应用于上述素理想 $\mathfrak{P}$ 以及多项式 Q_k 以导出矛盾.

命 ρ 为 $\boldsymbol{\omega}$ 到 $\mathfrak{P}$ 的零点簇的距离. 由第 2.3 节命题 2.3.1,并注意式(5.4.23),得到

$$\begin{aligned}
\log\frac{1}{\rho} &\geqslant -\frac{\log|\mathfrak{P}(\boldsymbol{\omega})|}{r\deg \mathfrak{P}} - \frac{h(\mathfrak{P})}{r\deg \mathfrak{P}} - (\nu + 3)m^3 \\
&\geqslant \frac{1}{3r}\lambda^r D^{r-1}\log M - (\nu + 3)m^3;
\end{aligned}$$

又由式(5.4.23)知

$$S \geqslant \frac{1}{3}\lambda^r D^{r-1}\log M,$$

所以当 D 充分大时，有

$$\frac{1}{2}\min\left\{S,\ \log\frac{1}{\rho}\right\} \geqslant dc_{12}N^{m+1}\cdot c_9 N\log N. \tag{5.4.24}$$

取 k 为满足下列不等式的整数：

$$c_{12}N^{m+1}d^k \leqslant \frac{1}{2}\min\left\{S,\ \log\frac{1}{\rho}\right\} < c_{12}N^{m+1}d^{k+1}. \tag{5.4.25}$$

由式(5.4.24)、式(5.4.25)（右半边）可立即验证引理 5.4.2 中的条件

$$d^k \geqslant c_9 N\log N.$$

又因为由式(5.4.23)知 $S \leqslant \lambda^m D^m \log M$，所以由式(5.4.25)（左半边）得到

$$\begin{aligned} Nd^k &\leqslant c_{45}SN^{-m} \leqslant c_{46}\mu^{(2m+2)m}D^m\cdot(\mu^{2m}D)^{-m}\log M \\ &\leqslant c_{47}\mu^{2m}\log M. \end{aligned} \tag{5.4.26}$$

现在证明 $Q_k \notin \mathfrak{P}$. 设不然，那么由第 2.3 节的推论 2.3.1 得

$$\| Q_k \|_{\boldsymbol{\omega}} \leqslant \rho e^{(2m+1)\deg Q_k}.$$

于是由式(5.4.12)和式(5.4.25)得

$$\begin{aligned} \log(|Q_k(\boldsymbol{\omega})|\,|\boldsymbol{\omega}|^{-\deg Q_k}) &= \log(\| Q_k \|_{\boldsymbol{\omega}}\cdot|Q_k|) \\ &\leqslant \log\rho + (2m+1)\deg Q_k + \log H(Q_k) \\ &\leqslant -2c_{12}N^{m+1}d^k + c_{10}(2m+1)N + c_{11}Nd^k \\ &< -c_{12}N^{m+1}d^k, \end{aligned}$$

这与式(5.4.13)（左半边）矛盾，所以确实 $Q_k \notin \mathfrak{P}$.

由式(5.4.12)、式(5.4.13)及式(5.4.23)可知，条件

$$|\mathfrak{P}(\boldsymbol{\omega})| \leqslant e^{-S} \quad 及 \quad \| Q_k \|_{\boldsymbol{\omega}} \leqslant e^{-2m\nu\deg Q_k}$$

在此满足. 还取

$$\eta = [4dc_{12}/c_{13}] + 1,$$

那么由式(5.4.12)、式(5.4.13)有 $\| Q_k \|_{\boldsymbol{\omega}} \leqslant \exp(-c_{13}N^{m+1}d^k)$，从而由式(5.4.25)得知条件

$$-\eta\log\| Q_k \|_{\boldsymbol{\omega}} \geqslant 2\min\left\{S,\ \log\frac{1}{\rho}\right\}$$

也被满足. 于是由上面所说的命题 2.3.2 可以推知,当 $r \geqslant 2$ 及 λ 充分大时,存在齐次纯粹理想 $J \subset \mathbb{Z}[x_0, \cdots, x_m]$, $\dim J = \dim \mathfrak{P} - 1$, 具有下列性质:

$$\begin{aligned}\deg J &\leqslant \eta \deg \mathfrak{P} \cdot \deg Q_k \leqslant c_{48} dN \cdot \deg \mathfrak{P} \leqslant \mu^{2m+1} D \deg \mathfrak{P} \\ &\leqslant \lambda^{m-(r-1)} D^{m-(r-1)+1},\end{aligned} \tag{5.4.27}$$

$$\begin{aligned}h(J) &\leqslant \eta(h(\mathfrak{P}) \deg Q_k + h(Q_k) \deg \mathfrak{P} + \nu(r+2) m \deg \mathfrak{P} \cdot \deg Q_k) \\ &\leqslant \mu^{2m+1}(Dh(\mathfrak{P}) + \deg \mathfrak{P} \cdot \log M) \\ &\leqslant \lambda^{m-(r-1)} D^{m-(r-1)} \log M,\end{aligned} \tag{5.4.28}$$

以及当 $r \geqslant 1$ 时,

$$\begin{aligned}\log | J(\boldsymbol{\omega}) | &\leqslant - S + \eta(h(Q_k) \deg \mathfrak{P} + h(\mathfrak{P}) \deg Q_k + 12\nu m^2 \deg \mathfrak{P} \cdot \deg Q_k) \\ &\leqslant - S + \mu^{2m+1}(Dh(\mathfrak{P}) + \deg \mathfrak{P} \cdot \log M) \\ &\leqslant -\frac{1}{2} S,\end{aligned} \tag{5.4.29}$$

其中,λ 充分大,并且推导中应用了式(5.4.12)、式(5.4.21)、式(5.4.22)及式(5.4.26). 但由 r 的"极小性",并且 $\dim J + 1 = (\dim \mathfrak{P} - 1) + 1 = \dim I = r - 1$, 并注意式(5.4.27),式(5.4.28),可知命题中的结论对理想 J 成立(其中,r 代以 $r-1$). 于是有

$$\begin{aligned}\log | J(\boldsymbol{\omega}) | &\geqslant - \lambda^{r-1} D^{r-2}(Dh(J) + \deg J \cdot \log M) \\ &\geqslant - \lambda^{r-1} D^{r-2}(D\mu^{2m+1}(Dh(\mathfrak{P}) + \deg \mathfrak{P} \cdot \deg M) \\ &\qquad + \mu^{2m+1} D \deg \mathfrak{P} \cdot \log M) \\ &\geqslant - \lambda^{r-1} D^{r-1} \mu^{2m+1}(Dh(\mathfrak{P}) + 2\deg \mathfrak{P} \cdot \deg M) \\ &\geqslant 2D^{r-1} \mu^{(2m+2)(r-1)+2m+1}(Dh(\mathfrak{P}) + \deg \mathfrak{P} \cdot \deg M) \\ &= - 6\mu^{-1} S.\end{aligned}$$

当 μ(从而 λ)充分大时,当 $r > 1$ 时此式与式(5.4.29)矛盾. 而当 $r = 1$ 时式(5.4.29)左边 $\log | J(\boldsymbol{\omega}) | = 0$, 所以也得矛盾. □

命题 5.4.2 设 $\lambda \geqslant c_{48}$, $2 \leqslant \delta \leqslant m+3$, $D \geqslant \gamma_6(\lambda)$, $\log M = D^{\delta} \log D$, 其中,$\gamma_6(\lambda) \geqslant 1$ 是仅与 α, f_i, $\mathbb{K}$ 及 λ 有关的常数. 还设 $I \subset \mathbb{Z}[x_0, \cdots, x_m]$ 是齐次纯粹理想, $r = \dim I + 1 \geqslant 1$, 并且

$$\deg I \leqslant \lambda^{m-r} D^{m-r+1}, \quad h(I) \leqslant \lambda^{m-r+\delta-1} D^{m-r} \log M.$$

那么

$$\log | I(\boldsymbol{\omega}) | \geqslant - \lambda^{r-1} D^{r-1}(\lambda D h(I) + \lambda^{\delta} \deg I \cdot \log M).$$

证 证法与命题 5.4.1 类似. 设存在理想使命题不成立,用 I 表示其中 r 最小的理想,于是 $1 \leqslant r \leqslant m$, 并且对任何 $r' = \dim J + 1 < r$ 的理想 J 命题成立.

设 $I = I_1 \cap \cdots \cap I_l$ 是 I 的不可缩短准素分解, $\mathfrak{P}_i = \sqrt{I_i}$ $(1 \leqslant i \leqslant l)$. 于是由第

2.1 节命题 2.1.2 得

$$\deg \mathfrak{P}_i \leqslant \deg I \leqslant \lambda^{m-r} D^{m-r+1}, \tag{5.4.30}$$

$$h(\mathfrak{P}_i) \leqslant h(I) + \nu m^2 \deg I \leqslant \lambda^{m-r} D^{m-r} (\lambda^{\delta-1} \log M + \nu m^2 D). \tag{5.4.31}$$

我们证明存在 $i(1 \leqslant i \leqslant l)$ 使

$$\begin{aligned} \log |\mathfrak{P}_i(\boldsymbol{\omega})| &\leqslant -\frac{1}{3}\lambda^{r-1} D^{r-1} (\lambda D h(\mathfrak{P}_i) + \lambda^{\delta} \deg \mathfrak{P}_i \cdot \log M) \\ &= -S_i. \end{aligned} \tag{5.4.32}$$

设不然,由于命题对 I 不成立,由上述命题 2.1.2 得

$$\begin{aligned} -\lambda^{r-1} D^{r-1} (\lambda D h(I) + \lambda^{\delta} \deg I \cdot \log M) &> \log |I(\boldsymbol{\omega})| \\ &\geqslant \sum_{j=1}^{l} k_j \log |\mathfrak{P}_j(\boldsymbol{\omega})| - m^3 \deg I \\ &\geqslant -\frac{1}{3}\lambda^{r-1} D^{r-1} \left(\lambda D \sum_{j=1}^{l} k_j h(\mathfrak{P}_j) + \lambda^{\delta} \log M \cdot \sum_{j=1}^{l} k_j \deg \mathfrak{P}_j\right) - m^3 \deg I \\ &\geqslant -\frac{1}{3}\lambda^{r-1} D^{r-1} (\lambda D h(I) + \lambda D m^2 \nu \deg I + \lambda^{\delta} \log M \cdot \deg I) - m^3 \deg I. \end{aligned}$$

当 D 充分大时此式不成立. 于是式(5.4.32)得证. 将此理想 $\mathfrak{P}_i$ 记作 $\mathfrak{P}$,相应地令 $S = S_i$.

设 ρ 如命题 5.4.1,由第 2.3 节命题 2.3.3 及式(5.4.32)可得

$$\begin{aligned} \log \frac{1}{\rho} &\geqslant \frac{1}{3r}\lambda^{r-1} D^{r-1} \left(\frac{\lambda D h(\mathfrak{P})}{\deg \mathfrak{P}} + \lambda^{\delta} \log M\right) - \frac{h(\mathfrak{P})}{r \deg \mathfrak{P}} - (\nu + 3) m^3 \\ &\geqslant \frac{1}{3r}\lambda^{r-1+\delta} D^{r-1} \log M - (\nu + 3) m^3 \\ &= \frac{1}{3r}\lambda^{r-1+\delta} D^{r-1+\delta} \log D - (\nu + 3) m^3; \end{aligned}$$

又依式(5.4.32)S 的定义有

$$S \geqslant \frac{1}{3}\lambda^{r-1+\delta} D^{r-1} \log M = \frac{1}{3}\lambda^{r-1+\delta} D^{r-1+\delta} \log D,$$

因此当 D 充分大时,有

$$\frac{1}{2}\min\left\{S,\ \log \frac{1}{\rho}\right\} \geqslant c_{42} \cdot c_{39}^{m+\delta} \log c_{39}. \tag{5.4.33}$$

其中,常数 c_{39} 由引理 5.4.3 定义. 于是存在 $s \geqslant c_{39}$ 使得

$$\frac{1}{2}\min\left\{S,\ \log \frac{1}{\rho}\right\} = c_{42} s^{m+\delta} \log s, \tag{5.4.34}$$

其中,常数由式(5.4.20)定义;特别地,可认为 $c_{42} \geqslant 1/2$. 由式(5.4.34)以及式(5.4.30)～式(5.4.32)得到

$$\begin{aligned} s^{m+\delta}\log s \leqslant S &\leqslant \frac{1}{3}\lambda^{r-1}D^{r-1}(\lambda D\cdot\lambda^{m-r}D^{m-r}(\lambda^{\delta-1}\log M+\nu m^2 D)\\ &\quad +\lambda^{\delta}\cdot\lambda^{m-r}\cdot D^{m-r+1}\log M)\\ &\leqslant \lambda^{m+\delta-1}D^m\log M=\lambda^{m+\delta-1}D^{m+\delta}\log D, \end{aligned}$$

令 $\mu=\lambda^{(m+\delta-1)/(m+\delta)}$,则有

$$s\leqslant \mu D,\quad \mu<\lambda. \tag{5.4.35}$$

对于上面的参数,设 Q 是引理 5.4.3 所确定的多项式,我们来证明 $Q\notin\mathfrak{P}$. 设不然,则由第 2.3 节推论 2.3.1 得

$$\|Q\|_{\omega}\leqslant \rho \mathrm{e}^{(2m+1)\deg Q}.$$

从而由式(5.4.19)和式(5.4.34)得到

$$\begin{aligned} \log(|Q(\boldsymbol{\omega})||\boldsymbol{\omega}|^{-\deg Q}) &= \log(\|Q\|_{\omega}|Q|)\\ &\leqslant \log\rho+(2m+1)\deg Q+\log H(Q)\\ &\leqslant -2c_{42}s^{m+\delta}\log s+c_{40}(2m+1)s+c_{41}s^{\delta}\log s\\ &< -c_{42}s^{m+\delta}\log s, \end{aligned}$$

这与式(5.4.20)矛盾,所以 $Q\notin\mathfrak{P}$.

现在将第 2.3 节命题 2.3.2 应用于理想 $\mathfrak{P}$ 及多项式 Q. 注意由式(5.4.19)、式(5.4.20)及式(5.4.32)有

$$|\mathfrak{P}(\boldsymbol{\omega})|\leqslant \mathrm{e}^{-S} \text{ 及 } \|Q\|_{\omega}\leqslant \mathrm{e}^{-2m\nu\deg Q},$$

并且当 $\eta=[4c_{42}/c_{43}]+1$ 时,由式(5.4.20)和式(5.4.34)有

$$-\eta\log\|Q\|_{\omega}\geqslant 2\min\left\{S,\ \log\frac{1}{\rho}\right\},$$

因此当 $r\geqslant 2$ 及 λ 充分大时,存在齐次纯粹理想 $J\subset\mathbb{Z}[x_0,\cdots,x_m]$, $\dim J=\dim\mathfrak{P}-1$,满足下列不等式:

$$\begin{aligned} \deg J &\leqslant \eta\deg\mathfrak{P}\cdot\deg Q\leqslant c_{49}s\deg\mathfrak{P}\leqslant c_{49}\mu D\deg\mathfrak{P}\\ &\leqslant \lambda^{m-(r-1)}D^{m-(r-1)+1}, \end{aligned} \tag{5.4.36}$$

$$\begin{aligned} h(J) &\leqslant c_{50}sh(\mathfrak{P})+c_{51}s^{\delta}\log s\cdot\deg\mathfrak{P}+c_{52}s\deg\mathfrak{P}\\ &\leqslant c_{53}(\mu Dh(\mathfrak{P})+\mu^{\delta}\deg\mathfrak{P}\cdot\log M+\mu^{\delta}\log\mu\cdot D^{\delta}\deg\mathfrak{P})\\ &\leqslant c_{54}\lambda^{m-(r-1)+\delta-1}D^{m-(r-1)}\log M, \end{aligned} \tag{5.4.37}$$

并且当 $r\geqslant 1$ 时,有

$$\begin{aligned}\log|J(\boldsymbol{\omega})| &\leqslant -S+c_{55}(h(Q)\deg\mathfrak{P}+h(\mathfrak{P})\deg Q+\deg\mathfrak{P}\cdot\deg Q)\\ &\leqslant -S+c_{56}(\mu Dh(\mathfrak{P})+s^{\delta}\log s\cdot\deg\mathfrak{P})\\ &\leqslant -S+c_{56}(\mu Dh(\mathfrak{P})+\mu^{\delta}\deg\mathfrak{P}\cdot\log H+\mu^{\delta}\deg\mathfrak{P}\cdot\log\mu)\\ &\leqslant -\frac{1}{2}S,\end{aligned}\tag{5.4.38}$$

其中,λ 充分大,并且推导中应用了式(5.4.19)、式(5.4.30)、式(5.4.31)及式(5.4.35). 但当 $r=1$ 时式(5.4.38)显然不成立,所以 $r\geqslant 2$. 但 $\dim J+1=(\dim\mathfrak{P}-1)+1=\dim I=r-1$, 由 r 的定义及式(5.4.36)和式(5.4.37)可知命题结论当 r 代以 $r-1$ 时成立,即对理想 J 有

$$\begin{aligned}\log|J(\boldsymbol{\omega})| &\geqslant -\lambda^{r-2}D^{r-2}(\lambda Dh(J)+\lambda^{\delta}\deg J\cdot\log M)\\ &\geqslant -c_{57}\lambda^{r-2}D^{r-2}(\lambda\mu D^2h(\mathfrak{P})+\lambda\mu^{\delta}D^{\delta+1}\deg\mathfrak{P}\cdot\log(\mu D)\\ &\quad+\lambda^{\delta}\mu D\deg\mathfrak{P}\cdot\log M)\\ &\geqslant -c_{58}(\mu/\lambda)S,\end{aligned}$$

其中, $D\geqslant\gamma_6(\lambda)$. 因为 $\dfrac{\mu}{\lambda}=\lambda^{-1/(m+\delta)}$, 所以当 λ 充分大时上式与式(5.4.38)矛盾. □

定理 5.4.1 之证 设 $P\in\mathbb{Z}[x_1,\cdots,x_m]$, $\deg P\leqslant s$, $H(P)\leqslant H$. 定义齐次多项式

$$G=x_0^{\deg P}P\left(\frac{x_1}{x_0},\cdots,\frac{x_m}{x_0}\right)\in\mathbb{Z}[x_0,\cdots,x_m],$$

那么 $G(1,x_1,\cdots,x_m)=P(x_1,\cdots,x_m)$, 并且

$$\deg G=\deg P,\quad H(G)=H(P),\quad G(\boldsymbol{\omega})=P(f_1(\alpha),\cdots,f_m(\alpha)).$$

设 $\lambda=\max\{c_{44},c_{45}\}$, $s\geqslant\max\{\gamma_5(\lambda),\gamma_6(\lambda)\}$. 并设 $I=(G)$ 是 G 生成的 $\mathbb{Z}[x_0,\cdots,x_m]$中的主理想,于是

$$\dim I=m-1,\quad r=m$$

(见文献[141],第二卷第 7 章定理 23). 由第 2.1 节命题 2.1.3 得

$$\begin{aligned}&\deg I=\deg G=\deg P\leqslant s,\\ &h(I)\leqslant h(G)+\nu m^2\deg G\leqslant\nu\log H(G)+\nu m^2\deg G\\ &\qquad=\nu\log H(P)+\nu m^2\deg P\\ &\qquad\leqslant\nu(\log H+sm^2),\\ &\log|I(\boldsymbol{\omega})|\leqslant\log\|G\|_{\boldsymbol{\omega}}+2m^2\deg G.\end{aligned}$$

因为 $\|G\|_{\boldsymbol{\omega}}=|G(\boldsymbol{\omega})||G|^{-1}|\boldsymbol{\omega}|^{-\deg G}\leqslant|G(\boldsymbol{\omega})|$, 所以得

$$\log|I(\boldsymbol{\omega})| \leqslant \log|G(\boldsymbol{\omega})| + 2sm^2. \tag{5.4.39}$$

如果 $\log H + m^2 s > s^{m+3}\log s$，那么在命题 5.4.1 中取 $D = s$，$\log M = \nu(\log H + m^2 s)$，那么命题 5.4.1 的诸条件被满足，于是得到

$$\begin{aligned}\log|I(\boldsymbol{\omega})| &\geqslant -\lambda^m D^{m-1}(Dh(I) + \deg I \cdot \log M)\\ &= -2\nu\lambda^m s^m(\log H + sm^2).\end{aligned} \tag{5.4.40}$$

如果 $\log H + m^2 s \leqslant s^{m+3}\log s$，那么在命题 5.4.2 中取 $D = s$，$\log M = \nu s^\delta \log s$，其中，$\delta$ 由下式定义：

$$\max\{\log H + m^2 s,\ s^2\log s\} = s^\delta \log s,$$

于是 $2 \leqslant \delta \leqslant m + 3$，而且命题 5.4.2 的诸条件均在此成立，于是得到

$$\begin{aligned}\log|I(\boldsymbol{\omega})| &\geqslant -\lambda^{m-1}D^{m-1}(\lambda Dh(I) + \lambda^\delta \deg I \cdot \log M)\\ &= -\lambda^{m-1}s^{m-1}(\lambda s \cdot \nu(\log H + m^2 s) + \lambda^\delta s \cdot \nu s^\delta \log s)\\ &\geqslant -\nu\lambda^{m+\delta-1}s^m(\log H + sm^2 + s^\delta \log s).\end{aligned} \tag{5.4.41}$$

由式(5.4.39)～式(5.4.41)可知当 $s \geqslant c_{59}$ 时，所要的不等式成立. 又设 H_0 是使 $\log H \leqslant c_{59}^{m+3}\log c_{59} - m^2 c_{59}$ 的最大整数(可认为 $H_0 > 1$)，那么次数 $< c_{59}$，高 $\leqslant H_0$ 的多项式 $P \in \mathbb{Z}[x_1, \cdots, x_m]$ 的个数有限，所以适当选择常数 γ，可使定理中的不等式对所有次数 $\leqslant s$，高 $\leqslant H$($s \geqslant 1$, $H \geqslant 1$)的多项式 $P \in \mathbb{Z}[x_1, \cdots, x_m]$ 成立. □

5.5 补充与评注

1. Mahler 函数在 $\mathbb{C}(z)$ 上的代数无关性是研究它们的值的代数无关性的基础. 证明 Mahler 函数在 $\mathbb{C}(z)$ 上的代数无关性是一种技巧性较强的问题. 一些典型的方法可在 K. K. Kubota[49]，J. H. Loxton 和 A. J. van der Poorten[54]，K. Nishioka[94-95] 等发表的论文中找到，一些较新近的工作见文献[21，40-41，97]等.

2. 关于 Mahler 函数值的代数无关性的经典方法可见文献[2，4-6，49，55-56，59，95，97，121-122]等. 本章第 5.2 节主要取自文献[95].

3. Yu. V. Nesterenko[75] 首先将他的方法应用于 Mahler 函数值的代数无关性问题，其后 K. Nishioka[93] 推广了这个结果，除了本书第 5.4 节定理 5.4.1 外，她还考虑了函数方程

$$\begin{pmatrix} f_1(z^d) \\ \vdots \\ f_m(z^d) \end{pmatrix} = \boldsymbol{A}(z)\begin{pmatrix} f_1(z) \\ \vdots \\ f_m(z) \end{pmatrix} + \boldsymbol{B}(z),$$

在与定理 5.4.1 类似的条件下给出类似的代数无关性度量，而且证明步骤也与本书定理 5.4.1 的证明相同.

Nesterenko 方法对 Mahler 函数值的代数无关性问题的应用还可见文献[41,91,120,139]等.

关于 Nesterenko 方法对 Mahler 函数零点估计问题的应用可见 K. Nishioka[92]（本书本章第 5.3 节）及 T. Töpfer[123]等的文章.

4. 关于 p-adic 情形 Mahler 函数值的代数无关性结果，可见文献[22,138]等.

附录 4　线性递推序列

常系数齐次线性递推序列（以下简称"递推序列"）是指一个非平凡复数列$\{u_k\}_{k=0}^{\infty}$，它满足递推关系式

$$u_{k+n} = \beta_1 u_{k+n-1} + \beta_2 u_{k+n-2} + \cdots + \beta_n u_k \quad (k \geqslant 0), \tag{1}$$

其中，$\beta_1, \cdots, \beta_n \in \mathbb{C}$，$\beta_n \neq 0$. 于是递推序列由初值 $u_0, \cdots, u_{n-1}$ 及递推系数 $\beta_1, \cdots, \beta_n$ 完全确定. 因为$\{u_k\}_{k=0}^{\infty}$是非平凡的，所以 $|u_0| + \cdots + |u_{n-1}| > 0$. 一个不全为零的初值序列 $u_0, u_1, \cdots, u_{n-1}$ 及一个递推系数序列 $\beta_1, \cdots, \beta_n$ $(\beta_n \neq 0)$定义一个 n 阶递推，一个 n 阶递推通过递推关系式(1)生成一个递推序列. 2 阶递推也称为二元递推，3 阶递推也称为三元递推.

系数为 $\beta_1, \cdots, \beta_n$ 的递推的特征多项式（或称伴随多项式）是指

$$\Psi(z) = z^n - \beta_1 z^{n-1} - \cdots - \beta_n. \tag{2}$$

设 $\Psi(z)$有分解式

$$\Psi(z) = \prod_{j=1}^{s}(z - \omega_j)^{\sigma_j}, \tag{3}$$

其中，$\omega_1, \cdots, \omega_s \in \mathbb{C}$ 互异，称为递推的特征根. 若 $\Psi(z)$的所有根都是单的，则称递推是单的.

一个递推序列可以满足不同的具有式(1)形式的关系式. 设$\{u_k\}_{k=0}^{\infty}$满足两个k阶递推

$$u_{k+n}=\sum_{j=1}^{n}\beta_j u_{k+n-j}\quad(k\geqslant 0),$$

以及

$$u_{k+n}=\sum_{j=1}^{n}\gamma_j u_{k+n-j}\quad(k\geqslant 0).$$

设$\beta_1=\gamma_1,\cdots,\beta_{n-r-1}=\gamma_{n-r-1}$,但$\beta_{n-r}\neq\gamma_{n-r}$,则将上两式相减可得

$$u_{k+r}=\sum_{j=n-r+1}^{n}\left(-\frac{\beta_j-\gamma_j}{\beta_{n-r}-\gamma_{n-r}}\right)u_{k+n-j}.$$

令$l=j-n+r$,即得

$$u_{k+r}=\sum_{l=1}^{r}\delta_l u_{k+r-l}\quad(k\geqslant 0),$$

其中,$\delta_r=-(\beta_n-\gamma_n)/(\beta_{n-r}-\gamma_{n-r})$. 因此$\{u_k\}_{k=0}^{\infty}$满足一个阶$\leqslant r\leqslant k$的递推,于是每个递推序列满足一个唯一的极小阶的递推关系式(或称为极小递推关系式,而相应的递推称为极小递推).

递推序列的基本性质如下:

定理1 (a) 设$\{u_k\}_{k=0}^{\infty}$是一个复数列,满足关系式(1),且$\beta_n\neq 0$. 设$\omega_j,\sigma_j(j=1,\cdots,s)$由式(2)和式(3)确定,$\omega_1,\cdots,\omega_s$互异. 那么存在唯一确定的多项式$f_j\in\mathbb{Q}(u_0,\cdots,u_{n-1};\beta_1,\cdots,\beta_n;\omega_1,\cdots,\omega_s)[z]$,其次数$<\sigma_j(j=1,\cdots,s)$使

$$u_k=\sum_{j=1}^{s}f_j(k)\omega_j^k\quad(k=0,1,\cdots).\tag{4}$$

(b) 设$\omega_1,\cdots,\omega_s$是互异非零复数,$\sigma_1,\cdots,\sigma_s$是正整数,$\sum_{j=1}^{s}\sigma_j=n$,用式(2)和式(3)定义$\beta_1,\cdots,\beta_n$,还令f_j是次数小于σ_j的多项式$(j=1,\cdots,s)$,则式(4)定义的序列$\{u_k\}_{k=0}^{\infty}$满足递推关系式(1).

证 (a) 令$a_0=1,a_i=-\beta_i(i=1,\cdots,n)$及

$$\left.\begin{aligned}u(z)&=\sum_{k=0}^{\infty}u_k z^k,\\A(z)&=\sum_{i=0}^{n}a_i z^i=1-\sum_{i=1}^{n}\beta_i z^i=\prod_{j=1}^{s}(1-\omega_j z)^{\sigma_j}.\end{aligned}\right\}\tag{5}$$

于是由式(1)得

$$
\begin{aligned}
u(z)A(z) &= \sum_{l=0}^{\infty}\sum_{i=0}^{n} a_i u_l z^{l+i} \\
&= \sum_{k=0}^{n-1}\sum_{i=0}^{k} a_i u_{k-i} z^k + \sum_{k=n}^{\infty}\sum_{i=0}^{n} a_i u_{k-i} z^k \\
&= \sum_{k=0}^{n-1}\sum_{i=0}^{k} a_i u_{k-i} z^k + \sum_{k=0}^{\infty}\sum_{i=0}^{n} a_i u_{k+n-i} z^{k+n} \\
&= \sum_{k=0}^{n-1}\sum_{i=0}^{k} a_i u_{k-i} z^k + \sum_{k=0}^{\infty}\Big(u_{k+n} - \sum_{i=1}^{n}\beta_i u_{k+n-i}\Big) z^{k+n} \\
&= \sum_{k=0}^{n-1} z^k \sum_{i=0}^{k} a_i u_{k-i}.
\end{aligned}
$$

记 $h_k = \sum_{i=0}^{k} a_i u_{k-i}\ (k = 0, 1, \cdots, n-1)$，化 $u(z)$为部分分式（注意$\sum_{j=1}^{s}\sigma_j = n$）得

$$
u(z) = \frac{\sum_{k=0}^{n-1} h_k z^k}{\prod_{j=1}^{s}(1-\omega_j z)^{\sigma_j}} = \sum_{j=1}^{s}\sum_{t=1}^{\sigma_j}\frac{\beta_{tj}}{(1-\omega_j z)^t}, \tag{6}
$$

其中，$\beta_{tj} \in \mathbb{Q}(u_0, \cdots, u_{n-1}; \beta_1, \cdots, \beta_n; \omega_1, \cdots, \omega_s)$，并且唯一确定. 由于$\beta_n \neq 0$，所以$\omega_1 \cdots \omega_s \neq 0$. 当$|z| < \min\limits_{1\leqslant j\leqslant s}|\omega_j|^{-1}$时，有

$$
\begin{aligned}
u(z) &= \sum_{j=1}^{s}\sum_{t=1}^{\sigma_j}\beta_{tj}\sum_{k=0}^{\infty}\binom{-t}{k}(-\omega_j z)^k \\
&= \sum_{k=0}^{\infty}\left(\sum_{j=1}^{s}\sum_{t=1}^{\sigma_j}\beta_{tj}\binom{k+t-1}{k}\omega_j^k\right) z^k.
\end{aligned}
$$

因为 Taylor 系数是唯一确定的，因此应用式(5)比较上式两边 z^k 的系数即得式(4)，并且其中

$$
f_j(z) = \sum_{t=1}^{\sigma_j}\beta_{tj}(z+t-1)(z+t-2)\cdots(z+1)/(t-1)! \quad (j = 1, \cdots, s). \tag{7}
$$

(b) 对于式(4)中的 $u_k(k \geqslant 0)$，用式(5)定义 $u(z)$和 $A(z)$，并且将式(4)中的多项式 f_j 写成式(7)形式，于是我们定义了诸数 β_{tj}. 设 $|z| < \min\limits_{1\leqslant j\leqslant s}|\omega_j|^{-1}$，那么有

$$
\begin{aligned}
u(z) &= \sum_{k=0}^{\infty} u_k z^k = \sum_{k=0}^{\infty}\sum_{j=1}^{s} f_j(k)\omega_j^k z^k \\
&= \sum_{k=0}^{\infty}\sum_{j=1}^{s}\Big(\sum_{t=1}^{\sigma_j}\beta_{tj}(k+t-1)(k+t-2)\cdots(k+1)/(t-1)!\Big)(\omega_j z)^k \\
&= \sum_{j=1}^{s}\sum_{t=1}^{\sigma_j}\beta_{tj}\sum_{k=0}^{\infty}\binom{-t}{k}(-\omega_j z)^k
\end{aligned}
$$

$$= \sum_{j=1}^{s} \sum_{t=1}^{\sigma_j} \frac{\beta_{tj}}{(1-\omega_j z)^t}$$

$$= \frac{\sum_{k=0}^{n-1} \widetilde{h}_k z^k}{\prod_{j=1}^{s} (1-\omega_j z)^{\sigma_j}}$$

$$= \sum_{k=0}^{n-1} \widetilde{h}_k z^k / A(z) \quad (\text{其中}, \widetilde{h}_{n-1} \neq 0).$$

于是

$$u(z)A(z) = \sum_{k=0}^{n-1} \widetilde{h}_k z^k$$

是一个次数小于 n 的多项式.但易见

$$u(z)A(z) = \sum_{k=0}^{\infty} \sum_{i=0}^{k} a_i u_{k-i} z^k \quad (\text{其中 } a_i = 0, \text{当 } i > n \text{ 时}),$$

于是,其中,$z^{k+n}(k \geqslant 0)$的系数为零.注意 a_i 的定义,即可得到

$$u_{k+n} - \sum_{i=1}^{n} \beta_i u_{k+n-i} = 0 \quad (k = 0, 1, \cdots),$$

此即关系式(1). □

推论1 设递推序列$\{u_k\}_{k=0}^{\infty}$有极小阶递推关系式(1),其特征多项式为 $\Psi(z)$.还设

$$u_{k+l} = \gamma_1 u_{k+l-1} + \gamma_2 u_{k+l-2} + \cdots + \gamma_n u_k \quad (k \geqslant 0)$$

是它所满足的任一递推关系式,其特征多项式为 $\psi(z)$,则 Ψ 整除ψ.

证 $\Psi(z)$由式(2)和式(3)定义,$\omega_1, \cdots, \omega_s$ 是其互异的根,于是有式(4)成立.记

$$\psi(z) = z^l - \gamma_1 z^{l-1} - \cdots - \gamma_n.$$

设$\{\omega_1, \cdots, \omega_s, \omega_{s+1}, \cdots, \omega_t\}$是 Ψ 和ψ 的全部根(不计重数)的集合,于是 $\omega_{s+1}, \cdots, \omega_t$ 是ψ 的根但不是Ψ 的根.如果我们令多项式 $f_j^* = 0$,当 $\psi(\omega_j) \neq 0$ $(1 \leqslant j \leqslant s)$ 时,那么依定理1(a),存在唯一确定的多项式 f_j^* 使

$$u_k = \sum_{j=1}^{t} f_j^*(k)\omega_j^k \quad (k = 0, 1, \cdots). \tag{8}$$

另一方面,我们令

$$\psi(z)\Psi(z) = \prod_{j=1}^{t} (z-\omega_j)^{\rho_j} = z^{n+l} - \lambda_1 z^{n+l-1} - \cdots - \lambda_{n+l},$$

那么依据定理 1(b)，由式(8)定义的序列$\{u_k\}_{k=0}^{\infty}$满足递推关系式

$$u_{k+n+l} = \sum_{j=1}^{n+l}\lambda_j u_{k+n+l-j} \quad (k = 0, 1, \cdots).$$

将定理 1(a)应用于这个递推关系式，由于(4)表达式中 f_j 是唯一确定的，所以式(4)和式(8)应当相同，即得

$$f_j = f_j^*(j = 1, 2, \cdots, s); \quad f_j^* = 0 \quad (j = s+1, \cdots, t).$$

由于第一个递推是极小阶的，由定理 1 的证明可知(注意式(6)和式(7))，f_j 恰好是 $\sigma_j - 1$ 次($j=1, \cdots, s$)，并且当 $\sigma_j = 1$ 时 $f_j \neq 0$ ($j = 1, \cdots, s$). 于是由 f_j^* 的定义可知 $\psi(\omega_j) = 0$ ($j = 1, \cdots, s$)，并且零点 ω_j 的阶数不小于 σ_j，因此 Ψ 整除 ψ. □

一个递推称为是代数的(有理的，或整的)，如果所有的初始值及递推系数是代数数(有理数，或整数). 如果一个递推是代数的(有理的，整的)，那么所得到的序列也是代数的(有理的，整的)，但其逆不真. 例如非整数递推

$$u_{k+2} = \pi u_{k+1} + (1-\pi)u_k \quad (k = 0, 1, \cdots),$$

当 $u_0 = u_1 = 1$ 时生成由有理整数组成的递推序列.

还可以证明，如果递推序列$\{u_k\}_{k=0}^{\infty}$的所有元素都属于域$\mathbb{K}$，那么极小递推关系式的递推系数也属于$\mathbb{K}$. 特别地，取 $\mathbb{K} = \mathbb{A}$ (或$\mathbb{Q}$) 可知，由代数数(有理数) 组成的递推序列由代数(有理) 递推产生(称代数(有理) 递推序列).

Fibonacci 数列是一个重要的二元整数序列，它由下列递推生成：

$$F_{k+2} = F_{k+1} + F_k (k = 0, 1, \cdots), \quad F_0 = 0, \quad F_1 = 1.$$

由定理 1(a)知

$$F_k = c_1\left(\frac{1+\sqrt{5}}{2}\right)^k + c_2\left(\frac{1-\sqrt{5}}{2}\right)^k,$$

其中，c_1，c_2 为常数. 利用初始值求出 c_1，c_2，可知

$$F_k = \frac{1}{\sqrt{5}}(\alpha^k - \beta^k) \quad (k = 0, 1, \cdots),$$

其中，$\alpha = (1+\sqrt{5})/2$，$\beta = (1-\sqrt{5})/2$.

Fibonacci 数列有许多重要而有趣的性质，下面给出一例.

用归纳法易证

$$\frac{x}{1-x^2} + \frac{x^2}{1-x^4} + \cdots + \frac{x^{2^{n-1}}}{1-x^{2^n}} = \frac{x}{1-x} \cdot \frac{1-x^{2^n-1}}{1-x^{2^n}},$$

令 $x = (\beta/\alpha)^r$，注意 $\alpha\beta = -1$，则

$$\frac{x}{1-x^2} = \frac{(-1)^r}{\alpha^{2r}-\beta^{2r}} = (-1)^r\frac{\sqrt{5}}{F_{2r}},$$

$$\frac{x^k}{1-x^{2k}} = \frac{(-1)^{rk}}{\alpha^{2rk}-\beta^{2rk}} = (-1)^{rk}\frac{\sqrt{5}}{F_{2rk}} \quad (k = 2, 4, \cdots, 2^{n-1}),$$

$$\frac{1-x^{2^n-1}}{1-x^{2^n}} = \alpha^r\frac{F_{(2^n-1)r}}{F_{2^n r}}, \quad \frac{x}{1-x} = \sqrt{5}\beta^r\frac{1}{F_r}.$$

于是

$$\sum_{i=1}^{n}(-1)^{2^{i-1}r}\frac{1}{F_{2^i r}} = (\alpha\beta)^r\frac{1}{F_r}\cdot\frac{F_{(2^n-1)r}}{F_{2^n r}},$$

取 $r = 1$ 可得

$$-1+\frac{1}{F_4}+\frac{1}{F_8}+\cdots+\frac{1}{F_{2^n}} = -\frac{F_{2^n-1}}{F_{2^n}},$$

令 $n\to\infty$ 即得

$$\sum_{k=0}^{\infty}\frac{1}{F_{2^k}} = \frac{7-\sqrt{5}}{2}.$$

最后，我们考虑具有无限多个零项的递推序列.

定理 2(Skolen-Mahler-Lech 定理)　设 $\{u_k\}_{k=0}^{\infty}$ 是一个具有无限多个零项的递推序列，则集合 $\{k \mid k\in\mathbb{N}_0,\ u_k = 0\}$ 是一个有限集及有限多个算术级数的并.

定理的证明基于 p-adic 分析，是 C. Lech 于 1953 年给出的(见文献[53]，还可参见文献[96]). 这个定理的有理情形及代数情形是 Th. Skolem 和 K. Mahler 分别于 1933 年和 1935 年证明的.

推论 2　如果具有特征多项式(3)的递推生成一个具有无限多个零项的序列，那么对于某些下标 i, j 且 $i\neq j$, ω_i/ω_j 是单位根.

证　依据推论 1，不妨认为我们所考察的递推是极小阶的. 由定理 2 知存在正整数 b 和 c 使 $u_{b+kc} = 0\ (k = 0, 1, \cdots)$. 由式(4)可知

$$0 = \sum_{j=1}^{s}f_j(b+kc)\omega_j^{b+kc} = \sum_{j=1}^{s}f_j(b+kc)\omega_j^b(\omega_j^c)^k. \tag{9}$$

由于递推的极小性，x 的多项式 $f_j(b+cx)\omega_j^b$ 不为零，且次数恰为 $\sigma_j - 1\ (j = 1, \cdots, s)$. 但因式(9)右边的幂和对所有 k 均为零，依定理 1，这是一个平凡递推，从而 $\omega_1^c, \cdots, \omega_s^c$ 不可能互异，所以存在 $i\neq j$ 使 $\omega_i^c = \omega_j^c$, $(\omega_i/\omega_j)^c = 1$. □

一个递推序列称为退化的,如果它的特征多项式的两个不同的根之比是单位根;不然称为非退化的.由定理 2 可知,每个退化递推序列 $\{u_k\}_{k=0}^{\infty}$ 可以分裂为子序列 $\{u_{b+ck}\}_{k=0}^{\infty}$($b=0, 1, \cdots, c-1$),其中每个子序列或者是平凡序列,或者是非退化递推序列.此处 c 可以取作推论 2 中所说的那些单位根(即 ω_i/ω_j($i \neq j$)的值)的阶的最小公倍数.因此,我们通常只用研究非退化递推序列.

第 6 章

Gelfond超越性判别法则的多变量推广

Gelfond 超越性判别法则是超越数论中的重要工具,为了建立多个数的代数无关性,必须将它推广到多变量情形. 1978 年, R. Dvornicich[35] 首先给出了一种推广形式,借助理想论工具得到两个复数代数相关的充分条件. 但他的条件中包含某些多项式序列的偏导数的上界估计,不便于应用. 1982 年, G. V. Chudnovsky[25] 提出半结式概念,并应用它建立了多个复数代数无关性的判别法则. 但他的命题的叙述并不成功(见文献[130]). 在这个工作的基础上,出现了一些新的推广形式(例如, E. Reyssat[112], M. Waldschmidt 和 Y. C. Zhu[135], 等). 1983 年, Yu. V. Nesterenko[71] 基于他自己的方法也给出了一个判别法则.

迄今最一般而且获得重要应用的推广形式是由 P. Philippon[105] 于 1986 年给出的,其基础是一般消元法理论,这是 Nesterenko 方法的重要发展和扩充. 本章主要目的是证明 Philippon 代数无关性判别法则,并且应用它给出在第 4 章中所提到的 Nesterenko 定理的另一个证明,还简要介绍这个法则的变体、改进和应用. 我们将从引进某些代数预备知识开始.

6.1 代数预备

本节中所有结果的证明都可在本章附录中找到,不再一一说明.

1° U 消元理想

设 R 是 Noether 环, $A = R[x_0, \cdots, x_m]$. 用 $\mathscr{M}_d$ 表示所有 $x_0, \cdots, x_m$ 的次数为 d 的单项式 $x_0^{\alpha_1}\cdots x_m^{\alpha_m}$(其中 $\alpha_0, \cdots, \alpha_m \in \mathbb{N}_0$, $\alpha_0 + \cdots + \alpha_m = d$)的集合.还设 r 是一个非负整数, $\boldsymbol{d} = (d_1, \cdots, d_r) \in \mathbb{N}_0^r$. 若 $r=0$, 则令 $R[\boldsymbol{d}] = R$, $A[\boldsymbol{d}] = A$;若 $r \geqslant 1$,则令 $R[\boldsymbol{d}]$及 $A[\boldsymbol{d}]$分别是系数在 R 及 A 中的变量

$$\{u_{\mathfrak{M}}^{(j)};\ j = 1, \cdots, r;\ \mathfrak{M} \in \mathscr{M}_{d_j}\}$$

的多项式组成的环.当 $r \geqslant 1$ 时,记多项式

$$U_j = U_j(x_0, \cdots, x_m) = \sum_{\mathfrak{M} \in \mathscr{M}_{\boldsymbol{d}_j}} u_{\mathfrak{M}}^{(j)} \mathfrak{M} \in A[\boldsymbol{d}] \quad (j = 1, \cdots, r).$$

设 I 是 A 中一个齐次理想.当 $r = 0$ 时,令 $I[\boldsymbol{d}] = I$;当 $r \geqslant 1$ 时,令 $I[\boldsymbol{d}] = (I, U_1, \cdots, U_r) \subset A[\boldsymbol{d}]$,即由 I 及多项式 $U_1, \cdots, U_r$ 生成的理想.

我们用 $\mathfrak{E}_{\boldsymbol{d}}(I)$表示 $R[\boldsymbol{d}]$中所有这种元素 a 生成的理想: 存在 $N_i \in \mathbb{N}$ 使 $a \cdot x_i^{N_i} \in I[\boldsymbol{d}]$ $(i = 0, \cdots, m)$,并将它称为 I 的指标为 $\boldsymbol{d}$ 的 U 消元理想.换言之,如果令

$$\mathfrak{A}_{\boldsymbol{d}}(I) = \bigcup_{k \geqslant 1} (I[\boldsymbol{d}] :_{A[\boldsymbol{d}]} \mathscr{M}_k),$$

其中,理想

$$(I[\boldsymbol{d}] :_{A[\boldsymbol{d}]} \mathscr{M}_k) = \{f \in A[\boldsymbol{d}] \mid f \cdot \mathscr{M}_k \subset I[\boldsymbol{d}]\},$$

那么有

$$\mathfrak{E}_{\boldsymbol{d}}(I) = \mathfrak{A}_{\boldsymbol{d}}(I) \cap R[\boldsymbol{d}].$$

注意,因为 $A[\boldsymbol{d}]$ 为 Noether 环,所以存在 $N \in \mathbb{N}$ 使 $\mathfrak{A}_{\boldsymbol{d}}(I) = (I[\boldsymbol{d}] :_{A[\boldsymbol{d}]} \mathscr{M}_N)$,从而 $\mathfrak{E}_{\boldsymbol{d}}(I) = (I[\boldsymbol{d}] :_{A[\boldsymbol{d}]} \mathscr{M}_N) \cap R[\boldsymbol{d}]$.

我们还考虑变量

$$\{S^{(j)}_{\mathfrak{M},\mathfrak{M}'};\ j=1,\cdots,r,\text{并且}\ \mathfrak{M},\mathfrak{M}'\in\mathcal{M}_{d_j}\},$$

它们除满足

$$s^{(j)}_{\mathfrak{M},\mathfrak{M}}=0\quad\text{及}\quad s^{(j)}_{\mathfrak{M},\mathfrak{M}'}+s^{(j)}_{\mathfrak{M}',\mathfrak{M}}=0$$

(反对称关系)外,不满足其他代数关系.我们用 $\mathfrak{S}A[\boldsymbol{d}]$ 表示以它们为变量且系数在 A 中的多项式形成的代数.还用 δ 表示下列 A 代数的映射:

$$\delta: A[\boldsymbol{d}]\to\mathfrak{S}A[\boldsymbol{d}],$$
$$u^{(j)}_{\mathfrak{M}}\mapsto\delta(u^{(j)}_{\mathfrak{M}})=\sum_{\mathfrak{M}'\in\mathcal{M}_{dj}}s^{(j)}_{\mathfrak{M},\mathfrak{M}'}\cdot\mathfrak{M}'.$$

可以证明:对于 $f\in A[\boldsymbol{d}]$,下列两性质等价:

(i) $f\in\mathfrak{A}_{\boldsymbol{d}}(I)$;

(ii) 存在整数 N 使 $\delta(f)\cdot\mathcal{M}_N\subset I\cdot\mathfrak{S}A[\boldsymbol{d}]$.

在第 2 章曾定义了一个理想的高(又称秩或余维数),记为 h^*(有时记为 codim).现在设 $\mathfrak{J}$ 是环 $\mathbb{K}[x_0,\cdots,x_m]$(其中,$\mathbb{K}$ 是一个域)中的(真)齐次理想,它的高为 h^*,记 $r=m+1-h^*$.设 $1\leqslant r\leqslant m$.对于整数 $t\geqslant 0$,用 $H(t;\mathfrak{J})$ 表示在 $\mathbb{K}$ 上模 $\mathfrak{J}$ 线性无关的 t 次齐次多项式的极大个数.当 t 充分大时,有

$$H(t;\mathfrak{J})=a_0\binom{t}{r-1}+a_1\binom{t}{r-2}+\cdots+a_{r-1},$$

其中,$a_0,\cdots,a_{r-1}$ 是整数,$a_0>0$(它称为 Hilbert 多项式).我们称 a_0 为齐次理想 $\mathfrak{J}$ 的(通常的)次数,并记为 $d^*(\mathfrak{J})=a_0$.当 $\mathfrak{J}=(P)$ 是由齐次多项式生成的主理想时,$d^*(\mathfrak{J})=\deg P$(即 P 的全次数).如果 R 为主理想整环,$I\subset A=R[x_0,\cdots,x_m]$ 为齐次理想,则有

$$d^*(I)=\lim_{D\to\infty}\frac{r!}{D!}\dim_{\mathbb{F}}(\mathbb{F}[x_0,\cdots,x_m]/I\cdot\mathbb{F})_D,$$

其中,$r=m+1-h^*(I)$,$(\cdots)_D$ 表示 $\mathbb{F}[x_0,\cdots,x_m]/I\cdot\mathbb{F}$ 中次数为 D 的齐次元素的矢量空间,$\mathbb{F}$ 为 R 的分式域.

理想 $\mathfrak{E}_{\boldsymbol{d}}(I)$ 有下列基本性质:

命题 6.1.1 设 I 是 A 中的齐次理想.

(i) 若 $\mathcal{M}_1\subset\sqrt{I}$,则 $\mathfrak{A}_{\boldsymbol{d}}(I)=A[\boldsymbol{d}]$,$\mathfrak{E}_{\boldsymbol{d}}(I)=R[\boldsymbol{d}]$;

(ii) 若 I 是素理想,且 $\mathcal{M}_1\subsetneqq I$,则 $\mathfrak{A}_{\boldsymbol{d}}(I)$ 及 $\mathfrak{E}_{\boldsymbol{d}}(I)$ 也是素理想;

(iii) 若 I 是准素理想,且 $\mathcal{M}_1\subsetneqq\sqrt{I}$,则 $\mathfrak{A}_{\boldsymbol{d}}(I)$ 和 $\mathfrak{E}_{\boldsymbol{d}}(I)$ 也是准素理想,并且 $\sqrt{\mathfrak{A}_{\boldsymbol{d}}(I)}=\mathfrak{A}_{\boldsymbol{d}}(\sqrt{I})$,$\sqrt{\mathfrak{E}_{\boldsymbol{d}}(I)}=\mathfrak{E}_{\boldsymbol{d}}(\sqrt{I})$;

(iv) 设 $I=\bigcap_{h=1}^{t}I_h$ 是 I 的不可缩短的准素分解,则 $\mathfrak{A}_{\boldsymbol{d}}(I)=\bigcap_{h=1}^{t}\mathfrak{A}_{\boldsymbol{d}}(I_h)$, $\mathfrak{E}_{\boldsymbol{d}}(I)=\bigcap_{h=1}^{t}\mathfrak{E}_{\boldsymbol{d}}(I_h)$.

注意,若 I 准素且 $\mathscr{M}_1\subsetneqq\sqrt{I}$,则准素理想 $\mathfrak{A}_{\boldsymbol{d}}(I)$与 I 有相同指数,因而准素理想 $\mathfrak{E}_{\boldsymbol{d}}(I)$的指数$\leqslant I$ 的指数;但当 R 是整环时,两者指数相等(参见第 2 章附录 2).

命题 6.1.2(U 消元理论的几何意义) 设 $\rho: R[\boldsymbol{d}]\rightarrow\mathbb{F}$ 是$\mathbb{R}[\boldsymbol{d}]$到域$\mathbb{F}$中的同态(并且也表示它的显然的扩充: $A[\boldsymbol{d}]\rightarrow\mathbb{F}[x_0, \cdots, x_m]$),则下列二命题等价:

(i) $\rho(\mathfrak{E}_{\boldsymbol{d}}(I))=(0)$;

(ii) 存在$\mathbb{F}$ 的域扩张$\mathbb{K}$ 及 $\rho(I[\boldsymbol{d}])$在$\mathbb{K}^{m+1}$中的一个非平凡零点(即存在 $\boldsymbol{\xi}=(\xi_0, \cdots, \xi_m)\in\mathbb{K}^{m+1}\backslash\{\boldsymbol{0}\}$,使对所有 $p\in I[\boldsymbol{d}]$, $\rho(p)(\boldsymbol{\xi})=0$).

命题 6.1.3 设 R 是主理想整环,$\mathfrak{P}$ 是 A 中的高$\leqslant n-r+1$ 的齐次素理想,那么:

(i) 若 $\mathfrak{P}\cap R\neq(0)$,则 $\mathfrak{E}_{\boldsymbol{d}}(\mathfrak{P})=(\mathfrak{P}\cap R)\cdot R[\boldsymbol{d}]$;

(ii) 若 $\mathfrak{P}\cap R=(0)$, 则 $\mathfrak{E}_{\boldsymbol{d}}(\mathfrak{P})=(0)$ 当且仅当 $\mathfrak{P}$ 的高$<n-r+1$;

(iii) 若 $\mathfrak{P}\cap R=(0)$,且 $\mathfrak{P}$ 的高为 $n-r+1$, 则 $\mathfrak{E}_{\boldsymbol{d}}(\mathfrak{P})$是主理想.

命题 6.1.4 设 R 为主理想整环,I 是 A 中高为$m-r+1$ 的齐次纯粹理想,那么$\mathfrak{E}_{\boldsymbol{d}}(I)$是主理想,且其生成元是 $R[\boldsymbol{d}]$中的多项式,它关于每组变量 $\mathscr{U}_j=\{u_{\mathfrak{M}}^{(j)}; \mathfrak{M}\in\mathscr{M}_{d_j}\}$ 是次数$\leqslant d^*(I)\cdot\prod_{l\neq j}d_l$ 的齐次多项式.

注意,还可证明: 如果 $\mathfrak{P}\subset A$ 是高为$m-1+r$ 的齐次素理想,那么$\mathfrak{E}_{\boldsymbol{d}}(\mathfrak{P})$的生成元 f 是对于每组变量 $\mathscr{U}_j$ 次数为 $d^*(\mathfrak{P})\cdot\prod_{l\neq j}d_l$ $(j=1, \cdots, r)$ 的齐次多项式;并且若令 $\rho(U_j)=U_j+\lambda_jU_rx_0^{d_j-d_r}$ $(\lambda_j\in R)$ $(j=1, \cdots, r-1)$, 则 $\rho(f)=f$.

2° 多项式的局部度量

设$\mathbb{K}$ 是一个数域,$\mathscr{M}$及 $\mathscr{M}_\infty$ 分别表示$\mathbb{K}$ 上绝对值及阿基米德绝对值的集合. 对于绝对值$|\cdot|_v$,用$\mathbb{K}_v$表示$\mathbb{K}$ 关于它的完备化,$\mathbb{C}_v$表示$\mathbb{K}_v$的代数闭包的完备化;$\mathbb{K}$ 到$\mathbb{K}_v$中的典范嵌入扩充为$\mathbb{K}$ 到$\mathbb{C}_v$中的嵌入并记为 σ_v. 对于所有 $x\in\mathbb{K}$,我们有 $|x|_v=|\sigma_v(x)|_{(v)}$,其中,$|\cdot|_{(v)}$表示$\mathbb{C}_v$的绝对值. 当 $v\in\mathscr{M}_\infty$ 时它是$\mathbb{Q}$ 的通常绝对值的延拓;当 $v\notin\mathscr{M}_\infty$ 时 $|p|_{(v)}=1/p$, 其中,p 为它对应的素数. 还用 n_v 表示在 v 的局部次数,亦即$\mathbb{K}_v$在$\mathbb{Q}_p$(当 $v\notin\mathscr{M}_\infty$)或$\mathbb{R}$(当 $v\in\mathscr{M}_\infty$)上的次数.

设 $P\in\mathbb{K}[T_1, \cdots, T_m]$, $P=\sum_{(i)}f_{(i)}T_1^{i_1}\cdots T_m^{i_m}$, 其中, $(i)=(i_1, \cdots, i_m)\in\mathbb{N}_0^m$. 对每个 $v\in\mathscr{M}$,令

$$\sigma_v(P) = \sum_{(i)} \sigma_v(f_{(i)}) T_1^{i_1} \cdots T_m^{i_m}.$$

我们用下列方式定义 P 在 v 的局部度量：当 $v \notin \mathcal{M}_\infty$ 时，令

$$M_v(P) = \max_{(i)} |\sigma_v(f_{(i)})|_{(v)} = \max_{(i)} |f_{(i)}|_{(v)}$$

(亦即第 2 章中定义的 $|P|_v$)；当 $v \in \mathcal{M}_\infty$ 时令 $M_v(P) = \sigma_v(P)$ 的 Mahler 度量. 亦即 $M_v(0) = 0$，而当 $\sigma_v(P) \neq 0$ 时，

$$\begin{aligned} M_v(P) &= M(\sigma_v(P)) \\ &= \exp\left(\int_0^1 \cdots \int_0^1 \log |\sigma_v(P)(e^{2\pi i u_1}, \cdots, e^{2\pi i u_m})| \, du_1 \cdots du_m\right), \end{aligned}$$

其中，$|\cdot|$表示平常的绝对值(《超越数：基本理论》，第 1.1 节，给出了 $m=1$的情形). 由 $\log|\sigma_v(P)|$的可积性可知 $M_v(P) = 0$ 当且仅当 $P = 0$. 对于 $P \in \mathbb{C}_v[T_1, \cdots, T_m]$，我们使用同样的记号 $M_v(P)$.

M_v 满足下述“乘积公式”：对 $v \in \mathcal{M}$ 及非零多项式 $P, Q \in \mathbb{C}_v[T_1, \cdots, T_m]$，有

$$M_v(PQ) = M_v(P) M_v(Q).$$

当 $v \in \mathcal{M}_\infty$ 时，它可由 Mahler 度量的定义推出；$v \notin \mathcal{M}_\infty$ 时可见第 2.1 节引理 2.1.1.

下面两个命题是常用的：

命题 6.1.5 设 $P, Q \in \mathbb{C}_v[T_1, \cdots, T_m]$，次数分别为 $d(P)$和 $d(Q)$. 记 $P(T_1, \cdots, T_m) = \sum_{(i)} f_{(i)} T_1^{i_1} \cdots T_m^{i_m}$，$(i) = (i_1, \cdots, i_m) \in \mathbb{N}_0^m$，$i_1 + \cdots + i_m \leqslant d(P)$. 设 $l \in \{0, \cdots, m\}$，并令 $i_0 = d(P) - i_1 - \cdots - i_l$. 定义多项式

$$\begin{aligned} P_{(i_1, \cdots, i_l)} &= \sum_{(j)} f_{(i_1, \cdots, i_l, j_{l+1}, \cdots, j_m)} T_{l+1}^{j_{l+1}} \cdots T_m^{j_m} \\ &\in \mathbb{C}_v[T_{l+1}, \cdots, T_m], \end{aligned}$$

其中，$(j) = (j_{l+1}, \cdots, j_m) \in \mathbb{N}_0^{m-l}$，$j_{l+1} + \cdots + j_m \leqslant i_0$. 那么当 $v \in \mathcal{M}_\infty$ 时，有

$$\begin{aligned} &M_v(P_{(i_1, \cdots, i_l)}) \leqslant \frac{d(P)!}{i_0! i_1! \cdots i_l!} M_v(P), \\ &M_v(P + Q) \leqslant M_v(P)(m+1)^{d(P)} + M_v(Q)(m+1)^{d(Q)}; \end{aligned}$$

当 $v \notin \mathcal{M}_\infty$ 时，

$$\begin{aligned} &M_v(P_{(i_1, \cdots, i_l)}) \leqslant M_v(P), \\ &M_v(P + Q) \leqslant \max\{M_v(P), M_v(Q)\}. \end{aligned}$$

命题 6.1.6 设 $P \in \mathbb{C}_v[T_1, \cdots, T_p]$ 是 d 次多项式，

$$\varphi^{(1)}, \varphi^{(2)}: \mathbb{C}_v[T_1, \cdots, T_p] \to \mathbb{C}_v[S_1, \cdots, S_q]$$

是两个$\mathbb{C}_v$代数同态,适合

$$\varphi^{(l)}(T_i) = \varphi_{i,0}^{(l)} + \sum_{j=1}^{q} \varphi_{i,j}^{(l)} S_j, \quad \varphi_{i,j}^{(l)} \in \mathbb{C}_v$$
$$(i = 1, \cdots, p;\ l = 1, 2).$$

那么

$$\begin{aligned} & M_v(\varphi^{(1)}(P) - \varphi^{(2)}(P))(M_v(P))^{-1} \\ & \quad \leqslant c_v^d \cdot \left(\max_{(i,j)} |\varphi_{i,j}^{(1)} - \varphi_{i,j}^{(2)}|_{(v)}\right) \cdot \left(\max_{(i,j,l)}\{1, |\varphi_{i,j}^{(l)}|_{(v)}\}\right)^{d-1}, \end{aligned}$$

其中,$c_v = 4(p+1)(q+1)$(当$v \in \mathscr{M}_\infty$时)及$c_v = 1$(当$v \notin \mathscr{M}_\infty$时),并且max分别取自所有的$(i, j)$及$(i, j, l)$, $i \in \{1, \cdots, p\}$, $j \in \{0, \cdots, q\}$及$l \in \{1, 2\}$.

对于非零多项式$P \in \mathbb{K}[T_1, \cdots, T_m]$,只有有限多个$v \in \mathscr{M}$使$M_v(P) \neq 1$,因此我们可以用下列方式定义$P$的绝对对数高(在本章我们简称"高")$\overline{\boldsymbol{h}}(P)$及高不变量$\boldsymbol{h}(P)$,即映射

$$\overline{\boldsymbol{h}}, \boldsymbol{h} : \bigcup_{m \geqslant 0} \mathbb{K}[T_1, \cdots, T_m] \to \mathbb{R},$$

其定义是:$\overline{\boldsymbol{h}}(0) = \boldsymbol{h}(0) = 0$,且当$P \neq 0$时,有

$$\overline{\boldsymbol{h}}(P) = \frac{1}{[\mathbb{K} : \mathbb{Q}]} \sum_v n_v \cdot \max\{0, \log M_v(P)\},$$

$$\boldsymbol{h}(P) = \frac{1}{[\mathbb{K} : \mathbb{Q}]} \sum_v n_v \log M_v(P).$$

易见这些定义与基域$\mathbb{K}$的选取无关,特别地,可将$\overline{\boldsymbol{h}}$及$\boldsymbol{h}$扩充到$\bigcup_{m \geqslant 0} \overline{\mathbb{Q}}[T_1, \cdots, T_m]$上. 对于$\lambda \in \mathbb{K}$, $\overline{\boldsymbol{h}}(\lambda)$就是$\lambda$的Weil绝对对数高(见文献[134]). 又易见当$\lambda \in \mathbb{K}$, $\lambda \neq 0$时$\boldsymbol{h}(\lambda P) = \boldsymbol{h}(P)$,即$\boldsymbol{h}(\cdot)$具有"不变性".

$\overline{\boldsymbol{h}}$和$\boldsymbol{h}$有下列基本性质:

命题 6.1.7 设$P, Q \in \mathbb{K}[T_1, \cdots, T_m]$非零,$\lambda \in \mathbb{K}$, $\lambda \neq 0$,则

(i) $\overline{\boldsymbol{h}}(P) \geqslant \boldsymbol{h}(P)$;

(ii) $\boldsymbol{h}(\lambda) = 0$;

(iii) $\boldsymbol{h}(PQ) = \boldsymbol{h}(P) + \boldsymbol{h}(Q)$, $\overline{\boldsymbol{h}}(PQ) \leqslant \overline{\boldsymbol{h}}(P) + \overline{\boldsymbol{h}}(Q)$;

(iv) $\overline{\boldsymbol{h}}(P) \leqslant \overline{\boldsymbol{h}}(PQ) + \overline{\boldsymbol{h}}(Q) - \boldsymbol{h}(Q)$;

(v) $\overline{\boldsymbol{h}}(P)$及$\boldsymbol{h}(P) \geqslant 0$;

(vi) 对所有$v \in \mathscr{M}$, $M_v(P) \geqslant \exp\left(-\dfrac{[\mathbb{K} : \mathbb{Q}]}{n_v} \overline{\boldsymbol{h}}(P)\right)$;

(vii) 存在$\mu = \mu(P) \in \mathbb{K}$, $\mu \neq 0$使$\overline{\boldsymbol{h}}(\mu P) = \boldsymbol{h}(\mu P) = \boldsymbol{h}(P)$.

3° 局部距离

设 $I \subset A = \mathbb{K}[x_0, \cdots, x_m]$($\mathbb{K}$ 是域)是高为 $m-r+1$ 的齐次理想,$\boldsymbol{d} \in \mathbb{N}_0^r$. 我们将 $\mathfrak{E}_{\boldsymbol{d}}(I)$中所有元素的任何一个最大公因子 f 称为I 的指标为$\boldsymbol{d}$ 的 U 消元形式.特别地,当 $\mathfrak{E}_{\boldsymbol{d}}(I)$是主理想时,$f$ 就是其生成元.对于集合 $X \subset \mathbb{P}_m(\mathbb{C}_v)$,定义理想 $\mathfrak{J}(X) = \{P \in A \mid P(X) = 0\}$及维数 $\dim X = m - h^*(\mathfrak{J}(X))$,若 $v \in \mathscr{M}$,则 $I \subset \mathbb{C}_v[x_0, \cdots, x_m]$是高为 $m-r+1$ 的齐次理想,用 $\mathscr{Z}(I)$表示 I 在$\mathbb{P}_m(\mathbb{C}_v)$中的零点的集合.

现在设 $\boldsymbol{d} \in \mathbb{N}_0^r$, $\boldsymbol{\xi} \in \mathbb{C}_v^{m+1}$ (即 $\boldsymbol{\xi} \in \mathbb{P}_m(\mathbb{C}_v)$),我们定义映射:

$$\begin{aligned}&\delta_{\xi, d} : \mathbb{C}_v[\boldsymbol{d}] \to \mathfrak{S}\,\mathbb{C}_v[\boldsymbol{d}],\\ &u_{\mathfrak{M}}^{(j)} \mapsto \delta_{\xi, d}(u_{\mathfrak{M}}^{(j)}) = \sum_{\mathfrak{M}' \in \mathscr{M}_{d_j}} s_{\mathfrak{M}, \mathfrak{M}'}^{(j)} \cdot \mathfrak{M}'(\boldsymbol{\xi}) \quad (j = 1, \cdots, r),\end{aligned}$$

其中,$s_{\mathfrak{M}, \mathfrak{M}'}^{(j)}$是上文给定的反对称变量.在不引起混淆时,将 $\delta_{\xi, d}$简记为δ_ξ 或δ;还定义射 $\widetilde{\delta}_{\xi, d}$(简记 $\widetilde{\delta}_\xi$ 或$\widetilde{\delta}$)为

$$\widetilde{\delta}_{\xi, d}(u_{\mathfrak{M}}^{(j)}) = \delta_{\xi, d}(u_{\mathfrak{M}}^{(j)} / m_{v, j, \xi}) \quad (j = 1, \cdots, r; \mathfrak{M} \in \mathscr{M}_{d_j}),$$

其中,当 $v \in \mathscr{M}_\infty$ 时,$m_{v, j, \xi} = M_v(U_j(\boldsymbol{\xi}))$; 当 $v \notin \mathscr{M}_\infty$时,选取$\mathfrak{M}'$满足 $|\mathfrak{M}'(\boldsymbol{\xi})|_{(v)} = M_v(U_j(\boldsymbol{\xi}))$,并令 $m_{v, j, \xi} = \mathfrak{M}'(\boldsymbol{\xi})$, 此处 $U_j(\boldsymbol{\xi}) = \sum_{\mathfrak{M} \in \mathscr{M}_{d_j}} u_{\mathfrak{M}}^{(j)} \cdot \mathfrak{M}(\boldsymbol{\xi}) \in \mathbb{C}_v[d_j]$.

我们定义理想 I(在 $\boldsymbol{\xi}$ 的指标为$\boldsymbol{d}$)的绝对值

$$\begin{aligned}\| I \|_{\xi, v, d} &= M_v(\delta_{\xi, d}(f))(M_v(f))^{-1} \prod_{j=1}^r M_v(U_j(\boldsymbol{\xi}))^{\deg_{u_j} f}\\ &= M_v(\widetilde{\delta}_{\xi, d}(f))(M_v(f))^{-1},\end{aligned}$$

其中,f 是理想I 的指标为$\boldsymbol{d}$ 的U 消元形式;并定义点 $\boldsymbol{\xi} \in \mathbb{C}_v^{m+1}$ 与集合 $X \subset \mathbb{P}_m(\mathbb{C}_v)$ 的(局部)距离

$$\mathrm{Dist}_{v, d}(X, \boldsymbol{\xi}) = \| \mathfrak{J}(X) \|_{\xi, v, d} \quad (\boldsymbol{d} \in \mathbb{N}_0^r, r = 1 + \dim X),$$

其中, $\mathfrak{J}(X) = \{P \in \mathbb{C}_v[x_0, \cdots, x_m] \mid P(X) = 0\}$.

上述定义与 f 及$\boldsymbol{\xi} \in \mathbb{P}_m(\mathbb{C}_v)$的坐标的选取无关.不难证明: $\| I \|_{\xi, v, d} = 0$ 当且仅当 $\mathrm{Dist}_{v, d}(\mathscr{Z}(I), \boldsymbol{\xi}) = 0$; 并且 $\mathrm{Dist}_{v, d}(\mathscr{Z}(I), \boldsymbol{\xi}) = 0$ 蕴含$\boldsymbol{\xi} \in \mathscr{Z}(I)$.

当 v 固定, $\boldsymbol{\xi}, \boldsymbol{\eta} \in \mathbb{P}_m(\mathbb{C}_v)$ 且 $\boldsymbol{d} = \boldsymbol{1} = (1, \cdots, 1)$ 时简记 $\mathrm{Dist}(\boldsymbol{\eta}, \boldsymbol{\xi}) = \mathrm{Dist}_{v, 1}(\boldsymbol{\eta}, \boldsymbol{\xi})$. 对于 $\boldsymbol{\xi}$ 和$\boldsymbol{\eta}$ 的任何投影坐标$(\xi_0, \cdots, \xi_m)$和$(\eta_0, \cdots, \eta_m)$,当 $\xi_0 \eta_0 \neq 0$ 时,定义(通常)距离

$$|\boldsymbol{\eta}-\boldsymbol{\xi}| = |\boldsymbol{\eta}-\boldsymbol{\xi}|_v = \max_{1\leqslant i\leqslant m}\left|\frac{\eta_i}{\eta_0}-\frac{\xi_i}{\xi_0}\right|_{(v)}.$$

命题 6.1.8 (i) 若 $\xi_0\neq 0$, $\eta_0 = 0$, 则

$$((m+1)^2\max\{1, |\boldsymbol{\xi}|\})^{-1}\leqslant \mathrm{Dist}(\boldsymbol{\eta}, \boldsymbol{\xi})\leqslant (m+1)^2;$$

(ii) 若 $\xi_0\neq 0$, $\eta_0\neq 0$,则

$$(m+1)^{-2}\frac{|\boldsymbol{\eta}-\boldsymbol{\xi}|}{\max\{1, |\boldsymbol{\xi}|\}\max\{1, |\boldsymbol{\eta}|\}}\leqslant \mathrm{Dist}(\boldsymbol{\eta}, \boldsymbol{\xi})$$
$$\leqslant (m+1)^2\frac{|\boldsymbol{\eta}-\boldsymbol{\xi}|}{\max\{1, |\boldsymbol{\xi}|, |\boldsymbol{\eta}|\}}.$$

注意,可以证明当 $d\in\mathbb{N}$ 时 $\mathrm{Dist}_{v,d}(\boldsymbol{\eta}, \boldsymbol{\xi}) = \mathrm{Dist}_{v,d}(\boldsymbol{\xi}, \boldsymbol{\eta})$,并且对所有 $\boldsymbol{\xi}$, $\boldsymbol{\eta}$, v 及 $d\in\mathbb{N}$ 有

$$\mathrm{Dist}_{v,d}(\boldsymbol{\xi}, \boldsymbol{\eta})\begin{cases}\leqslant \dfrac{M_v(\delta_{\boldsymbol{\xi},d}(U(\boldsymbol{\eta})))}{M_v(U(\boldsymbol{\xi}))M_v(U(\eta))}\leqslant (m+1)^{4d} & (v\in\mathscr{M}_\infty);\\ \leqslant 1 & (v\notin\mathscr{M}_\infty).\end{cases}$$

6.2 多项式理想的度量性质

本节中设$\mathbb{K}$为数域, $A = \mathbb{K}[x_0, \cdots, x_m]$, $\boldsymbol{d} = (d_1, \cdots, d_r)\in\mathbb{N}_0^r$. 对于 A 中的高为 $m-r+1$ 的齐次理想 J,设 f 是其指标为$\boldsymbol{d}$ 的 U 消元形式,则令

$$Ht_{\boldsymbol{d}}(J) = \boldsymbol{h}(f),\quad \mathrm{Deg}_{\boldsymbol{d}}J = \deg f,$$

其中,$\deg f$ 表示f 的全次数.易见上二式与 f 的选取无关,分别称为 J 的指标为$\boldsymbol{d}$ 的高和次数.

1. 设 I 是A 中高为$m-r+1$ 的齐次纯粹理想,f 是其指标为$\boldsymbol{d}$ 的U 消元形式.记同态

$$\rho: \mathbb{K}[d_r]\rightarrow\mathbb{K},$$

并且用同一记号表示其扩充$\mathbb{K}[d_r]\rightarrow A$,还用显然的方式扩充到$\mathbb{K}[\boldsymbol{d}]$(但记号不变).设对所有与 I 相伴的素理想 $\mathfrak{P}$, $\rho(U_r)\notin\mathfrak{P}$.由命题 6.1.2 知 $\rho(f)\neq 0$.

引理 6.2.1 设 I 和ρ 如上,f 是 I 的指标为$\boldsymbol{d}$ 的 U 消元形式(亦即 $\mathfrak{E}_{\boldsymbol{d}}(I)$的生成

元),则

(i) $\deg\rho(f)\leqslant \mathrm{Deg}_{\boldsymbol{d}}\boldsymbol{I}$;

(ii) $\boldsymbol{h}(\rho(f))\leqslant \boldsymbol{Ht}_{\boldsymbol{d}}(\boldsymbol{I})+(\overline{\boldsymbol{h}}(\rho(U_r))+6(d_1+\cdots+d_r)\log(m+1))\mathrm{Deg}_{\boldsymbol{d}}\boldsymbol{I}$.

证 由定义,(i)显然成立. 现证(ii). 对任意 v,在命题 6.1.6 中取 $\varphi^{(1)}=\rho:\mathbb{K}[\boldsymbol{d}]\to\mathbb{K}[d_1,\cdots,d_{r-1}]$, $\varphi^{(2)}=0$, 可得

$$M_v(\rho(f))(M_v(f))^{-1}\leqslant\left(a_v^{2(d_1+\cdots+d_r)}\max_{\mathfrak{M}\in\mathscr{M}_{d_r}}\{1,|\rho(u_{\mathfrak{M}}^{(r)})|_{(v)}\}\right)^{\deg f},$$

其中, $a_v=2(m+1)$(当 $v\in\mathscr{M}_\infty$)及 $a_v=1$(当 $v\notin\mathscr{M}_\infty$). 但由命题 6.1.5 可知 $|\rho(u_{\mathfrak{M}}^{(r)})|_{(v)}\leqslant a_v^{d_1+\cdots+d_r}\cdot M_v(\rho(U_r))$,所以

$$\begin{aligned}\boldsymbol{h}(\rho(f))&=\frac{1}{[\mathbb{K}:\mathbb{Q}]}\sum_v n_v\log M_v(\rho(f))\\&\leqslant\frac{1}{[\mathbb{K}:\mathbb{Q}]}\Big(\sum_v n_v\log M_v(f)+\Big(\sum_{v\in\mathscr{M}_\infty}n_v\cdot 3(d_1+\cdots+d_r)\log a_v\\&\quad+\sum_v n_v\cdot\max\{0,\log M_v(\rho(U_r))\}\Big)\deg f\Big),\end{aligned}$$

因为 $\sum_{v\in\mathscr{M}_\infty}n_v=[\mathbb{K}:\mathbb{Q}]$,所以(ii)得证. □

引理 6.2.2 设 $1\leqslant r\leqslant m$, $\boldsymbol{I}$ 及 f 如引理 6.2.1, $f\in\mathbb{C}_v[\boldsymbol{d}]$, $\rho:\mathbb{C}_v[d_r]\to\mathbb{C}_v$ 是 $\mathbb{C}_v$ 代数同态. 那么对 $\boldsymbol{\xi}=(\xi_0,\cdots,\xi_m)\in\mathbb{P}_m(\mathbb{C}_v)$,

$$\begin{aligned}M_v(\widetilde{\delta}_{\boldsymbol{\xi}}\circ\rho(f))\leqslant&\left(M_v(\widetilde{\delta}_{\boldsymbol{\xi}}(f))+\frac{|\rho(U_r)(\boldsymbol{\xi})|_{(v)}}{M_v(U_r(\boldsymbol{\xi}))}M_v(f)\right)\\&\cdot\left((m+1)^{9(d_1+\cdots+d_r)}\max\{1,M_v(\rho(U_r))\}\right)^{\deg f}.\end{aligned}\tag{6.2.1}$$

证 易见不等式与 $\boldsymbol{\xi}$ 的坐标$(\xi_0,\cdots,\xi_m)$的选取无关,所以为不失一般性,可设 $|\xi_0|_{(v)}=\max_{0\leqslant i\leqslant n}|\xi_i|_{(v)}=1$,因而

$$1\leqslant M_v(U_j(\boldsymbol{\xi}))\leqslant(m+1)^{d_j}\quad(j=1,\cdots,r).\tag{6.2.2}$$

设 $\widetilde{\rho}$ 是同态

$$\widetilde{\rho}:\mathbb{C}_v[d_r]\to\mathbb{C}_v,$$

使得 $\widetilde{\rho}(u_{\mathfrak{M}}^{(r)})=\rho(u_{\mathfrak{M}}^{(r)})$,当 $\mathfrak{M}\neq x_0^{d_r}$; $\widetilde{\rho}(u_{\mathfrak{M}}^{(r)})=\rho(u_{\mathfrak{M}}^{(r)})-\rho(U_r(\boldsymbol{\xi}))/\xi_0^{d_r}$,当 $\mathfrak{M}=x_0^{d_r}$. 还将 $\widetilde{\rho}$ 扩充到 $\mathbb{C}_v[x_0,\cdots,x_m][\boldsymbol{d}]$. 定义同态

$$\widetilde{\rho}':\mathfrak{S}\mathbb{C}_v[d_r]\to\mathbb{C}_v,$$

使得 $\widetilde{\rho}'(s_{\mathfrak{M},\mathfrak{M}'}^{(r)})=\widetilde{\rho}(u_{\mathfrak{M}}^{(r)})/\xi_0^{d_r}$,当 $\mathfrak{M}\neq\mathfrak{M}'=x_0^{d_r}$; $\widetilde{\rho}'(s_{\mathfrak{M},\mathfrak{M}'}^{(r)})=-\widetilde{\rho}(u_{\mathfrak{M}'}^{(r)})/\xi_0^{d_r}$,当 $\mathfrak{M}'=\mathfrak{M}=x_0^{d_r}$; 而当其他情形令 $\widetilde{\rho}'(s_{\mathfrak{M},\mathfrak{M}'}^{(r)})=0$. 我们将 $\widetilde{\rho}'$ 扩充到 $\mathfrak{S}\mathbb{C}_v[x_0,\cdots,x_m][\boldsymbol{d}]$. 下

文中记 $\delta=\delta_{\xi}$. 因为 $\widetilde{\rho}(U_r)(\boldsymbol{\xi})=0$, 所以容易验证 $\delta\circ\widetilde{\rho}(f)=\widetilde{\rho}'\circ\delta(f)$. 注意

$$\max_{\mathfrak{M}\in\mathscr{M}_{d_r}}\{1, |\widetilde{\rho}(u_{\mathfrak{M}}^{(r)})|_{(v)}, |\rho(u_{\mathfrak{M}}^{(r)})|_{(v)}\}$$
$$\leqslant(m+1)^{2(d_1+\cdots+d_r)}\max\{1, M_v(\rho(U_r))\},$$

在命题 6.1.6 中取 $\varphi^{(1)}=\delta\circ\widetilde{\rho}$, $\varphi^{(2)}=0$,得到

$$\begin{aligned}M_v(\delta\circ\widetilde{\rho}(f))&=M_v(\widetilde{\rho}'\circ\delta(f))\\&\leqslant M_v(\delta(f))((m+1)^{6(d_1+\cdots+d_r)}\max\{1, M_v(\rho(U_r))\})^{\deg f};\end{aligned}\tag{6.2.3}$$

再取 $\varphi^{(1)}=\delta\circ\widetilde{\rho}$, $\varphi^{(2)}=\delta\circ\rho$, 得到

$$\begin{aligned}M_v(\delta\circ\widetilde{\rho}(f)-\delta\circ\rho(f))\leqslant&|\rho(U_r)(\boldsymbol{\xi})|_{(v)}M_v(f)\\&\cdot((m+1)^{6(d_1+\cdots+d_r)}\max\{1, M_v(\rho(U_r))\})^{\deg f}.\end{aligned}\tag{6.2.4}$$

又由命题 6.1.5,有

$$\begin{aligned}M_v(\delta\circ\rho(f))\leqslant&(M_v(\delta\circ\widetilde{\rho}(f))+M_v(\delta\circ\widetilde{\rho}(f)-\delta\circ\rho(f)))\\&\cdot(m+1)^{2(d_1+\cdots+d_r)\deg f}.\end{aligned}\tag{6.2.5}$$

注意 I 是纯粹理想,由命题 6.1.4 知,f 关于每组变量 $\mathscr{U}_j$ 是齐次的,因此由式(6.2.2)～式(6.2.5)可推出所要证明的不等式(6.2.1). □

命题 6.2.1 设 $I=\mathfrak{P}$ 是 A 中素理想,f 和 ρ 如引理 6.2.2. 还设 $v\in\mathscr{M}$, $\boldsymbol{\xi}\in\mathbb{P}_m(\mathbb{C}_v)$,则

$$\begin{aligned}\frac{M_v(\widetilde{\delta}_{\xi}\circ\rho(f))}{M_v(\rho(f))}\leqslant&\left(\|\mathfrak{P}\|_{\xi,v,d}+\frac{|\rho(U_r)(\boldsymbol{\xi})|_{(v)}}{M_v(U_r(\boldsymbol{\xi}))}\right)\\&\cdot\exp(13[\mathbb{K}:\mathbb{Q}](Ht_d(\mathfrak{P})+(\overline{\boldsymbol{h}}(\rho(U_r))\\&+(d_1+\cdots+d_r)\log(m+1))\mathrm{Deg}_d\mathfrak{P})).\end{aligned}$$

证 依定义有

$$\|\mathfrak{P}\|_{\xi,v,d}=M_v(\widetilde{\delta}_{\xi}(f))M_v(f)^{-1},$$

由式(6.2.1)得

$$\begin{aligned}\frac{M_v(\widetilde{\delta}_{\xi}\circ\rho(f))}{M_v(\rho(f))}\leqslant&\left(\|\mathfrak{P}\|_{\xi,v,d}+\frac{|\rho(U_r)(\boldsymbol{\xi})|_{(v)}}{M_v(U_r(\boldsymbol{\xi}))}\right)\\&\cdot\frac{M_v(f)}{M_v(\rho(f))}((m+1)^{9(d_1+\cdots+d_r)}\\&\cdot\max\{1, M_v(\rho(U_r))\})^{\deg f}.\end{aligned}\tag{6.2.6}$$

在命题 6.1.6 中取 $\varphi^{(1)}=\rho$, $\varphi^{(2)}=0$,可得

$$\frac{M_v(\rho(f))}{M_v(f)} \leqslant \begin{cases} (\max\{1, M_v(\rho(U_r))\})^{\deg f}, & (v \notin \mathcal{M}_\infty); \\ ((m+1)^{3(d_1+\cdots+d_r)} \max\{1, M_v(\rho(U_r))\})^{\deg f}, & (v \in \mathcal{M}_\infty). \end{cases}$$

于是

$$\begin{aligned}
\overline{\boldsymbol{h}}(\rho(f)) &= \sum_v \frac{n_v}{[\mathbb{K}:\mathbb{Q}]} \max\{0, \log M_v(\rho(f))\} \\
&\leqslant \sum_{v \in \mathcal{M}_\infty} \frac{n_v}{[\mathbb{K}:\mathbb{Q}]} (\max\{0, \log M_v(f)\} + (3(d_1 + \cdots + d_r) \\
&\quad \cdot \log(m+1) + \max\{0, \log M_v(\rho(U_r))\}) \deg f) \\
&\quad + \sum_{v \notin \mathcal{M}_\infty} \frac{n_v}{[\mathbb{K}:\mathbb{Q}]} (\max\{0, \log M_v(f)\} \\
&\quad + \max\{0, \log M_v(\rho(U_r))\} \deg f) \\
&\leqslant \overline{\boldsymbol{h}}(f) + (3(d_1 + \cdots + d_r) \log(m+1) + \overline{\boldsymbol{h}}(\rho(U_r))) \deg f,
\end{aligned}$$

由此及命题 6.1.7(vi)得

$$\begin{aligned}
M_v(\rho(f)) \geqslant \exp(-[\mathbb{K}:\mathbb{Q}](\overline{\boldsymbol{h}}(f) + (\overline{\boldsymbol{h}}(\rho(U_r)) \\
+ 3(d_1 + \cdots + d_r) \log(m+1)) \deg f)),
\end{aligned}$$

从而

$$\begin{aligned}
&\frac{M_v(f)}{M_v(\rho(f))} ((m+1)^{9(d_1+\cdots+d_r)} \max\{1, M_v(\rho(U_r))\})^{\deg f} \\
&\quad \leqslant \exp(13[\mathbb{K}:\mathbb{Q}](\overline{\boldsymbol{h}}(f) + (\overline{\boldsymbol{h}}(\rho(U_r)) \\
&\qquad + (d_1 + \cdots + d_r) \log(m+1)) \deg f)). \qquad (6.2.7)
\end{aligned}$$

因为要证的不等式与形式 f 的选取无关,所以由命题 6.1.7(vii),可认为 $\overline{\boldsymbol{h}}(f) = \boldsymbol{h}(f) = Ht_{\boldsymbol{d}}(\mathfrak{P})$,又由定义 $\deg f = \mathrm{Deg}_{\boldsymbol{d}} \mathfrak{P}$,于是由式(6.2.6)和式(6.2.7)得到结论. □

命题 6.2.2 保持命题 6.2.1 的假设和记号,并设实数 σ, H 满足 $0 \leqslant \sigma \leqslant 1$, $H \geqslant 1$. 如果

$$|\rho(U_r)(\boldsymbol{\xi})|_{(v)} / M_v(U_r(\boldsymbol{\xi})) \leqslant \min_{\eta \in \mathscr{Z}(\mathfrak{P})} \{1, H \cdot \mathrm{Dist}_{v, d_r}(\eta, \boldsymbol{\xi})^\sigma\}, \qquad (6.2.8)$$

其中,$\mathscr{Z}(\mathfrak{P})$是 $\mathfrak{P}$ 在$\mathbb{P}_m(\mathbb{C}_v)$中的零点的集合,那么

$$\begin{aligned}
\frac{M_v(\widetilde{\delta}_{\xi} \circ \rho(f))}{M_v(\rho(f))} \leqslant (\|\mathfrak{P}\|_{\xi, v, \boldsymbol{d}})^\sigma \cdot H^{\mathrm{Deg}_{\boldsymbol{d}} \mathfrak{P}} \exp(26[\mathbb{K}:\mathbb{Q}](Ht_{\boldsymbol{d}}(\mathfrak{P}) \\
+ (\overline{\boldsymbol{h}}(\rho(U_r)) + (d_1 + \cdots + d_r) \log(m+1)) \mathrm{Deg}_{\boldsymbol{d}} \mathfrak{P})).
\end{aligned}$$

为证明这个结果,我们首先证明下列内容.

引理 6.2.3 设$\mathbb{F}$是一个域,$\mathfrak{P}$ 是$\mathbb{F}[x_0, \cdots, x_m]$中高为 $m+1-r$ 的齐次素理想,$\boldsymbol{d}$

$\in \mathbb{N}_0^r$，$f \in \mathbb{F}[\boldsymbol{d}]$ 是 $\mathfrak{P}$ 的指标为 $\boldsymbol{d}$ 的 U 消元形式. 如果 $\rho: \mathbb{F}[d_r] \to \mathbb{F}$ 是一个同态，适合 $\rho(f) \neq 0$（它等价于 $\rho(U_r) \notin \mathfrak{P}$），那么理想 $\rho(\mathfrak{P}[d_r])$ 的高为 $m-r+2$；并且若 $f_1, \cdots, f_t$ 是与它相伴的极小素理想的指标为 $(d_1, \cdots, d_{r-1})$ 的 U 消元形式，则存在 $l_1, \cdots, l_t \in \mathbb{N}$ 及 $\lambda \in \mathbb{F}$ 使得

$$\rho(f) = \lambda \prod_{h=1}^{t} f_h^{l_h}.$$

证 设 $\overline{\mathbb{F}}$ 是 $\mathbb{F}$ 的代数闭包，对于 ρ 的任何扩张 $\rho': \mathbb{F}[\boldsymbol{d}] \to \overline{\mathbb{F}}$，由命题 6.1.2 得

$$\begin{aligned}\rho'(f) = 0 &\Leftrightarrow \rho'(\mathfrak{P}[\boldsymbol{d}]) \text{ 在 } \overline{\mathbb{F}}^{m+1} \text{ 中有非平凡零点} \\ &\Leftrightarrow \rho'((\mathfrak{P}, \rho(U_r))[d_1, \cdots, d_{r-1}]) \text{ 在 } \overline{\mathbb{F}}^{m+1} \text{ 中有非平凡零点} \\ &\Leftrightarrow \text{存在 } h \in \{1, \cdots, t\} \text{ 使 } \rho'(f_h) = 0.\end{aligned}$$

（因为由命题 6.1.1，$f_1 \cdots f_t$ 是 $\sqrt{(\mathfrak{P}, \rho(U_r))}$ 的指标为 $\boldsymbol{d}$ 的 U 消元形式）. 于是超平面 $\mathscr{Z}(\rho(f))$ 与超平面的交 $\bigcup_{h=1}^{t} \mathscr{Z}(f_h)$ 由 $\overline{\mathbb{F}}$ 中同样的点定义，从而得知命题中的结论成立. □

注 6.2.1 在上述引理中，代替 $\rho(\mathfrak{P}[d_r])$，我们还可以考虑同态 $\rho: \mathbb{F}[d_{r-1}, d_r] \to \mathbb{F}$，以及 $\rho(\mathfrak{P}[d_{r-1}, d_r])$；一般地，考虑同态 $\rho: \mathbb{F}[d_i, \cdots, d_r] \to \mathbb{F}$，以及 $\rho(\mathfrak{P}[d_i, \cdots, d_r])$. 并且有类似的结论成立.

命题 6.2.2 之证 因为对 $\mathbb{K}$ 上所有绝对值 $|\cdot|_v$ 及 $P \in \mathbb{C}_v[T_1, \cdots, T_m]$ 有

$$M_v(P) \leqslant \sup_{|t_i|_{(v)}=1} |P(t_1, \cdots, t_m)|_{(v)} \tag{6.2.9}$$

（当 $v \in \mathscr{M}_\infty$ 时，这是显然的；当 $v \notin \mathscr{M}_\infty$ 时则等式成立；见文献[113]，第 317 页），我们不妨设 $\max\limits_{0 \leqslant i \leqslant m} |\xi_i|_{(v)} = 1$，于是

$$1 \leqslant M_v(U_j(\boldsymbol{\xi})) \leqslant (m+1)^{d_j} \quad (j = 1, \cdots, r).$$

设同态 $\tilde{\rho}: \mathfrak{S}\mathbb{C}_v[d_1, \cdots, d_{r-1}] \to \mathbb{C}_v$ 满足 $|\tilde{\rho}(s_{\mathfrak{M}, \mathfrak{M}'}^{(j)})|_{(v)} = 1$ $(j = 1, \cdots, r-1)$，其中 $\mathfrak{M} \neq \mathfrak{M}' \in \mathscr{M}_{d_j}$. 设 $\tilde{\rho} \circ \tilde{\delta}_{\xi, (d_1, \cdots, d_{r-1})}(f) \neq 0$，记

$$\mathscr{Y} = \mathscr{Z}(\tilde{\rho} \circ \tilde{\delta}_{\xi, (d_1, \cdots, d_{r-1})}(\mathfrak{P}[d_1, \cdots, d_{r-1}]) \subset \mathbb{P}_m(\mathbb{C}_v).$$

由命题 6.1.3 可知，理想 $\mathfrak{J}(\mathscr{Y})$ 的高 $\geqslant m$，但由 Krull 主理想定理（见文献[99]，定理 22）其高 $\leqslant m$，因此 $h^*(\mathfrak{J}(\mathscr{Y})) = m$，从而 $\dim \mathscr{Y} = 0$，于是 $\mathscr{Y}$ 是含在 $\mathscr{Z}(\mathfrak{P})$ 中的有限子集.

由引理 6.2.3 知，存在正整数 $l_{\boldsymbol{\eta}}$ $(\boldsymbol{\eta} \in y)$ 及 $\lambda \in \mathbb{C}_v$ 使

$$\tilde{\rho} \circ \tilde{\delta}_{\xi, (d_1, \cdots, d_{r-1})}(f) = \lambda \prod_{\boldsymbol{\eta} \in \mathscr{Y}} U_r(\boldsymbol{\eta})^{l_{\boldsymbol{\eta}}} \in \mathbb{C}_v[d_r] \tag{6.2.10}$$

（参见注 6.2.1）. 将引理 6.2.2 应用于 $f = U_r(\boldsymbol{\eta}) \in \mathbb{C}_v[d_r]$，我们可推出对所有 $\boldsymbol{\eta} \in \mathscr{Y}$，有

$$|\rho(U_r)(\boldsymbol{\eta})|_{(v)} \leqslant \left(M_v(\widetilde{\delta}_{\xi}(U_r(\boldsymbol{\eta})) + \frac{|\rho(U_r)(\boldsymbol{\xi})|_{(v)}}{M_v(U_r(\boldsymbol{\xi}))} M_v(U_r(\boldsymbol{\eta}))\right)$$
$$\cdot (m+1)^{9d_r} \max\{1, M_v(\rho(U_r))\},$$

它可改写为

$$\frac{|\rho(U_r)(\boldsymbol{\eta})|_{(v)}}{M_v(U_r(\boldsymbol{\eta}))} \leqslant \left(\mathrm{Dist}_{v,d_r}(\boldsymbol{\eta}, \boldsymbol{\xi}) + \frac{|\rho(U_r)(\boldsymbol{\xi})|_{(v)}}{M_v(U_r(\boldsymbol{\xi}))}\right)$$
$$\cdot (m+1)^{9d_r} \max\{1, M_v(\rho(U_r))\}.$$

由此及式(6.2.8)得知,对所有 $\boldsymbol{y} \in \mathscr{Y}$,

$$\frac{|\rho(U_r)(\boldsymbol{\eta})|_{(v)}}{M_v(U_r(\boldsymbol{\eta}))} \leqslant \max\{\mathrm{Dist}_{v,d_r}(\boldsymbol{\eta}, \boldsymbol{\xi}), H \cdot \mathrm{Dist}_{v,d_r}(\boldsymbol{\eta}, \boldsymbol{\xi})^{\sigma}\}$$
$$\cdot 2(m+1)^{9d_r} \max\{1, M_v(\rho(U_r))\}. \tag{6.2.11}$$

注意 $H \geqslant 1$ 以及

$$\begin{aligned}&\max\{\mathrm{Dist}_{v,d_r}(\boldsymbol{\eta}, \boldsymbol{\xi}), H(\mathrm{Dist}_{v,d_r}(\boldsymbol{\eta}, \boldsymbol{\xi}))^{\sigma}\} \\ &\quad = H(\mathrm{Dist}_{v,d_r}(\boldsymbol{\eta}, \boldsymbol{\xi}))^{\sigma} \max\{H^{-1}(\mathrm{Dist}_{v,d_r}(\boldsymbol{\eta}, \boldsymbol{\xi}))^{1-\sigma}, 1\},\end{aligned}$$

并且由式(6.2.10)得知

$$\widetilde{\rho} \circ \widetilde{\delta}_{\xi,(d_1,\cdots,d_{r-1})}) \circ \rho(f) = \lambda \prod_{\boldsymbol{\eta} \in \mathscr{Y}} \rho(U_r)(\boldsymbol{\eta})^{l_{\boldsymbol{\eta}}},$$

$$M_v(\widetilde{\rho} \circ \widetilde{\delta}_{\xi,(d_1,\cdots,d_{r-1})}(f)) = \lambda \prod_{\boldsymbol{\eta} \in \mathscr{Y}} M_v(U_r(\boldsymbol{\eta}))^{l_{\boldsymbol{\eta}}},$$

于是从式(6.2.11),并注意式(6.2.10)蕴含 $\sum_{\boldsymbol{\eta} \in \mathscr{Y}} l_{\boldsymbol{\eta}} \leqslant \deg f$, 可得

$$\begin{aligned}&\frac{|\widetilde{\rho} \circ \widetilde{\delta}_{\xi,(d_1,\cdots,d_{r-1})} \circ \rho(f)|_{(v)}}{M_v(\widetilde{\rho} \circ \widetilde{\delta}_{\xi,(d_1,\cdots,d_{r-1})}(f))} \\ &\leqslant \prod_{\boldsymbol{\eta} \in \mathscr{Y}} (H \cdot \mathrm{Dist}_{v,d_r}(\boldsymbol{\eta}, \boldsymbol{\xi})^{\sigma})^{l_{\boldsymbol{\eta}}} \\ &\quad \cdot \prod_{\boldsymbol{\eta} \in \mathscr{Y}^*} \mathrm{Dist}_{v,d_r}(\boldsymbol{\eta}, \boldsymbol{\xi})^{l_{\boldsymbol{\eta}}} \cdot (2(m+1)^{9d_r} \max\{1, M_v(\rho(U_r))\})^{\deg f},\end{aligned} \tag{6.2.12}$$

其中,$\mathscr{Y}^* = \{\boldsymbol{\eta} \in \mathscr{Y}; \mathrm{Dist}_{v,d_r}(\boldsymbol{\eta}, \boldsymbol{\xi}) > H^{\frac{1}{1-\sigma}} \geqslant 1\}$.

但我们有

$$\prod_{\boldsymbol{\eta} \in \mathscr{Y}} \mathrm{Dist}_{v,d_r}(\boldsymbol{\eta}, \boldsymbol{\xi})^{l_{\boldsymbol{\eta}}} = \frac{M_v(\widetilde{\rho} \circ \widetilde{\delta}_{\xi,\boldsymbol{d}}(f))}{M_v(\widetilde{\rho} \circ \widetilde{\delta}_{\xi,(d_1,\cdots,d_{r-1})}(f))},$$

并且由命题 6.1.6(其中取 $\varphi^{(1)} = \widetilde{\rho}$, $\varphi^{(2)} = 0$) 知

$$M_v(\widetilde{\rho} \circ \widetilde{\delta}_{\xi,\boldsymbol{d}}(f)) \leqslant M_v(\widetilde{\delta}_{\xi,\boldsymbol{d}}(f))(m+1)^{4(d_1+\cdots+d_r)\deg f},$$

以及对所有 $\boldsymbol{\eta}\in\mathscr{Y}$ 有

$$\mathrm{Dist}_{v,d_r}(\boldsymbol{\eta},\boldsymbol{\xi})\leqslant(m+1)^{4d_r}$$

(参见命题 6.1.8 后的“注意”),因此由式(6.2.9)及 $\widetilde{\rho}$ 的定义,由式(6.2.12)推出

$$\begin{aligned}
M_v(\widetilde{\delta}_{\boldsymbol{\xi}}\circ\rho(f)) &\leqslant \sup_{\rho}|\widetilde{\rho}\circ\widetilde{\delta}_{\boldsymbol{\xi}}\circ\rho(f)|_{(v)}\\
&\leqslant\left(\sup_{\rho}M_v(\widetilde{\rho}\circ\delta_{\boldsymbol{\xi},(d_1,\cdots,d_{r-1})}(f))\left(\frac{M_v(\widetilde{\rho}\circ\widetilde{\delta}_{\boldsymbol{\xi},\boldsymbol{d}}(f))}{M_v(\widetilde{\rho}\circ\widetilde{\delta}_{\boldsymbol{\xi},(d_1,\cdots,d_{r-1})}(f))}\right)^{\sigma}\right)\\
&\quad\cdot\prod_{\boldsymbol{\eta}\in\mathscr{Y}}H^{\sigma l_{\boldsymbol{\eta}}}\cdot\prod_{\boldsymbol{\eta}\in\mathscr{Y}^*}(m+1)^{4d_r l_{\boldsymbol{\eta}}}\cdot(2(m+1)^{9d_r}\max\{1,M_v(\rho(U_r))\})^{\deg f}\\
&\leqslant\sup_{\rho}\{M_v(\widetilde{\rho}\circ\widetilde{\delta}_{\boldsymbol{\xi},(d_1,\cdots,d_{r-1})}(f))\}^{1-\sigma}\\
&\quad\cdot(M_v(\widetilde{\delta}_{\boldsymbol{\xi},\boldsymbol{d}}(f))(m+1)^{4(d_1+\cdots+d_r)\deg f})^{\sigma}\\
&\quad\cdot H^{\deg f}\cdot(m+1)^{4d_r\deg f}\cdot(2(m+1)^{9d_r}\max\{1,M_v(\rho(U_r))\})^{\deg f}\\
&\leqslant\sup_{\rho}\{M_v(\widetilde{\rho}\circ\widetilde{\delta}_{\boldsymbol{\xi},(d_1,\cdots,d_{r-1})}(f))\}^{1-\sigma}M_v(\widetilde{\delta}_{\boldsymbol{\xi},\boldsymbol{d}}(f))^{\sigma}\\
&\quad\cdot(H(m+1)^{19(d_1+\cdots+d_r)}\max\{1,M_v(\rho(U_r))\})^{\deg f}.
\end{aligned}\tag{6.2.13}$$

再次应用命题 6.1.6(取 $\varphi^{(1)}=\widetilde{\rho}\circ\widetilde{\delta}_{\boldsymbol{\xi},(d_1,\cdots,d_{r-1})}$ 及 $\varphi^{(2)}=0$),可得

$$M_v(\widetilde{\rho}\circ\widetilde{\delta}_{\boldsymbol{\xi},(d_1,\cdots,d_{r-1})}(f))\leqslant M_v(f)(m+1)^{4(d_1+\cdots+d_r)\deg f}.\tag{6.2.14}$$

又因为 $0\leqslant1-\eta\leqslant1$,我们由式(6.2.13)及上式推出

$$\begin{aligned}
\frac{M_v(\widetilde{\delta}_{\boldsymbol{\xi}}\circ\rho(f))}{M_v(\rho(f))}&\leqslant\frac{M_v(f)}{M_v(\rho(f))}\cdot\left(\frac{M_v(\delta_{\boldsymbol{\xi},\boldsymbol{d}}(f))}{M_v(f)}\right)^{\sigma}\\
&\quad\cdot(H(m+1)^{23(d_1+\cdots+d_r)}\max\{1,M_v(\rho(U_r))\})^{\deg f}.
\end{aligned}$$

最后,类似于命题 6.2.1 可证明

$$\begin{aligned}
&\frac{M_v(f)}{M_v(\rho(f))}((m+1)^{23(d_1+\cdots+d_r)}\max\{1,M_v(\rho(U_r))\})^{\deg f}\\
&\leqslant\exp(26[\mathbb{K}:\mathbb{Q}](Ht_{\boldsymbol{d}}(\mathfrak{P})+(\overline{\boldsymbol{h}}(\rho(U_r))+(d_1+\cdots+d_r)\\
&\quad\cdot\log(m+1))\mathrm{Deg}_{\boldsymbol{d}}(\mathfrak{P}))),
\end{aligned}$$

于是由上两式得到欲证的不等式. □

注 6.2.2 由式(6.2.14)得知,对于高为 $m-r+1$ 的齐次素理想 $\mathfrak{P}\subset A=\mathbb{K}[x_0,\cdots,x_m]$ 有不等式

$$M_v(\widetilde{\delta}_{\boldsymbol{\xi},(d_1,\cdots,d_{r-1})}(f))\leqslant M_v(f)(m+1)^{4(d_1+\cdots+d_r)\deg f},$$

现在证明下列不等式:当 $d_r\leqslant d_1,\cdots,d_{r-1}$ 时,

$$M_v(f)\leqslant M_v(\widetilde{\delta}_{\boldsymbol{\xi},(d_1,\cdots,d_{r-1})}(f))\cdot(m+1)^{4(d_1+\cdots+d_r)\deg f}.\tag{6.2.15}$$

我们可将 $\boldsymbol{\xi}$ 的坐标"规范化",即设 $\max\limits_{0\leqslant i\leqslant m}|\xi_i|_{(v)}=1$(这不影响 $\widetilde{\delta}_{\xi,(d_1,\cdots,d_{r-1})}$),且为确定计设 $|\xi_0|_{(v)}=1$. 考虑同态

$$\widetilde{\rho}: \mathfrak{S}\mathbb{C}_v[d_1, \cdots, d_{r-1}] \to \mathbb{C}_v(\boldsymbol{d}),$$

其定义是: $\widetilde{\rho}(s_{\mathfrak{M},\mathfrak{M}'}^{(j)}) = (u_{\mathfrak{M}'/m_0}^{(r)} \cdot u_{\mathfrak{M}}^{(j)} - u_{\mathfrak{M}/m_0}^{(r)} \cdot u_{\mathfrak{M}'}^{(j)})(U_r(\boldsymbol{\xi})\mathfrak{M}(\boldsymbol{\xi}))^{-1}$ $(j=1, \cdots, r-1)$, 其中 $\mathfrak{M}\neq\mathfrak{M}'\in\mathscr{M}_{d_j}$, $m_0 = x_0^{d_j-d_r}$; 并约定当 $m_0\nmid\mathfrak{M}$ 时 $u_{\mathfrak{M}/m_0}^{(r)}=0$. 于是

$$\widetilde{\rho}\circ\widetilde{\delta}_{\xi,(d_1,\cdots,d_{r-1})}(U_j) = U_j - \frac{U_j(\boldsymbol{\xi})}{U_r(\boldsymbol{\xi})m_0(\boldsymbol{\xi})}U_r m_0 \quad (j=1, \cdots, r-1),$$

从而 $\widetilde{\rho}\circ\widetilde{\delta}_{\xi,(d_1,\cdots,d_{r-1})}(f) = f$ (参见命题 6.1.4 后的"注意").

对于所有满足 $|\rho(u_{\mathfrak{M}}^{(j)})|_{(v)} = 1$ $(j=1, \cdots, r;\ \mathfrak{M}\in\mathscr{M}_{d_j})$ 的同态 $\rho: \mathbb{C}_v[\boldsymbol{d}]\to\mathbb{C}_v$, 由命题 6.1.6(取 $\varphi^{(1)}=\rho\circ\widetilde{\rho}$ 及 $\varphi^{(2)}=0$) 可知

$$\begin{aligned}|\rho(f)|_{(v)} &= |\rho\circ\widetilde{\rho}\circ\widetilde{\delta}_{\xi,(d_1,\cdots,d_{r-1})}(f)|_{(v)}\\ &\leqslant M_v(\widetilde{\delta}_{\xi,(d_1,\cdots,d_{r-1})}(f))\cdot(m+1)^{4(d_1+\cdots+d_r)\deg f}\cdot(|\rho(U_r(\boldsymbol{\xi}))|_{(v)})^{-\deg f},\end{aligned}$$

由此可推出

$$\begin{aligned}M_v(f)M_v(U_r(\boldsymbol{\xi}))^{\deg f} &= M_v(f\cdot U_r(\boldsymbol{\xi})^{\deg f})\\ &\leqslant M_v(\widetilde{\delta}_{\xi,(d_1,\cdots,d_{r-1})}(f))\cdot(m+1)^{4(d_1+\cdots+d_r)\deg f}.\end{aligned}$$

由命题 6.1.5 知 $M_v(U_r(\boldsymbol{\xi}))\geqslant 1$, 所以由上式立得式(6.2.15).

2. 我们考虑理想

$$J = (\mathscr{E}, p_1, \cdots, p_s),$$

其中, $\mathscr{E}$ 是 $A=\mathbb{K}[x_0, \cdots, x_m]$ 中高为 $m-k$ 的齐次素理想, $p_1, \cdots, p_s\in A$ 是次数分别为 $d_{r+1}, \cdots, d_{r+s}$ 的齐次多项式. 我们令

$$H = \max_{1\leqslant j\leqslant s}\overline{h}(p_j), \quad D = \max_{1\leqslant j\leqslant s}\deg p_j.$$

命题 6.2.3 设 $k+1\geqslant r$, $\mathfrak{P}$ 是与 J 相伴的极小(即孤立)素理想,其高为 $m-r+1$. 还设 $\boldsymbol{d}=(d_1, \cdots, d_r)\in\mathbb{N}_0^r$, $\boldsymbol{l}=(d_1, \cdots, d_r, D, \cdots, D)\in\mathbb{N}_0^{k+1}$. 那么

$$\begin{aligned}Ht_{\boldsymbol{d}}(\mathfrak{P}) &\leqslant Ht_{\boldsymbol{l}}(\mathscr{E}) + (k-r+1)(H+6(d_1+\cdots+d_r\\ &\quad + (k-r+1)D)\log(m+1))\mathrm{Deg}_{\boldsymbol{l}}\mathscr{E},\\ \mathrm{Deg}_{\boldsymbol{d}}\mathscr{E} &\leqslant \mathrm{Deg}_{\boldsymbol{l}}\mathscr{E}.\end{aligned}$$

证 我们递推地构造素理想链

$$\mathscr{E} = \mathfrak{P}_0 \subset \mathfrak{P}_1 \subset \cdots \subset \mathfrak{P}_{k-r+1} = \mathfrak{P},$$

其中, $\mathfrak{P}_j$ 的高为 $n-k+j$, 并且满足条件(c_j)

$$\begin{cases} Ht_{l_j}(\mathfrak{P}_j) \leqslant Ht_{l_{j-1}}(\mathfrak{P}_{j-1}) + (H + 6(d_1 + \cdots + d_r + (k - r - j + 2)D) \\ \qquad \cdot \log(m+1))\mathrm{Deg}_{l_{j-1}}(\mathfrak{P}_{j-1}), \\ \mathrm{Deg}_{l_j}(\mathfrak{P}_j) \leqslant \mathrm{Deg}_{l_{j-1}}(\mathfrak{P}_{j-1}), \end{cases}$$

其中，$\boldsymbol{l}_j = (d_1, \cdots, d_r, D, \cdots, D) \in \mathbb{N}_0^{k+1-j}$，$\boldsymbol{l}_{k-r+1} = \boldsymbol{d}$. 设 $j \in \{1, \cdots, k-r+1\}$，理想 $\mathfrak{P}_{j-1}$ 的高为 $m-k+j-1 < m-r+1$，而 $\mathfrak{P}$ 是高为 $m-r+1$ 的与 J 相伴的极小素理想，那么 $J \subsetneqq \mathfrak{P}_{j-1}$ 且至少存在一个多项式 p_i 不属于 $\mathfrak{P}_{j-1}$. 定义同态 $\rho: \mathbb{K}[D] \to \mathbb{K}$ 使 $\rho(U_{k+2-j}) = x_l^{D-d_{r+i}} p_i$，其中，$x_l \notin \mathfrak{P}_{j-1}$，$l \in \{0, \cdots, m\}$. 设 f 是 $\mathfrak{P}_{j-1}$ 的指标为 $\boldsymbol{l}_{j-1}$ 的 U 消元形式，由引理 6.2.3 可推出对于任何高为 $m-k+j$ 的与 $(\mathfrak{P}_{j-1}, p_j) \supset \rho(\mathfrak{P}_{j-1}[D])$ 相伴的极小素理想，其所有指标为 $\boldsymbol{l}_j$ 的 U 消元形式均整除 $\rho(f)$. 从这些高为 $m-k+j$ 且含有 $\mathfrak{P}$ 的素理想中选取 $\mathfrak{P}_j$，那么由引理 6.2.1 及命题 6.1.7 可知相应条件 (c_j) 被满足. 于是条件 (c_j) 中的不等式对 $j = 1, \cdots, k-r+1$ 成立，从而易得所要的不等式. □

3. 建立量 $\mathrm{Dist}_{v,\boldsymbol{d}}(X, \boldsymbol{\xi})$ 与 $\min\limits_{\boldsymbol{\eta} \in X} \mathrm{Dist}_{v,d_1}(\boldsymbol{\eta}, \boldsymbol{\xi})$ 间的关系式.

命题 6.2.4 设 $\mathfrak{P} \subset A = \mathbb{K}[x_0, \cdots, x_m]$ 是高为 $m-r+1$ 的齐次素理想，$X = \mathscr{Z}(\mathfrak{P}) \subset \mathbb{P}_m(\mathbb{C}_v)$（即 $\mathfrak{P}$ 在 $\mathbb{P}_m(\mathbb{C}_v)$ 中的零点的集合），$\boldsymbol{d} \in \mathbb{N}^r$ 满足条件 $d_1 \leqslant d_2, \cdots, d_r$. 还设 $\boldsymbol{\xi} \in \mathbb{P}_m(\mathbb{C}_v)$. 那么至少存在一个点 $\boldsymbol{\eta} \in X$ 适合

$$\mathrm{Dist}_{v,d_1}(\boldsymbol{\eta}, \boldsymbol{\xi}) \leqslant \mathrm{Dist}_{v,\boldsymbol{d}}(X, \boldsymbol{\xi})^{1/\mathrm{Deg}_{\boldsymbol{d}}\mathfrak{P}} (m+1)^{13r(d_1+\cdots+d_r)}.$$

证 如命题 6.2.2 证明开始所指出，我们可以选取同态 $\tilde{\tau}: \mathfrak{S}\mathbb{C}_v[d_2, \cdots, d_r] \to \mathbb{C}_v$ 使得对于 $\mathfrak{M} \neq \mathfrak{M}' \in \mathscr{M}_{d_j}$ $(j = 2, \cdots, r)$，$|\tilde{\tau}(s_{\mathfrak{M},\mathfrak{M}'}^{(j)})|_{(v)} \leqslant 1$，并且满足

$$M_v(\tau(f)) \geqslant M_v(\tilde{\delta}_{\xi,(d_2,\cdots,d_r)}(f)) \tag{6.2.16}$$

（因而 $\tau(f) \neq 0$），其中，$\tau = \tilde{\tau} \circ \tilde{\delta}_{\xi,(d_2,\cdots,d_r)}$，$f$ 是 $\mathfrak{P}$ 的指标为 $\boldsymbol{d}$ 的 U 消元形式. 容易验证 $\tau(f) \in \mathfrak{E}_{d_1}(\tau(\mathfrak{P}[d_2, \cdots, d_r]))$. 应用引理 6.2.3（及注 6.2.1）知，在 $\mathbb{C}_v[d_1]$ 中

$$\tau(f) = \lambda \prod_{h=1}^{t} f_h^{l_h}, \tag{6.2.17}$$

其中，$\lambda \in \mathbb{C}_v$，$f_1, \cdots, f_h \in \mathbb{C}_v[x_0, \cdots, x_m]$ 是高为 $m-r+1+(r-1) = m$ 的与理想 $\tau(\mathfrak{P}[d_2, \cdots, d_r])$ 相伴的极小素理想的指标为 d_1 的 U 消元形式. 因为 $\tilde{\tau}(U_i(\boldsymbol{\xi})) = 0$ $(i = 2, \cdots, r)$，所以反复应用引理 6.2.2（应用 $r-1$ 次）可得

$$M_v(\tilde{\delta}_\xi \circ \tau(f)) \leqslant M_v(\tilde{\delta}_\xi(f))(m+1)^{9r(d_1+\cdots+d_r)\mathrm{Deg}_{\boldsymbol{d}}\mathfrak{P}},$$

由此及式(6.2.15)和式(6.2.16)可得

$$\frac{M_v(\tilde{\delta}_\xi \circ \tau(f))}{M_v(\tau(f))} \leqslant \frac{M_v(\tilde{\delta}_\xi(f))}{M_v(\tau(f))}(m+1)^{9r(d_1+\cdots+d_r)\mathrm{Deg}_{\boldsymbol{d}}\mathfrak{P}}$$

$$\leqslant \|\mathfrak{P}\|_{\xi,v,\boldsymbol{d}}(m+1)^{13r(d_1+\cdots+d_r)\mathrm{Deg}_{\boldsymbol{d}}\mathfrak{P}}. \tag{6.2.18}$$

由式(6.2.17)可知

$$\frac{M_v(\widetilde{\delta}_{\xi}\circ\tau(f))}{M_v(\tau(f))}=\prod_{h=1}^{t}\frac{M_v(\widetilde{\delta}_{\xi}(f_h))}{M_v(f_h)},$$

因此由式(6.2.18)知,存在某个 $h\in\{1,\cdots,t\}$使

$$\frac{M_v(\widetilde{\delta}_{\xi}(f_h))}{M_v(f_h)}\leqslant\|\mathfrak{P}\|_{\xi,v,\boldsymbol{d}}^{1/\mathrm{Deg}_{\boldsymbol{d}}\mathfrak{P}}(m+1)^{13r(d_1+\cdots+d_r)}. \tag{6.2.19}$$

因为 f_h 是某个高为m 的$\mathbb{C}_v[x_0,\cdots,x_m]$中的素理想的指标为 d_1 的 U 消元形式,这个素理想在$\mathbb{P}_m(\mathbb{C}_v)$中的零点簇维数为零,是 X 中某个点$\boldsymbol{\eta}$. 注意式(6.2.19)左边按定义等于 $\mathrm{Dist}_{v,d_1}(\boldsymbol{\eta},\boldsymbol{\xi})$. □

注 6.2.3 可以证明:在命题 6.2.4 的假设和记号下,相反的不等式成立,即对所有 $\boldsymbol{\eta}\in X$,有

$$\mathrm{Dist}_{v,\boldsymbol{d}}(X,\boldsymbol{\xi})\leqslant\mathrm{Dist}_{v,d_1}(\boldsymbol{\eta},\boldsymbol{\xi})\exp(c(m,\boldsymbol{\xi},\boldsymbol{\eta})\cdot(d_1+\cdots+d_r)\mathrm{Deg}_{\boldsymbol{d}}\mathfrak{P}),$$

其中,$c(m,\boldsymbol{\xi},\boldsymbol{\eta})$是一个正常数.

4. 现在研究齐次素理想的基本量间的关系.

设 $\mathfrak{P}$ 为 $A=\mathbb{K}[x_0,\cdots,x_m]$ 中的齐次素理想,其高为 $m-r+1$,$\boldsymbol{d}\in\mathbb{N}^r$. 我们可将 $\mathfrak{P}$ 的基本量 $Ht_{\boldsymbol{d}}(\mathfrak{P})$, $\mathrm{Deg}_{\boldsymbol{d}}\mathfrak{P}$, $\|\mathfrak{P}\|_{\xi,v,\boldsymbol{d}}$及 $\mathrm{Dist}_{v,\boldsymbol{d}}$看作$\boldsymbol{d}$ 的函数. 当 $\boldsymbol{d}=(1,\cdots,1)$时,我们将略去这些记号中的下标 $\boldsymbol{d}$.

命题 6.2.5 理想 $\mathfrak{P}$ 如上述,则

(i) $\mathrm{Deg}_{\boldsymbol{d}}\mathfrak{P}=d_1\cdots d_r\cdot\frac{1}{r}\left(\sum_{j=1}^{r}\frac{1}{d_j}\right)\mathrm{Deg}\,\mathfrak{P}$;

(ii) $Ht(\mathfrak{P})-\log(m+1)\mathrm{Deg}\,\mathfrak{P}\leqslant\frac{Ht_{\boldsymbol{d}}(\mathfrak{P})}{d_1\cdots d_r}\leqslant Ht(\mathfrak{P})+\log(m+1)\mathrm{Deg}\,\mathfrak{P}$.

证 (i) 由命题 6.1.4 知 $\mathfrak{E}_{\boldsymbol{d}}(\mathfrak{P})=(f)$是主理想,$f$ 是其生成元,亦即指标为 $\boldsymbol{d}$ 的 U 消元形式. 从本章附录 5 的注 6 知,f 的全次数 $\deg f=\sum_{j=1}^{r}\deg_{u_j}f=d^*(\mathfrak{P})\sum_{j=1}^{r}\prod_{l\neq j}d_l=d^*(\mathfrak{P})\cdot d_1\cdots d_r\left(\sum_{j=1}^{r}\frac{1}{d_j}\right)$; 特别地,当 $\boldsymbol{d}=(1,\cdots,1)$ 时, $\mathrm{Deg}\,\mathfrak{P}=\mathrm{Deg}_{(1,\cdots,1)}\mathfrak{P}=d^*(\mathfrak{P})\cdot\sum_{j=1}^{r}1=rd^*(\mathfrak{P})$,所以 $d^*(\mathfrak{P})=\frac{1}{r}\mathrm{Deg}\,\mathfrak{P}$. 于是

$$\mathrm{Deg}_{\boldsymbol{d}}(\mathfrak{P})=\deg f=d_1\cdots d_r\cdot\frac{1}{r}\left(\sum_{j=1}^{r}\frac{1}{d_j}\right)\mathrm{Deg}\,\mathfrak{P}.$$

(ii) 设 f 和g 分别是 $\mathfrak{P}$ 的指标为 $\boldsymbol{d}=(d_1,\cdots,d_r)$ 及 $\boldsymbol{e}=(d_1,\cdots,d_{r-1},1)$的 U

消元形式.类似于命题 6.2.2 的证明,设$|\cdot|_v$是$\mathbb{K}$上一个绝对值,$\widetilde{\rho}: \mathbb{C}_v[d_1, \cdots, d_{r-1}] \to \mathbb{C}_v$是一个同态,适合$|\widetilde{\rho}(u_{\mathfrak{M}}^{(j)})|_{(v)} = 1(j = 1, \cdots, r-1$及$\mathfrak{M} \in \mathscr{M}_{d_j})$,并且$\widetilde{\rho}(f) \neq 0$, $\widetilde{\rho}(g) \neq 0$. 那么$\mathscr{Y} = \mathscr{Z}(\widetilde{\rho}(\mathfrak{P}[d_1, \cdots, d_{r-1}]))$是$\mathbb{P}_m(\mathbb{C}_v)$的有限子集,并且由引理 6.2.3 及注 6.2.1 可知,存在正整数$l_{\boldsymbol{\eta}}$和$k_{\boldsymbol{\eta}}(\boldsymbol{\eta} \in \mathscr{Y})$,以及$\lambda, \mu \in \mathbb{C}_v$满足

$$\sum_{\boldsymbol{\eta} \in \mathscr{Y}} l_{\boldsymbol{\eta}} = \sum_{\boldsymbol{\eta} \in \mathscr{Y}} k_l = d_1 \cdots d_{r-1} d^*(\mathfrak{P}) \tag{6.2.20}$$

(参见本章附录 5 的注 6),并且使

$$\widetilde{\rho}(f) = \lambda \prod_{\boldsymbol{\eta} \in \mathscr{Y}} U_r(\boldsymbol{\eta})^{l_{\boldsymbol{\eta}}}, \quad \widetilde{\rho}(g) = \mu \prod_{\boldsymbol{\eta} \in \mathscr{Y}} L_r(\boldsymbol{\eta})^{k_{\boldsymbol{\eta}}} \tag{6.2.21}$$

(对于每个$\boldsymbol{\eta} \in \mathscr{Y}$可依据$\lambda, \mu$固定其一组投影坐标). 定义同态$\rho: \mathbb{K}[d_r] \to \mathbb{K}[1]$为$\rho(U_r) = L_r^{d_r}$,那么由命题 6.1.2 可以验证$\rho(f) = \lambda_0 g^{d_1}$,其中,$\lambda_0 \in \mathbb{K}$(与$\widetilde{\rho}$无关). 于是我们可算出

$$\begin{aligned} \lambda \prod_{\boldsymbol{\eta} \in \mathscr{Y}} L_r(\boldsymbol{\eta})^{d_r l_{\boldsymbol{\eta}}} &= \rho \circ \widetilde{\rho}(f) = \widetilde{\rho} \circ \rho(f) = \lambda_0 \widetilde{\rho}(g)^{d_r} \\ &= \lambda_0 \mu^{d_r} \prod_{\boldsymbol{\eta} \in \mathscr{Y}} L_r(\boldsymbol{\eta})^{d_r k_{\boldsymbol{\eta}}}, \end{aligned}$$

因此$\lambda / \mu^{d_r} = \lambda_0 \in \mathbb{K}$,并且$l_{\boldsymbol{\eta}} = k_{\boldsymbol{\eta}}$(对所有$\boldsymbol{\eta} \in \mathscr{Y}$).

设$v \notin \mathscr{M}_\infty$,那么易证对所有$\boldsymbol{\eta} = (\eta_0, \cdots, \eta_m) \in \mathscr{Y}$,有

$$M_v(U_r(\boldsymbol{\eta})) = \max_{0 \leqslant i \leqslant m} |\eta_i|_{(v)}^{d_r} = M_v(L_r(\boldsymbol{\eta}))^{d_r},$$

于是$M_v(\widetilde{\rho}(f)) = |\lambda_0|_v M_v(\widetilde{\rho}(g))^{d_r}$,并且由式(6.2.9)(当$v \notin \mathscr{M}_\infty$时它是等式)得到

$$M_v(f) = |\lambda_0|_v M_v(g)^{d_r}.$$

现设$v \in \mathscr{M}_\infty$. 由M_v的定义及命题 6.1.5(并参见本章附录 5 的注 9),对所有$\boldsymbol{\eta} = (\eta_0, \cdots, \eta_m) \in \mathscr{Y}$,有

$$\begin{aligned} M_v(U_r(\boldsymbol{\eta})) &\leqslant (m+1)^{d_r} \left(\max_{0 \leqslant i \leqslant m} |\eta_i|_{(v)} \right)^{d_r} \\ &\leqslant ((m+1) M_v(L_r(\boldsymbol{\eta})))^{d_r}, \end{aligned}$$

以及

$$M_r(U_r(\boldsymbol{\eta})) \geqslant \left(\max_{0 \leqslant i \leqslant m} |\eta_i|_{(v)} \right)^{d_r} \geqslant ((m+1)^{-1} M_v(L_r(\boldsymbol{\eta})))^{d_r}.$$

由此及式(6.2.20)和式(6.2.21),并注意$l_{\boldsymbol{\eta}} = k_{\boldsymbol{\eta}}$,可得

$$\begin{aligned} \prod_{\boldsymbol{\eta} \in \mathscr{Y}} (m+1)^{-k_{\boldsymbol{\eta}} d_r} \prod_{\boldsymbol{\eta} \in \mathscr{Y}} M_v(L_r(\boldsymbol{\eta})^{k_{\boldsymbol{\eta}}})^{d_r} &\leqslant \prod_{\boldsymbol{\eta} \in \mathscr{Y}} M_v(U_r(\eta)^{l_{\boldsymbol{\eta}}}) \\ &\leqslant \prod_{\boldsymbol{\eta} \in \mathscr{Y}} (m+1)^{k_{\boldsymbol{\eta}} d_r} \prod_{\boldsymbol{\eta} \in \mathscr{Y}} M_v(L_r(\boldsymbol{\eta})^{k_{\boldsymbol{\eta}}})^{d_r}, \end{aligned}$$

或即

$$(m+1)^{-d_1\cdots d_r d^*(\mathfrak{P})} M_v(\widetilde{\rho}(g))^{d_r} \leqslant \frac{M_v(\widetilde{\rho}(f))}{|\lambda_0|_v} \leqslant (m+1)^{d_1\cdots d_r d^*(\mathfrak{P})} M_v(\widetilde{\rho}(g))^{d_r}.$$

注意$\widetilde{\rho}$ 的定义,由此可得对所有 $v\in M$,有

$$(m+1)^{-d_1\cdots d_r d^*(\mathfrak{P})} M_v(g)^{d_r} \leqslant \frac{M_v(f)}{|\lambda_0|_v} \leqslant (m+1)^{d_1\cdots d_r d^*(\mathfrak{P})} M_v(f).$$

注意 $\sum\limits_v n_v \log|\lambda_0|_v = [\mathbb{K}:\mathbb{Q}]\boldsymbol{h}(\lambda_0) = 0$,由 $\boldsymbol{h}(\cdot)$ 的定义得

$$\begin{aligned} d_r\boldsymbol{h}(g) - d_1\cdots d_r\log(m+1)\cdot d^*(\mathfrak{P}) &\leqslant \boldsymbol{h}(f) \\ &\leqslant d_r\boldsymbol{h}(g) + d_1\cdots d_r\log(m+1)\cdot d^*(\mathfrak{P}). \end{aligned}$$

它可改写为

$$\begin{aligned} \frac{Ht_{\boldsymbol{e}}(\mathfrak{P})}{d_1\cdots d_{r-1}} - \log(m+1)\cdot d^*(\mathfrak{P}) &\leqslant \frac{Ht_{\boldsymbol{d}}(\mathfrak{P})}{d_1\cdots d_r} \\ &\leqslant \frac{Ht_{\boldsymbol{e}}(\mathfrak{P})}{d_1\cdots d_{r-1}} + \log(m+1)\cdot d^*(\mathfrak{P}). \end{aligned}$$

类似地,我们有

$$\begin{aligned} \frac{Ht_{\boldsymbol{f}}(\mathfrak{P})}{d_1\cdots d_{r-2}} - \log(m+1)\cdot d^*(\mathfrak{P}) &\leqslant \frac{Ht_{\boldsymbol{e}}(\mathfrak{P})}{d_1\cdots d_{r-1}} \\ &\leqslant \frac{Ht_{\boldsymbol{f}}(\mathfrak{P})}{d_1\cdots d_{r-2}} + \log(m+1)\cdot d^*(\mathfrak{P}), \end{aligned}$$

其中,$\boldsymbol{e} = (d_1, \cdots, d_{r-1}, 1)$, $\boldsymbol{f} = (d_1, \cdots, d_{r-2}, 1, 1)$;等等,最终得

$$\begin{aligned} Ht(\mathfrak{P}) - r\log(m+1)\cdot d^*(\mathfrak{P}) &\leqslant \frac{Ht_{\boldsymbol{d}}(\mathfrak{P})}{d_1\cdots d_r} \\ &\leqslant Ht(\mathfrak{P}) + r\log(m+1)\cdot d^*(\mathfrak{P}). \end{aligned}$$

在(i)中我们已证 $\mathrm{Deg}\,\mathfrak{P} = rd^*(\mathfrak{P})$,于是(ii)得证. □

引理 6.2.4 设 $v\in\mathscr{M}$, $\boldsymbol{\xi}, \boldsymbol{\eta}\in\mathbb{P}_m(\mathbb{C}_v)$, $d\in\mathbb{N}$.则当 $v\in\mathscr{M}_\infty$ 时,有

$$\begin{aligned} (2(m+1))^{-2(d+1)}\mathrm{Dist}_v(\boldsymbol{\eta}, \boldsymbol{\xi}) &\leqslant \mathrm{Dist}_{v,d}(\boldsymbol{\eta}, \boldsymbol{\xi}) \\ &\leqslant (2(m+1))^{2(d+1)}\mathrm{Dist}_v(\boldsymbol{\eta}, \boldsymbol{\xi}); \end{aligned}$$

当 $v\notin\mathscr{M}_\infty$ 时,有

$$\mathrm{Dist}_{v,d}(\boldsymbol{\eta}, \boldsymbol{\xi}) = \mathrm{Dist}_v(\boldsymbol{\eta}, \boldsymbol{\xi}).$$

证 记 $\boldsymbol{\xi} = (\xi_0, \cdots, \xi_m)$, $\boldsymbol{\eta} = (\eta_0, \cdots, \eta_m)$. 不妨设

$$|\xi_{i_0}|_{(v)} = \max_{0\leqslant i\leqslant m} |\xi_i|_{(v)} = 1, \quad |\eta_{j_0}|_{(v)} = \max_{0\leqslant j\leqslant m} |\eta_j|_{(v)} = 1.$$

那么对于所有 $e\in\mathbb{N}$,当 $v\in\mathscr{M}_\infty$ 时,有

$$(m+1)^{-2e}\max \Delta_{\mathfrak{M},\mathfrak{M}'} \leqslant \mathrm{Dist}_{v,e}(\boldsymbol{\eta},\boldsymbol{\xi}) \leqslant (m+1)^{2e}\max \Delta_{\mathfrak{M},\mathfrak{M}'}; \tag{6.2.22}$$

而当 $v\notin\mathscr{M}_\infty$ 时,有

$$\mathrm{Dist}_{v,e}(\boldsymbol{\eta},\boldsymbol{\xi}) = \max \Delta_{\mathfrak{M},\mathfrak{M}'}, \tag{6.2.23}$$

其中

$$\Delta_{\mathfrak{M},\mathfrak{M}'} = |\mathfrak{M}(\boldsymbol{\xi})\mathfrak{M}'(\boldsymbol{\eta}) - \mathfrak{M}(\boldsymbol{\eta})\mathfrak{M}'(\boldsymbol{\xi})|_{(v)},$$

且 max 取自所有 $\mathfrak{M}\neq\mathfrak{M}'\in\mathscr{M}_d$. 我们还记 $\mathscr{E}_v = \dfrac{1}{2}$, $a_v = 2(m+1)$ ($v\in\mathscr{M}_\infty$)及 $\mathscr{E}_v = a_v = 1$ ($v\notin\mathscr{M}_\infty$).

设 $\mathfrak{M} = \prod_{l=1}^{d} x_{i_l}$, $\mathfrak{M}' = \prod_{l=1}^{d} x_{j_l}$ 是 $\mathscr{M}_d$ 中两个不同的单项式,那么易验证

$$\mathfrak{M}(\boldsymbol{\xi})\mathfrak{M}'(\boldsymbol{\eta}) = \prod_{l=1}^{d}((\xi_{i_l}\eta_{j_l} - \xi_{j_l}\eta_{i_l}) + \xi_{j_l}\eta_{i_l}),$$

由此可推出

$$\Delta_{\mathfrak{M},\mathfrak{M}'} \leqslant \mathscr{E}_v^{-2d} \max_{0\leqslant i<j\leqslant m} \Delta_{x_i,x_j}.$$

将此式与式(6.2.22)和式(6.2.23)(分别取 $e=d$ 及 $e=1$) 结合,即得

$$\mathrm{Dist}_{v,d}(\boldsymbol{\eta},\boldsymbol{\xi}) \leqslant a_v^{2(d+1)}\mathrm{Dist}_v(\boldsymbol{\eta},\boldsymbol{\xi}). \tag{6.2.24}$$

现令 $\Delta_{x_i,x_j} = \max\limits_{0\leqslant k<l\leqslant m} \Delta_{x_k,x_l}$,考虑下列三种情形:

(i) 设 $\Delta_{x_{i_0},x_{j_0}} < \mathscr{E}_v^{2d}\Delta_{x_i,x_j}$. 取 $\mathfrak{M} = x_i x_{j_0}^{d-1}$ 及 $\mathfrak{M}' = x_j x_{i_0}^{d-1}$, 我们得

$$\Delta_{\mathfrak{M},\mathfrak{M}'} \geqslant \Delta_{x_i,x_j} - \mathscr{E}_v^{-2d+1}\Delta_{x_{i_0},x_{j_0}} \geqslant \mathscr{E}_v\Delta_{x_i,x_j};$$

(ii) 设 $\Delta_{x_{i_0},x_{j_0}} \geqslant \mathscr{E}_v^{2d}\Delta_{x_i,x_j}$,并且 $|\xi_{j_0}\eta_{i_0}|_{(v)} \geqslant \mathscr{E}_v^{1/d}$. 取 $\mathfrak{M} = x_{i_0}x_{j_0}^{d-1}$ 及 $\mathfrak{M}' = x_{j_0}^{d}$, 由于 $|\xi_{j_0}|_{(v)} \geqslant \mathscr{E}_v^{1/d}$ 及 $|\eta_{j_0}|_{(v)} = 1$, 我们得

$$\Delta_{\mathfrak{M},\mathfrak{M}'} \geqslant |\xi_{j_0}\eta_{j_0}|_{(v)}^{d-1}\Delta_{x_{i_0},x_{j_0}} \geqslant \mathscr{E}_v^{2d+1}\Delta_{x_i,x_j};$$

(iii) 设 $\Delta_{x_{i_0},x_{j_0}} \geqslant \mathscr{E}_v^{2d}\Delta_{x_i,x_j}$,并且 $|\xi_{j_0}\eta_{i_0}|_{(v)} < \mathscr{E}_v^{1/d}$. 取 $\mathfrak{M} = x_{i_0}^{d}$ 及 $\mathfrak{M}' = x_{j_0}^{d}$, 由于 $\Delta_{x_i,x_j} \leqslant \mathscr{E}_v^{-1}$, 我们得

$$\Delta_{\mathfrak{M},\mathfrak{M}'} \geqslant \mathscr{E}_v \geqslant \mathscr{E}_v^{2}\Delta_{x_i,x_j}.$$

将此三种情形中的结果与关系式(6.2.22)和式(6.2.23)(其中分别取 $e=d$ 及 $e=1$)结合,可得反向不等式

$$\mathrm{Dist}_{v,d}(\boldsymbol{\eta},\boldsymbol{\xi}) \geqslant a_v^{-2(d+1)}\mathrm{Dist}_v(\boldsymbol{\eta},\boldsymbol{\xi}). \tag{6.2.25}$$

由式(6.2.24)和式(6.2.25)即得所要的结论. □

命题 6.2.6 设 $\mathfrak{P}\subset A=\mathbb{K}[x_0,\cdots,x_m]$ 是高为 m 的齐次素理想, $d\in\mathbb{N}$, $v\in\mathscr{M}$. 还设 $\boldsymbol{\xi}\in\mathbb{P}_m(\mathbb{C}_v)$. 则当 $v\in\mathscr{M}_\infty$ 时,有

$$\begin{aligned}\|\mathfrak{P}\|_{\xi,v}(2(m+1))^{-2(d+1)\mathrm{Deg}\mathfrak{P}} &\leqslant \|\mathfrak{P}\|_{\xi,v,d}\\ &\leqslant \|\mathfrak{P}\|_{\xi,v}(2(m+1))^{2(d+1)\mathrm{Deg}\mathfrak{P}};\end{aligned}$$

而当 $v\notin\mathscr{M}_\infty$ 时,有

$$\|\mathfrak{P}\|_{\xi,v,d}=\|\mathfrak{P}\|_{\xi,v}.$$

证 注意对所有 $e\in\mathbb{N}$ 有

$$\|\mathfrak{P}\|_{\xi,v,e}=\prod_{\boldsymbol{\eta}\in\mathscr{Z}(\mathfrak{P})}\mathrm{Dist}_{v,e}(\boldsymbol{\eta},\boldsymbol{\xi}), \tag{6.2.26}$$

其中, $\mathscr{Z}(\mathfrak{P})$ 表示理想 $\mathfrak{P}$ 在 $\mathbb{P}_m(\mathbb{C}_v)$ 中零点的集合,其元素个数为 $\mathrm{Deg}\,\mathfrak{P}$(关系式(6.2.26)可用类似本章附录 5 中命题 4 的证法证明),于是应用引理 6.2.4 易得本命题. □

6.3 Philippon 代数无关性判别法则

我们首先叙述这个判别法则,并证明它的一些推论.

定理 6.3.1(Philippon 代数无关性判别法则[103]) 设 $\mathbb{K}$ 是一个数域, $|\cdot|_v$ 是 $\mathbb{K}$ 上的一个绝对值, $\boldsymbol{\theta}_0=(\theta_1,\cdots,\theta_m)\in\mathbb{C}_v^m$. 设存在 $\mathbb{K}[x_1,\cdots,x_m]$ 中的素理想 $\mathscr{E}$,其高为 $m-k$(此处 $0\leqslant k\leqslant m$),使对所有多项式 $P\in\mathscr{E}$ 有 $P(\theta_1,\cdots,\theta_m)=0$. 还设 σ,δ,R 及 S 是定义在 $\mathbb{N}$ 上的函数,具有下列性质:

(i) 它们都是增函数,并且当 $N\in\mathbb{N}$ 充分大时其值均 $\geqslant 1$;

(ii) 函数 $\tau=\sigma+\delta\to+\infty\ (N\to+\infty)$;

(iii) 函数 $S/(\tau\delta^k)$ 是 $N\in\mathbb{N}$ 的增函数;

(iv) 对所有充分大的 $N\in\mathbb{N}$,有

$$S(N)^{k+2}\geqslant C\tau(N+1)\delta(N+1)^k(S(N)^{k+1}+R(N+1)^{k+1}), \tag{6.3.1}$$

其中，$C = C(m, [\mathbb{K}:\mathbb{Q}], \mathscr{E}) \geqslant 1$ 是一个常数.那么不可能存在$\mathbb{K}[x_1, \cdots, x_m]$中的理想序列$\{I_N\}_{N\geqslant N_0}$具有下列性质：

(i) 对所有 $N\geqslant N_0$，理想 I_N 在$\mathbb{C}_v^m$中以 $\boldsymbol{\theta}_0$ 为中心，$\exp(-R(N))$为半径的闭球$B(\boldsymbol{\theta}_0, \exp(-R(N)))$中只有有限多个零点；

(ii) 理想 $I_N(N\geqslant N_0)$由多项式 $Q_1^{(N)}, \cdots, Q_{n(N)}^{(N)}$ 生成，其中，$\deg Q_i^{(N)} \leqslant \delta(N)$，$\overline{h}(Q_i^{(N)}) \leqslant \sigma(N)$，且 $Q_i^{(N)}$ 满足不等式

$$0 < \max_{1\leqslant i\leqslant n(N)} \{ | Q_i^{(N)}(\theta_1, \cdots, \theta_m) |_{(v)} \} \leqslant \exp(-S(N)). \tag{6.3.2}$$

注 6.3.1 (i) 注意 $k = \dim \mathscr{E} = \mathrm{trdeg}_{\mathbb{K}} \mathrm{K}[x_1, \cdots, x_m]/\mathscr{E} = \mathrm{trdeg}_{\mathbb{K}} \mathrm{K}(\theta_1, \cdots, \theta_m)$(见文献[141]，第二卷第 90 页及第 170-171 页)；

(ii) 定理中用$\max\{S(N-1), R(N)\}$代替 $R(N)$，$[\delta(N)]+1$ 代替 $\delta(N)$，$C/2^{k+1}$ 代替 C，则对所有 $N\in\mathbb{N}$ 有 $S(N)\leqslant R(N+1)$，因而$R(N)\to\infty(N\to\infty)$以及$\delta(N)\in\mathbb{N}$；

(iii) 为不失一般性，我们还可设 $\|\boldsymbol{\theta}_0\|_{(v)} = \max\limits_{1\leqslant i\leqslant m}\{|\theta_i|_{(v)}\} \leqslant 1$. 实际上，如果 $|\theta_1|_{(v)} > 1$，那么我们对 $\mathscr{E}$ 及 $Q_i^{(N)}(i=1, \cdots, n(N))$作变换

$$P(x_1, \cdots, x_m) \mapsto x_1^{\deg_{x_1} P} P\left(\frac{1}{x_1}, x_2, \cdots, x_m\right),$$

并且用函数 $2R(N)$代替 $R(N)$(此处 $R(N)\to+\infty(N\to\infty)$)，用 $C/2^{k+1}$代替 C，适当改变 N_0，那么定理的假设对点$\left(\frac{1}{\theta_1}, \theta_2, \cdots, \theta_m\right)$成立，而此时 $\left|\frac{1}{\theta_1}\right|_{(v)} \leqslant 1$. 可以对所有适合 $|\theta_j|_{(v)} > 1$ 的 j 实施同样的变换.

注 6.3.2 为了应用这个定理求出 $\theta_1, \cdots, \theta_m$(在$\mathbb{Q}$上)的超越次数，通常的做法是：假定这个超越次数较小，亦即 k 较小，然后应用解析方法构造出满足定理所有条件的理想序列，从而得到矛盾，于是得到超越次数的较大的下界.

现在给出定理 6.3.1 的一些推论.

推论 6.3.1(Gelfond 超越性判别法则) 设 $\theta\in\mathbb{C}$，τ 和 δ 是定义在$\mathbb{N}$上的取正整数值的递增函数，并且当 $N\to\infty$ 时趋于无穷.还设 C_1 是充分大的与 θ, τ, δ 无关的正数.那么不存在$\mathbb{Z}[x]$中的多项式序列$\{P_N\}_{N\in\mathbb{N}}$，使得对所有 $N\in\mathbb{N}$ 有 $t(P_N) = \deg P_N + \log H(P_N) \leqslant \tau(N)$，$\deg P_N \leqslant \delta(N)$ 以及

$$0 < | P_N(\theta) | \leqslant \exp(-C_1\tau(N+1)\delta(N+1)).$$

注 6.3.3 Gelfond 超越性判别法则的这种表述形式可见，例如，文献[10].易见它与《超越数：基本理论》第 4 章定理 4.1.1 中的叙述形式是等价的.

证 取 $\mathbb{K}=\mathbb{Q}$，$|\cdot|_v$ 是平常的绝对值，$m=1$. 令 $\theta\in\mathbb{C}$，$\mathscr{E}=(0)$(即 $k=1$). 我们还对所有 $N\in\mathbb{N}$，令 $R(N)=1$，$S(N)=C_1\tau(N+1)\delta(N+1)$，此处 $C_1 > C(1, 1,$

(0)). 定理 6.3.1 断言不存在理想序列$(I_N)_{N\in\mathbb{N}}$且 $I_N=(P_N)$，使得 $t(P_N)\leqslant\tau(N)$，$\deg P_N\leqslant\delta(N)$ 及 $0<|P_N(\theta)|\leqslant\exp(-C_1\tau(N+1)\delta(N+1))$，这正是推论 6.3.1 中的结论. □

推论 6.3.2(Chudnovsky[24] 及 Reyssat[110]) 设点 $\boldsymbol{\theta}_0=(\theta_1,\cdots,\theta_m)\in\mathbb{C}^m$，$\eta\geqslant 2^m$ 是一个实数，a_1 和 a_2 是两个给定实数满足不等式

$$0<a_2<a_1<\frac{2^m}{2^m-1}a_2.$$

那么不存在$\mathbb{Z}[x_1,\cdots,x_m]$中的多项式序列$\{P_N\}_{N\geqslant N_0}$使对所有 $N\geqslant N_0$ 有 $t(P_N)\leqslant N$ 及

$$\exp(-N^{\eta+a_1})<|P_N(\theta_1,\cdots,\theta_m)|<\exp(-N^{\eta+a_2}).$$

证 取 $\mathbb{K}=\mathbb{Q}$，$|\cdot|_v$ 为平常绝对值，$\mathscr{E}=(0)(k=m)$. 对所有 $N\in\mathbb{N}$ 令 $\tau(N)=2N$，$S(N)=N^{\eta+a_2}$ 及 $R(N)=3N^{\eta+a_1}$. $|P_N(\boldsymbol{\theta}_0)|$ 的下界条件保证了理想 $I_N=(P_N)$ 在球 $B(\boldsymbol{\theta}_0,\exp(-R(N)))\subset\mathbb{C}^m$ 中没有零点. 函数 σ，δ，R 及 S 所满足的关系式归结为不等式

$$0<\eta+a_2-m-1 \quad 及 \quad a_1-a_2<\frac{1}{m+1}(\eta+a_2-m-1).$$

因为 $\eta\geqslant m+1$，$0<a_1<\left(1+\dfrac{1}{m+1}\right)a_2$，所以它们成立. □

注 6.3.4 Y. V. Nesterenko[69]证明了下述结果，它比推论 6.3.2 稍一般些：设 θ_1，$\cdots$，$\theta_s\in\mathbb{C}$，$s\geqslant 1$，$\mu(N)$，$\mu_1(N)$及$\mu_2(N)$是 $N\in\mathbb{N}$ 的非负函数，$\lim\limits_{N\to\infty}\mu(N)=+\infty$，并且

$$\mu(N+1)\leqslant a\mu(N),\quad \mu_1(N+1)\leqslant a\mu_1(N),$$

其中，$a\geqslant 1$是一个常数. 还设$\gamma>1$，存在$\mathbb{Z}[x_1,\cdots,x_s]$中的多项式序列$\{R_N\}_{N\geqslant N_0}$满足 $t(R_N)\leqslant\mu(N)$ 及

$$-\mu(N)^\gamma\mu_1(N)\leqslant\log|R_N(\theta_1,\cdots,\theta_s)|\leqslant-\mu(N)^\gamma\mu_2(N).$$

那么存在一个足够大的常数 $\gamma_0>0$(仅与 θ_i，γ，a 有关) 具有下列性质：若对于 $N\geqslant N_0$ 有

$$\mu_2(N)^2\geqslant\gamma_0\mu_1(N),$$

则 θ_1，$\cdots$，θ_s 中至少有 $1+[\log_2\gamma]$ 个数(在$\mathbb{Q}$上)代数无关.

设命题结论不真，不妨设 θ_1，$\cdots$，θ_m 是(在$\mathbb{Q}$上)代数无关的最大数组，$m\leqslant s$，$\gamma>2^m$. 那么存在$\mathbb{Z}[x_1,\cdots,x_m]$中的多项式序列$\{Q_N\}_{N\geqslant N_0}$适合 $t(Q_N)\leqslant\gamma_1\mu(N)$及

$$-\gamma_2\mu(N)^r\mu_1(N)\leqslant\log|Q_N(\theta_1,\cdots,\theta_m)|$$

$$\leqslant -\gamma_3\mu(N)^r\mu_2(N).$$

Nesterenko[69]证明了上式左边可换为 $-\gamma_4\mu(N)^\gamma$，此处 $\gamma_i>0$ 是常数，从而易得矛盾.

如果在上述法则中用 $\widetilde{\mu}(N)=\max\{\mu(N-1),\ \mu(N)\}$ 代替 $\mu(N)$，还设 $\mu_1(N)$，$\mu_2(N)$ 都是增函数，那么可以验证它也是定理 6.3.1 的一个推论.

推论 6.3.3(P. Philippon[101]) 设 $\boldsymbol{\theta_0}=(\theta_1,\ \cdots,\ \theta_m)\in\mathbb{C}^m$，$C_2=C_2(m)>0$ 是一个充分大的常数，那么不可能存在 $\mathbb{Z}[x_0,\ \cdots,\ x_m]$ 中齐次理想序列 $\{I_N\}_{N\geqslant N_0}$，$I_N=(P_1^{(N)},\ \cdots,\ P_{n(N)}^{(N)})$，它们在 $\mathbb{P}_m(\mathbb{C})$ 中的零点簇维数为 0，并且对所有 $N\geqslant N_0$ 及 $i=1,\cdots,n(N)$，$t(P_i^{(N)})\leqslant N$ 以及

$$0<\max_{1\leqslant i\leqslant n(N)}|P_i^{(N)}(1,\ \theta_1,\ \cdots,\ \theta_m)|\leqslant\exp(-C_2N^{m+1}).$$

证 取 $\mathbb{K}=\mathbb{Q}$，$|\cdot|_v$ 为平常绝对值，$\mathscr{E}=(0)$(于是 $k=m$). 对所有 $N\in\mathbb{N}$ 令 $\tau(N)=2N$，$R(N)=1$，$S(N)=C_2(N+1)^{m+1}$，其中，$C_2>2^{m+1}C(m,\ 1,\ (0))$. 推论中的假设条件保证了当 $N\geqslant N_0$ 时由 $P_i^{(N)}(1,\ x_1,\ \cdots,\ x_m)(i=1,\ \cdots,\ n(N))$ 生成的 $\mathbb{Q}[x_1,\ \cdots,\ x_m]$ 中的理想 $\widetilde{I}_N$ 在球 $B(\boldsymbol{\theta_0},\ \mathrm{e}^{-1})\subset\mathbb{C}^m$ 中只有有限多个零点，因而由定理 6.3.1 知推论成立. □

推论 6.3.4(M. Waldschmidt 和 Y. C. Zhu[132]) 设 $(\theta_1,\ \cdots,\ \theta_m)\in\mathbb{C}^m$，$\eta\geqslant2^m$ 是给定实数，$C_3=C_3(m)>0$ 是一个足够大的常数，那么不可能存在 $\mathbb{Z}[x_1,\ \cdots,\ x_m]$ 中多项式组的序列 $\{(P_1^{(N)},\ \cdots,\ P_{n(N)}^{(N)})\}_{N\geqslant N_0}$ 具有下列性质：对所有 $N\geqslant N_0$ 及所有 $i=1,\ \cdots,\ n(N)$，$t(P_i^{(N)})\leqslant N$，并且对所有适合

$$\max_{1\leqslant i\leqslant m}|z_i-\theta_i|\leqslant\exp(-3C_3N^\eta)$$

的点 $(z_1,\ \cdots,\ z_m)\in\mathbb{C}^m$ 有

$$0<\max_{1\leqslant i\leqslant n(N)}|P_i^{(N)}(z_1,\ \cdots,\ z_m)|\leqslant\exp(-C_3N^\eta).$$

这个结果被改进为下述推论：

推论 6.3.5(P. Philippon[103]) 设 $\boldsymbol{\theta}=(\theta_1,\ \cdots,\ \theta_m)\in\mathbb{C}^m$，$\eta\geqslant m+1$，$C_4=C_4(m)>0$ 是足够大的常数，那么不可能存在 $\mathbb{Z}[x_1,\ \cdots,\ x_m]$ 中的理想序列 $\{I_N\}_{N\geqslant N_0}$，$I_N=(P_1^{(N)},\ \cdots,\ P_{n(N)}^{(N)})$，它们在球 $B(\boldsymbol{\theta},\ \exp(-3C_4N^\eta))\subset\mathbb{C}^m$ 中零点的集合是有限集，并且对所有 $N\geqslant N_0$ 及所有 $i=1,\ \cdots,\ n(N)$ 有 $t(P_i^{(N)})\leqslant N$ 及

$$0<\max_{1\leqslant i\leqslant n(N)}|P_i^{(N)}(\theta_1,\ \cdots,\ \theta_m)|\leqslant\exp(-C_4N^\eta).$$

证 取 $\mathbb{K}$，$|\cdot|_v$ 及 $\mathscr{E}$ 同上($k=m$). 对 $N\in\mathbb{N}$ 令 $\tau(N)=2N$，$S(N)=C_4(N+1)^\eta$，$R(N)=3C_4N$，其中，$C_4>(2^{k+1}+6^{k+1})\cdot C(m,\ 1,\ (0))$. 于是容易验证定理 6.3.1 的诸条件在此被满足. □

定理6.3.1之证 在证明中我们固定数域$\mathbb{K}$的一个绝对值$|\cdot|_v$及点$\boldsymbol{\theta}=(1,\theta_1,\cdots,\theta_m)\in\mathbb{P}_m(\mathbb{C}_v)$,其中,$\boldsymbol{\theta}_0=(\theta_1,\cdots,\theta_m)$如定理所述.显然可认为$\mathbb{K}\subseteq\mathbb{C}_v$,并且为简单记,在记号$\mathrm{Dist}_{v,\boldsymbol{d}}(\cdot,\cdot)$,$\|\cdot\|_{\boldsymbol{\theta},v,\boldsymbol{d}}$,$|\cdot|_{(v)}$及$M_v$中有时省略下标$\boldsymbol{\theta}$和$v$.还设

$$\boldsymbol{\eta}=(\eta_0,\cdots,\eta_m)\in\mathbb{P}_m(\mathbb{C}_v),\quad \eta_0\neq 0.$$

如在命题6.1.8中那样,定义$|\boldsymbol{\eta}|=\max\limits_{1\leqslant i\leqslant m}|\boldsymbol{\eta}_i/\boldsymbol{\eta}_0|$.如果$P\in\mathbb{C}_v[x_1,\cdots,x_m]$,则记相应的齐次多项式

$$^hP(x_0,\cdots,x_m)=x_0^{\deg P}\cdot P\left(\frac{x_1}{x_0},\cdots,\frac{x_m}{x_0}\right)\in\mathbb{C}_v[x_0,\cdots,x_m].$$

对于理想$I\subset\mathbb{C}_v[x_1,\cdots,x_m]$(或$\mathbb{K}[x_1,\cdots,x_m]$),用$^hI$表示$\mathbb{C}_v[x_0,\cdots,x_m]$(或$\mathbb{K}[x_0,\cdots,x_m]$)中由多项式$^hP$生成的理想,其中,$P$遍历$I$中所有的多项式.另外,由注6.3.1,我们在定理6.3.1中还可设

$$|\boldsymbol{\theta}|\leqslant 1,\quad S(N)\leqslant R(N+1)\text{ 及 }\delta(N)\in\mathbb{N}\text{(对所有 }N\in\mathbb{N}\text{)}.\tag{6.3.3}$$

我们用反证法证明定理.假设存在$\mathbb{K}[x_1,\cdots,x_m]$中的理想序列$\{I_N\}_{N\geqslant N_0}$具有定理结论中的性质(i)和(ii)(称此为"辅助假设").由此证明存在无穷多个$N\geqslant N_0$使理想^hI_N在$\mathbb{P}_m(\mathbb{C}_v)$中有零点$\boldsymbol{\theta}$,亦即$Q_i^{(N)}(\theta_1,\cdots,\theta_m)=0$ $(i=1,\cdots,m(N))$,于是得到矛盾. □

对于所有$r\in\{1,\cdots,m\}$我们考虑下述断语:

断语(A_r) 存在整数$N_r\geqslant N_0$及$A=\mathbb{K}[x_0,\cdots,x_m]$中高为$m+1-r'\geqslant m+1-r$的齐次素理想序列$\{\mathfrak{P}_{N,r}\}_{N\geqslant N_r}$,满足

$(\mathrm{a})_{N,r}$ $\quad {}^h\mathscr{E}\subset\mathfrak{P}_{N,r+1}\subset\mathfrak{P}_{N,r}$;

$(\mathrm{b})_{N,r}$ $\quad Ht_{\boldsymbol{d}_{N,r'}}(\mathfrak{P}_{N,r})\leqslant c_1^{k-r+2}\tau(N)\delta(N)^k,$

$\qquad\qquad \mathrm{Deg}_{\boldsymbol{d}_{N,r'}}(\mathfrak{P}_{N,r})\leqslant c_1\delta(N)^k$;

$(\mathrm{c})_{N,r}$

$$\|\mathfrak{P}_{N,r}\|_{\boldsymbol{d}_{N,r'}}<\exp\Big\{-(Ht_{\boldsymbol{d}_{N,r'}}(\mathfrak{P}_{N,r})+\tau(N)\mathrm{Deg}_{\boldsymbol{d}_{N,r'}}(\mathfrak{P}_{N,r}))\cdot\left(\frac{S(N)}{\tau(N)\delta(N)^k}\right)^{\frac{r}{k+1}}\Big\},$$

其中,$\boldsymbol{d}_{N,r'}=(\delta(N),\cdots,\delta(N))\in\mathbb{N}^{r'}$,$c_1=c_1(m,\mathscr{E})\geqslant 1$是仅与$m$和$\mathscr{E}$有关的足够大的常数.

引理6.3.1 在定理6.3.1的假设下,断语(A_{k+1})成立.

证 取N_{k+1}作为"N_0",并且对所有$N\geqslant N_{k+1}$取$\mathfrak{P}_{N,k+1}={}^h\mathscr{E}$.因为$(\theta_1,\cdots,\theta_m)$是$\mathscr{E}$在$\mathbb{C}_v^m$中的零点,我们有$\|\mathfrak{P}_{N,k+1}\|_{\boldsymbol{d}_{N,k+1}}=0$(对所有$N\geqslant N_{k+1}$),因而不等式

$(\mathrm{c})_{N,\,k+1}$成立.对于所有 $N \geqslant N_{k+1}$,量 $Ht(\mathfrak{P}_{N,\,k+1})$ 及 $\mathrm{Deg}(\mathfrak{P}_{N,\,k+1})$ 仅与 m 及 $\mathscr{E}$ 有关,所以由命题 6.2.5 可推出不等式$(\mathrm{b})_{N,\,k+1}$. 另外,若取 $\mathfrak{P}_{N,\,k+2} = {}^h\mathscr{E}$, 则 $(\mathrm{a})_{N,\,k+2}$ 显然成立. □

现在归纳地证明下列引理:

引理 6.3.2 在定理 6.3.1 的假设下,断语(A_1)成立.

证 因为(A_{k+1})成立,所以只需对 $r = k+1, \cdots, 2$ 由(A_r)推出(A_{r-1}). 因此设 $r \in \{k+1, \cdots, 2\}$ 且(A_r)成立.对于 $N \geqslant N_r$,令 $X_{N,\,r} = \mathscr{Z}(\mathfrak{P}_{N,\,r}) \subset \mathbb{P}_m(\mathbb{C}_v)$. 由命题 6.2.4 及不等式$(\mathrm{c})_{N,\,r}$可推得,对所有 $N \geqslant N_r$ 有

$$\min_{\boldsymbol{\eta} \in X_{N,\,r}} \{\mathrm{Dist}_{\delta(N)}(\boldsymbol{\eta}, \boldsymbol{\theta})\} \leqslant \exp\left\{\left(c_2 - \left(\frac{S(N)}{\tau(N)\delta(N)^k}\right)^{\frac{r}{k+1}}\right) \cdot \left[\tau(N) + \frac{Ht_{d_{N,\,r'}}(\mathfrak{P}_{N,\,r})}{\mathrm{Deg}_{d_{N,\,r'}}\mathfrak{P}_{N,\,r}}\right]\right\}, \tag{6.3.4}$$

其中,$c_2 > 0$ 仅与 m 有关.由式(6.3.1)可得 $S(N)^{k+1} \cdot \dfrac{S(N+1)}{\tau(N+1)\delta(N+1)^k} \geqslant CR(N+1)^{k+1}$,于是由式(6.3.3)知 $\dfrac{S(N)}{\tau(N)\delta(N)^k} \to \infty\ (N \to \infty)$, 因而 N 充分大时,有

$$\frac{S(N)}{\tau(N)\delta(N)^k} \geqslant C > (c_2 + 12\log(3(m+1)))^{(k+1)/r},$$

其中,C 为一个足够大的常数,因此

$$\min_{\boldsymbol{\eta} \in X_{N,\,r}} \mathrm{Dist}_{\delta(N)}(\boldsymbol{\eta}, \boldsymbol{\theta}) < (3(m+1))^{-12\delta(N)}.$$

设 $\boldsymbol{\xi} = (\xi_0, \cdots, \xi_m) \in X_{N,\,r}$ 达到这个最小值,那么因为 $\|\boldsymbol{\theta}\| \leqslant 1$,所以可由引理 6.2.4 及命题 6.1.8(i)推出 $\xi_0 \neq 0$;并且由引理 6.2.4 及命题 6.1.8(ii) 推出

$$|\boldsymbol{\xi} - \boldsymbol{\theta}| < \frac{1}{2}\max\{1, |\boldsymbol{\xi}|\} \tag{6.3.5}$$

(不然将有 $\mathrm{Dist}_{\delta(N)}(\boldsymbol{\xi}, \boldsymbol{\theta}) \geqslant (2(m+1))^{-6\delta(N)}$). 再次应用引理 6.2.4 及命题 6.1.8(ii)最终得

$$\begin{aligned}\min_{\boldsymbol{\eta} \in X_{N,\,r}} |\boldsymbol{\eta} - \boldsymbol{\theta}| &\leqslant |\boldsymbol{\xi} - \boldsymbol{\theta}| \\ &\leqslant \mathrm{Dist}_{\delta(N)}(\boldsymbol{\xi}, \boldsymbol{\theta}) \cdot (2(m+1))^{6\delta(N)} \max\{1, |\boldsymbol{\xi}|\}.\end{aligned}$$

注意由式(6.3.5)可知 $|\boldsymbol{\xi} - \boldsymbol{\theta}| \leqslant \frac{1}{2}(1 + |\boldsymbol{\xi}|)$, 所以 $|\boldsymbol{\xi}| \leqslant |\boldsymbol{\xi} - \boldsymbol{\theta}| + |\boldsymbol{\theta}| \leqslant \frac{1}{2}(1 + |\boldsymbol{\xi}|) + 1 = \frac{3}{2} + \frac{|\boldsymbol{\xi}|}{2}$, 于是 $|\boldsymbol{\xi}| \leqslant 3$. 另外还要注意 $\boldsymbol{\xi}$ 的定义,我们从上式及式(6.3.4)得到

$$\min_{\boldsymbol{\eta}\in X_{N,r}} |\boldsymbol{\eta}-\boldsymbol{\theta}| \leqslant \exp\left\{\left(6\log(3(m+1))+c_2-\left(\frac{S(N)}{\tau(N)\delta(N)^k}\right)^{\frac{r}{k+1}}\right)\right.$$
$$\left.\cdot\left[\tau(N)+\frac{Ht_{\boldsymbol{d}_{N,r'}}(\mathfrak{P}_{N,r})}{\mathrm{Deg}_{\boldsymbol{d}_{N,r'}}\mathfrak{P}_{N,r}}\right]\right\}.$$

因为 $\tau(N)\to\infty(N\to\infty)$，所以由上式得

$$\min_{\boldsymbol{\eta}\in X_{N,r}} |\boldsymbol{\eta}-\boldsymbol{\theta}|\to 0 \quad (N\to\infty), \tag{6.3.6}$$

于是存在整数 $N_{r-1}\geqslant N_r$，使当 $N\geqslant N_{r-1}$ 时，有

$$\exp(-R(N_0)) > \min_{\boldsymbol{\eta}\in X_{N,r}} |\boldsymbol{\eta}-\boldsymbol{\theta}|.$$

对于每个 $N\geqslant N_{r-1}$，我们定义 $M=M(N)$（它$\geqslant N_0$ 而且与 N 有关）为满足 $M\leqslant N$ 而且 $\exp(-R(M))>\min_{\boldsymbol{\eta}\in X_{N,r}}\{\|\boldsymbol{\eta}-\boldsymbol{\theta}\|\}$ 的最大整数，于是 $M=N$，或者 $M<N$，而且满足

$$\exp(-R(M+1))\leqslant \min_{\boldsymbol{\eta}\in X_{N,r}} |\boldsymbol{\eta}-\boldsymbol{\theta}| < \exp(-R(M)). \tag{6.3.7}$$

现在区分 M 的两种情况构造理想 $\mathfrak{P}_{N,r-1}$. 在此两种情况中，若 $h^*(\mathfrak{P}_{N,r})\geqslant m-r+2$，则令 $\mathfrak{P}_{N,r-1}=\mathfrak{P}_{N,r}$（条件$(\mathrm{b})_{N,r-1}$及$(\mathrm{c})_{N,r-1}$可由条件$(\mathrm{b})_{N,r}$及$(\mathrm{c})_{N,r}$得到）. 不然，我们有 $h^*(\mathfrak{P}_{N,r})=m-r+1<m$，亦即 $\dim X_{N,r}=r-1>0$，由此及式(6.3.7)右半可知 $X_{N,r}\cap B(\boldsymbol{\theta},\exp(-R(M)))$ 是无限集. 而"辅助假设"表明 $\mathscr{Z}(I_M)\cap B(\boldsymbol{\theta},\exp(-R(M)))$ 是有限集，于是 $X_{N,r}\subsetneqq\mathscr{Z}(I_M)$，从而存在 I_M 的一个生成元，记为 $Q_i^{(M)}$，使 ${}^hQ_i^{(M)}\notin\mathfrak{P}_{N,r}$. 设 $x_j\notin\mathfrak{P}_{N,r}$，我们定义 $A[\boldsymbol{d}_{N,r-1}]$同态

$$\rho: A[\boldsymbol{d}_{N,r}]\to A[\boldsymbol{d}_{N,r-1}]$$

为 $\rho(U_r)=x_j^{\delta(N)-\deg Q_i^{(N)}}\cdot{}^hQ_i^{(M)}$，并设 f 是 $\mathfrak{P}_{N,r}$的指标为$\boldsymbol{d}_{N,r}$的U 消元形式. 考虑形式 $\rho(f)\in\mathbb{K}[\boldsymbol{d}_{N,r-1}]$；因为 $\rho(U_r)\notin\mathfrak{P}_{N,r}$，所以由引理 6.2.3 得

$$\rho(f)=\lambda\prod_{h=1}^{t}f_h^{l_h}, \tag{6.3.8}$$

其中，$f_1,\cdots,f_t$ 是与$\rho(\mathfrak{P}_{N,r}[\delta(N)])$相伴的高为 $m-r+2$ 的极小素理想的指标为 $\boldsymbol{d}_{N,r-1}$ 的 U 消元形式. 由引理 6.2.1，并结合命题 6.1.7 的(iii)和(v)以及假设$(\mathrm{b})_{N,r}$，且注意 $\overline{\boldsymbol{h}}(\rho(U_r))=\overline{\boldsymbol{h}}({}^hQ_i^{(M)})=\overline{\boldsymbol{h}}(Q_i^{(M)})\leqslant\tau(N)$ 及 c_1 足够大，可知对 $h=1,\cdots,t$ 有

$$\begin{aligned}\boldsymbol{h}(f_h)&\leqslant\boldsymbol{h}(f)+(3r\log(m+1)+1)\tau(N)\deg f\\&\leqslant c_1^{k-r+3}\tau(N)\delta(N)^k,\end{aligned} \tag{6.3.9}$$

$$\deg f_h\leqslant\deg f\leqslant c_1\delta(N)^k. \tag{6.3.10}$$

下面对上述 M 的两种情形估计 $M(\widetilde{\delta}\circ\rho(f))/M(\rho(f))$ 的上界.

情形 1. 设 $M=N$. 依命题 6.2.1 及"辅助假设"(即式(6.3.2))并注意 ρ 的定义,我们有

$$\frac{M(\widetilde{\delta}\circ\rho(f))}{M(\rho(f))}\leqslant(\|\mathfrak{P}_{N,r}\|_{d_{N,r}}+\mathrm{e}^{-S(N)})\exp\{c_3(\boldsymbol{h}(f)+\tau(N)\deg f)\},\tag{6.3.11}$$

其中,c_3(及后文 c_i)是至多与 m 及$[\mathbb{K}:\mathbb{Q}]$有关的正常数.

由定理的假设条件,当 C(作为 c_1, c_3 和 m 的函数)充分大,由式(6.3.1)可推出

$$S(N)>\left\{\left(\left(\frac{S(N)}{\tau(N)\delta(N)^k}\right)^{(r-1)/(k+1)}+c_3+\log(m+1)\right)\right.$$
$$\left.\cdot 2c_1^{k-r+2}\tau(N)\delta(N)^k+\log 2\right\}\log((m+1)^{3r})+1,$$

以及

$$\left(\frac{S(N)}{\tau(N)\delta(N)^k}\right)^{r/(k+1)}>\left\{\left(\frac{S(N)}{\tau(N)\delta(N)^k}\right)^{(r-1)/(k+1)}+c_3+\log 2\right\}\log((m+1)^{3r})+1.$$

由此及估值$(\mathrm{b})_{N,r}$及$(\mathrm{c})_{N,r}$,注意引理 6.2.1,我们从式(6.3.11)得

$$\frac{M(\widetilde{\delta}\circ\rho(f))}{M(\rho(f))}<\exp\left\{-(\boldsymbol{h}(f)+\tau(N)\deg f)\left(\frac{S(N)}{\tau(N)\delta(N)^k}\right)^{(r-1)/(k+1)}\right.$$
$$\left.\cdot(1+3r\log(m+1))\right\}$$
$$<\exp\left\{-(\boldsymbol{h}(\rho(f))+\tau(N)\deg\rho(f))\left(\frac{S(N)}{\tau(N)\delta(N)^k}\right)^{(r-1)/(k+1)}\right\}.\tag{6.3.12}$$

情形 2. 设 $M<N$. 由式(6.3.7)左半及式(6.3.6)(注意 $\boldsymbol{\xi}$ 的定义及 $\|\boldsymbol{\xi}\|\leqslant 3$),我们有

$$\exp(-R(M+1))\leqslant\min_{\boldsymbol{\eta}\in X_{N,r}}|\boldsymbol{\eta}-\boldsymbol{\theta}|$$
$$\leqslant(3(m+1))^{6\delta(N)}\min_{\boldsymbol{\eta}\in X_{N,r}}\mathrm{Dist}_{\delta(N)}(\boldsymbol{\eta},\boldsymbol{\theta}),$$

由此及式(6.3.5)可得

$$\exp(-R(M+1))\leqslant\min_{\boldsymbol{\eta}\in X_{N,r}}\mathrm{Dist}_{\delta(N)}(\boldsymbol{\eta},\boldsymbol{\theta})^{1/2}.$$

由同态 ρ 的定义及"辅助假设"(即定理叙述中的不等式(6.3.2)),并应用上式,我们得

$$\frac{|\rho(U_r)(\boldsymbol{\theta})|}{M(U_r(\theta))} \leqslant \mathrm{e}^{-S(M)} \leqslant \min_{\boldsymbol{\eta}\in X_{N,r}} \{1, \mathrm{Dist}_{\delta(N)}(\boldsymbol{\eta}, \boldsymbol{\theta})^{\beta}\}, \tag{6.3.13}$$

其中,已令 $\beta = S(M)/(2R(M+1)) \geqslant 0$,且由式(6.3.3)可知 $\beta < 1$.

由命题 6.2.2 及不等式$(\mathrm{c})_{N,r}$,我们得

$$\frac{M(\widetilde{\delta}\circ\rho(f))}{M(\rho(f))} \leqslant \exp\left\{-(\boldsymbol{h}(f)+\tau(N)\deg f)\right.$$
$$\left.\cdot\left(\frac{1}{2}\left(\frac{S(N)}{\tau(N)\delta(N)^k}\right)^{r/(k+1)}\frac{S(M)}{R(M+1)} - c_4\right)\right\},$$

但 $\dfrac{S}{\tau\delta^k}$ 单调上升而 $M < N$,我们有

$$\left(\frac{S(N)}{\tau(N)\delta(N)^k}\right)^{1/(k+1)}\frac{S(M)}{R(M+1)} \geqslant \left(\frac{S(M)^{k+2}}{R(M+1)^{k+1}\tau(M)\delta(M)^k}\right)^{1/(k+1)}$$
$$> C^{1/(k+1)},$$

其中,C(仅与 m,$[\mathbb{K}:\mathbb{Q}]$有关)充分大,于是由此及引理 6.2.1,我们从前式推出

$$\frac{M(\widetilde{\delta}\circ\rho(f))}{M(\rho(f))} < \exp\left\{-(\boldsymbol{h}(\rho(f))+\tau(N)\deg\rho(f))\left(\frac{S(N)}{\tau(N)\delta(N)^k}\right)^{(r-1)/(k+1)}\right\}. \tag{6.3.14}$$

于是对于两种情形我们都得到同样的估计(6.3.12)和(6.3.14).

应用式(6.3.8)可知,存在一个与 $\rho(\mathfrak{P}_{N,r}[\delta(N)])$相伴的高为 $m-r+2$ 的极小素理想,我们将它定义为 $\mathfrak{P}_{N,r-1}$,其指标为 $\boldsymbol{d}_{N,r}$的 U 消元形式为f_h($h\in\{1, \cdots, t\}$),它满足与(6.3.12)(或(6.3.14))同形的不等式,即

$$\|\mathfrak{P}_{N,r-1}\| = \frac{M(\widetilde{\delta}(f_h))}{M(f_n)}$$
$$< \exp\left\{-(\boldsymbol{h}(f_h)+\tau(N)\deg f_h)\left(\frac{S(N)}{\tau(N)\delta(N)^k}\right)^{(r-1)/(k+1)}\right\}. \tag{6.3.15}$$

(若这种 f_h 不存在,则由式(6.3.8)推出与式(6.3.12)(或式(6.3.14))相反的不等式).

因为 $\boldsymbol{h}(f_h) = Ht_{d_{N,r-1}}(\mathfrak{P}_{N,r-1})$ 及 $\deg f_h = \mathrm{Deg}_{d_{N,r-1}}\mathfrak{P}_{N,r-1}$,所以由式(6.3.9)和式(6.3.10)知,$\mathfrak{P}_{N,r-1}$满足$(\mathrm{b})_{N,r-1}$;由式(6.3.15)知,它也满足$(\mathrm{c})_{N,r-1}$.因此,我们当 $h^*(\mathfrak{P}_{N,r}) = m-r+1$ 时也对所有 $N\geqslant N_{r-1}$构造了素理想 $\mathfrak{P}_N \subset A = \mathbb{K}[x_0, \cdots, x_m]$,其高为 $m-r+2$,且满足 $(\mathrm{a})_{N,r-1}$, $(\mathrm{b})_{N,r-1}$ 及$(\mathrm{c})_{N,r-1}$.总之,我们证明了若(A_r)成立,则对 $r\in\{k+1, k, \cdots, 2\}$, (A_{r-1}) 也成立.

由于引理 6.3.1 表明断语(A_{k+1})成立，因此(A_1)也成立，于是引理 6.3.2 得证. □

引理 6.3.3 在定理 6.3.1 的假设下，断语(A_1)中的素理想序列$\{\mathfrak{P}_{N,1}\}_{N\geqslant N_1}$的理想都在 $A=\mathbb{K}[x_0,\cdots,x_m]$ 中某个高为 m 的齐次素理想的有限集合中.

证 由(A_1)可知 $r'\leqslant r=1$，因为由不等式$(\mathrm{c})_{N,1}$得 $\|\mathfrak{P}_{N,1}\|_{\boldsymbol{d}_{N,r'}}<1$，所以 $r'\neq 0$(不然 $\mathfrak{P}_{N,1}=(1)$，$\|\mathfrak{P}_{N,1}\|_{\boldsymbol{d}_{N,r'}}=1$)，从而 $r'=1$，即得 $h^*(\mathfrak{P}_{N,1})=m$(对所有 $N\geqslant N_1$)，且 $\boldsymbol{d}_{N,r'}=(\delta(N))$.

对 $N\geqslant N_1$，用 T 表示满足下列两条件的最小整数(N_0 及 N 均在考虑之列)：

$$Ht_{\delta(T)}(\mathfrak{P})\leqslant c_1^{k+2}\tau(T)\delta(T)^k,\tag{6.3.16}$$

$$\mathrm{Deg}_{\delta(T)}\mathfrak{P}\leqslant c_1\delta(T)^k,\tag{6.3.17}$$

其中，记 $\mathfrak{P}=\mathfrak{P}_{N,1}$. 因为 T 换为N 时式(6.3.16)和式(6.3.17)成立，所以这种 T 存在. 下面分两种情形确定 T.

情形 1. 设

$$\min_{\boldsymbol{\eta}\in X_{N,1}}|\boldsymbol{\eta}-\boldsymbol{\theta}|<\exp(-R(T)),\tag{6.3.18}$$

其中，$X_{N,1}=\mathscr{Z}(\mathfrak{P}_{N,1})\subset\mathbb{P}_m(\mathbb{C}_v)$. 我们证明 $T=N_0$.

若不然，即 $T>N_0$. 我们来考虑定理中理想序列$\{I_N\}_{N\geqslant N_0}$中的理想 I_{T-1}. 我们先证明：对于 I_{T-1}每个生成元 $Q_i^{(T-1)}$ 均有${}^hQ_i^{(T-1)}\in\mathfrak{P}$. 为此，我们设有某个 i 使${}^hQ_i^{(T)}\notin\mathfrak{P}$. 因为 $\mathfrak{P}\neq(1)$，所以有某个 j 使$x_j\notin\mathfrak{P}$. 用

$$\rho(U_1)=x_j^{\delta(T)-\deg Q_i^{(T-1)}}\cdot{}^hQ_i^{(T-1)}$$

定义 A 同态$\rho:A[\delta(T)]\to A$. 由不等式(6.3.2)知$|\rho(U_1)(\boldsymbol{\theta})|_{(v)}\cdot(M_v(U_1(\boldsymbol{\theta})))^{-1}\leqslant\exp(-S(T-1))$，于是由命题 6.2.1 得

$$1\leqslant(\|\mathfrak{P}\|_{\delta(T)}+\exp(-S(T-1)))\exp\{c_5(Ht_{\delta(T)}(\mathfrak{P})+\delta(T)\mathrm{Deg}_{\delta(T)}\mathfrak{P})\}.\tag{6.3.19}$$

由命题 6.2.5 知

$$\mathrm{Deg}_{\delta(T)}\mathfrak{P}=\mathrm{Deg}\,\mathfrak{P},$$
$$Ht_{\delta(T)}(\mathfrak{P})\leqslant\delta(T)(Ht(\mathfrak{P})+\log(m+1)\mathrm{Deg}\,\mathfrak{P}),$$

并且由式(6.3.1)知 $S(T-1)\geqslant C\tau(T)\delta(T)^k$，所以由式(6.3.19)得

$$\begin{aligned}\|\mathfrak{P}\|_{\delta(T)}&\geqslant\exp\{-c_5(Ht(\mathfrak{P})+\log(m+1)\mathrm{Deg}\,\mathfrak{P}+\mathrm{Deg}\,\mathfrak{P})\delta(T)\}-\exp(-S(T-1))\\&\geqslant c_6\exp\{-c_5(Ht(\mathfrak{P})+\log(m+1)\mathrm{Deg}\,\mathfrak{P}+\mathrm{Deg}\,\mathfrak{P})\delta(T)\},\end{aligned}\tag{6.3.20}$$

其中，$0<c_6<1$. 但另一方面，由命题 6.2.6 得

$$\|\mathfrak{P}\|_{\delta(T)}\leqslant\|\mathfrak{P}\|(2(m+1)^{2(\delta(T)+1)\mathrm{Deg}\,\mathfrak{P}})$$

$$\leqslant \|\mathfrak{P}\|_{\delta(N)}(2(m+1)^{2(\delta(T)+1)\mathrm{Deg}\mathfrak{P}})(2(m+1)^{2(\delta(T)+1)\mathrm{Deg}\mathfrak{P}})$$
$$\leqslant \|\mathfrak{P}\|_{\delta(N)}\exp(c_7\tau(N)\mathrm{Deg}\mathfrak{P}),$$

由此及不等式$(\mathrm{c})_{N,1}$可推出

$$\|\mathfrak{P}\|_{\delta(T)} \leqslant \exp\left\{(Ht_{\delta(N)}(\mathfrak{P})+\tau(N)\mathrm{Deg}\mathfrak{P})\left(c_7-\left(\frac{S(N)}{\tau(N)\delta(N)^k}\right)^{1/(k+1)}\right)\right\}, \tag{6.3.21}$$

因为 $\dfrac{S(N)}{\tau(N)\delta(N)^k}\to\infty(N\to\infty)$，所以当 N 充分大时，

$$\|\mathfrak{P}\|_{\delta(T)} \leqslant \exp\{-c_8(Ht_{\delta(N)}(\mathfrak{P})+\tau(N)\mathrm{Deg}\mathfrak{P})\},$$

从而当 N 充分大时式(6.3.20)不能成立.因此我们证明了 $({}^hQ_1^{(T-1)},\cdots,{}^hQ_{n(T-1)}^{(T-1)})\subset\mathfrak{P}$.同时由$(A_r)$中的$(\mathrm{a})_{N,r}$知

$${}^h\mathscr{E}=\mathfrak{P}_{N,k+1}\subset\mathfrak{P}_{N,k}\subset\cdots\subset\mathfrak{P}_{N,1}=\mathfrak{P},$$

所以 $({}^h\mathscr{E},{}^hI_{T-1})\subset\mathfrak{P}$. $\mathfrak{P}$ 是包含$({}^h\mathscr{E},{}^hI_{T-1})$ 的素理想集合中的极小元.因为不然则有 $h^*({}^hI_{T-1})<h^*(\mathfrak{P})=m$，从而 $\dim\mathscr{Z}({}^hI_{T-1})\geqslant 1$，由此及式(6.3.18)可推出 $\mathscr{Z}(I_{T-1})\cap B(\boldsymbol{\theta},\exp(-R(T-1)))$是无限集，这与“辅助假设”矛盾.因此 $\mathfrak{P}$ 是与$({}^h\mathscr{E},{}^hI_{T-1})$相伴的孤立素理想.由命题 6.2.3(其中，取 $J=({}^h\mathscr{E},{}^hQ_1^{(T-1)},\cdots,{}^hQ_{n(T-1)}^{(T-1)})$，$\boldsymbol{d}=(\delta(T-1))$，$\boldsymbol{l}=(\delta(T-1),\cdots,\delta(T-1))\in\mathbb{N}^{k+1}$)，并且注意 $T-1\geqslant N_0$(相应地在断语(A_{k+1})中取定 $N_{k+1}=N_0$，${}^h\mathscr{E}$ 作为 $\mathfrak{P}_{N,k+2}$)，可得

$$\begin{aligned}Ht_{\delta(T-1)}(\mathfrak{P}) &\leqslant 4(m+1)^2\log(m+1)c_1\tau(T-1)\delta(T-1)^k\\ &\leqslant c_1^{k+2}\tau(T-1)\delta(T-1)^k,\\ \mathrm{Deg}_{\delta(T-1)}(\mathfrak{P}) &\leqslant c_1\delta(T-1)^k.\end{aligned}$$

由式(6.3.16)和式(6.3.17)，这与 T 的定义矛盾.因此 $T=N_0$.

情形 2. 设

$$\min_{\boldsymbol{\eta}\in X_{N,1}}|\boldsymbol{\eta}-\boldsymbol{\theta}|\geqslant\exp(-R(T)). \tag{6.3.22}$$

由引理 6.3.2 证明中的式(6.3.6)知 $\lim\limits_{M\to\infty}\min\limits_{\boldsymbol{\eta}\in X_{M,1}}|\boldsymbol{\eta}-\boldsymbol{\theta}|=0$，因此存在整数 $M_0\geqslant N_1$ 使当 $M\geqslant M_0$ 时，有

$$\min_{\boldsymbol{\eta}\in X_{M,1}}|\boldsymbol{\eta}-\boldsymbol{\theta}|<\exp(-R(N_0)). \tag{6.3.23}$$

我们来证明：满足式(6.3.22)的 N 只有有限多个，并且这些 N 都$<M_0$.用反证法，设有无穷多个 N 满足式(6.3.22)，并且 $N\geqslant M_0$.

对于每个 N，存在整数 $L\geqslant N_0$ 适合

$$\exp(-R(L+1)) \leqslant \min_{\boldsymbol{\eta} \in X_{N,1}} |\boldsymbol{\eta} - \boldsymbol{\theta}| < \exp(-R(L)). \tag{6.3.24}$$

因为 N 满足式(6.3.22)，所以 $L < T$. 我们断言：理想 ${}^h I_L \subset \mathfrak{P}(=\mathfrak{P}_{N,1})$. 事实上，若不然，则存在 I_L 的一个生成元 $Q_i^{(L)}$ 使 ${}^h Q_i^{(L)} \notin \mathfrak{P}$. 设变元 $x_i \notin \mathfrak{P}$，我们用

$$\rho(U_1) = x_j^{\delta(L)-\deg Q_i^{(L)}} \cdot {}^h Q_i^{(L)}$$

定义同态 $\rho: A[\delta(L)] \to A$. 类似于式(6.3.13)我们可证

$$\frac{|\rho(U_1)(\boldsymbol{\theta})|}{M(U_1(\boldsymbol{\theta}))} \leqslant \min_{\boldsymbol{\eta} \in X_{N,1}} \{1, \operatorname{Dist}_{\delta(L)}(\boldsymbol{\eta}, \boldsymbol{\theta})^{\lambda}\},$$

其中，已令 $\lambda = S(L)/(2R(L+1)) \geqslant 0$，且由式(6.3.3)知 $\lambda < 1$. 于是由命题 6.2.2 得

$$1 \leqslant \|\mathfrak{P}\|_{\delta(L)}^{\lambda} \cdot \exp\{c_9(Ht_{\delta(L)}(\mathfrak{P}) + \delta(L)\operatorname{Deg}_{\delta(L)}(\mathfrak{P}))\}.$$

从而应用命题 6.2.5 推出

$$\|\mathfrak{P}\|_{\delta(L)} \geqslant \exp\{-c_{10}(Ht(\mathfrak{P}) + \log(m+1)\operatorname{Deg}\mathfrak{P} + \operatorname{Deg}\mathfrak{P})\delta(L)\}. \tag{6.3.25}$$

但另一方面，类似于式(6.3.21)，我们可证

$$\|\mathfrak{P}\|_{\delta(L)} \leqslant \exp\left\{(Ht_{\delta(N)}(\mathfrak{P}) + \tau(N)\operatorname{Deg}\mathfrak{P})\left(c_{11} - \left(\frac{S(N)}{\tau(N)\delta(N)^k}\right)^{1/(k+1)}\right)\right\}.$$

因为 $L < T \leqslant N$，所以类似于情形 1 可知，当 N 充分大时式(6.3.25)不能成立. 因而确实 ${}^h I_L = ({}^h Q_1^{(L)}, \cdots, {}^h Q_{n(L)}^{(L)}) \subset \mathfrak{P}$. 由式(6.3.24)及"辅助假设"可以推知，$\mathfrak{P}$ 是与理想 $({}^h\mathscr{E}, {}^h Q_1^{(L)}, \cdots, hQ_{n(L)}^{(L)})$ 相伴的极小素理想，并且与前面情形 1 类似地由命题 6.2.3 得到

$$Ht_{\delta(L)}(\mathfrak{P}) \leqslant c_1^{k+2}\tau(L)\delta(L)^k,$$
$$\operatorname{Deg}_{\delta(L)}\mathfrak{P} \leqslant c_1\delta(L)^k.$$

因为 $L < T$，所以与 T 的极小性矛盾，从而证明了满足式(6.3.22)的 N 个数有限，且 $N < M_0$. 特别地，式(6.3.23)归结为情形 1，从而我们可确定在现情形 $T = M_0$.

综合上面两种情况，由命题 6.2.5 知

$$Ht(\mathfrak{P}_{N,1}) + \operatorname{Deg}(\mathfrak{P}_{N,1}) \leqslant (c_1^{k+2} + c_1 + c_1\log(m+1))\tau(T_0)\delta(T_0)^k,$$

其中，$T_0 = N_0$ 或 M_0. 在 A 中仅有有限多个齐次素理想，其高和次数不超过给定的界. □

现在来完成定理 6.3.1 的证明. 依引理 6.3.3，我们可从 $\{\mathfrak{P}_{N,1}\}_{N \geqslant N_1}$ 中抽取子序列 $\{\mathfrak{P}_{N_l,1}\}_{l \in \mathbb{N}}$，它满足 $N_l \to \infty\ (l \to \infty)$ 且 $\mathfrak{P}_{N_l,1} = \mathfrak{P}$ 是与 l 无关的固定的素理想. 由不等式$(\mathrm{c})_{N_l,1}$及命题 6.2.6，对所有 $l \in \mathbb{N}$ 有

$$\begin{aligned}\|\mathfrak{P}\| &= \|\mathfrak{P}_{N_l,1}\|\\ &\leqslant \exp\left\{\tau(N_l)\operatorname{Deg}\mathfrak{P}\left(-\left(\frac{S(N_l)}{\tau(N_l)\delta(N_l)^k}\right)^{1/(k+1)}+c_{12}\right)\right\}.\end{aligned}$$

因为 $\dfrac{S(N)}{\tau(N)\delta(N)^k}\to\infty\,(N\to\infty)$,且 $\tau(N_l)\to\infty\,(l\to\infty)$,因此 $\|\mathfrak{P}\|=0$,亦即 $\theta\in\mathscr{Z}(\mathfrak{P})$,因而 $\theta_1,\cdots,\theta_m\in\overline{\mathbb{K}}$($\mathbb{K}$ 在$\mathbb{C}_v$中的代数闭包),以及 $Q_i^{(N)}(\theta_1,\cdots,\theta_m)\in\overline{\mathbb{K}}$(当 $N\geqslant N_0$;$i=1,\cdots,n(N)$). 但 $\tau(Q_i^{(N)})\leqslant\tau(N)+c_{13}\delta(N)$(常数 c_{13}与 N 无关),由不等式(6.3.2)及Liouville估计可得 $S(N)\leqslant c_{14}(\tau(N)+\delta(N))$,这与不等式 $S(N)\geqslant C\tau(N)\delta(N)^k$ 矛盾,所以当 N 充分大时$Q_i^{(N)}(\theta_1,\cdots,\theta_m)$ $(i=1,\cdots,n(N))$全为零,这与"辅助假设"矛盾. □

6.4 Nesterenko 定理的另一个证明

作为定理 6.3.1 的一个重要应用,我们来给出第 4 章定理 4.1.1(即当 $q\in\mathbb{C}$,$0<|q|<1$ 时,$\operatorname{trdeg}\mathbb{Q}(q,P(q),Q(q),R(q))\geqslant 3$,其中,$P$,$Q$,$R$ 是 Ramannjan 函数)的另一个证明.它基于下列两个引理.

引理 6.4.1 存在多项式序列 $A_N\in\mathbb{Z}[z,x_1,x_2,x_3]$$(N\geqslant N_0)$,具有下列性质:

$$\deg A_N\leqslant c_0N\log N,\quad \log H(A_N)\leqslant c_0N(\log N)^2,$$
$$\exp(-\beta_2N^4)<|A_N(q,P(q),Q(q),R(q))|\leqslant\exp(-\beta_1N^4),$$

其中,$c_0>0$是一个常数,$\beta_1=\dfrac{1}{4}\log\dfrac{1}{r_0}$,$\beta_2=6\cdot10^{45}\log\dfrac{2}{|q|}$,$r_0=\min\{(1+|q|)/2,2|q|\}$(因而 $|q|<r_0<1$).

证 可由第 4.2 节命题 4.2.1 推出.

引理 6.4.2 设 $\boldsymbol{\omega}=(\omega_1,\cdots,\omega_s)\in\mathbb{C}^s$,且存在多项式序列 $P_N\in\mathbb{Z}[x_1,\cdots,x_s]$ $(N\geqslant 1)$ 满足下列不等式:

$$\deg P_N\leqslant\mu(N),\quad \log H(P_N)\leqslant\mu(N),\tag{6.4.1}$$
$$\exp(-\beta_2\lambda(N))\leqslant|P_N(\omega_1,\cdots,\omega_s)|\leqslant\exp(-\beta_1\lambda(N)).\tag{6.4.2}$$

其中,$\beta_2>\beta_1>0$是常数,$\mu(N)$ 和 $\lambda(N)$ 是 $N\in\mathbb{N}$ 的增函数,$\mu(N)$和$\lambda(N)\to\infty\,(N\to\infty)$,且对某个整数 $\alpha\geqslant 0$,

$$\lim_{N\to\infty}\frac{\lambda(N+1)}{\lambda(N)}=1,\quad \lim_{N\to\infty}\frac{\lambda(N)}{\mu(N)^{\alpha+1}}=\infty,\tag{6.4.3}$$

那么 $\operatorname{trdeg} Q(\omega_1,\cdots,\omega_s)\geqslant\alpha+1$.

证 在定理6.3.1中取 $\delta(N)=\sigma(N)=\mu(N)$, $\tau(N)=2\mu(N)$, $S(N)=\beta_1\lambda(N)$, $R(N)=2\beta_2\lambda(N)$; $\mathscr{E}=(0)$. 那么定理6.3.1中不等式(6.4.1)将不成立,从而给出所要的结论. □

注 6.4.1 下面是另一种证法,设结论不真,可设 $\{\omega_1,\cdots,\omega_m\}$ 是 $\{\omega_1,\cdots,\omega_s\}$ 中代数无关最大数组($m\leqslant s$),并且 $m<\alpha+1$. 可设 $m\geqslant1$. 存在环 $\mathbb{Z}[\omega_1,\cdots,\omega_m]$ 上的 ν 次代数整元 ζ 使 $\mathbb{Q}(\omega_1,\cdots,\omega_s)=\mathbb{Q}(\omega_1,\cdots,\omega_m,\zeta)$. 于是有 $T_0\in\mathbb{Z}[x_1,\cdots,x_m,y]$ 使 $T_0(\omega_1,\cdots,\omega_m,\zeta)\neq0$, 且使

$$T_0(\omega_1,\cdots,\omega_m,\zeta)\omega_j\in\mathbb{Z}[\omega_1,\cdots,\omega_m,\zeta]\quad(j=m+1,\cdots,s).$$

由式(6.4.1)和式(6.4.2)及上式可知,对于足够大的 N 可找到多项式 $R_N\in\mathbb{Z}[x_0,x_1,\cdots,x_m,y]$ 满足

$$\begin{aligned}&t(R_N)\leqslant\beta_3\mu(N),\\&\exp(-\beta_4\lambda(N))\leqslant|R_N(\omega_0,\cdots,\omega_m,\zeta)|\leqslant\exp(-\beta_5\lambda(N)),\end{aligned}$$

其中, $\omega_0=1$, 并且 R_N 关于 $x_0,\cdots,x_m$ 是齐次的. 注意式(6.4.3),我们由第5.4节引理5.4.1推出存在齐次多项式 $\widetilde{Q}_N\in\mathbb{Z}[x_0,\cdots,x_m]$ $(N\geqslant N_0)$ 满足

$$\begin{aligned}&t(\widetilde{Q}_N)\leqslant\beta_6\mu(N),\\&\exp(-\beta_6\lambda(N))\leqslant|\widetilde{Q}_N(\omega_0,\cdots,\omega_m)|\leqslant\exp(-\beta_7\lambda(N)).\end{aligned}$$

令 $Q_N=\widetilde{Q}_N(1,x_1,\cdots,x_m)$, 即得多项式序列 $Q_N\in\mathbb{Z}[x_1,\cdots,x_m]$ $(N\geqslant N_0)$ 满足不等式

$$\begin{aligned}&t(Q_N)\leqslant\beta_6\mu(N),\\&\exp(-\beta_6\lambda(N))\leqslant|Q_N(\omega_1,\cdots,\omega_m)|\leqslant\exp(-\beta_7\lambda(N)).\end{aligned}$$

现在在定理6.3.1中取 $\mathscr{E}=(0)$(即 $k=m$), $\delta(N)=\sigma(N)=\beta_6\mu(N)$, $\tau(N)=2\beta_6\mu(N)$, $S(N)=\beta_7\lambda(N)$, $R(N)=2\beta_6\lambda(N)$, 即可推出矛盾. □

为了证明 Nesterenko 定理,我们在引理6.4.2中取 $s=4$, $\alpha=2$, $\boldsymbol{\omega}=(q,P(q),Q(q),R(q))$, $\mu(N)=c_0N(\log N)^2$, $\lambda(N)=N^4$; 由引理6.4.1知多项式序列 $\{P_N\}$ 满足各项条件,所以得知 $\operatorname{trdeg} Q(q,P(q),Q(q),R(q))\geqslant3$.

6.5 补充与评注

1. 本章的理论基础是源于 L. Kronecker 的 U 结式理论,其经典叙述可见文献[57]. 在第 2 章中采用线性形 $L_1, \cdots, L_r$ 定义了 Chow 形式,本章则应用次数为 d_i 的多项式 $U_i(i=1, \cdots, r)$定义 U 消元理想;特征量和度量则比第 2 章要复杂些,在此 Mahler 度量起了本质的作用. 总的看来这两章在框架上有某些类似之处,但本章方法不是第 2 章方法的简单扩充,而是其进一步发展.

上述理论被进一步扩充到多重投影空间,可见 G. Rémond[111] 及C. Jadot[45](均是博士论文),还可见文献[86]的第 5 章和第 7 章.

2. 定理 6.3.1 是定性结果,在文献[104]中 P. Philippon 相应于定理 6.3.1 的一个特殊形式给出定量结果,即代数无关性度量. 1990 年,E. M. Jabbouri[44]改进了这个结果,其中多项式的高和次数是分开的(不使用 $t(P)=\deg P+\log H(P)$),并被 G. Philibert[101]用来建立 π/ω_1, η_1/ω_1 的代数无关性度量(此处 ω_1, η_1 分别是 Weierstrass 函数 $\wp(z)$的一个周期和拟周期). 1996 年 C. Jadot[45] 改进了 Jabbouri 的结果(还可见文献[86],第 8 章).

3. 在文献[103]中 P. Philippon 将其代数无关性研究扩充到交换代数群及 Abel 簇上,对此还可见文献[102, 106]等.

4. Philippon 代数无关性判别法则的一个重要应用是关于指数函数值的代数无关性问题.

1948 年,A. O. Gelfond 提出关于域 $\mathbb{K}=\mathbb{Q}(\alpha^\beta, \cdots, \alpha^{\beta^{d-1}})$ 的超越次数的一般问题,其中 α, β 是代数数, $\alpha\neq 0, 1$, β 的次数是 $d\geqslant 2$, 并宣布

$$\operatorname{trdeg}\mathbb{Q}(\alpha^\beta, \cdots, \alpha^{\beta^{d-1}})\geqslant\left[\frac{d+1}{2}\right]. \tag{6.5.1}$$

但实际上只在 $d\geqslant 3$ 的情形证明了上述超越次数$\geqslant 2$;特别地,当 $d=3$ 时证明了 α^β 和 α^{β^2} 的代数无关性(见文献[38-39]). 依照 A. O. Gelfond,我们考虑下列三个域:

$$L_1=\mathbb{Q}(\mathrm{e}^{a_1b_1}, \cdots, \mathrm{e}^{a_1b_q}, \cdots, \mathrm{e}^{a_pb_1}, \cdots, \mathrm{e}^{a_pb_q}),$$
$$L_2=\mathbb{Q}(a_1, \cdots, a_p, \mathrm{e}^{a_1b_1}, \cdots, \mathrm{e}^{a_pb_q}),$$
$$L_3=\mathbb{Q}(a_1, \cdots, a_p, b_1, \cdots, b_q, \mathrm{e}^{a_1b_1}, \cdots, \mathrm{e}^{a_pb_q}),$$

它们分别由 pq，$pq+p$ 及 $pq+p+q$ 个元素在$\mathbb{Q}$上生成，其中，a_i 和 b_j 是两组复数，分别在$\mathbb{Q}$上线性无关.于是指数函数值的代数无关性问题归结为确定域 L_i 的超越次数.特别地，Schanuel 猜想就是说当 $q=1$，$b_q=1$ 时 $\operatorname{trdeg} L_2 \geqslant p$.对于较小的 p 和 q，在某些"技术性假设"(关于 a_i 和 b_j 的丢番图不等式)下，可以证明域 L_2 和 L_3 的超越次数 $\geqslant 2$（见文献[39]）.这种情形通常称为"小超越次数".当 p 和 q 较大时，L_i 的超越次数将相当大，将这种情形称为"大超越次数".第一个大超越次数结果是 G. V. Chudnovsky[24] 得到的.其后出现了一系列新结果，产生了一些新技术.

1985 年，Yu. V. Nesterenko[75] 以及 1986 年 P. Philippon[105] 互相独立地用不同方法证明了：若 a_i 和 b_j（$i=1,\cdots,p$；$j=1,\cdots,q$）分别满足下列技术性假设：对于任何 $\varepsilon>0$ 及所有 $X \geqslant X(\varepsilon)$，对所有适合 $|\lambda_i| \leqslant X$ 及 $|\mu_j| \leqslant X$ 的非零数组 $(\lambda_1,\cdots,\lambda_p) \in \mathbb{Z}^p$，$(\mu_1,\cdots,\mu_q) \in \mathbb{Z}^q$ 有

$$\left|\sum_{i=1}^{p} \lambda_i a_i\right| \geqslant \exp(-X^{\varepsilon}), \quad \left|\sum_{j=1}^{q} \mu_j b_j\right| \geqslant \exp(-X^{\varepsilon}),$$

那么

$$\operatorname{trdeg} L_1 \geqslant \frac{pq}{p+q}-1,$$

$$\operatorname{trdeg} L_2 \geqslant \frac{pq+p}{p+q}-1,$$

$$\operatorname{trdeg} L_3 \geqslant \frac{pq+p+q}{p+q}-1.$$

特别地，在域 L_2 中取 $p=q=d$，$a_i=\beta^{i-1}$，$b_j=\beta^{j-1}\log\alpha$（$i,j=1,\cdots,d$），则可得到：若 $\alpha \neq 0, 1$ 是代数数，β 是次数 $d \geqslant 2$ 的代数数，则

$$\operatorname{trdeg} Q(\alpha^{\beta},\cdots,\alpha^{\beta^{d-1}}) \geqslant \left[\frac{d}{2}\right]. \tag{6.5.2}$$

1987 年，G. Diaz[30, 32] 改进了上述结果，在稍为复杂些的技术性假设下证明了

$$\operatorname{trdeg} L_1 \geqslant \frac{pq}{p+q}, \quad \operatorname{trdeg} L_2 \geqslant \frac{pq+p}{p+q}. \tag{6.5.3}$$

作为推论，将式(6.5.2)右边改进为 $\left[\frac{d+1}{2}\right]$，这是迄今最好的结果(特别地，证明了 A. O. Gelfond 宣布的结果).

无论是 P. Philippon 本人的证明还是 G. Diaz 的证明，Philippon 代数无关性判别法则都是基本工具；G. Diaz 还用到 Masser 和 Wüstholz 群簇上的零点估计定理，较为复杂. Yu. V. Nesterenko 的证明不需要代数无关性判别法则. 1989 年 Yu. V. Nesterenko[78] 用他的方法在较弱的技术性假设下给出了 Diaz 的结果，亦即下列定理：

定理 6.5.1 设$(a_1, \cdots, a_p) \in \mathbb{C}^p$, $(b_1, \cdots, b_q) \in \mathbb{C}^q$具有下列性质：存在常数$\gamma > 0$使对任何$X > 0$，对于所有的满足$|\lambda_i| \leqslant X$及$|\mu_j| \leqslant X$的非零数组$(\lambda_1, \cdots, \lambda_p) \in \mathbb{Z}^p$及$(\mu_1, \cdots, \mu_q) \in \mathbb{Z}^q$有

$$\left| \sum_{i=1}^{p} \lambda_i a_i \right| \geqslant \exp(-\gamma X \log X),$$

$$\left| \sum_{j=1}^{q} \mu_j b_j \right| \geqslant \exp(-\gamma X \log X),$$

那么式(6.5.3)成立，特别地，式(6.5.1)成立.

文献[86]的第13和14章从交换代数群的观点论述了指数函数值的小超越次数和大超越次数. 这个思想可以溯源到 S. Lang(见文献[50]，第2章和第3章). M. Waldschmidt 的论文[129]是这个理论的奠基性论著，他的另一本书[134]则在线性代数群的框架下研究对数线性形问题.

与式(6.5.1)相应的度量结果也是人们长期关注的问题. 1985年 Yu. V. Nesternenko[75]给出了一种新方法. 其后，G. Diaz[31]应用上述 Jabbouri 的代数无关性判别法则的度量形式证明了α^β, α^{β^2}有代数无关性度量$\varphi(d, H) = \exp(-\exp(c(d + \log H)d))$，其中，$c > 0$是一个常数，$\alpha \neq 0$, 1及$\beta$是代数数，$\deg \beta = 3$. 不久，S. O. Shestakev 应用不同的方法也得到同样结果(见文献[116])，这是迄今最好的纪录. 其高维($d \geqslant 3$)推广是 D. M. Caveny[19]借助线性代数群的工具得到的.

5. Gelfond 代数无关性方法的发展，除了 Yu. V. Nesterenko 和 P. Philippon 的工作外，还有 W. D. Brownawell 的方法，见文献[12-14, 17]等，还可参见文献[86]的第16章.

6. 一些文献(例如文献[50, 128]等，还可见文献[150])研究了有限超越型的域上的代数无关性. 将 Philippon 的判别法则扩充到这种情形是值得考虑的问题.

附录5　U消元理想与局部度量

1° U消元理想

设R是一个 Noether 环，$A = R[x_0, \cdots, x_m]$是系数在R中的$x_0, \cdots, x_m$的多项

式组成的环.用 $\mathscr{M}_d$ 表示所有 x_0, …, x_m 的次数为 d 的单项式(亦即形如 $x_0^{\alpha_0}\cdots x_m^{\alpha_m}$ 的式子,其中,α_0, …, $\alpha_m\in\mathbb{N}_0$, $\alpha_0+\cdots+\alpha_m=d$)的集合.还设 r 是一个非负整数,$\boldsymbol{d}\in\mathbb{N}_0^r$.若 $r=0$,则令 $R[\boldsymbol{d}]=R$, $A[\boldsymbol{d}]=A$;若 $r\geqslant 1$,则 $R[\boldsymbol{d}]$及 $A[\boldsymbol{d}]$分别表示系数在 R 及 A 中的变量

$$\mathscr{M}_j=\{u_{\mathfrak{M}}^{(j)};\ \mathfrak{M}\in\mathscr{M}_{d_j}\}\quad(j=1,\cdots,r)$$

的多项式组成的环.

当 $r\geqslant 1$ 时,记 $A[\boldsymbol{d}]$中的元素

$$U_j=U_j(x_0,\cdots,x_m)=\sum_{\mathfrak{M}\in\mathscr{M}_{d_j}}u_{\mathfrak{M}}^{(j)}\cdot\mathfrak{M}\quad(j=1,\cdots,r).$$

最后,设 I 是A 中的一个齐次理想,当 $r=0$ 时,令 $I[\boldsymbol{d}]=I$;当 $r\geqslant 1$时,用 $I[\boldsymbol{d}]=(I,U_1,\cdots,U_r)\subset A[\boldsymbol{d}]$ 表示由 I 及多项式 U_1, …, U_r 生成的理想.

我们用 $\mathfrak{E}_{\boldsymbol{d}}(I)$表示 $R[\boldsymbol{d}]$中所有这种元素 a 生成的理想: 存在 $N_i\in\mathbb{N}$ 使 $a\cdot x_i^{N_i}\in I[\boldsymbol{d}]$($i=0$, …, m),并将 $\mathfrak{E}_{\boldsymbol{d}}(I)$称为 I 的指标为 $\boldsymbol{d}$ 的 U 消元理想.换言之,如果令

$$\mathfrak{A}_{\boldsymbol{d}}(I)=\bigcup_{k\geqslant 1}(I[\boldsymbol{d}]:_{A[\boldsymbol{d}]}\mathscr{M}_k)=\bigcup_{k\geqslant 1}\{f\in A[\boldsymbol{d}]\mid f\cdot\mathscr{M}_k\subset I[\boldsymbol{d}]\},$$

那么有

$$\mathfrak{E}_{\boldsymbol{d}}(I)=\mathfrak{A}_{\boldsymbol{d}}(I)\cap R[\boldsymbol{d}].$$

注 1 在 $\mathfrak{A}_{\boldsymbol{d}}(I)$的定义中,因为 $A[\boldsymbol{d}]$为 Noether 环,所以无限多个集合的并将等于有限多个集合的并,因而存在 $N\in\mathbb{N}$ 使

$$\mathfrak{A}_{\boldsymbol{d}}(I)=(I[\boldsymbol{d}]:_{A[\boldsymbol{d}]}\mathscr{M}_N).$$

我们还考虑变量

$$\{s_{\mathfrak{M},\mathfrak{M}'}^{(j)};\ j=1,\cdots,r\text{ 且 }\mathfrak{M},\mathfrak{M}'\in\mathscr{M}_{d_j}\},\tag{1}$$

它们除满足

$$s_{\mathfrak{M},\mathfrak{M}}^{(j)}=0\quad\text{及}\quad s_{\mathfrak{M},\mathfrak{M}'}^{(j)}+s_{\mathfrak{M}',\mathfrak{M}}^{(j)}=0$$

外,不满足任何其他代数关系.用 $\mathfrak{S}A[\boldsymbol{d}]$表示以它们为变量而系数在 A 中的多项式形成的代数.我们将应用下列 A 代数的射:

$$\begin{aligned}&\delta:A[\boldsymbol{d}]\to\mathfrak{S}A[\boldsymbol{d}],\\&u_{\mathfrak{M}}^{(j)}\mapsto\delta(u_{\mathfrak{M}}^{(j)})=\sum_{\mathfrak{M}'\in\mathscr{M}_{dj}}s_{\mathfrak{M},\mathfrak{M}'}^{(j)}\cdot\mathfrak{M}'.\end{aligned}$$

引理 1 对于 $f\in A[\boldsymbol{d}]$,下列的性质等价:

(i) $f\in\mathfrak{A}_{\boldsymbol{d}}(I)$;

(ii) 存在整数 N 使$\delta(f)\cdot\mathscr{M}_N\subset I\cdot\mathfrak{S}A[\boldsymbol{d}]$.

证 (i)⇒(ii). 设 $f \in \mathfrak{A}_{\boldsymbol{d}}(I)$，则 $f \cdot \mathscr{M}_N \subset I[\boldsymbol{d}]$. 注意

$$\delta(U_j) = \sum_{\mathfrak{M} \in \mathscr{M}_{d_j}} \delta(u_{\mathfrak{M}}^{(j)}) \cdot \mathfrak{M} = \sum_{\mathfrak{M} \in \mathscr{M}_{d_j}} \sum_{\mathfrak{M}' \in \mathscr{M}_{d_j}} s_{\mathfrak{M},\mathfrak{M}'}^{(j)} \cdot \mathfrak{M}\mathfrak{M}' = 0,$$

因而 $\delta(I[\boldsymbol{d}]) \subset I \cdot \mathfrak{S}A[\boldsymbol{d}]$，于是

$$\delta(f) \cdot \mathscr{M}_N \subset I \cdot \mathfrak{S}A[\boldsymbol{d}].$$

(ii)⇒(i). 对于 $i = 0, \cdots, m$，令乘法系 $M_i = \{x_i^n, n = 1, 2, \cdots\}$. 对每个 i 定义 A 代数的射：

$$\varphi_i : \mathfrak{S}A[\boldsymbol{d}] \to M_i^{-1} \cdot A[\boldsymbol{d}]$$

$$\varphi_i(s_{\mathfrak{M},\mathfrak{M}'}^{(j)}) = \begin{cases} u_{\mathfrak{M}}^{(j)}/x_i^{d_j} & (\mathfrak{M}' = x_i^{d_j} \text{ 且 } \mathfrak{M}' \neq \mathfrak{M}); \\ -u_{\mathfrak{M}}^{(j)}/x_i^{d_j} & (\mathfrak{M} = x_i^{d_j} \text{ 且 } \mathfrak{M} \neq \mathfrak{M}'); \\ 0 & (\text{其他情形}). \end{cases}$$

容易验证：对所有 $j = 1, \cdots, r$ 及 $\mathfrak{M} \in \mathscr{M}_{d_j}$ 有

$$\varphi_j \circ \delta(u_{\mathfrak{M}}^{(j)}) - u_{\mathfrak{M}}^{(j)} \in M_i^{-1} \cdot I[\boldsymbol{d}],$$

由此推知对所有 $f \in A[\boldsymbol{d}]$，有

$$\varphi_i \circ \delta(f) - f \in M_i^{-1} \cdot I[\boldsymbol{d}].$$

如果 $\delta(f) \cdot \mathscr{M}_N \subset I \cdot \mathfrak{S}A[\boldsymbol{d}]$，那么 $\varphi_i \circ \delta(f)\mathscr{M}_N \subset M_i^{-1} \cdot I[\boldsymbol{d}]$，并且由上述结论可知 $f \cdot \mathscr{M}_N \subset M_i^{-1} \cdot I[\boldsymbol{d}]$. 这对所有 $i = 0, \cdots, m$ 成立，所以存在整数 N' 使 $f \cdot \mathscr{M}_{N+N'} \subset I[\boldsymbol{d}]$，因而由 $\mathfrak{A}_{\boldsymbol{d}}(I)$ 的定义得 $f \in \mathfrak{A}_{\boldsymbol{d}}(I)$. □

命题 1 设 I 是 A 中的齐次理想.

(i) 若 $\mathscr{M}_1 \subset \sqrt{I}$，则 $\mathfrak{A}_{\boldsymbol{d}}(I) = A[\boldsymbol{d}]$ 及 $\mathfrak{E}_{\boldsymbol{d}}(I) = R[\boldsymbol{d}]$；

(ii) 若 I 是素理想，且 $\mathscr{M}_1 \subsetneq I$，则 $\mathfrak{A}_{\boldsymbol{d}}(I)$ 及 $\mathfrak{E}_{\boldsymbol{d}}(I)$ 也是素理想；

(iii) 若 I 是准素理想，且 $\mathscr{M}_1 \subsetneq \sqrt{I}$，则 $\mathfrak{A}_{\boldsymbol{d}}(I)$ 和 $\mathfrak{E}_{\boldsymbol{d}}(I)$ 也是准素理想，并且 $\sqrt{\mathfrak{A}_{\boldsymbol{d}}(I)} = \mathfrak{A}_{\boldsymbol{d}}(\sqrt{I})$，因而 $\sqrt{\mathfrak{E}_{\boldsymbol{d}}(I)} = \mathfrak{E}_{\boldsymbol{d}}(\sqrt{I})$；

(iv) 设 $I = \bigcap_{h=1}^{t} I_h$ 是 I 的不可缩短的准素分解，那么 $\mathfrak{A}_{\boldsymbol{d}}(I) = \bigcap_{h=1}^{t} \mathfrak{A}_{\boldsymbol{d}}(I_h)$，因而 $\mathfrak{E}_{\boldsymbol{d}}(I) = \bigcap_{h=1}^{t} \mathfrak{E}_{\boldsymbol{d}}(I_h)$.

证 (i) 由 $\mathfrak{A}_{\boldsymbol{d}}(I)$ 的定义，是显然的.

(ii) 设 $fg \in \mathfrak{A}_{\boldsymbol{d}}(I)$，由引理 1 得 $\delta(fg) \cdot \mathscr{M}_N \subset I \cdot \mathfrak{S}A[\boldsymbol{d}]$. 因为 A 是 Noether 环，$\mathfrak{S}A[\boldsymbol{d}]$ 是 A 上的多项式环，因而容易推出：当 I 为素理想时，$I \cdot \mathfrak{S}A[\boldsymbol{d}]$ 也是素理想（见文献[99]，第 263 页命题 6）. 但若 $\mathscr{M}_1 \subsetneq I$，则 $\mathscr{M}_1 \subsetneq I \cdot \mathfrak{S}A[\boldsymbol{d}]$，因此得

$$\delta(fg) = \delta(f) \cdot \delta(g) \in I \cdot \mathfrak{S}A[\boldsymbol{d}];$$

于是知$\delta(f)$或$\delta(g)$在$I\cdot\mathfrak{S}A[\boldsymbol{d}]$中,从而$f$或$g$在$\mathfrak{A}_d(I)$中,亦即$\mathfrak{A}_d(I)$是素理想.容易证明$\mathfrak{E}_d(I)$也是素理想.

(iii) 设$fg\in\mathfrak{A}_d(I)$,由引理1得知$\delta(fg)\cdot\mathscr{M}_N\subset I\cdot\mathfrak{S}A[\boldsymbol{d}]$. 可以与上面类似地证明:若$I$准素,并且$\mathscr{M}_1\subsetneqq\sqrt{I}$,那么$I\cdot\mathfrak{S}A[\boldsymbol{d}]$也准素,并且可证明$\mathscr{M}_1\subsetneqq\sqrt{I\cdot\mathfrak{S}A[\boldsymbol{d}]}$(见文献[99],第264页命题8). 于是得知$\delta(fg)=\delta(f)\cdot\delta(g)\in I\cdot\mathfrak{S}A[\boldsymbol{d}]$. 设$f\notin\mathfrak{A}_d(I)$,那么$\delta(f)\notin I\cdot\mathfrak{S}A[\boldsymbol{d}]$,并且$I\cdot\mathfrak{S}A[\boldsymbol{d}]$的准素性质蕴含$\delta(g)\in\sqrt{I\cdot\mathfrak{S}A[\boldsymbol{d}]}$,亦即存在整数$M$使$\delta(g)^M=\delta(g^M)\in I\cdot\mathfrak{S}A[\boldsymbol{d}]$,从而$g^M\in\mathfrak{A}_d(I)$. 这就证明了$\mathfrak{A}_d(I)$是准素的,并且得知$\mathfrak{E}_d(I)$也是准素的.

现在来确定$\mathfrak{A}_d(I)$的根.按引理1,$f\in\sqrt{\mathfrak{A}_d(I)}$等价于存在整数$M$使$\delta(f^M)\cdot\mathscr{M}_{MN}\subset I\cdot\mathfrak{S}A[\boldsymbol{d}]$. 容易验证$\sqrt{I\cdot\mathfrak{S}A[\boldsymbol{d}]}=\sqrt{I}\cdot\mathfrak{S}A[\boldsymbol{d}]$(见文献[99],第264页命题8),因而$f\in\sqrt{\mathfrak{A}_d(5)}$等价于$\delta(f)\cdot\mathscr{M}_N\subset\sqrt{I}\cdot\mathfrak{S}A[\boldsymbol{d}]$. 应用引理1可知$f\in\mathfrak{A}_d(\sqrt{I})$,从而证明了$\sqrt{\mathfrak{A}_d(I)}=\mathfrak{A}_d(\sqrt{I})$,因而(iii)得证.

(iv) 由引理1,并注意文献[99](第265页命题9)可知:若$\delta(f)\cdot\mathscr{M}_N\subset I\cdot\mathfrak{S}A[\boldsymbol{d}]=\bigcap_{h=1}^{t}(I_h\cdot\mathfrak{S}A[\boldsymbol{d}])$,则$f\in\mathfrak{A}_d(I)$. 仍由引理1,上述条件等价于$f\in\bigcap_{h=1}^{t}\mathfrak{A}_d(I_h)$. 于是(iv)得证. □

注2 如果I准素且$\mathscr{M}_1\subsetneqq\sqrt{I}$,那么准素理想$\mathfrak{A}_d(I)$与$I$有相同的指数,因而准素理想$\mathfrak{E}_d(I)$的指数$\leqslant I$的指数.但当$R$是整环时,$\mathfrak{E}_d(I)$与$I$有相同的指数(参见第2章附录2).

下面给出U消元理想的几何解积.

命题2(Ⅰ)(消元定理Ⅰ) 设$\rho:R[\boldsymbol{d}]\to\mathbb{F}$是$R[\boldsymbol{d}]$到域$\mathbb{F}$中的同态,则下列二命题等价:

(i) $\rho(\mathfrak{E}_d(I))=(0)$;

(ii) 存在$\mathbb{F}$的域扩张$\mathbb{K}$及$\rho(I[\boldsymbol{d}])$在$\mathbb{K}^{m+1}$的一个非平凡零点(亦即存在$\boldsymbol{\xi}=(\xi_0,\cdots,\xi_m)\in\mathbb{K}^{m+1}\backslash\{\boldsymbol{0}\}$,使对所有$p\in I[\boldsymbol{d}]$,$\rho(p)(\boldsymbol{\xi})=0$).

注3 在此ρ扩充为$A[\boldsymbol{d}]$到$\mathbb{F}[x_0,\cdots,x_m]$中的同态(用显然的方式),并且仍记为$\rho$(本章中,对于类似情形不再说明).另外,命题2(Ⅰ)推广了Hilbert零点定理(取$r=0$,$R=\mathbb{F}$及$\rho=id_{\mathbb{F}}$(恒等映射));如果对$\mathbb{F}$的所有扩张$\mathbb{K}$,I在$\mathbb{K}^{m+1}$中没有非平凡零点,那么$\mathscr{M}_1\subset\sqrt{I}$.

证 (ii)⇒(i).这是显然的,因为如果$a\in\mathfrak{E}_d(I)$,那么$a\cdot\mathscr{M}_N\subset I[\boldsymbol{d}]$,因而如果$(\xi_0,\cdots,\xi_{\mathfrak{M}})$是$\rho(I[\boldsymbol{d}])$在$\mathbb{K}^{m+1}$中的非平凡零点,那么对某个下标$i$,$\xi_i\neq0$,使$\rho(a)\cdot\xi_i^N=0$,由此$\rho(a)=0$.

为证明(i)⇒(ii),区分两种情形:

情形1. ρ是零同态,那么$\mathbb{F}^{m+1}$的所有点都是$\rho(I[\boldsymbol{d}])=(0)$的零点,特别地,在

$\mathbb{F}^{m+1}$中存在 $\rho(I[\boldsymbol{d}])$的一个非平凡零点.

情形 2. ρ 不是零同态. 我们证明：对所有整数 $N>0$，$\mathscr{M}_N \subsetneqq p(I[\boldsymbol{d}])$. 设$\mathbb{F}_0$是$\rho(R[\boldsymbol{d}])$ 的分式域；它是$\mathbb{F}$的子域. 易证：若 $\mathscr{M}_N \subset \rho(I[\boldsymbol{d}])$，则 $\mathscr{M}_N \subset \rho(I[\boldsymbol{d}]) \cap \mathbb{F}_0[x_0, \cdots, x_m]$，这蕴含存在元素 $a \in R[\boldsymbol{d}]$ 使 $\rho(a) \cdot \mathscr{M}_N \subset \rho(I[\boldsymbol{d}])$ 且 $\rho(a) \neq 0$. 由此可知，在 $R[\boldsymbol{d}]$中存在元素$(a_{\mathfrak{M},\mathfrak{M}'})_{\mathfrak{M},\mathfrak{M}' \in \mathscr{M}_N} \in \operatorname{Ker} \rho$，使得对所有 $\mathfrak{M} \in \mathscr{M}_N$，有

$$\sum_{\mathfrak{M}' \in \mathscr{M}_N} (a_{\mathfrak{M},\mathfrak{M}'} + a\delta_{\mathfrak{M},\mathfrak{M}'}) \mathfrak{M}' \in I[\boldsymbol{d}],$$

其中，$\delta_{\mathfrak{M},\mathfrak{M}'}$表示 Kronecker 符号. 用 Δ 表示矩阵

$$(a_{\mathfrak{M},\mathfrak{M}'} + a\delta_{\mathfrak{M},\mathfrak{M}'})_{\mathfrak{M},\mathfrak{M}' \in \mathscr{M}_N}$$

的行列式，不难验证它有下列性质：

$$\Delta \cdot \mathscr{M}_N \subset I[\boldsymbol{d}],$$

因而 $\Delta \in \mathfrak{E}_{\boldsymbol{d}}(I)$ 及 $\rho(\Delta) = \rho(a)^{|\mathscr{M}_N|} \neq 0$，此处 $|\mathscr{M}_N|$ 表示集合 $\mathscr{M}_N$ 中的元素个数. 这与假设(i)矛盾，因而 $\mathscr{M}_N \subsetneqq \rho(I[\boldsymbol{d}]) \cdot \mathbb{F}[x_0, \cdots, x_m]$.

设下标 $i \in \{0, \cdots, m\}$使对于所有整数 $N>0$ 有 $x_i^N \notin \rho(I[d]) \cdot \mathbb{F}[x_0, \cdots, x_m]$. 元素 $1 - x_i \in \mathbb{F}[x_0, \cdots, x_m]$ 对于模 $\rho(I[d]) \cdot \mathbb{F}[x_0, \cdots, x_m]$ 不可逆. 事实上，设不然，记它的逆元为 $p_0 + \cdots + p_M$，其中，p_j 是j 次齐次多项式. 那么 $(1 - x_i)(p_0 + \cdots + p_M) - 1$ 属于齐次理想 $\rho(I[d]) \cdot \mathbb{F}[x_0, \cdots, x_m]$，从而 $p_0 - 1$，$x_i p_0 - p_1$，$\cdots$，$x_i - p_{M-1} - p_M$ 及$x_i p_M$ 也属于该理想，于是推知 $x_i^{M+1} \in \rho(I[\boldsymbol{d}]) \cdot \mathbb{F}[x_0, \cdots, x_m]$，这与下标 i 的选取相矛盾. 因此 $1 - x_i$ 必属于$\mathbb{F}[x_0, \cdots, x_m]$ 中一个含有$\rho(I[\boldsymbol{d}])$的极大理想$\widetilde{\mathfrak{M}}$，并且因而 ρ 诱导一个由 $A[\boldsymbol{d}]$到某个含有$\mathbb{F}$ 的域$\mathbb{K}$ 的同态

$$\widetilde{\rho} : A[\boldsymbol{d}] \to \mathbb{F}[x_0, \cdots, x_m] / \widetilde{\mathfrak{M}} = \mathbb{K},$$

满足 $\widetilde{\rho}(x_i) = 1 \neq 0$ 及 $\widetilde{\rho}(p) = 0$ 对所有 $p \in I[\boldsymbol{d}]$. 但因$\widetilde{\rho}(p) = \rho(p)(\widetilde{\rho}(x_0), \cdots, \widetilde{\rho}(x_n))$，于是$(\widetilde{\rho}(x_0), \cdots, \widetilde{\rho}(x_m))$是 $\rho(I[\boldsymbol{d}])$在$\mathbb{K}^{m+1}$中的一个非平凡零点. □

与第 2 章相同，我们定义理想的高(秩，或余维数) h^*. 现在给出当 R 为主理想整环时，齐次素理想 $\mathfrak{P}$ 的高与 $\mathfrak{E}_d(\mathfrak{P})$的关系.

命题 3 设 R 为主理想整环，$\mathfrak{P}$ 是 A 中高$\leqslant m - r + 1$ 的齐次素理想，那么

(i) 若 $\mathfrak{P} \cap R \neq (0)$，则 $\mathfrak{E}_d(\mathfrak{P}) = (\mathfrak{P} \cap R) \cdot R[\boldsymbol{d}]$；

(ii) 若 $\mathfrak{P} \cap R = (0)$，则 $\mathfrak{E}_d(\mathfrak{P}) = (0)$ 当且仅当 $\mathfrak{P}$ 的高$< m - r + 1$；

(iii) 若 $\mathfrak{P} \cap R = (0)$，并且 $\mathfrak{P}$ 的高为 $m - r + 1$，则 $\mathfrak{E}_d(\mathfrak{P})$是主理想.

这个命题的证明基于下列两个引理：

引理 2 设 $\mathfrak{P}$ 是 $\mathfrak{A}[x]$中的素理想，其中，$\mathfrak{A}$ 是主理想整环 R 上的多项式环，且设 $\mathfrak{P} \cap \mathfrak{A} = (0)$，那么 $\mathfrak{P}$ 是主理想.

证 设$\mathbb{K}$ 是 $\mathfrak{A}$ 的分式域. $\mathfrak{P}$ 在$\mathbb{K}[x]$中生成的理想 $\mathfrak{P} \cdot \mathbb{K}[x]$是主理想；设 f 是它在

$\mathbb{K}[x]$中的生成元. 可设 $f\in\mathfrak{P}$,并且因为 $\mathfrak{A}$ 是唯一因子分解环,所以可设其系数的最大公因子(称为 f 的"容量")为 1.(实际上,设容量为 c,那么 $f/c\in\mathfrak{P}$;因为 $c\in\mathfrak{A}$,所以 $c\notin\mathfrak{P}$. $\mathfrak{P}$ 中元素 f/c 容量为1且生成 $\mathfrak{P}\cdot\mathbb{K}[x]$). 我们来证明 $\mathfrak{P}=f\mathfrak{A}[x]$. 为此设 $g\in\mathfrak{P}$;那么存在 $h\in\mathfrak{A}[x]$及$b\in\mathfrak{A}$使得 $b\cdot g=f\cdot h$,因而 b 整除$h\cdot f$ 的容量,于是整除 h 的容量,故知 $h/b\in\mathfrak{A}[x]$,而 $g=f\cdot h/b$. □

引理 3 设 R 是主理想整环,$\mathfrak{P}$ 是 A 中齐次素理想,$\mathfrak{P}\cap R=(0)$,且$x_0\notin\mathfrak{P}$. 用 L 记系数在R 中的变量

$$\{u_{\mathfrak{M}}^{(j)};\ j=1,\cdots,r\ 且\ \mathfrak{M}\in\mathscr{M}_{d_j}\setminus\{x_0^{d_j}\}\}$$

的多项式形成的 $R[\boldsymbol{d}]$的子环. 又当 $\mathfrak{M}=x_0^{d_j}$ 时我们简记 $u_0^{(j)}=u_{\mathfrak{M}}^{(j)}$. 那么当 $t<m+1-h^*(\mathfrak{P})$ 且 $1\leqslant t\leqslant r$ 时,有

$$\mathfrak{E}_{\boldsymbol{d}}(\mathfrak{P})\cap L[u_0^{(1)},\cdots,u_0^{(t)}]=(0).$$

证 用反证法. 设存在非零元素 $a\in\mathfrak{E}_{\boldsymbol{d}}(\mathfrak{P})\cap L[u_0^{(1)},\cdots,u_0^{(t)}]$. 于是存在整数 N 使 $a\cdot\mathscr{M}_N\subset\mathfrak{P}[\boldsymbol{d}]$,并且对 $j=t+1,\cdots,r$ 形式地写出

$$u_0^{(j)}=-\sum_{\mathfrak{M}\neq x_0^{d_j}}u_{\mathfrak{M}}^{(j)}\mathfrak{M}/x_0^{d_j}.$$

我们来证明 a 与$u_0^{(t+1)},\cdots,u_0^{(r)}$ 无关. 实际上,我们有

$$a\cdot\mathscr{M}_N\subset\mathfrak{P}[d_1,\cdots,d_t]\cdot A[\boldsymbol{d}],$$

(因为 $x_0\notin\mathfrak{P}$,所以 $x_0\notin\mathfrak{P}[d_1,\cdots,d_t]$). 由此推知 a 的系数作为$(R[d_1,\cdots,d_t])[d_{t+1},\cdots,d_r]$中的多项式,属于 $\mathfrak{E}_{(d_1,\cdots,d_t)}(\mathfrak{P})$;而且因为 a 非零,所以 $\mathfrak{P}[d_1,\cdots,d_t]\cdot A[\boldsymbol{d}]$是非零理想.

用$\mathbb{F}$表示 R 的分式域. 依命题2,由 $\mathfrak{E}_{(d_1,\cdots,d_t)}(\mathfrak{P})$的非空性可知存在$\mathbb{F}[x_0,\cdots,x_m]$中次数分别为 $d_1,\cdots,d_t$ 的齐次多项式 $p_1,\cdots,p_t$,使$\mathbb{F}[x_0,\cdots,x_m]$中的理想$(\mathfrak{P},p_1,\cdots,p_t)$在$\overline{\mathbb{F}}^{m+1}$中无非平凡零点(此处$\overline{\mathbb{F}}$表示$\mathbb{F}$ 的代数闭包). 这表明 $h^*(\mathfrak{P},p_1,\cdots,p_t)\geqslant m+1$. 于是依 Krull 主理想定理(见文献[99],第 217 页定理 22),$h^*(\mathfrak{P})\geqslant m-t+1$,这与假设矛盾. □

命题 3 之证 $r=0$时命题显然成立,不然理想 $\mathfrak{P}$ 的高 $h^*(\mathfrak{P})\leqslant m-r+1<m+1$,所以 $\mathfrak{P}\not\supset(x_0,\cdots,x_m)$,因而可设 $x_0\notin\mathfrak{P}$.

(i) 因为 $\mathfrak{P}\cap R\neq(0)$,我们令 $R'=R/(\mathfrak{P}\cap R)$,这是主理想整环,并且 $R'[x_0,\cdots,x_m]$中的理想 $\mathfrak{P}'=\mathfrak{P}/(\mathfrak{P}\cap R)$ 的高$\leqslant h^*(\mathfrak{P})\leqslant m-r+1$,同时满足 $\mathfrak{P}'\cap R'=(0)$. 因此为了得到 $\mathfrak{E}_{\boldsymbol{d}}(\mathfrak{P}')=(0)$,只需证明(ii);而由 $\mathfrak{E}_{\boldsymbol{d}}(\mathfrak{P}')=(0)$即得 $\mathfrak{E}_{\boldsymbol{d}}(\mathfrak{P})=(\mathfrak{P}\cap R)\cdot R[\boldsymbol{d}]$;

(ii) 如果 $t=r<m+1-h^*(\mathfrak{P})$,那么 $h^*(\mathfrak{P})<m-r+1$. 因为$x_0\notin\mathfrak{P}$,由引理3

得 $\mathfrak{E}_{\boldsymbol{d}}(\mathfrak{P}) \cap R[\boldsymbol{d}] = (0)$. 反之,若 $\mathfrak{E}_{\boldsymbol{d}}(\mathfrak{P}) = (0)$,则由命题 2(Ⅰ)(其中,取$\mathbb{F}$为 R 的分式域),对$\mathbb{F}[x_0, \cdots, x_m]$中所有次数为$d_1, \cdots, d_r$ 的齐次多项式$p_1, \cdots, p_r$ 形成的多项式组,理想$(\mathfrak{P}, p_1, \cdots, p_r) \subset \mathbb{F}[x_0, \cdots, x_m]$在$\mathbb{K}^{m+1}$中有非平凡零点,其中,$\mathbb{K}$是$\mathbb{F}$的一个域扩张.这表明对所有这种多项式组 $p_1, \cdots, p_r$,理想$(\mathfrak{P}, p_1, \cdots, p_r)$的高$< m+1$,注意 $\mathfrak{P} \cap R = (0)$,从而 $h^*(\mathfrak{P}) < m - r + 1$;

(iii) 应用引理 3(其中 $t = r-1$).我们有 $t < m + 1 - h^*(\mathfrak{P})$, $\mathfrak{P} \cap R = (0)$ 及 $x_0 \notin \mathfrak{P}$,因此 $\mathfrak{E}_{\boldsymbol{d}}(\mathfrak{P}) \cap L[u_0^{(1)}, \cdots, u_0^{(r-1)}] = (0)$. 引理 2 表示 $\mathfrak{E}_{\boldsymbol{d}}(\mathfrak{P})$(素理想)也是主理想.

注 4 如果在 $A = \mathbb{Z}[x_0, \cdots, x_m]$ 中取 $I = (0)$ 及 $r = m+1$,那么$\mathbb{Z}[\boldsymbol{d}]$ 中的理想 $\mathfrak{E}_{\boldsymbol{d}}(I)$ 是素主理想.除符号外,其生成元与 $A[\boldsymbol{d}]$中 $m+1$ 个齐次多项式 $U_1, \cdots, U_{m+1}$的结式相一致(见文献[57]).

设 $\mathfrak{J}$ 是$\mathbb{K}[x_0, \cdots, x_m]$中(真)齐次理想(此处$\mathbb{K}$ 是一个域), $r = m + 1 - h^*(\mathfrak{J})$.设 $1 \leqslant r \leqslant m$.对于整数 $t \geqslant 0$, 用 $H(t; \mathfrak{J})$ 表示在$\mathbb{K}$ 上模 $\mathfrak{J}$ 线性无关的 t 次齐次多项式的极大个数,则当 t 足够大时,有

$$H(t; \mathfrak{J}) = a_0 \binom{t}{r-1} + a_1 \binom{t}{r-2} + \cdots + a_{r-1},$$

其中,$a_0, \cdots, a_{r-1}$是整数,并且 $a_0 > 0$. 我们称 a_0 为齐次理想 $\mathfrak{J}$ 的(通常的)次数,并记为 $d^*(\mathfrak{J}) = a_0$.当$\mathfrak{J} = (P)$ 是由齐次多项式 P 生成的主理想,则 $d^*(\mathfrak{J}) = \deg P$.显然,当$\mathfrak{J}$, $\mathfrak{L}$ 是两个(真)理想,$\mathfrak{J} \subseteq \mathfrak{L}$,则$H(t; \mathfrak{J}) \geqslant H(t; \mathfrak{L})$(当所有 $t \geqslant 0$);且若 $h^*(\mathfrak{J}) = h^*(\mathfrak{L})$,则 $\mathfrak{J} \subseteq \mathfrak{L}$ 蕴含 $d^*(\mathfrak{J}) \geqslant d^*(\mathfrak{L})$. 另外,若 $\mathfrak{J}$ 为纯粹齐次理想,$1 \leqslant r \leqslant m$, $\mathfrak{P}_i$ 是其指数为 e_i 的相伴素理想,则 $\sum_i e_i d^*(\mathfrak{P}_i) \leqslant d^*(\mathfrak{J})$.

设 R 为主理想整环, $I \subset A = R[x_0, \cdots, x_m]$ 为齐次理想,则

$$d^*(I) = \lim_{D \to \infty} \frac{r!}{D!} \dim_{\mathbb{F}}(\mathbb{F}[x_0, \cdots, x_m]/I \cdot \mathbb{F})_D,$$

其中, $r = m + 1 - h^*(I)$, $(\cdots)_D$ 表示$\mathbb{F}[x_0, \cdots, x_m]/I \cdot \mathbb{F}$ 中次数为 D 的齐次元素的矢量空间,$\mathbb{F}$ 为 R 的分式域.

注 5 对于上述基本事实,见文献[15, 99]等.

命题 4 设 R 为主理想整环,I 是A 中高为$m - r + 1$ 的齐次纯粹理想,那么 $\mathfrak{E}_{\boldsymbol{d}}(I)$ 是主理想,并且它的生成元是 $R[\boldsymbol{d}]$中的多项式,它关于每组变量

$$\mathscr{U}_j = \{u_{\mathfrak{M}}^{(j)}; \mathfrak{M} \in \mathscr{M}_{d_j}\} \quad (j = 1, \cdots, r)$$

是次数$\leqslant d^*(I) \cdot \prod_{l \neq j} d_l$ 的齐次多项式.

证 由命题 1 以及命题 3 的(iii)容易证明 $\mathfrak{E}_{\boldsymbol{d}}(I)$ 是主理想. 因为

$\mathfrak{E}_{\boldsymbol{d}}(I\cdot\mathbb{F})=\mathfrak{E}_{\boldsymbol{d}}(I)\cdot\mathbb{F}$,其中$\mathbb{F}$是 R 的分式域,因此我们只需在 R 是域$\mathbb{F}$的情形进行证明. 另一方面,显然 $\mathfrak{E}_{\boldsymbol{d}}(I)=\mathfrak{E}_{d_1}((I, U_2, \cdots, U_r))$,并且理想$(I, U_2, \cdots, U_r)$的次数等于 $d^*(I)\cdot\prod\limits_{l=2}^{r}d_l$. 因此,适当改变多项式$U_1, \cdots, U_r$ 的下标,并用 $R[(d_2, \cdots, d_r)]$ 的分式域代替$\mathbb{F}$,那么只需对 $r=1$ 建立引理中关于次数的上界即可. 在这种情形中,对于 I 的每个相伴素理想 $\mathfrak{P}$,用 $\mathscr{Z}(\mathfrak{P})$表示 $\mathfrak{P}$ 在$\mathbb{P}_m(\overline{\mathbb{F}})$中的零点的集合(此处$\overline{\mathbb{F}}$为域$\mathbb{F}$的代数闭包);$\mathscr{Z}(\mathfrak{P})$是有限集,其元素个数等于 $d^*(\mathfrak{P})$. 对于 $\mathscr{Z}(\mathfrak{P})$的每个元素适当选取在$\overline{\mathbb{F}}^{m+1}$中的坐标,借助命题 1 的(ii)及命题 2(Ⅰ)可知$\mathbb{F}[\boldsymbol{d}]$中的多项式

$$\prod_{x\in\mathscr{Z}(\mathfrak{P})}\Big(\sum_{\mathfrak{M}\in\mathscr{M}_d}u_{\mathfrak{M}}\cdot\mathfrak{M}(\boldsymbol{x})\Big)$$

是 $\mathfrak{E}_d(\mathfrak{P})$的生成元. 于是这个齐次多项式的次数等于 $\mathscr{Z}(\mathfrak{P})$的元素个数,亦即 $d^*(\mathfrak{P})$. 因为$\sum\limits_{\mathfrak{P}}e_{\mathfrak{P}}d^*(\mathfrak{P})\leqslant d^*(I)$(此处对 I 的所有相伴素理想求和,$e_{\mathfrak{P}}$ 为 $\mathfrak{P}$ 的指数),所以由命题 1 及注 2 可知,$\mathfrak{E}_d(I)$的生成元(因而其所有生成元)是齐次的,且次数$\leqslant d^*(I)$. □

注 6 (i)如果 $\mathfrak{P}$ 是高为 $m+1-r$ 的齐次素理想,那么 $\mathfrak{E}_{\boldsymbol{d}}(\mathfrak{P})=\mathfrak{E}_{d_r}(\mathfrak{P}[d_1, \cdots, d_{r-1}])=\mathfrak{E}_{d_r}(\mathfrak{A}_{(d_1,\cdots,d_{r-1})}(\mathfrak{P}))$,但因为由命题 1(ii)知 $\mathfrak{A}_{(d_1,\cdots,d_{r-1})}(\mathfrak{P})$是 $A[(d_1, \cdots, d_{r-1})]$中高为 m 的素理想,所以由上面引理的证明容易推出 $\mathfrak{E}_{d_r}(\mathfrak{A}_{(d_1,\cdots,d_{r-1})}(\mathfrak{P}))$(因而 $\mathfrak{E}_{\boldsymbol{d}}(\mathfrak{P})$)的生成元关于变量 $\mathscr{U}_r$ 的次数为$d^*(\mathfrak{P})\prod\limits_{l=1}^{r-1}d_l$. 类似的结果对其余变量 $\mathscr{U}_j$($j=1, \cdots, r-1$) 也成立.

(ii) 设 $d_r\leqslant d_1, \cdots, d_{r-1}$,且 $\mathfrak{P}$ 是 A 中高为$m+1-r$ 的齐次素理想. 若对 $j=1, \cdots, r-1$,用$\rho(U_j)=U_j+\lambda_jU_rx_0^{d_j-d_r}$ $(\lambda_j\in R)$ 代替 U_j,则易见 $\rho(\mathfrak{E}_{\boldsymbol{d}}(\mathfrak{P}))=\mathfrak{E}_{\boldsymbol{d}}(\mathfrak{P})\cdot R[\boldsymbol{d}][\boldsymbol{\lambda}]$. 由此推出:若 f 是 $\mathfrak{E}_{\boldsymbol{d}}(\mathfrak{P})$的生成元,则在 $R[\boldsymbol{d}][\boldsymbol{\lambda}]$中 f 整除$\rho(f)$;且按 λ_j 的方幂展开可证明$\rho(f)=f$.

设 R 为 Noether 环,其每个由 l 个元素生成的理想都是高为 l 的纯粹理想,则称它为半正规环或 Cohen-Macaulay 环. 此时 $R[x_0, \cdots, x_m]$也是半正规环;特别地,若$\mathbb{F}$是域,则$\mathbb{F}[x_0, \cdots, x_m]$是半正规的.

我们记次数分别为 $d_1, \cdots, d_r$ 的齐次多项式$p_{1-r}=U_1, \cdots, p_0=U_r$. 还设理想 $I\subset A=R[x_0, \cdots, x_m]$由次数分别为 $d_{r+1}, \cdots, d_{r+n}$ 的齐次多项式$p_1, \cdots, p_n$ 生成. 定义$\{1, \cdots, r+n\}$的置换σ使

$$d_{\sigma(1)}\geqslant d_{\sigma(2)}\geqslant\cdots\geqslant d_{\sigma(r+n)}.$$

还设ρ是$R[\boldsymbol{d}]$到$\mathbb{F}'$(特征零的域)中的同态(并扩充为 $R[\boldsymbol{d}]$到 $A'=\mathbb{F}'[x_0, \cdots, x_m]$的同态),$h$ 为理想$\rho(I[\boldsymbol{d}])\subset A'$的高.

引理 4(D. W. Masser) 设 R 为 Noether 环,p_j, ρ 如上,则存在次数分别为 $d_{\sigma(1)}, \cdots, d_{\sigma(h)}$的齐次多项式 $q_1, \cdots, q_h$,形式$\rho(I[\boldsymbol{d}])$中的正规列,亦即它们属于$\rho(I[\boldsymbol{d}])$,

并且对于 $i=1,\cdots,h-1$, 理想

$$(q_1,\cdots,q_i):_{A'}q_{i+1}=\{f\in A';fq_{i+1}\subset(q_1,\cdots,q_i)\}$$

满足

$$(q_1,\cdots,q_i):_{A'}q_{i+1}=(q_1,\cdots,q_i);$$

并且多项式 $q_i(i=1,\cdots,h)$ 可以表示为

$$q_i=\sum_{j\in S_i}\left(\sum\lambda_{j,\mathfrak{M}}\cdot\mathfrak{M}\right)\rho(p_{\sigma(j)-r}),\tag{2}$$

其中,求和展布在 $\mathfrak{M}\in\mathscr{M}_{d_{\sigma(i)}-d_{\sigma(j)}}$, S_i 是 $\{i,\cdots,r+n\}$ 的元素个数 $\leqslant\prod_{l=1}^{i-1}d_{\sigma(l)}+1$ 的子集,$\lambda_{j,\mathfrak{M}}$ 是一个有理整数列,其绝对值均 $\leqslant\prod_{l=1}^{i-1}d_{\sigma(l)}$.

证 设 i_0 是满足下列条件的最小整数:

$$\rho(p_{\sigma(i_0)-r})\neq0\quad 且\quad \mathfrak{M}\in\mathscr{M}_{d_{\sigma(1)}-d_{\sigma(i_0)}};$$

我们取 $q_1=\mathfrak{M}\cdot\rho(p_{\sigma(i_0)-r})$, 并且归纳地定义 $q_2,\cdots,q_h$. 设当 $i<h$ 时多项式 $q_1,\cdots,q_i$ 已定义,使得 $\rho(I[\boldsymbol{d}])\subset J_i$, 其中,$J_i$ 表示 A' 中理想 $(q_1,\cdots,q_i,\rho(p_{\sigma(i+1)-r}),\cdots,\rho(p_{\sigma(r+n)-r}))$. 因 A' 是 Cohen-Macaulay 环,所以高为 i 的理想 $(q_1,\cdots,q_i)$ 是纯粹的. 用 N 表示它的相伴素理想的个数,它不超过理想的次数亦即 $\prod_{l=1}^{i}d_{\sigma(l)}$. 令 $\boldsymbol{d}=(d_{\sigma(i+1)},1,\cdots,1)\in\mathbb{N}^{m-i+1}$. 理想 $\mathfrak{E}_{\boldsymbol{d}}((q_1,\cdots,q_i))\subset\mathbb{F}'[\boldsymbol{d}]$ 是主理想,且依引理 4,其生成元关于变量 $\mathscr{U}_1=\{u_{\mathfrak{M}}^{(1)};\mathfrak{M}\in\mathscr{M}_{d_{\sigma(i+1)}}\}$ 的次数 $\leqslant\prod_{l=1}^{i}d_{\sigma(l)}$. 因为 $i<h$, 所以对 $(q_1,\cdots,q_i)$ 的每个相伴素理想 $\mathfrak{P}$, 存在一个多项式 $\rho(p_{\sigma(i(\mathfrak{P}))-r})$ (其中 $i<i(\mathfrak{P})\leqslant r+n$) 不属于 $\mathfrak{P}$. 用 S_{i+1} 表示这些下标 $i(\mathfrak{P})$ (其中 $\mathfrak{P}$ 遍历 $(q_1,\cdots,q_i)$ 的相伴素理想) 并加上下标 $i+1$ 所形成的集合. S'_{i+1} 中元素个数 $\leqslant N+1\leqslant\prod_{l=1}^{i}d_{\sigma(l)}+1$. 由抽屉原理,存在一个多项式 q'_{i+1}, 它具有引理中的表达式 (2) 而且不属于任何 $(q_1,\cdots,q_i)$ 的相伴素理想. 这表明在 $\mathfrak{E}_{\boldsymbol{d}}((q_1,\cdots,q_i))$ 的生成元 f 中替换表达式 (2) 中一般多项式的关于变量 $\{u_{\mathfrak{M}}^{(1)};\mathfrak{M}\in\mathscr{M}_{d_{\sigma(i+1)}}\}$ 的系数时,我们得到变量 $\{\lambda_{j,\mathfrak{M}};j\in S_{i+1},\mathfrak{M}\in\mathscr{M}_{d_{\sigma(i+1)}-d_{\sigma(j)}}\}$ 的不恒等于零的齐次多项式,且关于这些变量的次数不超过 $\prod_{l=1}^{i}d_{\sigma(l)}$. 由此推出存在绝对值 $\leqslant\prod_{\rho=1}^{i}d_{\sigma(l)}$ 的全不为零的有理整数 $\lambda_{j,\mathfrak{M}}$, 并且没有影响 f 是 $\mathfrak{E}_{\boldsymbol{d}}((q_1,\cdots,q_i))$ 的生成元. 依据命题 2,与这些整数 $\lambda_{j,\mathfrak{M}}$ 相对应的 (2) 形的多项式 q_{i+1} 不属于任何 $(q_1,\cdots,q_i)$ 的相伴素理想,从而有

$$(q_1,\cdots,q_i):_{A'}q_{i+1}=(q_1,\cdots,q_i).$$

因为 $\lambda_{j,\mathfrak{M}}$ 全不为零,我们有 $\rho(p_{\sigma(i+1)-r}) \in J_{i+1}$,于是完成了 q_{i+1} 的构造. □

对于引理 4 中构造的序列 $q_1, \cdots, q_h$,我们定义与之相伴的 Koszul 复形,亦即序列

$$0 \to A_0' \xrightarrow{\theta_0} A_1' \xrightarrow{\theta_1} \cdots \xrightarrow{\theta_{h-2}} A_{h-1}' \xrightarrow{\theta_{h-1}} A_h',$$

其中,A_l' 是由符号 $z_1, \cdots, z_h$ 生成的 A' 上的自由外代数的次数为 l 的齐次部分,映射 θ_l 定义为

$$\theta_l\left(\sum a_{i_1,\cdots,i_l} z_{i_1} \wedge \cdots \wedge z_{i_l}\right) = \sum_{j=1}^{h} \sum a_{i_1,\cdots,i_l} \cdot q_j z_j \wedge z_{i_1} \wedge \cdots \wedge z_{i_l},$$

其中,求和展开在满足 $1 \leqslant i_1 < \cdots < i_l \leqslant h$ 的数组 $(i_1, \cdots, i_l)$ 上.

因为 $q_1, \cdots, q_h$ 是正规序列,由此可以推出上述复形是正合序列;借助于增广映射

$$\sum : A_h' \to A'/(q_1, \cdots, q_h),$$
$$a z_1 \wedge \cdots \wedge z_h \mapsto a \bmod (q_1, \cdots, q_h),$$

其余核同构于 $A'/(q_1, \cdots, q_h)$.

特别地,可以推出,若用 A_D' 及 $(q_1, \cdots, q_h)_D$ 分别表示 A' 及 $(q_1, \cdots, q_h)$ 中关于 $x_0, \cdots, x_m$ 的次数为 D 的齐次元素的部分,则有等式

$$\dim_{\mathbb{F}'} A_D'/(q_1, \cdots, q_h)_D = \sum_{l=0}^{h} (-1)^l \sum \dim_{\mathbb{F}'} A'_{D-d_{\sigma(i_1)}-\cdots-d_{\sigma(i_l)}},$$

其中,求和展开在满足 $1 \leqslant i_1 < \cdots < i_l \leqslant h$ 的数组 $(i_1, \cdots, i_l)$ 上. 这表明数 $\dim_{\mathbb{F}'} A_D'/(q_1, \cdots, q_h)_D$ 与 D 及所选取的正规序列 $q_1, \cdots, q_h$ 中元素的次数无关.

命题 2(Ⅱ)(消元定理Ⅱ) 设 $\rho: R[\boldsymbol{d}] \to R'$ 是 $R[\boldsymbol{d}]$ 到环 R' 中的同态,那么

(i) $\rho(\mathfrak{E}_{\boldsymbol{d}}(I)) \subset \bigcup_{k \geqslant 1} (\rho(I[\boldsymbol{d}]) :_{R'} \mathscr{M}_k)$,

其中,$\rho(I[\boldsymbol{d}]) :_{R'} \mathscr{M}_k = \{f \in R';\ f \cdot \mathscr{M}_k \subset \rho(I[\boldsymbol{d}])\}$;

(ii) 若 R' 是一个整环,其分式域 $\mathbb{F}'$ 特征为零,则

$$\rho(\mathfrak{E}_{\boldsymbol{d}}(I)) \cdot \mathbb{F}' = \bigcup_{k \geqslant 1} (\rho(I[\boldsymbol{d}]) :_{\mathbb{F}'} \mathscr{M}_k) = \rho(I[\boldsymbol{d}]) :_{\mathbb{F}'} \mathscr{M}_M,$$

其中,$M \geqslant d_{\sigma(1)} + \cdots + d_{\sigma(m+1)} - m$(当 $m+1 \leqslant r+n$)及 $M \geqslant 1$(其他情形).

证 (i) 可以由 $\mathfrak{E}_{\boldsymbol{d}}(I)$ 的定义推出. 又注意到当 $\mathscr{M}_1 \subsetneqq \sqrt{\rho(I[\boldsymbol{d}])}$ 时 $\rho(\mathfrak{E}_{\boldsymbol{d}}(I)) \cdot \mathbb{F}' = (0)$;不然它等于 $\mathbb{F}'$. 因此(ii)中第一个等式是命题 2(Ⅰ)的重新表述. 于是为证实命题为真,我们只需证明:若 $\bigcup_{k \geqslant 1} (\rho(I[\boldsymbol{d}]) :_{\mathbb{F}'} \mathscr{M}_k) = \mathbb{F}'$,则 $\rho(I[\boldsymbol{d}]) :_{\mathbb{F}'} \mathscr{M}_M = \mathbb{F}'$. 这个假设意味着在 $A' = \mathbb{F}'[x_0, \cdots, x_m]$ 中 $\rho(I[\boldsymbol{d}])$ 生成的理想的高为 $m+1$. 特别地,$r+n \geqslant m+1$,并应用引理 4 可在 $\rho(I[\boldsymbol{d}]) \cdot \mathbb{F}'$ 中构造次数分别为 $d_{\sigma(1)}, \cdots, d_{\sigma(m+1)}$ 的齐次多项式 $q_1, \cdots, q_{m+1}$ 组成的正规序列. 由上述关于 Koszul 复形的基本事实可知对于所有整数 D 有

$$\dim_{\mathbb{F}'} A'_D/(q_1, \cdots, q_{m+1})_D = \dim_{\mathbb{F}'} A'_D/(x_0^{d_{\sigma(1)}}, \cdots, x_m^{d_{\sigma(m+1)}})_D,$$

但可以验证对于所有 $D \geqslant M$, $A'_D/(x_0^{d_{\sigma(1)}}, \cdots, x_m^{d_{\sigma(m+1)}})_D$ 为零，因而 $A'_D/(q_1, \cdots, q_{m+1})_D$也为零,从而

$$\mathscr{M}_M \subset (q_1, \cdots, q_{m+1}) \subset \rho(I[\boldsymbol{d}]) \cdot \mathbb{F}',$$

这正是所要证明的结论. □

注 7 命题 2(Ⅱ)可以叙述如下：

命题 2(Ⅱ)′(消元定理Ⅱ) 设 $\rho: R[\boldsymbol{d}] \to \mathbb{F}$ 是 $R[\boldsymbol{d}]$ 到特征为零的域$\mathbb{F}$中的同态. 则下列命题等价：

(i) $\rho(\mathfrak{E}_{\boldsymbol{d}}(I)) \neq (0)$;

(ii) $\mathscr{M}_1 \subset \sqrt{\rho(I[\boldsymbol{d}])}$;

(iii) $\mathscr{M}_1^M \subset \rho(I[\boldsymbol{d}])$ 且 $M = d_{\sigma(1)} + \cdots + d_{\sigma(m+1)} - m$.

注 8 关于 Macaulay-Cohen 环及 Koszul 复形可参考,例如,文献[99]及[141](第二卷)等.

2° 多项式的局部度量

设$\mathbb{K}$是一个数域,$\mathscr{M}$和 $\mathscr{M}_\infty$ 表示$\mathbb{K}$上绝对值及阿基米德绝对值的集合. 对于绝对值 $|\cdot|_v$,用$\mathbb{K}_v$表示$\mathbb{K}$关于它的完备化,$\mathbb{C}_v$表示$\mathbb{K}_v$的代数闭包的完备化;$\mathbb{K}$到$\mathbb{K}_v$中的典范嵌入扩充为$\mathbb{K}$到$\mathbb{C}_v$中的嵌入并记为σ_v. 对于所有的 $x \in \mathbb{K}$,有 $|x|_v = |\sigma_v(x)|_{(v)}$,其中,$|\cdot|_{(v)}$表示$\mathbb{C}_v$的绝对值. 当 $v \in \mathscr{M}_\infty$ 时它是$\mathbb{Q}$的通常绝对值的延拓;当 $v \notin \mathscr{M}_\infty$ 时 $|p|_{(v)} = 1/p$,其中,p 为它对应的素数.

设 $P \in \mathbb{K}[T_1, \cdots, T_m]$, $P = \sum_{(i)} f_{(i)} T_1^{i_1} \cdots T_m^{i_m}$. 对每个 $v \in M$,令 $\sigma_v(P) = \sum_{(i)} \sigma_v(f_{(i)}) T_1^{i_1} \cdots T_m^{i_m}$. 我们用下列方式定义 P 在v 的局部度量：当 $v \notin \mathscr{M}_\infty$ 时，令

$$M_v(P) = \max_{(i)} |\sigma_v(f_{(i)})|_{(v)} = \max_{(i)} |f_{(i)}|_{(v)}$$

(亦即第 2 章中定义的$|P|_v$);当 $v \in \mathscr{M}_\infty$ 时,令 $M_v(P)$是$\sigma_v(P)$的 Mahler 度量(当 $m = 1$ 时见《超越数:基本理论》,第 1.1 节),亦即 $M_v(0) = 0$,而当$\sigma_v(P) \neq 0$ 时,有

$$\begin{aligned} M_v(P) &= M(\sigma_v(P)) \\ &= \exp\left(\int_0^1 \cdots \int_0^1 \log |\sigma_v(P)(\mathrm{e}^{2\pi \mathrm{i} u_1}, \cdots, \mathrm{e}^{2\pi \mathrm{i} u_m})| \,\mathrm{d}u_1 \cdots \mathrm{d}u_m\right), \end{aligned}$$

其中,$|\cdot|$表示平常的绝对值. 注意,由 $\log|\sigma_v(P)|$的可积性我们可推出：$M_v(P) = 0$ 当

且仅当 $P=0$. 对于多项式 $P\in\mathbb{C}_v[T_1,\cdots,T_m]$，我们也使用相同的记号 $M_v(P)$ 表示其局部度量.

M_v 满足下述“乘积公式”：对 $v\in M$ 及非零多项式 $P,Q\in\mathbb{C}_v[T_1,\cdots,T_m]$，有

$$M_v(PQ)=M_v(P)M_v(Q).$$

当 $v\in\mathscr{M}_\infty$ 时，它可由 Mahler 度量的定义推出；当 $v\notin\mathscr{M}_\infty$ 时可见第 2.1 节引理 2.1.1.

下面给出 M_v 的一些常用性质.

命题 5 记 $P,Q\in\mathbb{C}_v[T_1,\cdots,T_m]$，次数分别为 $d(P)$ 和 $d(Q)$. 记 $P(T_1,\cdots,T_m)=\sum_{(i)}f_{(i)}T_1^{i_1}\cdots T_m^{i_m}$，其中，$(i)=(i_1,\cdots,i_m)\in\mathbb{N}_0^m$，$i_1+\cdots+i_m\leqslant d(P)$. 设 $l\in\{0,\cdots,m\}$，并令 $i_0=d(P)-i_1-\cdots-i_l$. 定义多项式

$$P_{(i_1,\cdots,i_l)}=\sum_{(j)}f_{(i_1,\cdots,i_l,j_{l+1},\cdots,j_m)}T_{l+1}^{j_{l+1}}\cdots T_m^{j_m}\in\mathbb{C}_v[T_1,\cdots,T_m],$$

其中，$(j)=(j_{l+1},\cdots,j_m)\in\mathbb{N}_0^m$，$j_{l+1}+\cdots+j_m\leqslant i_0$，那么当 $v\in\mathscr{M}_\infty$ 时，有

$$M_v(P_{(i_1,\cdots,i_l)})\leqslant\frac{d(P)!}{i_0!i_1!\cdots i_l!}M_v(P),\tag{3}$$

$$M_v(P+Q)\leqslant M_v(P)(m+1)^{d(P)}+M_v(Q)(m+1)^{d(Q)};\tag{4}$$

当 $v\notin\mathscr{M}_\infty$ 时，有

$$M_v(P_{(i_1,\cdots,i_l)})\leqslant M_v(P),$$

$$M_v(P+Q)\leqslant\max\{M_v(P),M_v(Q)\}.$$

证 当 $v\notin\mathscr{M}_\infty$ 时结论显然成立，所以设 $v\in\mathscr{M}_\infty$. 先证不等式(3). 我们只需对 $l=1$ 的情形证明(变量个数 $m\geqslant 1$ 任意)；一般情形可以由它推出；事实上，逐次对于变量个数为 $m-l+1,\cdots,m$ 的情形应用所得到的结果，可得

$$M_v(P_{(i_1,\cdots,i_l)})\leqslant\frac{(d(P)-i_1-\cdots-i_{l-1})!}{i_0!i_l!}M_v(P_{(i_1,\cdots,i_{l-1})}),$$

$$M_v(P_{(i_1,\cdots,i_{l-1})})\leqslant\frac{(d(P)-i_1-\cdots-i_{l-2})!}{(d(P)-i_1-\cdots-i_{l-1})!i_{l-1}!}M_v(P_{(i_1,\cdots,i_{l-2})}),$$

…………

$$M_v(P_{(i_1)})\leqslant\frac{d(P)!}{(d(P)-i_1)!i_1!}M_v(P),$$

将它们相乘即得不等式(3).

现在设 $l=1$. 习知，对于 $a=a(T)=\sum_{i=0}^{d}a_iT^i=a_d\prod_{h=1}^{d}(T-\alpha_h)\in\mathbb{C}[T]$，$M(a)=|a_d|\prod_{h=1}^{d}\max\{1,|\alpha_h|\}$(见《超越数：基本理论》，第 1.1 节)，因此当 $h=0,\cdots,d$ 时，

$$
\begin{aligned}
|a_h| = |a_0| \left|\sum_{(i)} \alpha_{i_1} \cdots \alpha_{i_h}\right| &\leqslant M(a) \cdot \sum_{(i)} 1 \\
&\leqslant \frac{d!}{h!(d-h)!} M(a),
\end{aligned}
$$

其中,求和展布在适合 $1 \leqslant i_1 < \cdots < i_h \leqslant d$ 的数组 $(i) = (i_1, \cdots, i_h) \in \mathbb{N}_0^h$ 上.因此对于 $t_2, \cdots, t_m \in \mathbb{C}$ 及 $i_1 \leqslant d(P)$ 有

$$
|P_{(i_1)}(t_2, \cdots, t_m)| \leqslant \frac{d(P)!}{i_1!(d(P)-i_1)!} \exp\left(\int_0^1 \log |P(\mathrm{e}^{2\pi \mathrm{i} u_1}, t_2, \cdots, t_m)| \mathrm{d}u_1\right),
$$

从而得到

$$
\begin{aligned}
M_v(P_{(i_1)}) &= \exp\left(\int_0^1 \cdots \int_0^1 \log |P_{(i_1)}(\mathrm{e}^{2\pi \mathrm{i} u_2}, \cdots, \mathrm{e}^{2\pi \mathrm{i} u_m})| \mathrm{d}u_2 \cdots \mathrm{d}u_m\right) \\
&\leqslant \frac{d(P)!}{i_1!(d(P)-i_1)!} M_v(P),
\end{aligned}
$$

于是式(3)得证.

为证明不等式(4),注意对所有 $t_1, \cdots, t_m \in \mathbb{C}$,有

$$
|P(t_1, \cdots, t_m)| \leqslant M_v(P)(1 + |t_1| + \cdots + |t_m|)^{d(P)},
$$

对 Q 也有类似不等式成立.因为在 M_v 的定义中 $|t_i| = 1$,所以得

$$
M_v(P+Q) \leqslant \exp\left(\int_0^1 \cdots \int_0^1 \log(M_v(P)(m+1)^{d(P)} + M_v(Q)(m+1)^{d(Q)}) \mathrm{d}u_1 \cdots \mathrm{d}u_m\right),
$$

由此即得式(4). □

注 9 若 $v \in \mathscr{M}_\infty$,我们有下列一般形式的不等式:当 $P \in \mathbb{C}_v[T_1, \cdots, T_m]$(如引理 6)时,有

$$
M_v(P) \leqslant \sum |f_{(i)}|_v \leqslant (m+1)^{d(P)} M_v(P),
$$

其中,求和展布在满足 $i_1 + \cdots + i_m \leqslant d(P)$ 的数组$(i_1, \cdots, i_m) \in \mathbb{N}_0^m$上.左半不等式可由 $M_v(P)$的定义得到,右半不等式是命题 5 的推论.

命题 6 设 $P \in \mathbb{C}_v[T_1, \cdots, T_m]$ 为 d 次多项式,

$$
\varphi^{(1)}, \varphi^{(2)}: \mathbb{C}_v[T_1, \cdots, T_m] \to \mathbb{C}_v[S_1, \cdots, S_q]
$$

是两个$\mathbb{C}_v$ 代数同态,适合

$$
\varphi^{(l)}(T_i) = \varphi_{i,0}^{(l)} + \sum_{j=1}^{q} \varphi_{i,j}^{(l)} S_j, \quad \varphi_{i,j}^{(l)} \in \mathbb{C}_v
$$
$$
(i = 1, \cdots, p;\ l = 1, 2).
$$

那么

$$\begin{aligned}&M_v(\varphi^{(1)}(P)-\varphi^{(2)}(P))/M_v(P)\\&\quad\leqslant c_v^d\cdot(\max_{(i,j)}|\varphi_{i,j}^{(1)}-\varphi_{i,j}^{(2)}|_{(v)})\cdot\max_{(i,j,l)}\{1,|\varphi_{i,j}^{(l)}|_{(v)}\}^{d-1},\end{aligned}$$

其中, $c_v=4(p+1)(q+1)$(当 $v\in\mathscr{M}_\infty$ 时) 及 $c_v=1$(当 $v\notin\mathscr{M}_\infty$ 时),并且 max 分别取自所有(i,j)及(i,j,l), $i\in\{1,\cdots,p\}$, $j\in\{0,\cdots,q\}$,而$l\in\{1,2\}$.

证 只对 $v\in\mathscr{M}_\infty$ 予以证明(当 $v\notin\mathscr{M}_\infty$ 时证明类似且要简单些). 对 $l=1,2$, 令 $t_i^{(l)}(\boldsymbol{u})=\varphi_{i,0}^{(l)}+\sum_{j=1}^{q}\varphi_{i,j}^{(l)}\mathrm{e}^{2\pi\mathrm{i}u_j}$, 则有

$$|t_i^{(l)}(\boldsymbol{u})|_{(v)}\leqslant(q+1)\max_{(i,j)}|\varphi_{i,j}^{(l)}|_{(v)},\tag{5}$$

其中,max 取自(i,j), $i\in\{1,\cdots,p\}$, $j\in\{0,\cdots,q\}$. 注意

$$M_v(\varphi^{(1)}(P)-\varphi^{(2)}(P))=\exp\int_0^1\cdots\int_0^1\log|\Delta(\boldsymbol{u})|_{(v)}\mathrm{d}u_1\cdots\mathrm{d}u_q,$$

其中, $\Delta(\boldsymbol{u})=P(t_1(\boldsymbol{u})+\tau_1(\boldsymbol{u}),\cdots,t_p(\boldsymbol{u})+\tau_p(\boldsymbol{u}))-P(t_1(\boldsymbol{u}),\cdots,t_p(\boldsymbol{u}))$,而 $t_i(\boldsymbol{u})=t_i^{(2)}(\boldsymbol{u})$, $\tau_i(\boldsymbol{u})=t_i^{(1)}(\boldsymbol{u})-t_i^{(2)}(\boldsymbol{u})$. 若记 $P=\sum_{(k)}p_{(k)}T_1^{k_1}\cdots T_p^{k_p}$,其中,$(k)=(k_1,\cdots,k_p)\in\mathbb{N}_0^p$,则

$$P(t_1+\tau_1,\cdots,t_p+\tau_p)=\sum_{(k)}p_{(k)}\sum_{i_1=0}^{k_1}\cdots\sum_{i_p=0}^{k_p}\binom{k_1}{i_1}\cdots\binom{k_p}{i_p}\tau_1^{i_1}\cdots\tau_p^{i_p}t_1^{k_1-i_1}\cdots t_p^{k_p-i_p},$$

并且当 $i=1,\cdots,p$ 时有

$$\begin{aligned}|\tau_i(\boldsymbol{u})|_{(v)}&\leqslant\sum_{i=1}^{q}|\varphi_{i,j}^{(1)}-\varphi_{i,j}^{(2)}|_{(v)}\\&\leqslant2(q+1)\cdot\max_{(i,j)}\{|\varphi_{i,j}^{(1)}|_{(v)},|\varphi_{i,j}^{(2)}|_{(v)}\},\end{aligned}\tag{6}$$

其中,max 取自(i,j), $i\in\{1,\cdots,p\}$, $j\in\{0,\cdots,q\}$. 由命题 5 可得 P 的系数的上界,从而

$$\begin{aligned}&|P(t_1+\tau_1,\cdots,t_p+\tau_p)-P(t_1,\cdots,t_p)|_{(v)}\\&\quad\leqslant M_v(P)(2p+1)^d(\max_{1\leqslant i\leqslant p}|\tau_i|_{(v)})\max_{1\leqslant i\leqslant p}\{1,|t_i|_{(v)},|\tau_i|_{(v)}\}^{d-1}.\end{aligned}$$

由此及式(5)和式(6)即得所要的不等式. □

现在基于多项式的局部度量 M_v 建立它的另一种“高”. 设 $P\in\mathbb{K}[T_1,\cdots,T_m]$ 非零,那么只有有限多个 $v\in\mathscr{M}$使 $M_v(P)\neq1$, 据此我们可以定义 P 的绝对对数高(在本章简称“高”)$\overline{\boldsymbol{h}}(P)$及高不变量 $\boldsymbol{h}(P)$,即映射

$$\overline{\boldsymbol{h}},\boldsymbol{h}:\bigcup_{m\geqslant0}\mathbb{K}[T_1,\cdots,T_m]\to\mathbb{R},$$

其定义是 $\overline{\boldsymbol{h}}(0) = \boldsymbol{h}(0) = 0$,且当 $P \neq 0$ 时,

$$\overline{\boldsymbol{h}}(P) = \frac{1}{[\mathbb{K}:\mathbb{Q}]} \sum_{v} n_v \cdot \max\{0, \log M_v(P)\},$$

$$\boldsymbol{h}(P) = \frac{1}{[\mathbb{K}:\mathbb{Q}]} \sum_{v} n_v \log M_v(P),$$

其中,n_v 表示在 v 的局部次数,亦即 $\mathbb{K}_v$ 在 $\mathbb{Q}_p$(当 $v \notin \mathscr{M}_\infty$ 时)或 $\mathbb{R}$(当 $v \in \mathscr{M}_\infty$ 时)上的次数.

注 10 (i) 设 $\mathbb{K}' \supset \mathbb{K}$ 是 $\mathbb{K}$ 的域扩张,那么可将 $\mathbb{K}[T_1, \cdots, T_m]$ 的元素看作 $\mathbb{K}'[T_1, \cdots, T_m]$ 的元素;不难证明高 $\overline{\boldsymbol{h}}(P)$ 及 $\boldsymbol{h}(P)$ 与基域的选取无关(因此在上述记号中不注明基域).这使我们可以将 $\overline{\boldsymbol{h}}$ 及 $\boldsymbol{h}$ 扩充到集合 $\bigcup_{m \geqslant 0} \overline{\mathbb{Q}}[T_1, \cdots, T_m]$ 上.

(ii) 当 $\lambda \in \mathbb{K}$ 时 $\overline{\boldsymbol{h}}(\lambda)$ 就是 λ 的 Weil 绝对对数高.而由命题 7(ii)可知 $\boldsymbol{h}(\lambda P) = \boldsymbol{h}(P)$ $(\lambda \neq 0)$(即“不变性”).

命题 7 设 $P, Q \in \mathbb{K}[T_1, \cdots, T_m]$ 非零,$\lambda \in \mathbb{K}$,$\lambda \neq 0$,则有

(i) $\overline{\boldsymbol{h}}(P) \geqslant \boldsymbol{h}(P)$;

(ii) $\boldsymbol{h}(\lambda) = 0$;

(iii) $\boldsymbol{h}(PQ) = \boldsymbol{h}(P) + \boldsymbol{h}(Q)$, $\overline{\boldsymbol{h}}(PQ) \leqslant \overline{\boldsymbol{h}}(P) + \overline{\boldsymbol{h}}(Q)$;

(iv) $\overline{\boldsymbol{h}}(P) \leqslant \overline{\boldsymbol{h}}(PQ) + \overline{\boldsymbol{h}}(Q) - \boldsymbol{h}(Q)$;

(v) $\overline{\boldsymbol{h}}(P)$ 及 $\boldsymbol{h}(P) \geqslant 0$;

(vi) 对所有 $v \in \mathscr{M}$, $M_v(P) \geqslant \exp\left(-\frac{[\mathbb{K}:\mathbb{Q}]}{n_v}\overline{\boldsymbol{h}}(P)\right)$;

(vii) 存在 $\mu = \mu(P) \in \mathbb{K}$,$\mu \neq 0$,使 $\overline{\boldsymbol{h}}(\mu P) = \boldsymbol{h}(\mu P) = \boldsymbol{h}(P)$.

证 (i)是显然的.(ii)可由 $\mathbb{K}$ 上绝对值的乘积公式推出.(iii)可由 M_v 的“乘积公式”得到.现证明(iv)如下:

$$\begin{aligned}
\overline{\boldsymbol{h}}(P) &= \frac{1}{[\mathbb{K}:\mathbb{Q}]} \sum_{v} n_v \cdot \max\{0, \log M_v(PQ) - \log M_v(Q)\} \\
&\leqslant \overline{\boldsymbol{h}}(PQ) - \frac{1}{[\mathbb{K}:\mathbb{Q}]} \sum_{v} n_v \log M_v(Q) \\
&\quad + \frac{1}{[\mathbb{K}:\mathbb{Q}]} \sum_{v} n_v \max\{0, \log M_v(Q)\} \\
&\leqslant \overline{\boldsymbol{h}}(PQ) - \boldsymbol{h}(Q) + \overline{\boldsymbol{h}}(Q).
\end{aligned}$$

下面对变量个数 m 用归纳法证明(v),(vi)和(vii).当 $m = 0$ 时,(v) 是(i) 和(ii) 的推论;(vi) 是关于 $\mathbb{K}$ 的元素 λ 的容度 $s(\lambda)$ 的不等式,可由乘积公式推出.(vii) 是(ii) 的推论,且 $\mu = \frac{1}{P}$.现设 $m \geqslant 1$,且结论对 $\mathbb{K}[T_1, \cdots, T_{m-1}]$ 中的元素成立.设 $P \in \mathbb{K}[T_1,$

$\cdots, T_m]$, $T_m^{a_m}$ 是整除 P 的 T_m 的最高次幂,令 $P_0 = P/T_m^{a_m}$. 因为 $M_v(T_m^{a_m}) = 1$(对所有 v),所以只需对 P_0 证明命题. 多项式 $P_0^* = P_0(T_1, \cdots, T_{m-1}, 0) \in \mathbb{K}[T_1, \cdots, T_{m-1}]$ 非零,其变量个数 $\leqslant m-1$,所以(v), (vi) 及(vii) 对它成立. 于是由命题 5, 对所有的 v 有

$$M_v(P_0) \geqslant M_v(P_0^*) > 0. \tag{7}$$

于是得到

$$\begin{aligned} \boldsymbol{h}(P_0) &= \frac{1}{[\mathbb{K}:\mathbb{Q}]}\sum_v n_v \log M_v(P_0) \\ &\geqslant \frac{1}{[\mathbb{K}:\mathbb{Q}]}\sum_v n_v \log M_v(P_0^*) = \boldsymbol{h}(P_0^*) \geqslant 0, \end{aligned}$$

即(v)对 P_0 成立. 其次,我们有

$$M_v(P_0) \geqslant M_v(P_0^*) \geqslant \exp\left(-\frac{[\mathbb{K}:\mathbb{Q}]}{n_v}\overline{\boldsymbol{h}}(P_0^*)\right),$$

因为式(7)蕴含 $\overline{\boldsymbol{h}}(P_0^*) \leqslant \overline{\boldsymbol{h}}(P_0)$, 所以上式表明(vi)对 P_0 也成立. 最后,存在 $\mu = \mu(P_0^*) \in \mathbb{K}$, $\mu \neq 0$ 使 $M_v(\mu P_0^*) \geqslant 1$(对所有 v). 由式(7) 还得到 $M_v(\mu P_0) \geqslant M_v(\mu P_0^*) \geqslant 1$, 于是 $\overline{\boldsymbol{h}}(\mu P_0) = \boldsymbol{h}(\mu P_0) = \boldsymbol{h}(P_0)$, 即(vii) 对 P_0 成立. □

3° 局部距离

设 $I \subset A = \mathbb{K}[x_0, \cdots, x_m]$($\mathbb{K}$ 是域) 是高为 $m-r+1$ 的齐次理想, $\boldsymbol{d} \in \mathbb{N}_0^r$. 我们将 $\mathfrak{E}_{\boldsymbol{d}}(I)$ 的所有元素的任何一个最大公因子 f 称为 I 的指标为 $\boldsymbol{d}$ 的 U 消元形式. 特别地,当 $\mathfrak{E}_{\boldsymbol{d}}(I)$ 是主理想时, f 就是其生成元. 对于集合 $X \subset \mathbb{P}_m(\mathbb{C}_v)$,定义理想 $\mathfrak{J}(X) = \{P \in A;\ P(X) = 0\}$ 及维数 $\dim X = m - h^*(\mathfrak{J}(X))$. 若 $v \in \mathscr{M}$, $I \subset \mathbb{C}_v[x_0, \cdots, x_m]$ 是高为 $m-r+1$ 的齐次理想,用 $\mathscr{Z}(I)$ 表示 I 在 $\mathbb{P}_m(\mathbb{C}_v)$ 中的零点的集合.

现在设 $\boldsymbol{d} \in \mathbb{N}_0^r$, $\boldsymbol{\xi} \in \mathbb{C}_v^{m+1}$ (即 $\boldsymbol{\xi} \in \mathbb{P}_m(\mathbb{C}_v)$),我们定义映射:

$$\begin{aligned} &\delta_{\xi,\boldsymbol{d}}: \mathbb{C}_v[\boldsymbol{d}] \to \mathfrak{S}\mathbb{C}_v[\boldsymbol{d}], \\ &u_{\mathfrak{M}}^{(j)} \mapsto \delta_{\xi,\boldsymbol{d}}(u_{\mathfrak{M}}^{(j)}) = \sum_{\mathfrak{M}' \in \mathscr{M}_{d_j}} s_{\mathfrak{M},\mathfrak{M}'}^{(j)} \cdot \mathfrak{M}'(\boldsymbol{\xi}) \quad (j = 1, \cdots, r), \end{aligned}$$

其中, $s_{\mathfrak{M},\mathfrak{M}'}^{(j)}$ 见式(1). 在不会引起混淆时,我们将 $\delta_{\xi,\boldsymbol{d}}$ 简记为 δ_ξ 或 δ. 并且定义射 $\widetilde{\delta}_{\xi,\boldsymbol{d}}$(简记为 $\widetilde{\delta}_\xi$ 或 $\widetilde{\delta}$)为

$$\widetilde{\delta}_{\xi,\boldsymbol{d}}(u_{\mathfrak{M}}^{(j)}) = \delta_{\xi,\boldsymbol{d}}(u_{\mathfrak{M}}^{(j)}/m_{v,j,\xi}),$$

其中，$j = 1, \cdots, r$；$\mathfrak{M} \in \mathcal{M}_{d_j}$；并且当 $v \in \mathcal{M}_\infty$ 时，$m_{v,j,\xi} = M_v(U_j(\boldsymbol{\xi}))$，当 $v \notin \mathcal{M}_\infty$ 时，选取$\mathfrak{M}'$使 $|\mathfrak{M}'(\boldsymbol{\xi})|_{(v)} = M_v(U_j(\boldsymbol{\xi}))$，并令 $m_{v,j,\xi} = \mathfrak{M}'(\boldsymbol{\xi})$. 此处 $U_j(\boldsymbol{\xi}) = \sum_{\mathfrak{M}\in\mathcal{M}_{d_j}} u_{\mathfrak{M}}^{(j)} \cdot \mathfrak{M}(\boldsymbol{\xi}) \in \mathbb{C}_v[d_j]$.

最后，我们定义 I 在$\boldsymbol{\xi}$ 的指标为$\boldsymbol{d}$ 的绝对值

$$\begin{aligned}\| I \|_{\xi, v, \boldsymbol{d}} &= M_v(\delta_{\xi, \boldsymbol{d}}(f)) \cdot (M_v(f))^{-1} \cdot \prod_{j=1}^{r} M_v(U_j(\boldsymbol{\xi}))^{\deg_{\mathfrak{U}_j} f} \\ &= M_v(\widetilde{\delta}_{\xi, \boldsymbol{d}}(f))(M_v(f))^{-1},\end{aligned}$$

其中，f 是理想 I 的指标为 $\boldsymbol{d}$ 的消元形式. 并令 $\boldsymbol{\xi} \in \mathbb{C}_v^{m+1}$ 与 $X \subset \mathbb{P}_m(\mathbb{C}_v)$的(局部)距离为

$$\mathrm{Dist}_{v, \boldsymbol{d}}(X, \boldsymbol{\xi}) = \| \mathfrak{J}(X) \|_{\xi, v, \boldsymbol{d}} \quad (\boldsymbol{d} \in \mathbb{N}_0^r,\ r = 1 + \dim X),$$

其中，$\mathfrak{J}(X) = \{P \in \mathbb{C}_v[x_0, \cdots, x_m];\ P(X) = 0\}$.

容易验证上述定义与 f 的选取无关，并且与 $\boldsymbol{\xi} \in \mathbb{P}_m(\mathbb{C}_v)$的坐标选取也无关. 由命题 2(Ⅰ)，当 I 是纯粹理想时，$\delta_{\xi, \boldsymbol{d}}(f) = 0$ 当且仅当 $\boldsymbol{\xi} \in \mathscr{Z}(I)$；因此，一般地

$$\| I \|_{\xi, v, \boldsymbol{d}} = 0 \iff \mathrm{Dist}_{v, \boldsymbol{d}}(\mathscr{Z}(I), \boldsymbol{\xi}) = 0 \Rightarrow \boldsymbol{\xi} \in \mathscr{Z}(I).$$

注 11 为定义 $M_v(\delta_{\xi, \boldsymbol{d}}(f))$我们应选取变量组 $s_{\mathfrak{M}, \mathfrak{M}'}^{(j)}$ 以形成$\mathfrak{S}\,\mathbb{C}_v[\boldsymbol{d}]$的基；但易验证上述定义与变量组的选取无关.

现在我们固定 v，设 $\boldsymbol{\xi}, \boldsymbol{\eta} \in \mathbb{P}_m(\mathbb{C}_v)$，并简记 $\mathrm{Dist}(\boldsymbol{\eta}, \boldsymbol{\xi}) = \mathrm{Dist}_{v, \mathbf{1}}(\boldsymbol{\eta}, \boldsymbol{\xi})$，其中，$\mathbf{1} = (1, \cdots, 1)$. 对$\boldsymbol{\xi}$及$\boldsymbol{\eta}$的任意投影坐标$(\xi_0, \cdots, \xi_m)$及$(\eta_0, \cdots, \eta_m)$，当$\xi_0\eta_0 \neq 0$时，定义其(通常) 距离

$$|\boldsymbol{\eta} - \boldsymbol{\xi}| = \max_{1 \leqslant i \leqslant m} \left| \frac{\eta_i}{\eta_0} - \frac{\xi_i}{\xi_0} \right|_{(v)}.$$

引理 7 设 $\xi_0 \neq 0$.

(i) 若 $\eta_0 = 0$，则

$$((m+1)^2 \max\{1, |\boldsymbol{\xi}|\})^{-1} \leqslant \mathrm{Dist}(\boldsymbol{\eta}, \boldsymbol{\xi}) \leqslant (m+1)^2;$$

(ii) 若 $\eta_0 \neq 0$，则

$$\begin{aligned}&(m+1)^{-2} \frac{|\boldsymbol{\eta} - \boldsymbol{\xi}|}{\max\{1, |\boldsymbol{\xi}|\}\max\{1, |\eta|\}} \\ &\leqslant \mathrm{Dist}(\boldsymbol{\eta}, \boldsymbol{\xi}) \leqslant (m+1)^2 \frac{|\boldsymbol{\eta} - \boldsymbol{\xi}|}{\max\{1, |\boldsymbol{\xi}|, |\boldsymbol{\eta}|\}}.\end{aligned}$$

证 由定义可知

$$\mathrm{Dist}(\boldsymbol{\eta}, \boldsymbol{\xi}) = M_v(\delta_\xi(U(\boldsymbol{\eta})))/M_v(U(\boldsymbol{\xi}))M_v(U(\boldsymbol{\eta})),$$

并且 $\delta_\xi(U(\boldsymbol{\eta})) = \sum_{0\leqslant i<j\leqslant m} s_{ij}(\xi_i\eta_j - \xi_j\eta_i)$；特别地，$\mathrm{Dist}(\boldsymbol{\eta}, \boldsymbol{\xi}) = \mathrm{Dist}(\boldsymbol{\xi}, \boldsymbol{\eta})$.

设 $\xi_0 = 1$ 及 $\eta_0 = 0$. 由命题 5 得

$$\max_{0\leqslant i\leqslant m} |\xi_i|_{(v)} \leqslant M_v(U(\boldsymbol{\xi})), \quad \max_{0\leqslant j\leqslant m} |\eta_j|_{(v)} \leqslant M_v(U(\boldsymbol{\eta})),$$

以及

$$\begin{aligned} M_v(\delta_\xi(U(\boldsymbol{\eta})) &\leqslant \frac{(m+1)^2}{2} \max_{0\leqslant i<j\leqslant m} |\xi_i\eta_j - \xi_j\eta_i|_{(v)} \\ &\leqslant (m+1)^2 (\max_{0\leqslant i\leqslant m} |\xi_i|_{(v)})(\max_{0\leqslant j\leqslant m} |\eta_j|_{(v)}), \end{aligned}$$

于是得到(i)中不等式的右半. 又因为 $\eta_0 = 0$, $\xi_0 = 1$,所以

$$\max_{0\leqslant j\leqslant m} |\eta_j|_{(v)} \leqslant \max_{0\leqslant i<j\leqslant m} |\xi_i\eta_j - \xi_j\eta_i|_{(v)} \leqslant M_v(\delta_\xi(U(\boldsymbol{\eta})))$$

以及

$$\begin{aligned} M_v(U(\boldsymbol{\eta})) &\leqslant (m+1) \max_{0\leqslant j\leqslant m} |\eta_j|_{(v)}, \\ M_v(U(\boldsymbol{\xi})) &\leqslant (m+1)\max\{1, |\boldsymbol{\xi}|\}. \end{aligned}$$

由此可得(i)中不等式的左半.

现证(ii). 可设 $\xi_0 = \eta_0 = 1$. 那么

$$\max\{1, |\boldsymbol{\xi}|\} \leqslant M_v(U(\boldsymbol{\xi})), \quad \max\{1, |\boldsymbol{\eta}|\} \leqslant M_v(U(\boldsymbol{\eta})),$$

以及

$$M_v(\delta_\xi(U(\boldsymbol{\eta}))) \leqslant \frac{(m+1)^2}{2} \max_{0\leqslant i<j\leqslant m} |\xi_i\eta_j - \xi_j\eta_i|_{(v)}.$$

先设 $|\boldsymbol{\xi}| \leqslant |\boldsymbol{\eta}|$,则当 $0 \leqslant i < j \leqslant m$ 时,有

$$\begin{aligned} |\xi_i\eta_j - \xi_j\eta_i|_{(v)} &= |\xi_i(\eta_j - \xi_j) - \xi_j(\eta_i - \xi_i)|_{(v)} \\ &\leqslant 2 |\boldsymbol{\eta} - \boldsymbol{\xi}| \max\{1, |\boldsymbol{\xi}|\}. \end{aligned}$$

由此推出

$$M_v(\delta_\xi(U(\boldsymbol{\eta}))) \leqslant (m+1)^2 |\boldsymbol{\eta} - \boldsymbol{\xi}| \max\{1, |\boldsymbol{\xi}|\},$$

从而得

$$\mathrm{Dist}(\boldsymbol{\eta}, \boldsymbol{\xi}) \leqslant (m+1)^2 \frac{|\boldsymbol{\eta} - \boldsymbol{\xi}|}{\max\{1, |\boldsymbol{\eta}|\}}.$$

现设 $|\boldsymbol{\eta}| \leqslant |\boldsymbol{\xi}|$,那么交换 $\boldsymbol{\xi}$ 和 $\boldsymbol{\eta}$ 的位置,那么也可得到(ii)中不等式的右半.

为证不等式的左半,注意 $\xi_0 = \eta_0 = 1$, 从而

$$|\boldsymbol{\eta} - \boldsymbol{\xi}| = \max_{1\leqslant j\leqslant m} |\eta_j - \xi_j|_{(v)} \leqslant \max_{0\leqslant i<j\leqslant m} |\xi_i\eta_j - \xi_j\eta_i|_{(v)}$$

$$\leqslant M_v(\delta_{\xi}(U(\boldsymbol{\eta}))).$$

以及

$$M_v(U(\boldsymbol{\xi}))\leqslant(m+1)\max\{1,|\boldsymbol{\xi}|\},\ M_v(U(\boldsymbol{\eta}))\leqslant(m+1)\max\{1,|\boldsymbol{\eta}|\},$$

即可推出所要的不等式. □

注12 (i) 因为

$$\delta_{\xi,d}(U(\boldsymbol{\eta}))=\frac{1}{2}\sum_{\mathfrak{M},\mathfrak{M}'\in\mathcal{M}_d}s_{\mathfrak{M},\mathfrak{M}'}(\mathfrak{M}(\boldsymbol{\xi})\mathfrak{M}'(\boldsymbol{\eta})-\mathfrak{M}(\boldsymbol{\eta})\mathfrak{M}'(\boldsymbol{\xi})),$$

所以对所有 $d\in\mathbb{N}$ 有 $\mathrm{Dist}_{v,d}(\boldsymbol{\eta},\boldsymbol{\xi})=\mathrm{Dist}_{v,d}(\boldsymbol{\xi},\boldsymbol{\eta})$. 同样地,应用引理6可知,对于所有 $\boldsymbol{\xi},\boldsymbol{\eta},v$ 及 d,有

$$\mathrm{Dist}_{v,d}(\boldsymbol{\xi},\boldsymbol{\eta})\begin{cases}=\dfrac{M_v(\delta_{\xi,d}(U(\boldsymbol{\eta})))}{M_v(U(\boldsymbol{\xi}))M_v(U(\boldsymbol{\eta}))}\leqslant(m+1)^{4d}, & (v\in\mathcal{M}_\infty),\\ \leqslant 1, & (v\notin\mathcal{M}_\infty).\end{cases}$$

(ii) 当 $d\in\mathbb{N}$, $v\notin\mathcal{M}_\infty$ 时,可以证明 $\mathrm{Dist}_{v,d}(\cdot,\cdot)$确实定义$\mathbb{P}_m(\mathbb{C}_v)$上非阿基米德距离.当 $v\in\mathcal{M}_\infty$, $d\in\mathbb{N}$ 并且 $m=1$ 时,可以证明 $\mathrm{Dist}_{v,d}(\cdot,\cdot)$ 定义$\mathbb{P}_1(\mathbb{C})$上的距离.

参考文献

[1] Adams W W. On the algebraic independence of certain Liouville numbers[J]. J. Pure and Appl. Alebra, 1978, 13: 41-47.

[2] Amou M. Algebraic independence of the values of certain functions at a transcendental number [J]. Acta Arith., 1991, 59: 71-82.

[3] Atiyah M F, MacDonald I G. Introduction to commutative algebra[M]. Reading MA: Addison-Wesley, 1969.

[4] Becker P-G. Masse für algebraische Unabhangigkeit nach einer Methode von Mahler[J]. Acta Arith., 1988, 50: 279-293.

[5] Becker P-G. Effective measures for algebraic independence of the values of Mahler type functions[J]. Acta Arith., 1991, 58: 239-250.

[6] Becker P-G. Algebraic independence of the values of certain series by Mahler's method[J]. Mh. Math., 1992, 114: 183-198.

[7] Bertrand D. Lemmes de zeros et nombres transcendants[J]. Asterisque, 1987, 145/146: 21-44.

[8] Borwein J M, Borwein P B. On the generating function of the integer part: $[n\alpha+\gamma]$[J]. J. Number Theory, 1993, 43: 293-318.

[9] Bourbaki N. Commutative algebra[M]. Berlin: Springer, 1989.

[10] Brownawell W D. On the development of Gelfond's method[M]. Berlin: Springer, 1979: 16-44.

[11] Brownawel W D. Zero estimates for solutions of differential equations[M]//Approximation diophantiennes et nombre transcendants (Luminy 1980), Basel: Birkhauser, 1983: 67-94.

[12] Brownawell W D. Large transcendence degree revisited, I, Exponential and non-CM cases. Lect. Notes Math., 1290, Berlin: Springer, 1987: 149-173.

[13] Brownawell W D. Aspects of the Hilbert Nullstellensats[M]//New advances in the theory of transcendental numbers. Cambridge: Cambr. Univ. Press, 1988: 90-101.

[14] Brownawell W D. Applications of Cayley-Chow forms[J]. Lect. Notes Math., 1989, 1380: 1-18.

[15] Brownawell W D, Masser D W. Multiplicity estimates for analytic functions, I[J]. J. reine angew. Math.,1980, 314: 200-216;Duke Math. J.,1980, 47: 273-295.

[16] Brownawell W D, Masser D W. Multiplicity estimates for analytic functions, II[J]. Duke Math. J.,1980, 47: 273-295.

[17] Brownawell W D, Tubbs R. Large transcendence degree revisited, II, the CM cases[M]//Lect. Notes Math., 1290,Berlin: Springer,1987: 175-188.

[18] Bundschuh P, Wylegala F-J. Über algebaische Unabhangigkeit bei gewissen nichtfortsetzbaren Potenzreihen[J]. Arch. Math.,1980, 34: 32-36.

[19] Caveny D M. Commutative algebraic groups and refinements of the Gelfond-Feldman measure [J]. Rocky Mountain J. Math.,1996, 26: 889-935.

[20] Chen Y G, Zhu Y C. Algebraic independence of certain numbers[J]. Acta Math. Sinica, Engl. Ser.,1999, 15: 507-514.

[21] Chirskii V G. On the algebraic independence of the values of functions satisfying systems of functional equations[J]. Trudy Mat. Inst. imeni., 1997, 218: 433-438.

[22] Chirskii V G. On the arithmetic properties of values of certain functions[J]. Fundamentalnaya i prikladnaya Matematika, 1998,4: 725-732.

[23] Chow W L, van der Waerden B L. Zur algebraischen Geometrie, IX[J]. Math. Ann., 1937, 113: 692-704.

[24] Chudnovsky G V. Algebraic independence of constants connected with the exponential and elliptic functions[J]. Dokl. Akad. Nauk Ukr. SSR, 1976, 8: 698-701.

[25] Chudnovsky G V. Criteria of algebraic independence of several numbers[M]. Berlin: Springer, 1982:323-368.

[26] Chudnovsky G V. Measures of irrationality, transcendence and algebraic independence[M]// Recent progress, Lectures at Exeter Number Theory conference, Journees Arithmetiquees 1980. Cambridge: Cambr. Univ. Press, 1982: 11-83.

[27] Chudnovsky G V. Contributions to the theory of transcendental numbers[M]. Providence: AMS, 1984.

[28] Cijsouw P C. Transcendence measures[D]. Amsterdam: Univ. of Amsterdam, 1972.

[29] Cijsouw P L, Tijdeman R. On the transcendence of certain power series of algebraic numbers

[J]. Acta Arith.,1973, 23: 301 - 305.

[30] Diaz G. Grands degres de transcendance pour des familles d'exponentielles[J]. Semin. d'arith., Saint-Etienne,1986/1987,5.1 - 5.30.

[31] Diaz G. Mesure d'independance algebrique de α^{β}, α^{β^2} [M]//Seminaire de Theorie des Nombres, Paris 1986 - 1987. Basel: Birkhauser, 1988: 129 - 135.

[32] Diaz G. Grands degres de transcendance pour des familles d'exponentielles[J]. J. Number Theory, 1989, 31: 1 - 23.

[33] Diaz G. Une nouvelle mesure d'independance algebrique pour (α^{β}, α^{β^2}) [J]. Acta Arith., 1990, 56: 25 - 32.

[34] Durand M A. Fonction Θ-ordre et classification de $\mathbb{C}^p$ [J]. C. R. Acad. Sci. Paris, Set. A, 1975, 280: 1085 - 1088.

[35] Dvornicich R. A criterion for the algebric independence of two complex numbers[J]. Bolletino Unione Mat. Ital., 1978, A15: 678 - 687.

[36] Evertse J H. On sums of S-units and linear recurrences[J]. Compos. Math., 1984, 53: 225 - 244.

[37] Fel'dman N I, Nesterenko Yu V. Transcendental Numbers[M]. Berlin: Springer, 1998.

[38] Gelfond A O. On the algebraic independence of algebraic powers of algebraic numbers[J]. Dokl. Akad. Nauk SSSR (N.S.), 1949, 64: 277 - 280.

[39] Gelfond A O. On the algebraic indepednce of transcendental numbers of certain classes[J]. Uspechi Matem. Nauk (N.S.), 1949, 4: 14 - 48.

[40] Greuel B. Algebraic independence of Mahler functions[J]. Archv. Math., 2000, 75: 121 - 124.

[41] Greuel B. Algebraic indepedence of the values of Mahler functions satisfying implicit functional equations[J]. Acta Arith., 2000, 43: 1 - 20.

[42] Hentzelt K. Zur Theorie der Polynomideale und Resultanten[J]. Math. Ann. 1923, 88: 53 - 57.

[43] Hodge W V D, Pedoe D. Methods of Algebraic Geometry[M]. Cambridge: Cambr. Univ. Press, 1968.

[44] Jabbouri E M. Sur un critere pour l'independance algebrique de P. Philippon [M]// Approximations diophantiennes et nombres transcendants (Luminy 1990). Berlin: Walter de Gruyter, 1992: 195 - 202.

[45] Jadot C. Criteres pour l'independance algebrique et lineaire[D]. Paris: Univ. of Paris, 1996.

[46] Kholyavka Ya M. On a measure of values of Jacobi elliptic functions[J]. Fundamentalnaya i prikladnaya Matematika, 2005, 11: 209 - 219.

[47] Knesser H. Eine Kontinuumsmachtige, algebraisch unabhangige Menge reeller Zahlen[J]. Bull. Soc. Math. Belg., 1960,12: 3 - 27.

[48] Krull W. Parameterspezialisierung in Polynomringen, II [J]. Arch. Math., 1948, 1: 129 - 137.

[49] Kubota K K. On the algebraic independence of holomorphic solutions of certain functional

equations and their values[J]. Math. Ann., 1977, 227: 9 - 50.

[50] Lang S. Introduction to transcendental numbers[M]. Reading MA: Addison-Wesley, 1966.

[51] Lang S. Elliptic curves: diophantine analysis[M]. Berlin: Springer, 1978.

[52] Lang S. Fundamentals of diophantine geometry[M]. Berlin: Springer, 1983.

[53] Lech Ch. A note on recurring sums[J]. Archv. für Math., 1953, 2: 417 - 442.

[54] Loxton J H, van der Poorten A J. A class of hypertranscendental functions[J]. Aequations Math., 1977, 16: 93 - 106.

[55] Loxton J H, van der Poorten A J. Arithmetic properties of certain functions in several variables, III[J]. Bull. Austral. Math. Soc., 1977, 16: 15 - 47.

[56] Loxton J H, van der Poorten A J. Algebraic independence properties of the Fredholm series [J]. J. Austral. Math. Soc., Ser A, 1978, 26: 31 - 45.

[57] Macaulay F S. The algebraic theory of modular systems[M]. New York: Stechart-Haftner Serv. Agen., 1964.

[58] Mahler K. Arithmetische eigenschaften der losungen einer klasse von funktionalgleichungen [J]. Math. Ann., 1929, 101: 343 - 366.

[59] Mahler K. Arithmetische eigenschaften einer klasse transzendental-transzendenter functionen [J]. Math. Z., 1930, 32: 545 - 558.

[60] Mahler K. Arithmetic properties of lacunary power series with integral coefficients[J]. J. Austral. Math. Soc., 1965, 5: 56 - 64.

[61] Mahler K. On algebraic differential equations satisfyied by automorphic functions[J]. J. Austral. Math. Soc., 1969, 10: 445 - 450.

[62] Mahler K. On the order function of a transcendental number[J]. Acta Arith., 1971, 18: 63 - 76.

[63] Masser D W. On polynomials and exponential polynomials in several variables[J]. Invent. Math., 1981, 63: 81 - 95.

[64] Masser D W, Wüstholz G. Zero estimates on group varieties, I[J]. Invent. Math., 1981, 64: 489 - 516.

[65] Masser D W, Wüstholz G. Zero estimates on group varieties, II[J]. Invent. Math., 1985, 80: 233 - 267.

[66] Mordoukhay- Boltorskoy D. Sur les conditions pour qu'un nombre s'exprime au moyen d'equations transcendantes d'un type general[J]. Dokl. Akad. Nauk SSSR (N.S.), 1946, 52: 483 - 486.

[67] Nesterenko Yu V. Estimates of the orders of zeros of analytic functions of a certain class and their applications to the theory of transcendental numbers[J]. Dokl. Akad. Nauk SSSR, 1972, 205: 292 - 295.

[68] Nesterenko Yu V. Order function for allmost numbers[J]. Mat. Zamertki, 1974, 15: 405 - 414.

[69] Nesterenko Yu V. On algebraic independence of the components of solutions of a systerm of linear diffirential equations[J]. Izv. Akad. Nauk SSSR, Ser. Mat., 1974, 38: 495 - 512.

[70] Nesterenko Yu V. Estimates of orders of zeros of functions of a certain class and applications in the theory of transcendental numbers[J]. Izv. Akad. Nauk SSSR, Set. Mat., 1977, 41: 253 - 284.

[71] Nesterenko Yu V. On a sufficient criterion for algebraic independence of numbers[J]. Vestn. Mosk. Univ., Ser. Mat., 1983, 38: 63 - 68.

[72] Nesterenko Yu V. Estimates of orders of zeros of functions of a certain class[J]. Mat. Zamertki, 1983, 33: 195 - 205.

[73] Nesterenko Yu V. Bounds for the characteristic function of a prime ideal[J]. Mat. Sb., 1984, 123: 11 - 34.

[74] Nesterenko Yu. On algebraic independence of algebraic powers of algebraic numbers[J]. Mat. Sb., 1984, 123: 435 - 459.

[75] Nesterenko Yu V. On the measure of the algebraic independence of the values of certain functions[J]. Mat. Sb., 1985, 128: 545 - 568.

[76] Nesterenko Yu V. Estimates for the number of zeros of functions of certain classes[M]//New advances in the theory of transcendental numbers. Cambridge: Cambr. Univ. Press, 1988: 263 - 269.

[77] Nesterenko Yu V. Estimates for the number of zeros of functions of certain classes[J]. Acta Arith., 1989, 53: 29 - 46.

[78] Nesterenko Yu V. Transcendence degree of some fields generated by values of exponential functions[J]. Mat. Zamertki, 1989, 46: 40 - 49.

[79] Nesterenko Yu V. On a measure of algebraic independence of the values of elliptic functions [M]//Philippon P. Approximations diophantiennes et nombres transcendants (Luminy 1990). Berlin: Walter de Gruyter, 1992: 239 - 248.

[80] Nesterenko Yu V. On the algebraic independence measure of the values of elliptic functions[J]. Izv. Akad. Nauk SSSR, Ser. Mat., 1995, 59: 155 - 178.

[81] Nesterenko Yu V. Modular functions and transcendence problems[J]. C. R. Akad. Sci. Paris, Ser. I, 1996, 322: 909 - 914.

[82] Nesterenko Yu V. Modular functions and transcendence problems[J]. Mat. Sb., 1996, 187: 65 - 96.

[83] Nesterenko Yu V. On the measure of algebraic independence of values of Ramanujan functions [J]. Trydy Mat. Inst. imeni V. A. Steklova, 1997, 218: 299 - 334.

[84] Nesterenko Yu V. Algebraic independence of π and e^{π} [M]//Number theory and its applications. New York: Marcel Dekker, 1999: 121 - 149.

[85] Nesterenko Yu V. On the algebraic independence of numbers[M]//A panorama of number theory. Cambridge: Cambr. Univ. Press, 2002: 148 - 167.

[86] Nesterenko Yu V, Philippon P. Introduction to algebraic independence theory[M]. Berlin: Springer, 2001.

[87] Nishioka K. Proof of Masser's conjecture on the algebraic independence of values of Liouville series[J]. Proc. Japan Akad., Ser. A, 1986, 62: 219 - 222.

[88] Nishioka K. Algebraic independence of certain power series of algebraic numbers[J]. J. Number Theory, 1986, 23: 354 - 364.

[89] Nishioka K. Conditions for algebraic independence of certain power series of algebraic numbers [J]. Compos. Math., 1987, 62: 53 - 61.

[90] Nishioka K. Evertse theory in algebraic independence[J]. Arch. Math., 1989, 53: 159 - 170.

[91] Nishioka K. New approach in Mahler's method[J]. J. reine angew. Math., 1990, 407: 202 - 219.

[92] Nishioka K. On an estimate for the orders of zeros of Mahler type functions[J]. Acta Arith., 1990, 56: 249 - 256.

[93] Nishioka K. Algebraic independence measures of the values of Mahler functions[J]. J. reine angew. Math., 1991, 420: 203 - 214.

[94] Nishioka K. Algebraic independence by Mahler's method and S-unit equations[J]. Compos. Math., 1994, 92: 87 - 110.

[95] Nishioka K. Algebraic independence of Mahler functions and their values[J]. Tohoku Math. J., 1996, 48: 51 - 70.

[96] Nishioka K. Mahler functions and transcendence[M]//Lect. Notes Math., 1631. Berlin: Springer, 1996.

[97] Nishioka K. Algebraic independence of Fredholm series[J]. Acta Arith., 2001, 100: 315 - 327.

[98] Noether E. Eliminationstheorie und allgemeine Idealtheorie[J]. Math. Ann., 1923, 90: 229 - 261.

[99] Nothcott D G. Lesson on rings, modules and multiplicities[M]. Cambridge: Cambr. Univ. Press, 1968.

[100] Perron O. Die Lehre von dem Kettenbruchen [J]. Bd. I, Stuttgart: B. G. Teubner Verlag, 1954.

[101] Philibert G. Une mesure d'independance algebrique[J]. Ann. Inst. Fourier (Grenoble), 1988, 38: 85 - 103.

[102] Philippon P. Varietes abelienees et independance algebrique, I, II[J]. Invent. Math., 1983, 70: 289 - 318; 72: 389 - 405.

[103] Philippon P. Criteres pour l'independance algebrique[D]. Paris: Univ. of Paris, 1983.

[104] Philippon P. Sur les mesures d'independance algebrique [M]//Seminaire de Theorie des Nombres, Paris 1983 - 84. Boston MA: Birkhauser, 1985: 219 - 233.

[105] Philippon P. Criteres pour l'independance algebrique[J]. Publ. IHES, 1986, 64: 5 - 52.

[106] Philippon P. Lemmes de zeros dans les groupes algebrique commutatifs[J]. Bull. Soc. Math. France, 1986, 114: 353 - 383; Errata et addends, ibidem, 1987, 115: 397 - 398.

[107] Philippon P. Nouveux lemmes de zeros dan les groupes algebrique communitatifs[J]. Rocky Mountain J. Math., 1996, 26: 1069 - 1088.

[108] Philippon P. Une approche methodique pour la transcendance et l'indepenmdance algebrique de valeurs de fonctoins analytiques[J]. J. Number Theory, 1997, 64: 291 - 238.

[109] Philippon P. Independance algebrique et K-fonctions[J]. J. reine angew. Math., 1998, 497: 1-15.

[110] Ramanujan S. On certain arithmetic functions[J]. Trans. Cambr. Phil. Sci., 1916, 22: 159-184.

[111] Remond G. Sur des problemes d'effectivite en geometrie diophantienne[D]. Paris: Univ. of Paris, 1997.

[112] Reyssat E. Un critere d'independance algebrique[J]. J. reine angew. Math., 1981, 329: 66-81.

[113] Robert A M. A course in p-adic analysis, GTM 198[M]. Berlin: Springer, 2000.

[114] Schmidt W M. Simultaneous approximation and algebraic independence of numbers[J]. Bull. AMS, 1962, 68: 475-478.

[115] Shafarevich I R. Basic algebraic geometry, I, II[M]. 2nd ed. Berlin: Springer, 1994.

[116] Shestakov S O. On the measure of algebraic independence for certain numbers[J]. Vestn. Mosk. Univ., Ser. Mat., 1992, 47: 8-12.

[117] Shidlovskii A B. Transcendental numbers[M]. Berlin: Walter de Gruyter, 1989.

[118] Siegel C L. Über einige Angewendungen diophantisch Approximationen, Abh[J]. Preuss. Akad. Wiss. Phys.-Math., Kl., 1929, 1: 1-70.

[119] Töpfer T. An axiomatization of Nesterenko's method and applications on Mahler functions, I [J]. J. Number Theory, 1994, 49: 1-26.

[120] Töpfer T. An axiomatization of Nesterenko's method and applications on Mahler functions, II [J]. Compos. Math., 1995, 95: 323-342.

[121] Töpfer T. Algebraic independence of the values of generalized Mahler functions[J]. Acta Arith., 1995, 70: 161-181.

[122] Töpfer T. Simultaneous approximation measures for functions satisfying generalized functional equations of Mahler type[J]. Abh. Math. Sem. Univ. Hamburg, 1996, 66: 177-201.

[123] Töpfer T. Zero order estimates for functions satisfying generalized functional equations of Mahler type[J]. Acta Arith., 1998, 85: 1-12.

[124] Turán P. On new method of analysis and its applications[M]. 2nd ed. New York: John Wiley Sons, 1984.

[125] van der Waerden B L. Zur algebraischen Geometrie 19, Grundpolynom und zugeordnete form [J]. Math. Ann., 1958, 136: 139-155.

[126] van der Waerden B L. Algebra, I, II[M]. 4th ed. Berlin: Springer, 1958.

[127] von Neumann J. Ein System algebraisch unabhangiger Zahlen[J]. Math. Ann., 1928, 99: 134-141.

[128] Waldschmidt M. Nombres transcendants[M]. Berlin: Springer, 1974.

[129] Waldschmidt M. Nombres transcendants et groupes algebriques[J]. Asterisque, 1979, 69/70: 1-218.

[130] Waldschmidt M. Algebraic independence of transcendental numbers, Gelfond's method and its development[M]//Perspectives in mathematics. Basel: Birkhauser, 1984: 551-571.

［131］ Waldschmidt M. Independance algebrique de nombre de Liouville［M］. Berlin：Springer，1990：225 -235.

［132］ Waldschmidt M. Sur la nature arithmetique des valuers de fonctions modulaires［J］. Asterisque，1997，245：105 - 140.

［133］ Waldschmidt M. Transcendance et independance algebrique de valeurs de fonctions modulaires［C］//Cupta R，Willians K S. Number Theory. Providence：AMS，1999：353 - 375.

［134］ Waldschmidt M. Diophantine approximation on linear algebraic groups［M］. Berlin：Springer，2000.

［135］ Waldschmidt M，Zhu Y C. Une generalisation en plusieurs variables d'un critere de transcendance de Gelfond［J］. C. R. Akad. Sci. Paris，Ser. A，1983，297：229 - 232.

［136］ Waldschmidt M，Zhu Y C. Algebraic independence of numbers related to Liouville numbers［J］. Sci. in China，Ser. A，1989，9：897 -904(in Chin.)；1990，33：258 - 268.

［137］ Wang T Q. Measures of transcendence and algebraic independence for values of some functions［J］. Theses Acad. Math. Syst. Sci.，Chin. Acad. Sci.，2005.

［138］ Wang T Q，Xu G S. P-adic measures of algebraic independence for the values of Mahler type functions［J］. Acta Math. Engl. Ser.，2004，47：921 - 930.

［139］ Wass N Ch. Algebraic independence of the values at algebraic points of a class of functions considered by Mahler［J］. Dissertations Math.，1990，303：3 - 61.

［140］ Wüstholz G. Multiplicity estimates on group varieties［J］. Ann. Math.，1989，129：471 - 500.

［141］ Zariski O，Samuel P. Commutative algebra，I，II. GTM 28 - 29［M］. Berlin：Springer，1958.

［142］ Zhang X K. Introduction to algebraic number theory［M］. 2nd ed. Beijing：Gaodeng Jiaoyu Press，2006.

［143］ Zhu Y C. Algebraic independence of values of certain gap series in rational points［J］. Acta Math. Sinica，1982，25：333 - 339 (in Chin.).

［144］ Zhu Y C. Algebraic independence property of values of certain gap series［J］. Kexue Tongbao，1984，no. 23：1409 - 1412(in Chin.)；1985，30：293 - 297.

［145］ Zhu Y C. On the algebraic independence of power series of algebraic numbers［J］. Chin. Ann. of Math.，Ser. B.，1984，5：109 - 117.

［146］ Zhu Y C. Criteria for the algebraic independence of complex numbers［J］. Kexue Tongbao，1985，no. 13：973 - 975(in Chin.)；1985，30：1139 - 1142.

［147］ Zhu Y C. On a criterion of algebraic independence of numbers［J］. Kexue Tongbao，1987，19：1447 - 1450(in Chin.)；1989，34：540 - 542.

［148］ Zhu Y C. Arithmetical properties of series with algebraaic coefficients［J］. Acta Arith.，1988，50：295 - 308.

［149］ Zhu Y C. A generalization in several variables of a transcendence criterion of Gelfond，II［J］. Sci. Sinica，Ser. A.，1988，3：238 - 246(in Chin.)；1988，31：898 - 907.

［150］ Zhu Y C. Criteria of algebraic independence of complex numbers over a field of finite transcendence type，I，II［J］. Kexue Tongbao，1988，33：485 - 488(in Chin.) and Chinese Sci. Bull.，1989，34：185 - 189；Acta Math. Sinica，N. S.，1990，6：24 - 34.

[151] Zhu Y C. The algebraic independence of certain transcendental continued fractions, I, II[J]. Acta Math. Sinica, N.S., 1991, 7: 127－134; 2001, 44: 815－822(in Chin.).

[152] Zhu Y C. An arithmetic property of Mahler series[J]. Acta Math. Sinica, N.S., 1997, 13: 407－412.

[153] Zhu Y C. On the linear independeence over a number field, I, II[J]. Acta Math. Sinica, 1997, 40: 413－416; 2004, 47: 59－66(in Chin.).

[154] Zhu Y C. Algebraic independence by approximation method, I, II[J]. Acta Math. Sinica, N.S., 1998, 14: 295－302; 16: 395－398.

[155] Zhu Y C. Algebraic independence of values of generalized Mahler series[J]. Chin. Ann. of Math., Ser. A., 1998, 723－728(in Chin.).

[156] Zhu Y C. Algebraic independeence of values of certain Fourier series[J]. Sci. in China, Ser. A., 2001, 31: 117－123(in Chin.); 2001, 44: 718－726.

[157] Zhu Y C. Transcendence of certain trigonometric series[J]. Acta Math. Sinica, Engl. Ser., 2002, 18: 481－488.

[158] Zhu Y C. Algebraic independence of values of certain trigonometric series[J]. Acta Math. Sinica., 2002, 45: 1079－1086(in Chin.).

[159] Zhu Y C. Algebraic independence of certain infinite products[J]. Acta Math. Sinica, 2004, 47: 209－218(in Chin.).

[160] Zhu Y C. Algebraic independence of values of power series with algebraic coefficients at transcendental numbers[J]. Acta Math. Sinica, 2006, 49: 503－508(in Chin.).

[161] Zhu Y C. Algebraic independence of certain values of exponential function[J]. Acta Math. Sinica, Engl. Ser., 2006, 22: 571－576.

[162] Zhu Y C. Algebraic independence of certain generalized Mahler type munbers[J]. Acta Math. Sinica, Engl. Ser., 2007, 23: 17－22.

[163] Zhu Y C, Xu G S. Introduction to transcendental numbers[M]. Beijing: Science Press, 2003 (in Chin.).

索　引

（1.1 表示有关事项参见第 1 章 1.1 节.）

6 画

7 画

8 画

9 画

10 画

11 画

12 画

13 画

其他